内容简介

本书系统阐述活性毁伤材料及其冲击响应研究最新进展及成果，共分6章内容。第1章主要阐述活性毁伤材料技术背景、优势、应用及发展等内容。第2章主要阐述活性毁伤材料热力学基础理论、体系设计方法、反应动力学模型等内容。第3章主要阐述活性毁伤材料体系多组分混合、模压成型、烧结硬化及力链增强方法等内容。第4章主要阐述活性毁伤材料准静态力学响应行为、动态力学响应行为、本构模型等内容。第5章主要阐述活性毁伤材料冲击引发力化耦合响应机理、激活点火理论、点火反应模型等内容。第6章主要阐述活性毁伤材料冲击引发跨尺度模型、力化耦合响应行为及机理等内容。

本书可作为高等院校兵器科学与技术、航空宇航科学与技术、材料科学与工程等学科的研究生教材，也可供从事相关研究工作的技术人员自学参考使用。

图书在版编目（CIP）数据

活性毁伤材料冲击响应 / 王海福，葛超，郑元枫著. —北京：北京理工大学出版社，2020.4

（活性毁伤科学与技术研究）

国家出版基金项目　“十三五”国家重点出版物出版规划项目　国之重器出版工程

ISBN 978-7-5682-8387-8

Ⅰ.①活…　Ⅱ.①王…　②葛…　③郑…　Ⅲ.①弹药材料-冲击力-研究　Ⅳ.①TJ410.4

中国版本图书馆CIP数据核字（2020）第062534号

出　　版 / 北京理工大学出版社有限责任公司
社　　址 / 北京市海淀区中关村南大街5号
邮　　编 / 100081
电　　话 / (010)68914775(总编室)
　　　　　(010)82562903(教材售后服务热线)
　　　　　(010)68948351(其他图书服务热线)
网　　址 / http://www.bitpress.com.cn
经　　销 / 全国各地新华书店
印　　刷 / 北京捷迅佳彩印刷有限公司
开　　本 / 710毫米×1000毫米　1/16
印　　张 / 19.25　　责任编辑 / 封　雪
字　　数 / 333千字　　文案编辑 / 封　雪
版　　次 / 2020年4月第1版　2020年4月第1次印刷　　责任校对 / 周瑞红
定　　价 / 86.00元　　责任印制 / 王美丽

图书出现印装质量问题，请拨打售后服务热线，本社负责调换

《国之重器出版工程》编辑委员会

专家委员会委员（按姓氏笔画排列）：

于　全　中国工程院院士
王　越　中国科学院院士、中国工程院院士
王小谟　中国工程院院士
王少萍　“长江学者奖励计划”特聘教授
王建民　清华大学软件学院院长
王哲荣　中国工程院院士
尤肖虎　“长江学者奖励计划”特聘教授
邓玉林　国际宇航科学院院士
邓宗全　中国工程院院士
甘晓华　中国工程院院士
叶培建　人民科学家、中国科学院院士
朱英富　中国工程院院士
朵英贤　中国工程院院士
邬贺铨　中国工程院院士
刘大响　中国工程院院士
刘辛军　“长江学者奖励计划”特聘教授
刘怡昕　中国工程院院士
刘韵洁　中国工程院院士
孙逢春　中国工程院院士
苏东林　中国工程院院士
苏彦庆　“长江学者奖励计划”特聘教授
苏哲子　中国工程院院士
李寿平　国际宇航科学院院士

李伯虎 中国工程院院士

李应红 中国科学院院士

李春明 中国兵器工业集团首席专家

李莹辉 国际宇航科学院院士

李得天 国际宇航科学院院士

李新亚 国家制造强国建设战略咨询委员会委员、中国机械工业联合会副会长

杨绍卿 中国工程院院士

杨德森 中国工程院院士

吴伟仁 中国工程院院士

宋爱国 国家杰出青年科学基金获得者

张　彦 电气电子工程师学会会士、英国工程技术学会会士

张宏科 北京交通大学下一代互联网互联设备国家工程实验室主任

陆　军 中国工程院院士

陆建勋 中国工程院院士

陆燕荪 国家制造强国建设战略咨询委员会委员、原机械工业部副部长

陈　谋 国家杰出青年科学基金获得者

陈一坚 中国工程院院士

陈懋章 中国工程院院士

金东寒 中国工程院院士

周立伟 中国工程院院士

郑纬民　中国工程院院士

郑建华　中国科学院院士

屈贤明　国家制造强国建设战略咨询委员会委员、工业和信息化部智能制造专家咨询委员会副主任

项昌乐　中国工程院院士

赵沁平　中国工程院院士

郝　跃　中国科学院院士

柳百成　中国工程院院士

段海滨　“长江学者奖励计划”特聘教授

侯增广　国家杰出青年科学基金获得者

闻雪友　中国工程院院士

姜会林　中国工程院院士

徐德民　中国工程院院士

唐长红　中国工程院院士

黄　维　中国科学院院士

黄卫东　“长江学者奖励计划”特聘教授

黄先祥　中国工程院院士

康　锐　“长江学者奖励计划”特聘教授

董景辰　工业和信息化部智能制造专家咨询委员会委员

焦宗夏　“长江学者奖励计划”特聘教授

谭春林　航天系统开发总师

序　一

弹药战斗部是武器完成毁伤使命的关键要素，是多学科、多专业科学技术高度融合的毁伤技术的载体。毁伤技术先进与否，决定武器威力的高低和毁伤目标能力的强弱。先进毁伤技术，是发展性能优良的现代武器的重大关键技术，引不进，买不来，必须自主创新。

活性毁伤元弹药战斗部技术，为大幅提升武器威力开辟了新途径。北京理工大学王海福教授研究团队是国内外最早致力于这项前沿技术研究的团队之一。从“十五”期间承担兵器预研基金、武器装备前沿探索和技术预研等课题研究开始，二十年来，在概念探索验证、关键技术突破、装备工程研制中，做出了开拓性、奠基性、具有里程碑意义的重要贡献。

《活性毁伤科学与技术研究丛书》是王海福教授团队从事该前沿技术方向二十年研究所取得学术成果的深度凝练，形成了《活性毁伤材料冲击响应》《活性毁伤材料终点效应》《活性毁伤增强聚能战斗部技术》《活性毁伤增强侵彻战斗部技术》和《活性毁伤增强破片战斗部技术》5部学术专著。前两部着重阐述活性毁伤元材料与终点效应研究方面取得的学术进展，后三部系统阐述活性材料毁伤元在聚能类、侵彻类和杀爆类弹药战斗部上的应用研究方面取得的学术进展。该丛书理论、技术和工程应用相得益彰，体系完整，学术原创性强，作为国内外首套系统阐述活性毁伤元弹药战斗部技术最新研究进展及成果的系列学术专著，既可用作高等院校兵器科学与技术、材料科学与工程等学科研究生的教学参考书，也可供从事兵器、航天、材料等领域研究工作的科研人员、工程技术人员自学参考使用。

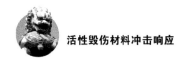

很高兴应作者之邀为该丛书撰写序言，相信该系列学术专著的出版必将对活性毁伤元弹药战斗部技术的发展发挥重要作用。

中国工程院院士 杨绍卿

序　二

大幅提升威力是陆海空天武器的共性重大需求，现役弹药战斗部的惰性金属毁伤元命中目标后，仅能造成动能侵彻和机械贯穿毁伤作用，从机理上制约了毁伤能力的显著增强，成为大幅提升武器威力的技术瓶颈。

活性毁伤元弹药战斗部技术，是近二十年来发展起来的一项武器高效毁伤新技术，打破了惰性金属毁伤元弹药战斗部技术体制，通过毁伤元材料及武器化应用技术创新，实现威力的大幅提升。与惰性金属毁伤元相比，活性材料毁伤元的显著技术优势是，既有类似金属材料的力学强度，又有类似高能炸药的爆炸能量。也就是说，活性材料毁伤元高速命中目标时，不仅能发挥类似金属毁伤元的动能侵彻毁伤能力，在侵入或贯穿目标后，还能自行冲击激活引发爆炸，产生更高效的动能和爆炸能两种毁伤机理的联合作用，从而显著增强对目标的结构爆裂、引燃、引爆等毁伤能力，大幅提升弹药战斗部威力。

从活性毁伤元弹药战斗部技术发展看，核心在于活性毁伤元材料技术、终点效应表征技术和武器化应用技术等的创新突破。北京理工大学王海福教授研究团队历经二十余年创新攻关，从概念探索验证、关键技术突破，到装备工程型号研制，取得了丰硕的研究成果，形成了《活性毁伤科学与技术研究丛书》系列学术专著，包括《活性毁伤材料冲击响应》《活性毁伤材料终点效应》《活性毁伤增强侵彻战斗部技术》《活性毁伤增强聚能战斗部技术》和《活性毁伤增强破片战斗部技术》5 部。作为国内外首套系统阐述相关研究最新进展及成果的系列专著，形成了较为完整的学术体系，既可用作高等院校相关学科的研究生教材，也可供从事相关研究工作的技术人员自学参考使用。

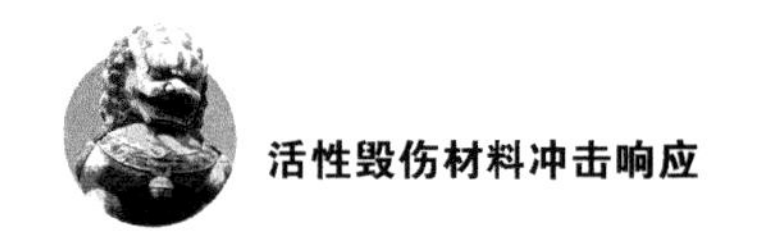

我衷心祝贺作者所取得的学术成果，并热忱期待《活性毁伤科学与技术研究丛书》早日出版发行。应作者邀请为该丛书作序，相信该系列学术专著的出版发行，必将对活性毁伤元弹药战斗部技术发展产生有力的推动作用。

中国工程院院士 [signature]

序　三

毁伤是武器打击链路的最终环节，弹药战斗部是毁伤技术的载体、武器的有效载荷。现役弹药战斗部的惰性金属毁伤元，通过动能侵彻机理和机械贯穿模式毁伤目标，成为了制约武器威力大幅提升的技术瓶颈之一。

活性毁伤元弹药战斗部技术，为大幅提升武器威力开辟了新途径。这项先进毁伤技术的核心创新，一是着眼毁伤元材料技术创新，突破现役惰性金属毁伤元动能侵彻毁伤机理和机械贯穿毁伤模式的局限，通过创造一种更高效的动能和爆炸能时序联合毁伤机理和模式，实现对目标毁伤能力的显著增强，包括结构毁伤增强、引燃毁伤增强、引爆毁伤增强等；二是通过活性毁伤元在不同弹药战斗部上应用技术的创新，实现毁伤威力的大幅提升。

《活性毁伤科学与技术研究丛书》是北京理工大学王海福教授团队长期从事该技术方向研究取得的创新成果的学术凝练，并获批了国家出版基金项目、“十三五”国家重点出版物规划项目和国之重器出版工程项目的资助出版，学术成果的原创性和前沿性得到了肯定。该系列学术专著分为《活性毁伤材料冲击响应》《活性毁伤材料终点效应》《活性毁伤增强侵彻战斗部技术》《活性毁伤增强聚能战斗部技术》和《活性毁伤增强破片战斗部技术》5部。从活性毁伤材料创制，到终点效应表征，再到不同弹药战斗部上应用，形成了以技术创新为牵引、学术创新为核心的较完整知识体系，既可用作高等院校相关学科的研究生教材，也可供从事相关研究工作的技术人员自学参考使用。

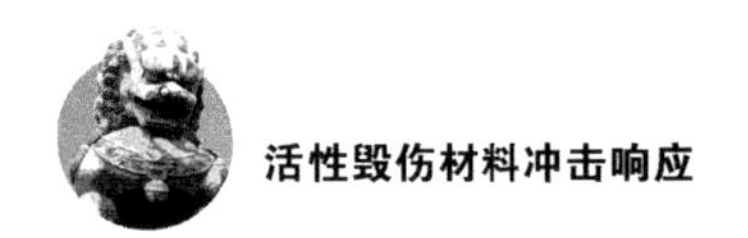

我应作者邀请为《活性毁伤科学与技术研究丛书》作序，相信该丛书的出版发行将进一步有力推动活性毁伤元弹药战斗部技术的创新发展。

中国工程院院士

序　四

先进武器，一是要能精确命中目标，二是要能高效毁伤目标。先进武器只有配置高效毁伤弹药战斗部，才能发挥更有效的精确打击；否则，击而弱毁，事倍功半。换言之，毁伤技术的创新突破，是引领和推动弹药战斗部技术发展的核心源动力，是支撑先进武器研发的技术基石之一。

近二十年来，活性毁伤元弹药战斗部技术的创新与突破，为大幅提升武器威力开辟了新途径。这项具有重大颠覆性意义的武器终端毁伤技术核心创新内涵是，打破现役惰性金属毁伤元技术理念，创制新一代兼备类金属力学强度和类炸药爆炸能量双重属性的活性材料毁伤元，由此突破惰性金属毁伤元纯动能毁伤机理的局限，从而创造一种更高效的动能与爆炸能联合毁伤机理，显著增强毁伤目标能力，实现弹药战斗部威力的大幅提升。

《活性毁伤科学与技术研究丛书》是北京理工大学王海福教授团队历经二十年创新研究，取得的原创性学术成果的深度凝练。作为国内外首套系统阐述活性毁伤元弹药战斗部技术最近研究进展的系列学术专著，内容涵盖活性毁伤元材料创制、终点效应工程表征和武器化应用三个方面，互为支撑，衔接紧密，形成了《活性毁伤材料冲击响应》《活性毁伤材料终点效应》《活性毁伤增侵彻强战斗部技术》《活性毁伤增强聚能战斗部技术》和《活性毁伤增强破片战斗部技术》5 部专著。专著着力工程应用为学术创新牵引，从理论分析、模型建立、数值模拟、机理讨论、实验验证等方面，阐述学术研究最新进展及成果，体现丛书内容的体系性和学术原创性。

应作者邀请为《活性毁伤科学与技术研究丛书》作序，我热忱祝贺作者

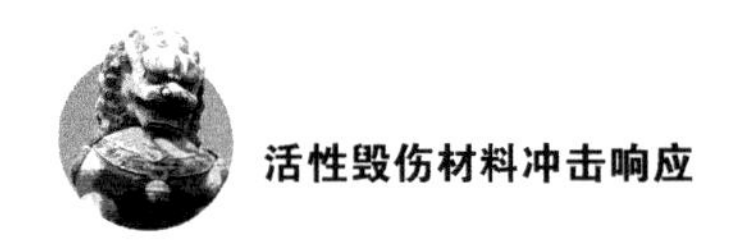

的同时，期待该系列学术专著早日出版发行。相信该丛书的出版发行，将对活性毁伤元弹药战斗部技术发展产生重要、深远的影响。

中国工程院院士

前　言

武器使用的根本使命是打击和摧毁目标，弹药战斗部是武器毁伤技术的载体和终端毁伤系统。毁伤技术先进与否，决定弹药战斗部威力的高低和武器摧毁目标能力的强弱，先进毁伤技术，是推动和支撑高新武器研发的重大核心技术。创新毁伤技术，大幅度提升弹药战斗部威力，是陆海空天武器的共性重大需求，同时也是世界各国先进武器研发共同面临的重大瓶颈性难题。

活性毁伤元弹药战斗部技术，是近二十年来发展起来的一项具有颠覆性意义的武器先进终端毁伤技术，开辟了大幅提升武器威力的新途径。这项先进毁伤技术的核心创新内涵和重大军事价值在于，打破了现役弹药战斗部主要基于钨、铜、钢等惰性金属材料毁伤元（破片、射流、杆条、弹丸等）打击和毁伤目标并形成威力的传统技术理念，着眼于毁伤材料、毁伤机理、毁伤模式及应用技术的创新突破，创制新一代既有类似惰性金属材料的力学强度，又有类似炸药、火药等传统含能材料的爆炸能量双重属性优势的活性毁伤材料。由这种活性毁伤材料制备而成的活性毁伤元高速命中目标时，不仅能产生类似惰性金属毁伤元的动能侵彻贯穿毁伤作用，更重要的是，侵入或贯穿目标后还能自行激活爆炸，发挥类似传统含能材料的爆炸毁伤优势，由此创造一种全新的动能与爆炸能双重时序联合毁伤机理和模式，显著增强毁伤目标能力，实现弹药战斗部威力的大幅提升。特别是，这项先进毁伤技术可以广泛推广应用于陆海空天武器平台的各类弹药战斗部，从防空反导反辐射、反舰反潜反装甲，到反硬目标攻坚等，已成为推动和支撑高新武器研发的重大核心技术。

《活性毁伤科学与技术研究丛书》是作者历经二十年创新研究，成功实现从概念探索验证，到关键技术突破，再到装备工程型号研制的里程碑式跨越，所取得的创新成果深度凝练而形成的系列学术专著。本丛书总体内容分为活性毁伤材料创制、毁伤效应表征和武器化应用三部分，形成《活性毁伤材料冲击响应》《活性毁伤材料终点效应》《活性毁伤增强破片战斗部技术》《活性毁伤增强聚能战斗部技术》和《活性毁伤增强侵彻战斗部技术》5 部专著。

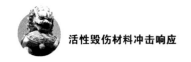

《活性毁伤材料冲击响应》是本丛书的第一部，共分 6 章。第 1 章绪论，主要阐述活性毁伤技术背景及内涵、终点效应优势和武器化应用进展等内容。第 2 章活性毁伤材料设计理论，主要阐述热力学基础理论、热力学参量测试方法、活性毁伤材料体系反应动力学模型等内容。第 3 章活性毁伤材料制备方法，主要阐述活性毁伤材料组分混合方法、模压成型理论、烧结硬化工艺和力链增强方法等内容。第 4 章活性毁伤材料力学响应行为，主要阐述活性毁伤材料静态力学响应、动态力学响应和本构模型等内容。第 5 章为活性毁伤材料力化耦合响应模型，主要阐述活性毁伤材料冲击引发化学响应行为、点火理论和点火模型等内容。第 6 章活性毁伤材料力化耦合响应机理，主要阐述活性毁伤材料跨尺度模型重构方法、冲击引发力化耦合响应算法及机理等内容。

本书由北京理工大学王海福教授、葛超助理研究员、郑元枫副研究员撰写。在本书撰写过程中，已毕业研究生刘宗伟博士、余庆波博士、徐峰悦博士、耿宝群博士、杨华硕士、刘娟硕士等，在读博士生谢剑文、唐乐、卢冠成等，参与了部分书稿内容的讨论、绘图和校对等工作，付出了辛勤劳动。

海军研究院邱志明院士、火箭军研究院冯煜芳院士、中国兵器工业第二〇三研究所杨绍卿院士和杨树兴院士，对本丛书的初稿进行了审阅，提出了宝贵的修改意见。谨向各位院士致以诚挚的感谢！

感谢北京理工大学出版社和各位编辑为本丛书出版所付出的辛勤劳动！特别感谢国家出版基金、国防科技项目、国家自然科学基金等资助！

作为国内外首部系统阐述活性毁伤材料冲击响应问题研究进展的学术专著，由于作者水平有限，书中难免存在尚不成熟或值得商榷的内容，欢迎广大读者争鸣，存在不当甚至错误之处，恳请广大读者批评斧正。

王海福

2020 年 4 月于北京

目　录

第 1 章

绪　　论

1.1 活性毁伤技术背景及内涵

武器的根本使命是打击和摧毁目标，弹药战斗部是武器的有效载荷，又称终端毁伤系统。也就是说，不管多先进、多复杂的武器系统，都要由弹药战斗部来完成对目标“临门一脚”的打击和毁伤。弹药战斗部威力的高低，从根本上决定着武器摧毁目标能力的强弱，威力不足，击而弱毁，事倍功半。提升弹药战斗部威力，特别是提高命中即摧毁目标的能力，既是陆海空天武器的重大共性需求，同时又是武器终端毁伤技术领域的重大瓶颈性难题。

1.1.1 现役常规硬毁伤战斗部威力构成技术特点

弹药战斗部技术的发展，一是受战场目标牵引，二是受高新技术推动。战场目标种类繁多、特性迥异，决定了弹药战斗部类型的多样性。为便于问题说明和分析，这里以防空反导反辐射、反舰反潜反装甲、反硬目标攻坚等典型常规硬毁伤弹药战斗部（以下简称战斗部）为例，并按有无装填高能炸药分为两大类：一类为爆炸能转化型，如杀伤/杀爆、聚能、侵爆、爆破等战斗部；另一类为动能毁伤型，如穿甲、脱壳穿甲、动能拦截器等战斗部。

典型爆炸能转化型战斗部结构如图 1.1 所示，基本作用原理及威力构成技术特点为：战斗部在弹道终点处或贯穿目标后，利用高能炸药爆炸释放及转化化学能，形成两类主要毁伤元，一类是高速金属毁伤元，如破片、杆条、射流、爆炸成型弹丸（EFP）等；另一类为爆炸冲击波，如空中、水中、岩土中冲击波等。在毁伤机理上，高速金属毁伤元命中目标后，主要是通过动能侵彻作用对目标造成机械贯穿性毁伤；而爆炸冲击波则主要通过超压和冲量效应对目标造成结构性毁伤。至于两类毁伤元对目标毁伤或威力构成的贡献大小，主要取决于战斗部的作用方式及目标类型。另外，爆炸冲击波由于随传播距离的增加会很快衰减，因此主要是对近场目标或在密闭空间内起更有效的毁伤作用。

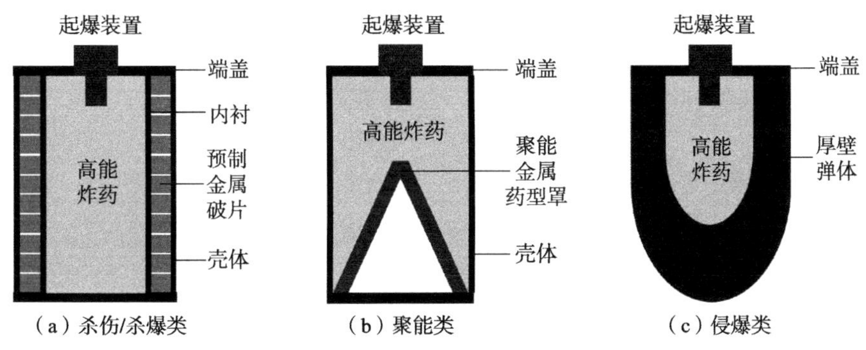

（a）杀伤/杀爆类　（b）聚能类　（c）侵爆类

图 1.1　典型爆炸能转化型战斗部结构

具体而言，对于杀伤/杀爆类、聚能类战斗部，破片、杆条、射流和 EFP 等，高速金属毁伤元是毁伤目标的主要手段，成为威力构成的核心；侵爆类战斗部主要通过内爆作用毁伤目标，威力由爆炸冲击波和高速金属毁伤元破片共同构成；爆破类战斗部，由于弹壁较薄，爆炸冲击波成为构成威力的核心。

动能毁伤型战斗部明显区别于爆炸能转化型战斗部的特点是它属于无装药类型，典型结构如图 1.2 所示。其基本作用原理及威力构成特点为：战斗部由枪、炮等身管武器发射或火箭发动机推进，从而获得打击目标所需的速度或动能，在弹道终点处通过整体直接碰撞和动能贯穿方式，对目标实施打击和毁伤作用。

（a）穿甲弹

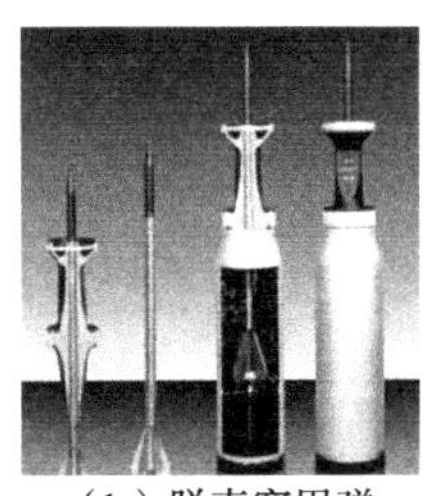
（b）脱壳穿甲弹

（c）动能拦截器

图 1.2　动能毁伤型战斗部典型结构

从毁伤机理上看，动能毁伤型战斗部可视作爆炸能转化型战斗部的一类具有特殊形状结构的金属毁伤元，两者只是获得速度和动能方式有所不同，前者除了与发射和推进有关外，更重要的是还需由毁伤炸药爆炸提供毁伤能量。

由此可见，典型常规硬毁伤战斗部的威力构成，可以一并认为主要取决于三个方面：一是高能炸药，提供毁伤能量；二是战斗部结构设计，决定毁伤能量利用分配方式；三是毁伤元，打击毁伤目标，如图 1.3 所示。

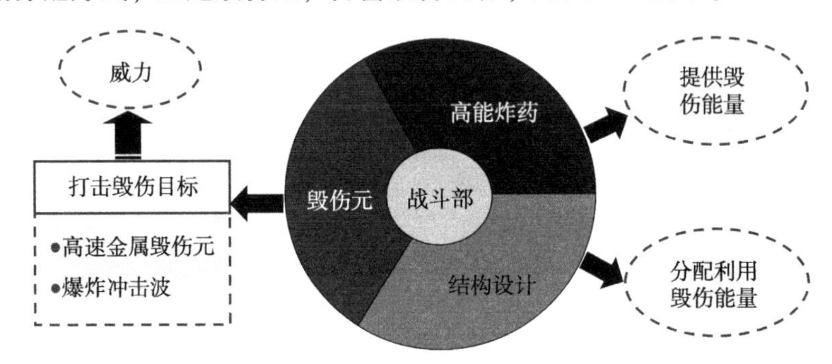

图 1.3　典型常规硬毁伤战斗部的威力构成

1.1.2　突破限制战斗部威力的瓶颈

从现役常规硬毁伤战斗部威力构成技术特点的分析可以看出，提高战斗部威力可以从三个方面着手：一是提高炸药能量，二是改进战斗部结构设计，三是增强金属毁伤元对目标的毁伤能力。

1. 提高炸药能量

提高威力的本质主要体现在两个方面，一是增强爆炸冲击波的强度，二是提高金属毁伤元的动能或速度。但大幅提高炸药能量十分困难，从二代高能炸药 RDX（1899 年研发）、HMX（1941 年研发），到目前最高能的三代炸药 CL－20（1987 年研发），迄今已历经 121 年的发展，体积能量的提高不足 15%。

多氮、全氮、金属氢等新一代含能材料的研发目前都尚处于技术探索验证或实验室合成阶段，距离实现工业化和工程化应用还有相当长的路要走。事实上，即便具备了工业化生产和工程化应用条件，当新一代含能材料爆轰压力提高到 60 GPa 甚至更高之后，现役战斗部赖以打击和毁伤目标的金属毁伤材料，如钢、铜、钛、铝、钨合金等，能否承受或适应如此高的爆轰压力冲击作用而不发生碎裂甚至熔化、气化，尚不得而知，有待进一步深入研究。

或者说，当炸药能量提高到某种程度后，炸药能量与战斗部威力之间或许已并非是一种简单的递增关系，而更应该是一种匹配协调的关系。

2. 改进战斗部结构设计

改进战斗部结构的本质是通过改进炸药能量利用分配方式或提高炸药能量利用率，来实现战斗部威力提高。以破片杀伤/杀爆类战斗部为例，通过改变或优化战斗部母线形状、装填比、起爆方式，可实现对破片飞散角、飞散初速、空间分布密度等杀伤场特性的有效控制，满足打击不同目标的需要。但从威力角度看，破片杀伤场从大飞散角，到小飞散角，再到定向、聚焦等改变，只是通过缩小破片空间分布和毁伤区域，来增强局域方向的毁伤能力。

再看聚能类战斗部，其通过改变或优化金属药型罩的锥角、壁厚、母线形状和起爆方式等设计，可以有效控制金属射流、杆流或EFP等不同形状、速度和质量的聚能毁伤元形成。但从威力的角度看，射流速度高，破甲能力也更强，能有效穿透主战坦克的主装甲，但对坦克内部人员和技术装备的后效毁伤能力往往不足。而EFP虽显著增强了后效毁伤能力，但由于速度低，穿甲能力和侵深不足，一般只能用于打击坦克顶甲、侧甲、底甲等轻中型装甲。

换句话说，通过改变炸药能量分配方式实现威力提高，往往要以牺牲其他方面的能力为代价，而通过优化战斗部结构的方式提高炸药能量利用率，无论在方法原理、技术途径还是威力增益上，可以说空间或潜力都已相当有限。

3. 增强金属毁伤元对目标的毁伤能力

这一方法的本质是通过对金属毁伤元材料的优选和结构优化，增强对目标的毁伤能力。先以破片杀伤/杀爆战斗部为例，从钢质自然破片（形状、尺寸和质量基本都不一致）和半预制破片（形状、尺寸和质量大部分一致），发展为目前应用最广泛的预制钨合金破片（形状、尺寸、质量完全一致），主要是利用预制破片形状、尺寸和质量的一致性，特别是高密度钨合金破片优良的弹道保持及存速能力，显著增强对目标的毁伤能力，如图1.4（a）、（b）所示。

再看聚能类战斗部，传统上，聚能战斗部主要是通过高能炸药爆炸驱动紫铜药型罩，来形成密度高、延展性好的铜射流、杆流或EFP，实现对装甲目标的有效破甲和毁伤，如图1.4（c）、（d）所示。但随着装甲防护类型的改变和防护性能的提高，为提高破甲能力和后效毁伤，近年来，钨钼合金药型罩、钽药型罩、纳米晶铜药型罩等得到了发展及应用。此外，随着聚能战斗部向反机场跑道、坚固工事等混凝土类硬目标大孔径破孔的应用拓展，钛合金罩、铝罩等得到了发展和应用。无疑，这些技术途径对提高聚能战斗部威力发挥了重要作用，但遗憾的是，由于受可供选用的金属毁伤元材料的限制，特别是受金属毁伤元单一动能侵彻机理和机械贯穿毁伤模式的限制，进一步提高毁伤目标能力的潜力已相当有限，而且其从根本上制约了战斗部威力的大幅提升。

（a）球形钨破片

（b）菱柱钨破片

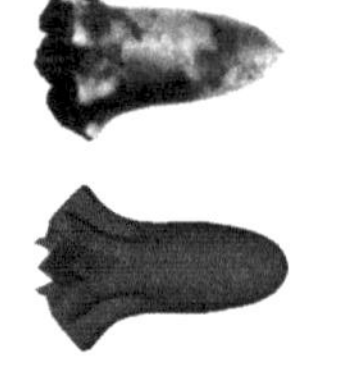
（c）爆炸成型弹丸

（d）金属射流

图 1.4　典型惰性金属材料毁伤元

从毁伤机理看，惰性金属毁伤元命中目标后，先通过动能侵彻作用贯穿目标防护层，消耗了大部分的动能；穿透目标防护层后，再利用剩余侵彻体和崩落碎片等对目标内部实施毁伤但其犹如强弩之末，毁伤能力弱，往往难以发挥命中即摧毁的打击效果。惰性金属毁伤元典型毁伤模式如图 1.5 所示。

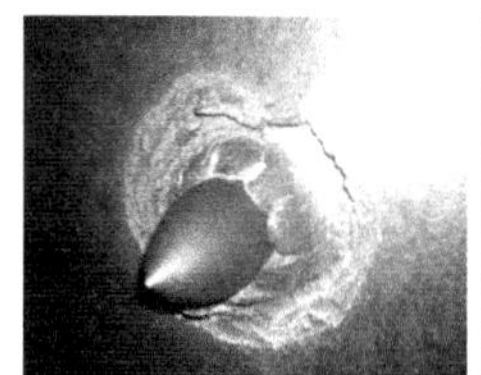

（a）弹丸/破片动能穿甲

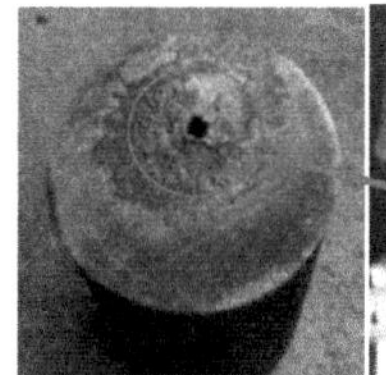

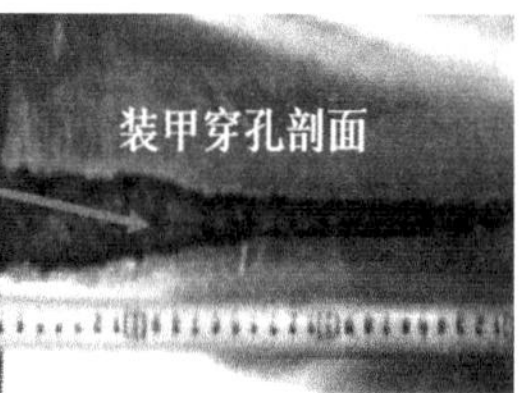

（b）射流动能破甲

图 1.5　惰性金属毁伤元典型毁伤模式

惰性金属毁伤元的这种单一动能贯穿毁伤机理，不但严重影响了战斗部威力的发挥，而且从根本上制约了威力的大幅提升。例如，钨合金破片，用于防空反飞机，引燃燃油能力严重不足，反导基本无引爆战斗部的能力，反辐射毁伤雷达辐射单元效率低。又如铜射流，用于反坦克反战车，对装甲内部技术装备和人员的后效毁伤严重不足；反舰反潜难以对不沉性船舰造成致命毁伤；反机场跑道、机库等混凝土类硬目标，基本无结构爆裂解体毁伤能力。

一个具有典型意义的战斗部威力不足的实战例子是，第一次海湾战争中，美国爱国者Ⅱ型（PAC－Ⅱ）防空导弹拦截伊拉克飞毛腿导弹，战后统计拦截成功率高达 90% 以上，但有效引爆飞毛腿导弹战斗部的成功率却不足 10%，这对地面人员和设施构成了很大的拦截威胁。特别是 1991 年 2 月的一次拦截，因“击而未爆”的飞毛腿导弹战斗部发生偏航，刚好落到美军驻沙特阿拉伯的临时兵营，造成 28 名美军官兵死亡、100 多人受伤，成为重大战场误伤亡事件。图 1.6

所示为战后美军从海中打捞上岸的“击而未爆”飞毛腿导弹战斗部残骸。

(a) 战斗部舱

(b) 发动机舱

图 1.6　在沙特朱拜勒港打捞上岸的飞毛腿导弹舱段残骸

战后，美国针对 PAC－Ⅱ防空导弹暴露出的威力不足问题，重新对战斗部威力设计进行了评估。结论认为，PAC－Ⅱ防空导弹威力不足的根本原因在于，钨合金破片动能毁伤机理的局限导致引爆能力的不足。新一代防空导弹要实现从现行的“命中即不能完成预定任务”向“命中即摧毁”跨越，这不是一个简单的通过增加钨破片质量或对钨破片进行形状优化就能解决的问题，我们必须从新毁伤材料、新毁伤机理和武器化应用上寻求突破。

事实上，威力不足，不只是防空导弹，也不只是个别的武器，而是世界各国武器共同面临的难题。究其原因，既有炸药能量不足方面的，也有战斗部设计方面的，但最根本的是，正如美国武器研究机构所指出的，现役惰性金属毁伤元单一动能毁伤机理的局限是导致毁伤目标能力不足的原因。

1.1.3　活性毁伤技术开辟大幅提升威力的新途径

针对惰性金属毁伤元毁伤能力不足问题，2000 年前后，提出了一项颠覆性武器终端毁伤技术概念，即活性毁伤材料增强战斗部技术（Reactive Material Enhanced Warhead），为大幅提升武器毁伤威力开辟了新途径。

在技术概念及内涵上，这项颠覆性武器终端毁伤技术的核心创新在于，传统金属毁伤材料，虽具有强度和动能毁伤优势，但不会爆炸，只能以纯动能侵彻和贯穿方式毁伤目标；而炸药、火药、推进剂等传统含能材料虽具有化学能和爆炸毁伤优势，但缺乏足够的强度，只能以装填方式使用，通过爆炸或爆燃进行化学能释放及转化，实现动能毁伤；活性毁伤材料的显著技术特点是，集强度和能量双重属性优势于一体，即既具备类似传统金属毁伤材料的力学强度，又具备类似传统含能材料的爆炸能量。因此，当这种活性毁伤材料以一定的速度命中目标时，既能产生类似金属毁伤材料的动能侵彻毁伤作用，又能发挥类似含能材料的爆炸毁伤优势，从而创造一种全新的动能与爆炸能双重时序联合毁伤机理，使目标毁伤模式从纯动能机械贯穿模式，向先穿后爆毁伤模式跨越性转变，从而显著增强毁伤元对打击目标的毁伤能力，实现战斗部威力大幅甚至成倍提升，活性毁伤增强技术概念及模式如图 1.7 和图 1.8 所示。

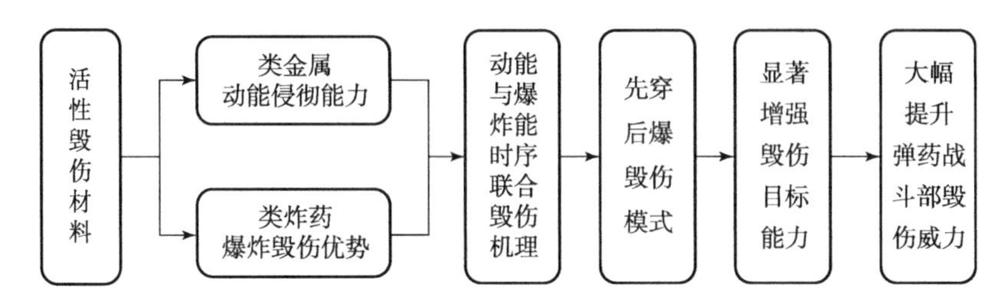

图 1.7　活性毁伤增强技术概念及内涵

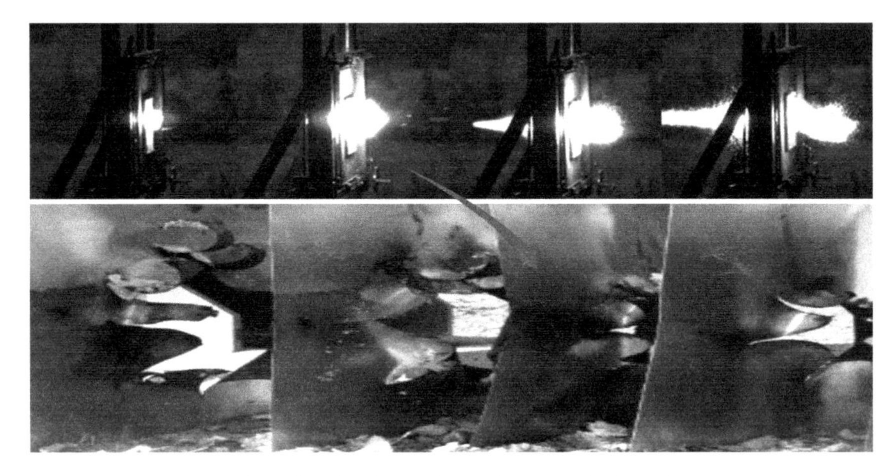

图 1.8　活性毁伤材料典型动能与爆炸化学能联合毁伤模式

2000 年，美国首次在国防技术领域计划（DTAP）中列入活性毁伤材料战斗部先进技术演示项目（Reactive Material Warhead ATD）。这项为期三年（2000—2002 年）的研究任务在美国海军研究局（ONR）主持下，由海军水面武器作战中心（NSWC）、空中武器作战中心（NAWC）和 DE 技术公司联合承研。

2002 年，美国海军研究局在空中和水面武器技术研究计划进展评估中首次披露，美国海军试验了一种新型战斗部。这种战斗部采用了通过在氟聚物中混入活性金属粉体制备而成的活性破片，取代现役钨合金破片。初步试验表明，活性破片战斗部的杀伤半径与现役钨合金破片杀伤半径相比增大了 100%，并有望进一步增大到 500%。战斗部地面静爆威力试验如图 1.9 所示。

图1.9 美军活性破片战斗部地面静爆威力试验

2007年，美国陆军坦克战车司令部下属装备研发工程中心（US Army RDECOM - ARDEC）在第42届火炮和导弹系统年会上，首次展示了活性毁伤材料在聚能类弹药战斗部上应用研究的实质性进展。实验表明，装药直径约216 mm（8.5 in）的活性药型罩聚能战斗部，对标准沥青混凝土公路靶标炸坑直径约1.5 m（5 ft），对尺寸约1.5 m×1.5 m×5.5 m（5 ft×5 ft×18 ft）的标准钢筋混凝土桥墩靶标爆裂毁伤效应显著增强，如图1.10所示。

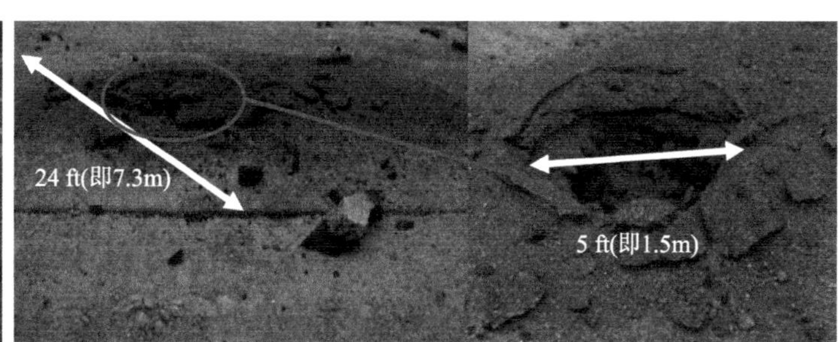

（a）标准沥青混凝土公路模拟靶标毁伤效应

（b）标准钢筋混凝土桥墩模拟靶标毁伤效应

图1.10 活性药型罩聚能战斗部地面静爆威力试验

2008年，美国国防先进研究计划局（DARPA）为推进活性毁伤技术的相关研究，设立活性毁伤材料结构（Reactive Material Structures，RMS）研究专项，旨在研发和验证拉伸强度不小于 100 ksi（690 MPa）、含能量不低于 1 500 cal/g（6.27 kJ/g）、质量密度不小于 7.8 g/cm^3，且安全性满足国防部炸药安全局（DDESB）标准的活性毁伤材料结构。研究工作分两个阶段实施，第一阶段不超过 2 年，目标是研发出胚体质量不小于 250 g、拉伸强度不小于 345 MPa 的活性毁伤材料结构；第二阶段同样不超过 2 年，目标是研发出胚体质量不小于 1 kg、拉伸强度不小于 690 MPa 的活性毁伤材料结构。

2011 年，美国海军研究局再次披露相关研究进展，BBC（英国广播公司）报道称，美国海军成功研制了一种大威力爆炸材料。这种由氟聚物和活性金属混合制备而成的爆炸材料，具有钢的密度和铝的强度，应用于导弹战斗部上，毁伤能量可提高 5 倍，并且美国海军计划年底进行导弹飞行试验。

此后，可能是技术保密等原因，美国海军、陆军都少有相关研究实质性进展的公开报道，特别是工程研制、靶场试验、威力性能及装备情况等。

国内方面，“十五”规划以来，我国基本上与美国同步开展了相关研究工作，特别是在装备前沿技术创新、专用技术预研、重大专项技术攻关、关键技术系统集成演示验证、工程型号研制等国防科技发展规划的支持下，历经近 20 年的自主创新，实现了从技术概念探索与验证、关键技术攻关与突破，到在各军兵种武器平台上推广应用的全面跨越，形成了系列自主知识产权，推动了系列武器的换代发展，实现了重大前沿核心技术方向的并跑甚至领跑。

从武器化应用角度看，活性毁伤科学与技术研究主要涉及三个方面的关键问题：一是活性毁伤材料技术，二是活性毁伤材料终点效应表征技术，三是活性毁伤材料在不同类型弹药战斗部上的工程化应用技术，如图 1.11 所示。

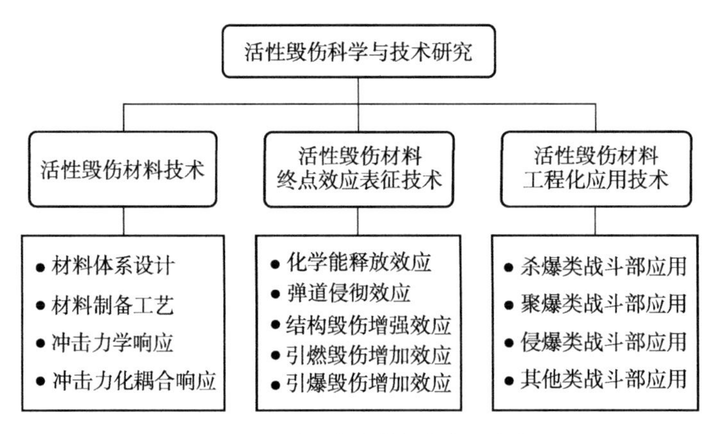

图 1.11　活性毁伤科学与技术研究范畴

1.2 活性毁伤材料及冲击响应

从活性毁伤材料技术性能看，要实现动能与爆炸能时序联合毁伤作用和先穿后爆毁伤模式，需同时具备四项关键技术性能：一是类金属力学强度，具备足够的动能侵彻能力；二是类惰性冲击钝感，具备足够的抗强冲击载荷能力；三是微毫秒激活延时，具备持续穿靶能力；四是类炸药爆炸能量，具备足够的爆炸毁伤能力，如图1.12所示。要使活性毁伤材料同时具备上述四项技术性能，必须另辟蹊径，从材料体系设计和制备技术上寻求突破。

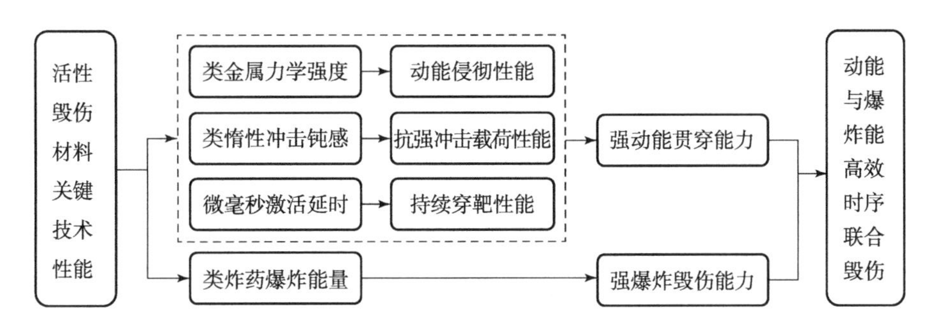

图1.12 活性毁伤材料关键技术性能

1.2.1 活性毁伤材料体系设计

从国内外相关研究看，具备在强冲击下（爆炸驱动、高速碰撞等）体系组分之间能自行发生爆燃/爆炸反应并产生一定量气体产物和超压的典型活性毁伤材料体系主要有两大类：一类是氟聚物基活性毁伤材料体系；另一类是金属间化合物活性毁伤材料体系（如硼/钛系统），其中氟聚物基活性毁伤材料体系研究和应用最为广泛。此外，其他一些新型毁伤材料如合金类、非晶类等也在不断研究和发展之中，但这类毁伤材料体系由于组分间基本不具有冲击引发爆燃/爆炸反应的能力，是否归属活性毁伤材料范畴，尚有待商榷。

氟聚物基活性毁伤材料体系是一类主要以PTFE（聚四氟乙烯）或THV（四氟乙烯、六氟丙烯和偏二氟乙烯的共聚物）等含氟聚合物为基体，通过填入适量的活性金属粉体（铝粉、锆粉、铪粉等）、重金属粉体（钨粉、钽粉等）、金属氧化物、敏化粉体等组分构成的活性体系。基础活性体系PTFE/Al

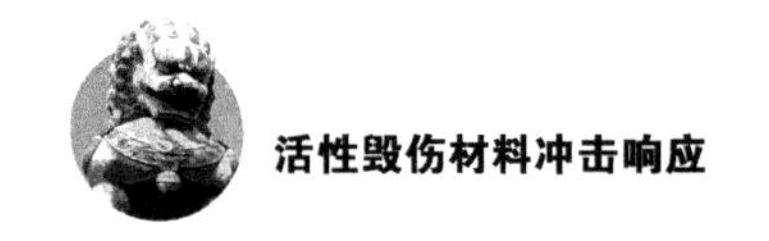

由于密度小、强度低、激活阈值高，用作弹用活性毁伤元，动能侵彻贯穿能力和化学能释放率往往不足。因此，在武器化应用中，需根据应用技术性能要求，在 PTFE/Al 活性体系中添加一些其他组分（X、Y、Z 等），对密度、激活阈值、气体产物量、力学强度等性能进行调控，满足弹用需要。

在冲击激活引发机理上，活性毁伤材料受到爆炸驱动、高速碰撞等强冲击作用时，一方面，由于材料内温度急剧升高，PTFE 发生分解并释放具有极强氧化能力的氟，由此激活填充其中的活性金属粉体与之发生爆燃反应，释放出化学能，产生超压和热效应等；另一方面，PTFE 分解还原出的碳，在高温环境下会与空气中的氧发生反应，进一步增强超压和热效应。再有，金属氧化物、敏化粉体等组分在高温下也会参与反应，产生一定的超压和热效应。

活性毁伤材料体系设计主要是通过对化学能含量、激活温度、气体产量、反应速率等性能的反应热力学和动力学分析，结合毁伤不同目标的应用需要，完成确定体系组分及配比、粒度匹配等设计，如图 1.13 所示。

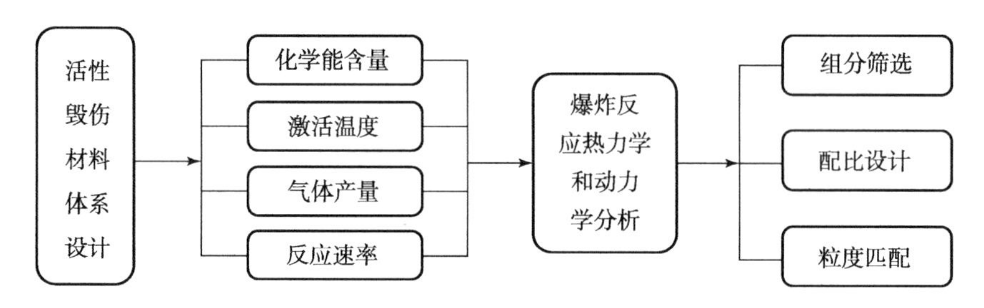

图 1.13　活性毁伤材料体系设计方法

1.2.2　活性毁伤材料制备工艺

氟聚物基（PTFE、THV）活性毁伤材料主要分为非烧结硬化型和烧结硬化型两大类。非烧结硬化型活性毁伤材料强度较低，无法独立承载使用，多用于机理性研究；烧结硬化型活性毁伤材料是武器化应用的主要发展方向。

活性毁伤材料制备工艺如图 1.14 所示。PTFE 粉体易吸湿结块，黏性大，流散性差，不易与填充粉体均匀混合，首先需通过烘干脱水、碎化、过筛、机械混合等方法，实现与填充粉体的均匀混合；然后通过冷压成型工艺，压制出所需形状、尺寸、密度或孔隙率的活性毁伤材料；最后通过高温熔化和冷却硬化工艺，使氟聚物基体从无定形相转变为结晶相，实现力学强度的显著提升，制备出力学强度、脆性或韧性满足应用需要的弹用活性毁伤材料。此外，粒度级配、纳米和纤维等力链增强的方法，可使材料力学强度获得进一步提高。

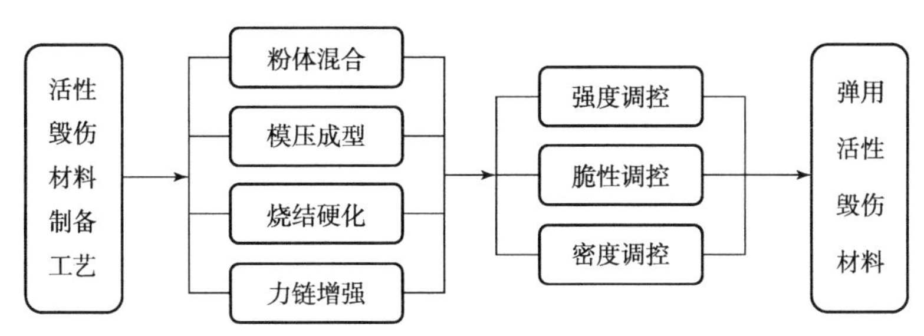

图 1.14　活性毁伤材料制备工艺

1.2.3　活性毁伤材料力学响应

活性毁伤材料力学响应主要是研究准静态、动态和高低温加载下的力学行为及本构模型，通过材料试验机、霍普金森压杆、高低温测试系统等实验手段对活性毁伤材料试样施加不同的载荷，主要获得三方面的响应特性：一是描述准静态加载下的应力 - 应变响应关系；二是描述高应变率动态加载下的应力 - 应变响应关系；三是描述不同温度条件下的应力 - 应变响应关系。

按制备工艺不同，活性毁伤材料可分为两大类：一类是全烧结型弹塑性活性毁伤材料，主要力学特点是韧性好、强度高，受载荷作用塑性变形显著；另一类是半烧结型脆性活性毁伤材料，主要力学特点是强度低、失效应变小，受载荷作用塑性变形及屈服行为不显著，达到强度极限后立即失效破坏。

冷压成型/烧结硬化活性毁伤材料动态加载下的应力 - 应变响应关系主要体现在应变硬化、应变率强化和温度软化效应等几方面，基于准静态、动态和高低温压缩实验获得相关力学响应参数，建立 Johnson - Cook、Zerilli - Armstrong 和 JCP 等本构模型。活性毁伤材料力学响应研究方法如图 1.15 所示。

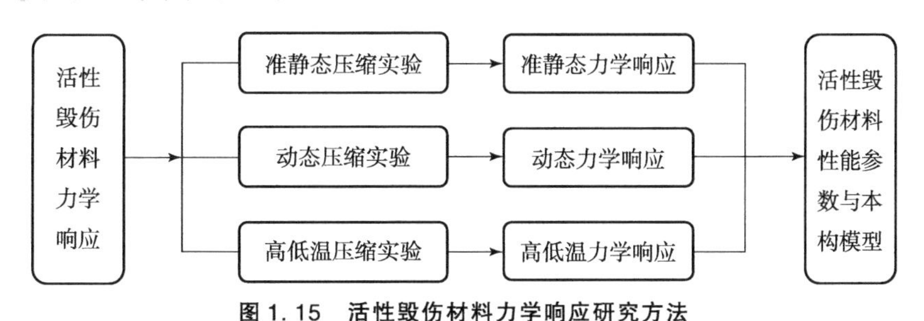

图 1.15　活性毁伤材料力学响应研究方法

1.2.4　活性毁伤材料力化耦合响应

冲击引发力化耦合响应主要是研究活性毁伤材料在高应变率加载下，由力学响应引发温度响应和化学响应之间的耦合模型及关联机理。

在高应变率加载下，活性毁伤材料力化耦合响应主要体现在三个方面：一是点火弛豫响应行为，由弛豫时间来表征；二是初始点火响应行为，由点火阈值来表征；三是化学能释放响应行为，由超压和温度来表征。三个方面的响应行为既时序演化，又明显受材料体系、配比、粉体粒度、制备工艺等影响。

利用弹道枪、霍普金森压杆、落锤等实验系统测试，获得不同应变率下的活性毁伤材料响应行为，建立应力 - 应变率点火、冲击能 - 应变率点火和应力 - 弛豫点火等模型；通过扫描电镜、光学显微镜和图像分析，建立活性毁伤材料跨尺度力化耦合模型，从宏观和细观两个尺度上，揭示活性毁伤材料力学、热力学和化学时序响应机理。力化耦合响应研究方法如图 1.16 所示。

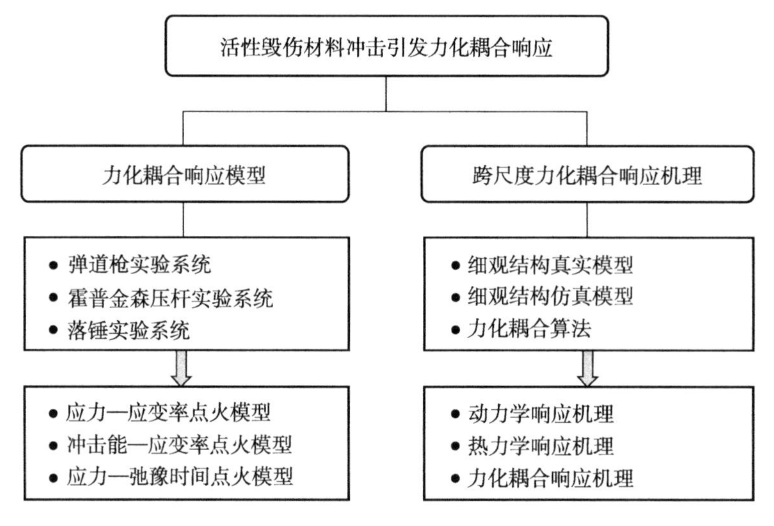

图 1.16 活性毁伤材料力化耦合响应研究方法

1.3 活性毁伤材料终点效应及优势

活性毁伤材料兼备力学强度和爆炸能量双重性能优势，在终点效应上表现为独特的动能和爆炸化学能两种毁伤机理的时序联合作用。也就是说，与惰性金属毁伤材料的单一动能侵彻贯穿作用相比，活性毁伤材料终点效应的表征要复杂得多，特别是化学能释放超压效应、动能侵彻效应（弹道极限速度）以及侵爆联合结构爆裂毁伤增强、引燃增强和引爆增强毁伤效应等表征。

1.3.1 化学能释放超压效应

活性毁伤材料显著不同于高能炸药、火药等传统含能材料的是，一经起爆便以稳定爆速传播的方式自持释放出所有的化学能。活性毁伤材料受力学强度的制约，一般无法通过传统起爆方式实现化学能的自持释放，只有在高速碰撞、爆炸等强冲击作用下，通过产生高应变率塑性变形和碎裂才能被激活，并以非自持爆燃方式部分或全部释放出化学能。或者说，活性毁伤材料化学能释放超压效应显著依赖于弹靶碰撞条件，碰撞引发碎裂程度越高，碎片平均尺寸越小，化学能释放效率越高，爆燃反应越剧烈，超压效应越强。当靶板材料及厚度一定时，碎裂程度随碰撞速度增大而提高；当着靶速度一定时，碎裂程度随靶厚减小而下降；当活性毁伤材料质量一定时，碎裂程度随弹丸长径比增大而下降。

图 1.17 所示为几种典型活性毁伤材料在不同碰撞速度下能量释放率的情况。可以看出，一是活性毁伤材料能量释放率明显依赖于碰撞速度，随碰撞速度提高，能量释放率显著提高，但即便是在 2.4 km/s 的高速碰撞条件下，最高能量释放率也仅为 80% 左右；二是不同组分体系的活性毁伤材料能量释放率差异显著，相比而言，低速碰撞条件下，铪系能量释放率最高，钽系最低，铝系和锆系处于中间水平且能量释放率相当。从武器化应用角度看，除了聚能射流和反导动能拦截器外，其他毁伤元（破片、穿甲杆、成型弹丸等）与目标遭遇的速度一般都不会超过 1.5 km/s，因此，如何提高活性毁伤材料爆燃化学能释放效率，成为武器化应用和弹药战斗部威力大幅提升的关键。

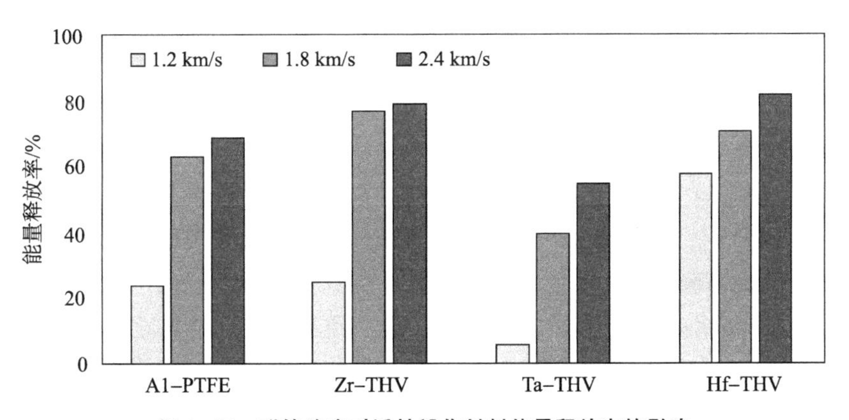

图 1.17 碰撞速度对活性毁伤材料能量释放率的影响

活性毁伤材料这种独特的非自持化学能释放行为，对爆燃超压和毁伤效应测试表征造成了相当大的困难。目前，国内外普遍采用弹道碰撞的方法进行测试，即通过弹道发射使活性毁伤材料弹丸以一定的速度碰撞初始封闭的内爆超压测试罐，弹丸在贯穿测试罐一端的薄铝靶后，与设置在罐体内的钢靶二次碰撞，由罐壁压力传感器测得内爆超压，实验测试系统如图 1.18（a）所示，图 1.18（b）和（c）所示为典型内爆化学能释放行为和超压效应。可以看出，在初始几微秒内，活性毁伤材料呈现为类爆轰行为，形成较高的爆炸冲击波超压峰，随后超压迅速下降转入类爆燃反应过程，超压逐渐增大，达到最大后，在较长一段时间内（几百毫秒）以准静态超压方式逐渐下降，直至达到平衡状态。由此可见，与炸药、火药等传统含能材料相比，活性毁伤材料爆燃超压虽不高，但超压和高温等效应持续时间长、冲量大，从而可以显著发挥毁伤作用。

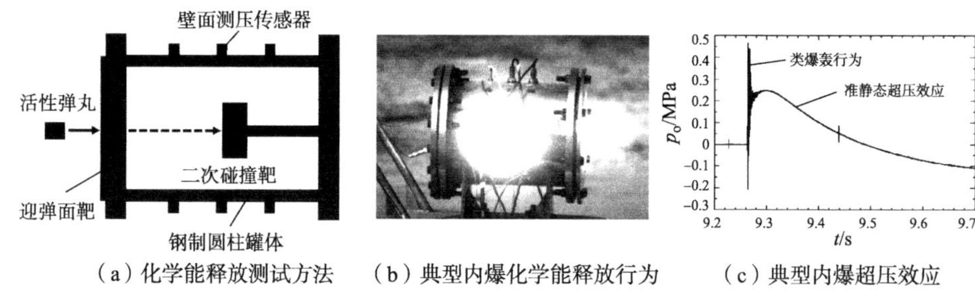

（a）化学能释放测试方法　（b）典型内爆化学能释放行为　（c）典型内爆超压效应

图 1.18　活性毁伤材料化学能释放测试方法及典型内爆超压效应

1.3.2　动能侵彻效应

动能侵彻效应是度量弹丸贯穿目标能力强弱的重要性能，通常用弹道极限速度 v_{50} 或 v_{100} 来表征，即 50% 或 100% 贯穿给定材料和厚度的靶板所需的最低速度。有关金属毁伤材料弹丸侵彻性能问题，国内外有不少半经验公式可用于弹道极限速度预估，有代表性的如 THOR 公式，但将这些半经验公式用于活性毁伤材料弹丸弹道极限速度预估，往往会导致较大偏差。主要原因是活性毁伤材料在侵彻靶板过程中在载荷作用下会被激活从而引发爆燃反应，并对侵彻行为造成复杂影响。一是弹丸头部受爆燃超压作用，侵彻能力会减弱；二是当碰撞速度接近弹道极限时，爆燃超压又会对靶板背面起爆裂增强作用。

活性毁伤材料弹丸以接近弹道极限的速度侵彻不同厚度铝靶而引发的爆燃反应行为如图 1.19 所示，图 1.19（a）、（b）和（c）对应铝靶厚度分别为 3 mm、6 mm 和 9 mm。可以看出，随着铝靶厚度增大，材料爆燃效应明显增强，靶厚为 3 mm 时，弹道极限速度和碰撞压力较低，活性毁伤材料激活有限，爆燃火焰呈扁平状后喷；靶厚增大到 6 mm 时，爆燃火焰后喷速度明显增强；靶厚进一步增大到 9 mm 时，爆燃火焰越加强烈，后喷速度更高。

(a) h=3 mm

(b) h=6 mm

(c) h=9 mm

图 1.19　活性毁伤材料弹丸侵彻不同厚度铝靶而引发的爆燃反应行为

1.3.3　结构爆裂增强毁伤效应

结构爆裂增强毁伤效应是指活性毁伤材料弹丸以一定速度碰撞双层或多层间隔靶，在动能与爆炸化学能时序联合作用下对目标造成的结构毁伤效应。这种独特的结构爆裂毁伤机理和效应使其用于打击飞机、相控阵雷达辐射单元等结构类目标时可显著发挥毁伤优势。弹道碰撞实验表明，活性毁伤材料弹丸高速碰撞双层或多层结构间隔靶，结构爆裂毁伤效应主要体现在后效靶上，对第一层迎弹靶的毁伤作用基本与金属弹丸类似，仍体现为动能贯穿毁伤模式，但贯穿孔径更大。结构靶典型爆裂毁伤效应及机理如图 1.20 所示。

在毁伤机理上，活性毁伤材料弹丸碰撞侵彻第一层靶板的过程，主要是起冲击激活作用，难以形成动能侵彻和爆炸这两种毁伤机理的时序联合作用条件。后效靶毁伤效应，除了与活性毁伤材料弹丸的碰撞速度有关外，还明显受迎弹靶板材料和厚度的影响。迎弹靶板厚度大，弹道极限速度和侵彻过程载荷高，弹丸穿靶后碎裂程度高，这虽有利于提高活性毁伤材料的激活率和靶后化学能释放率，但由于剩余侵彻体质量和动能不足，导致对后效靶结构爆裂毁伤能力减弱；相反，迎弹靶厚度小，弹道极限速度低，穿靶过程时间短，弹丸碎裂程度低，虽增大了碰撞后效靶的剩余侵彻体质量，但由于激活率低和化学能释放不足，同样难以显著发挥结构爆裂毁伤作用，如图 1.20（b）所示。

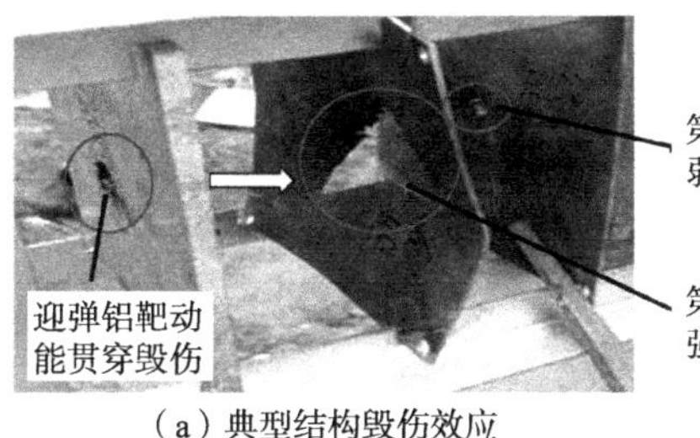

(a) 典型结构毁伤效应

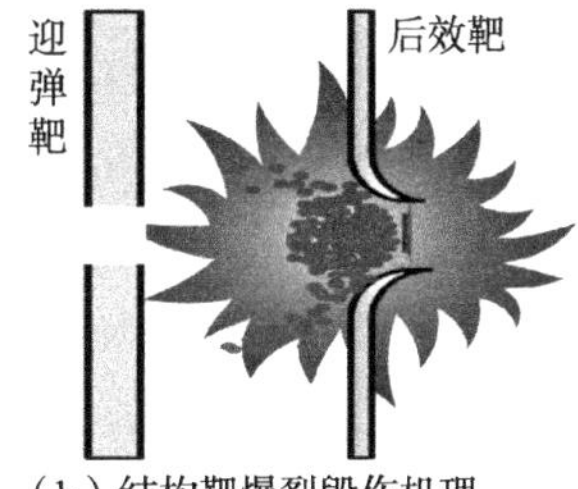

(b) 结构靶爆裂毁伤机理

图 1.20　结构靶典型爆裂毁伤效应及机理

需要特别指出，后效靶厚度对活性毁伤材料发挥结构爆裂毁伤作用也有明显影响。一般说来，在相同碰撞条件下，后效靶结构爆裂毁伤效应随其厚度增大而减弱，后效靶超过一定厚度后，结构强度达到或超过剩余侵彻体侵爆联合毁伤能力，同样难以对后效靶起到显著的结构爆裂毁伤作用。

1.3.4 引燃增强毁伤效应

从引燃毁伤机理看，惰性金属弹丸以一定速度碰撞油箱，先通过动能侵彻贯穿油箱壳体，剩余侵彻体进入燃油内继续侵彻。一方面，由于剩余侵彻体温度很高（300 ℃左右），侵彻过程使燃油局部升温形成油气；另一方面，在碰撞壳体过程中形成并传入燃油中的前驱冲击波和剩余侵彻体侵彻燃油过程中形成的压力波共同作用下，形成水锤效应。两方面效应共同作用，致使油箱结构变形，甚至在侵孔附近和连接薄弱处出现局部结构撕裂。随后，燃油从侵孔和裂缝中呈雾化油气的方式喷出，遇到点火源就有可能被引燃。引燃能力的强弱，主要取决于碰撞动能或比冲量、碰撞部位、油箱结构强度、周围环境氧浓度等因素，惰性金属弹丸碰撞油箱引燃机理如图 1.21 所示。

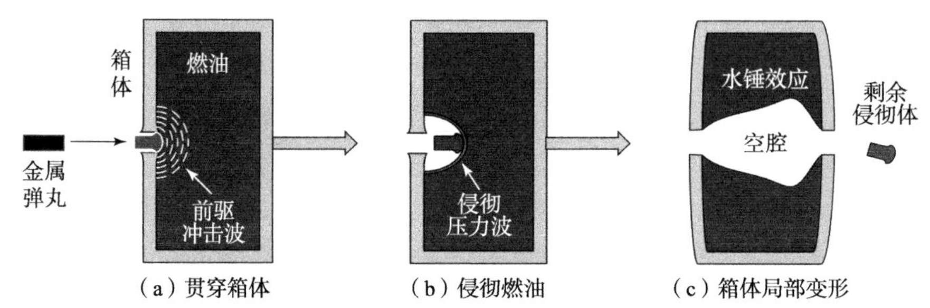

图 1.21　惰性金属弹丸碰撞油箱引燃机理

与惰性金属弹丸不同，活性毁伤材料弹丸碰撞油箱时，通过动能侵彻作用贯穿油箱壳体后，除了在油箱中形成水锤效应外，更重要的是，活性毁伤材料被冲击激活引发爆燃反应，释放出大量的化学能，在油箱内形成更高压力，从而显著增强对油箱的局部结构撕裂破坏，导致燃油以更高的雾化程度和更易点火的方式向外喷射。另外，活性毁伤材料高温爆燃碎片和火焰从侵孔及裂缝中喷出，既增加了点火源数量，又延长了点火源作用时间，从而显著增强了引燃能力，活性毁伤材料弹丸碰撞油箱的引燃增强机理如图 1.22 所示。

活性毁伤材料弹丸和钨合金弹丸碰撞钢壁螺栓连接圆柱形油箱的典型引燃效应对比如图 1.23 所示。可以看出，在相同弹靶碰撞条件下，活性毁伤材料弹丸展现了更强的引燃能力，钨合金弹丸只造成了油箱前后端穿孔和漏油。或者说，相对于活性毁伤材料弹丸，钨合金弹丸需要更高的碰撞速度才能引燃燃油。

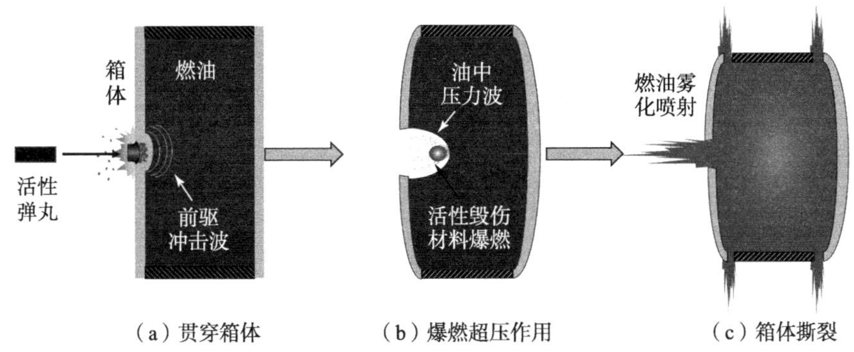

（a）贯穿箱体　（b）爆燃超压作用　（c）箱体撕裂

图 1.22　活性毁伤材料弹丸碰撞油箱的引燃增强机理

（a）钢壁螺栓连接圆柱形油箱（b）活性毁伤材料弹丸引燃效应（c）钨合金弹丸击而不燃

图 1.23　活性毁伤材料弹丸与钨弹丸典型的引燃效应对比

1.3.5　引爆增强毁伤效应

从引爆毁伤机理看，当惰性金属弹丸以一定速度碰撞战斗部类（带壳装药）可爆目标时，先通过动能侵彻作用贯穿壳体，并向炸药装药中传入冲击波，当强冲击波传播扫过炸药装药时，波阵面处装药受到压缩作用，密度、温度和压力急剧上升，使装药内部产生非均匀分布的热点，当热点温度超过炸药分解温度时，炸药内部就会发生局部点火反应，释放出化学能，并有可能逐步成长为爆轰反应。一般而言，炸药装药内部在单位时间内形成的热点数越多，被引爆的概率就越大。在惰性金属弹丸材料和结构形状一定的条件下，引爆能力强弱，除显著依赖于碰撞速度、角度等因素外，还与壳体材料、厚度、炸药类型、装药密度等紧密相关。惰性金属弹丸碰撞带壳装药引爆毁伤机理如图 1.24 所示。

显著不同于惰性金属弹丸的是，当活性毁伤材料弹丸以一定速度碰撞带壳装药时，除了产生与金属弹丸类似的冲击波引爆机理外，活性毁伤材料还会在贯穿壳体后发生爆燃反应，增加输入炸药装药的起爆能量，如同雷管一样，起二次引爆作用，显著增强对炸药装药的引爆能力。另外，活性毁伤材料弹丸只需贯穿壳体即可向炸药装药释放化学能，显著降低所需的碰撞速度。活性毁伤材料弹丸碰撞带壳装药引爆增强毁伤机理如图 1.25 所示。

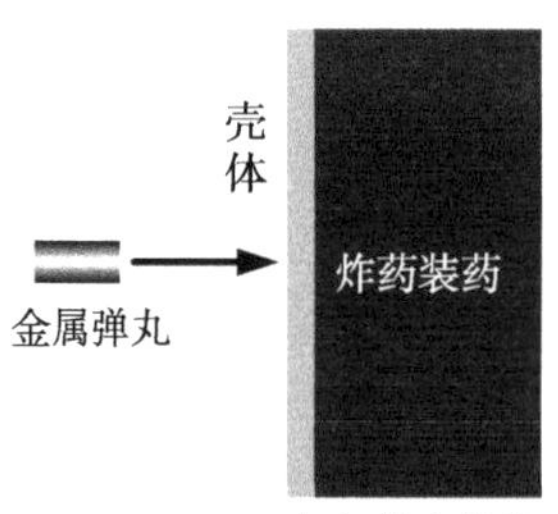

(a) 带壳装药

(b) 贯穿壳体

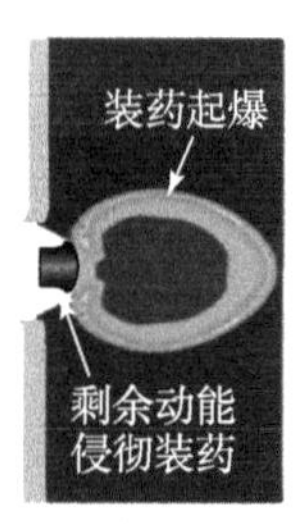

(c) 侵彻装药

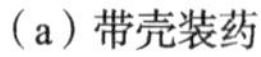

图 1.24 惰性金属弹丸碰撞带壳装药引爆毁伤机理

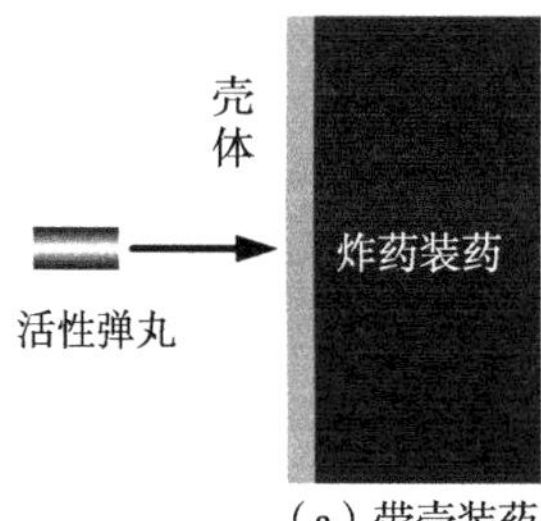

(a) 带壳装药

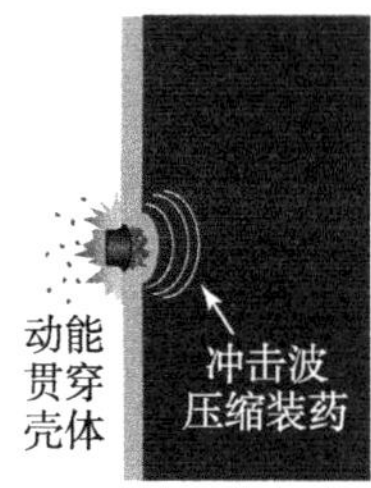

(b) 贯穿壳体

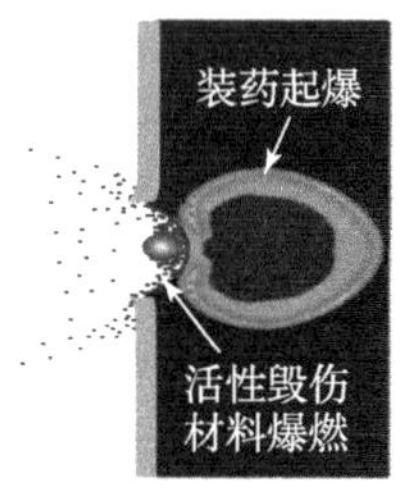

(c) 释放化学能

图 1.25 活性毁伤材料弹丸碰撞带壳装药引爆增强毁伤机理

活性毁伤材料弹丸和钨合金弹丸对带壳装药典型引爆作用效应的对比如图 1.26 所示。可以看出，在相同弹靶碰撞作用条件下，活性毁伤材料弹丸展现了更强的引爆毁伤能力，钨合金弹丸只造成了炸药装药碎裂。或者说，与活性毁伤材料弹丸相比，钨合金弹丸引爆带壳装药需要更高的碰撞速度或更大的动能。

(a) 带壳装药

(b) 活性毁伤材料弹丸引爆效应

(c) 钨合金弹丸击而不爆

图 1.26 活性毁伤材料弹丸与钨弹丸典型引爆效应的对比

1.4 活性毁伤材料武器化应用及进展

按武器化应用不同，由活性毁伤材料制成的特定形状结构体（如破片、杆条、药型罩、壳体等）称为活性毁伤元，如图 1.27 所示。活性毁伤元技术，不但可大幅增强毁伤元对目标的毁伤能力，更重要的是，作为一项共性核心技术，可广泛应用于陆海空天武器平台的各类弹药战斗部，从防空反导反辐射、反舰反潜反装甲，到反硬目标攻坚等，实现弹药战斗部威力的成倍提升。

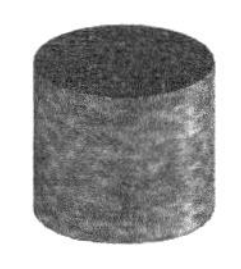

（a）破片　（b）杆条/芯体　（c）聚能药型罩　（d）壳体/结构件

图 1.27　典型活性毁伤元

1.4.1　活性毁伤增强杀爆类战斗部技术

在基本不改变传统杀爆类战斗部结构及作用原理的条件下，由活性破片（含杆条）或壳体替代现役惰性金属破片或壳体，利用炸药爆炸驱动形成高速活性破片命中目标造成独特的侵爆联合毁伤作用，大幅提升防空/反导/反辐射等毁伤威力。活性毁伤增强杀爆类战斗部示意结构及作用原理如图 1.28 所示。

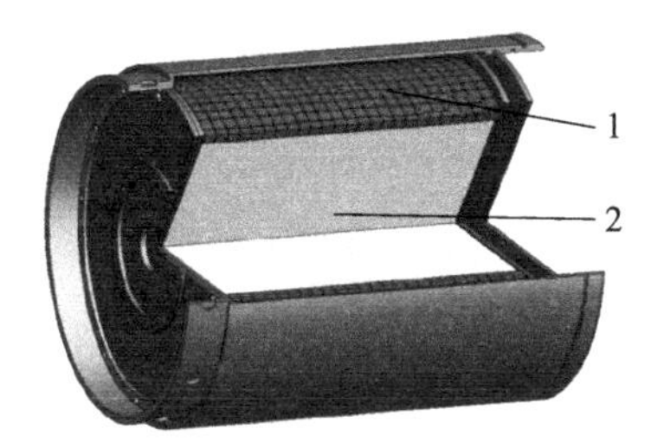

（a）战斗部示意结构

（b）战斗部作用原理

图 1.28　活性毁伤增强杀爆类战斗部示意结构及作用原理

1—活性破片；2—高能炸药

活性毁伤增强杀爆类战斗部设计和研制面临的关键技术难题有以下两个。

（1）活性破片爆炸驱动高初速不碎不爆技术。一方面，活性破片强度低，而且材料自身含能，在高能炸药爆炸驱动获得飞散速度和动能过程中，所承受的冲击载荷远高于活性毁伤材料自身的强度和激活阈值；另一方面，采用传统抗冲击吸能防护技术，虽能有效降低冲击载荷，解决不碎不爆难题，但不可避免会占用相当部分的径向空间，导致战斗部装药量大幅减少且活性破片飞散初速显著降低。如何实现爆炸驱动活性破片有高飞散初速且不碎不爆，成为活性破片在杀爆类战斗部上武器化应用的重大技术难题。

（2）活性破片高效侵爆联合毁伤技术。一方面，活性破片爆炸驱动过程不可避免会造成局部结构变形甚至破坏，导致侵彻能力下降；另一方面，活性破片化学能释放效率随碰撞速度减小而显著下降，如何实现活性破片无论在高速还是低速碰撞目标时均能充分反应、完全释放化学能，显著发挥侵爆联合毁伤优势，成为活性破片武器化应用的又一技术难题。

经过多年创新研究和关键技术攻关，我国在活性毁伤增强杀爆战斗部的设计和研制方面均取得了重大突破，攻克了活性破片武器化应用系列难题。

某活性毁伤增强杀爆战斗部地面静爆威力试验如图 1.29 所示，命中相控阵雷达模拟靶标侵爆作用和毁伤效应分别如图 1.30 和图 1.31 所示，命中油箱和可燃效应物引燃毁伤效应如图 1.32 所示。结果表明，活性破片飞散初速达 2 200 m/s 左右，贯穿 10 mm 厚迎弹钢靶，结构完整率达 90% 以上，后效铝靶穿孔面积达破片截面积 16 倍以上，引燃能力增大 1 倍以上，展现了良好的抗碎抗爆性能和高效贯穿、结构毁伤及引燃能力。

（a）战斗部样机

（b）靶场布置

图 1.29　某活性毁伤增强杀爆战斗部地面静爆威力试验

图 1.30　命中相控阵雷达模拟靶标典型侵爆作用

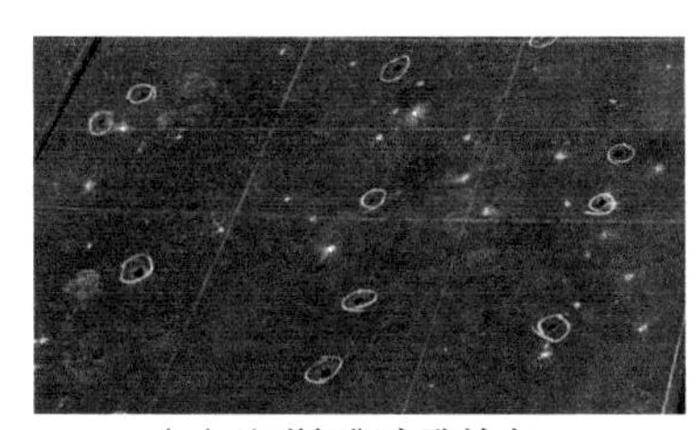

（a）迎弹钢靶穿孔效应

（b）后效铝靶爆裂毁伤效应

图 1.31　相控阵雷达模拟靶标典型毁伤效应

（a）效应物引燃效应

（b）制式油箱毁伤效应

图 1.32 命中油箱和可燃效应物典型引燃毁伤效应

1.4.2 活性毁伤增强聚爆类战斗部技术

活性毁伤增强聚爆类战斗部在基本不改变传统聚能战斗部结构和作用原理条件下，由活性药型罩部分或全部替代现役惰性金属药型罩，利用高能炸药爆炸驱动活性药型罩形成高速活性聚爆侵彻体独特的侵爆联合毁伤作用分布式化学能释放机理，实现反混凝土类目标（机场跑道、坚固工事、桥墩等）和反装甲类目标（坦克、战车、潜艇、战舰等）毁伤威力的大幅提升。活性毁伤增强聚能战斗部示意结构及作用原理如图 1.33 所示。

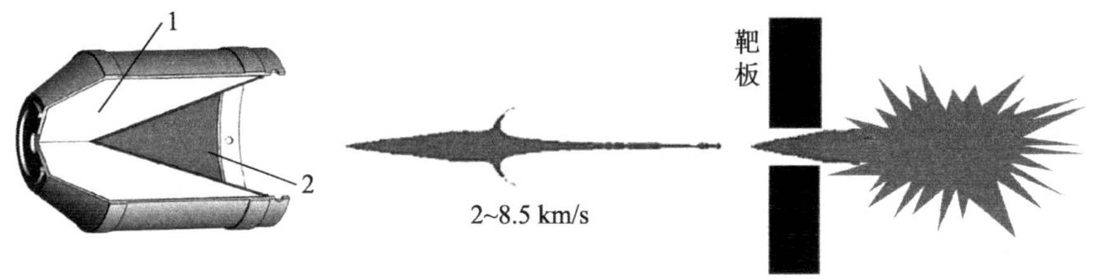

（a）战斗部示意结构 （b）高速活性聚爆侵彻体成型 （c）高速聚爆侵彻体穿靶后爆炸

图 1.33 活性毁伤增强聚能战斗部示意结构及作用原理

1—高能炸药；2—活性药型罩

活性毁伤增强聚爆类战斗部设计和研制面临的关键技术难题有以下两个。

（1）爆炸驱动活性药型罩形成高速聚爆侵彻体技术。不同于铜、钛等惰性金属药型罩，活性药型罩材料自身含能，在高能炸药爆炸极高载荷驱动形成高速聚爆侵彻体过程中，不可避免会被激活，如何实现活性聚爆侵彻体成型过程中只激活但不即刻爆炸，成为活性药型罩武器化应用的重大技术难题。

（2）活性聚爆侵彻体高效侵爆联合毁伤调控技术。活性聚爆战斗部打击的目标种类多，目标特性、毁伤机理和毁伤模式迥异。例如，打击坦克、机库、工事等强防护类目标时，活性聚爆侵彻体必须具备足够的贯穿能力，才能显著发挥靶后爆炸毁伤优势；打击战车、潜艇、战舰等相对弱防护类目标时，贯穿目标防护层相对容易，高含能和强内爆毁伤成为关键；打击机场跑道、桥墩桥梁等本体功能型目标时，必须穿入目标内部在适当深度处爆炸，才能显著发挥结构爆裂解体毁伤优势。如何实现活性聚爆侵彻体在反多种类目标时充分发挥侵爆联合毁伤优势，成为武器化应用又一技术难题。

经过多年创新研究和关键技术攻关，我国在活性毁伤增强聚爆弹药战斗部设计和研制方面取得了重大突破，攻克了武器化应用系列难题。

某口径 152 mm 低着速布撒型和某口径 155 mm 高着速抛撒型活性毁伤增强聚爆弹药工程型号样机打击机场跑道典型毁伤效应如图 1. 34 所示，某口径 120 mm 活性毁伤增强聚爆攻坚弹打击钢筋混凝土碉堡工事典型毁伤效应如图 1. 35 所示，某口径 152 mm 反装甲活性毁伤增强聚爆战斗部对装甲目标典型毁伤效应如图 1. 36 所示。可以看出，活性毁伤增强聚爆弹药战斗部展现了优良的反跑道大炸坑、大隆起、大裂纹、大空腔等结构爆裂毁伤优势，反钢筋混凝土碉堡工事展现了大孔径贯穿和靶后爆炸毁伤优势，反装甲类目标展现了显著的结构爆裂和内爆后效毁伤优势。为聚能战斗部高效打击和毁伤多种类目标，实现单级聚能战斗部发挥聚能 - 爆破两级战斗部毁伤优势开辟了新途径。

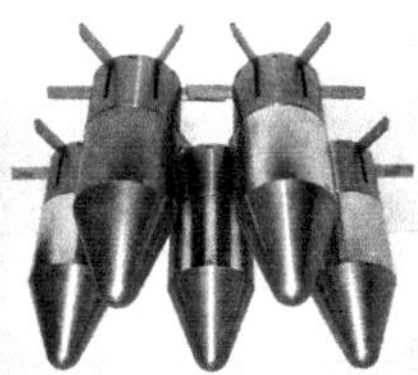

（a）反跑道子弹药工程样机

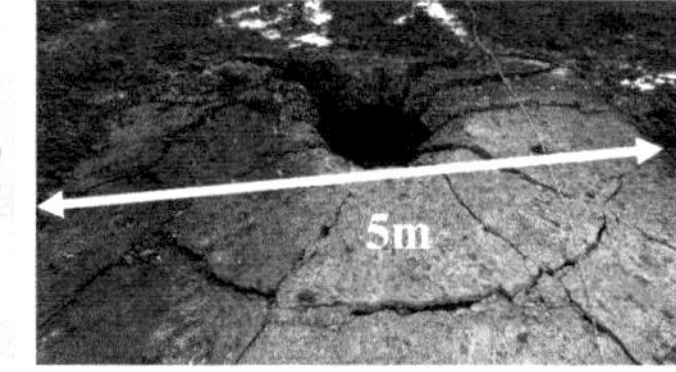

（b）结构大裂毁伤

图 1. 34　反机场跑道典型毁伤效应

（a）攻坚弹工程样机

（b）钢筋混凝土碉堡工事

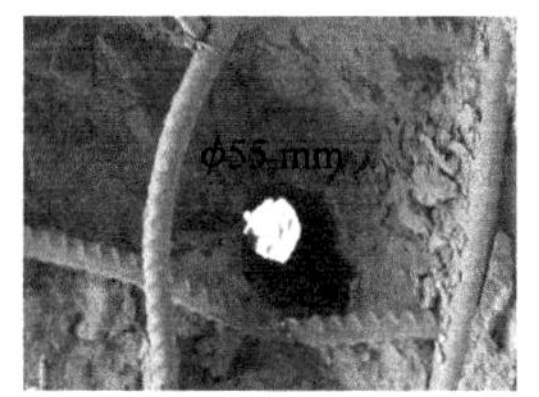

（c）大孔径贯穿

图 1. 35　反钢筋混凝土碉堡工事典型毁伤效应

（a）反装甲战斗部工程样机

（b）薄/厚装甲爆裂毁伤

图 1. 36　反装甲目标典型毁伤效应

1.4.3 活性毁伤增强侵爆类战斗部技术

按应用方式不同，活性毁伤增强侵爆类战斗部大致可以分为两类：一类是由活性毁伤材料部分或全部替换现役穿甲/脱壳穿甲类战斗部的重金属穿甲杆芯，实现在无引信、无装药情况下显著发挥战斗部穿爆联合毁伤优势的可能；另一类是由活性毁伤材料部分替代半穿甲/侵爆类战斗部壳体或高能炸药，提升威力。典型活性毁伤增强侵爆战斗部示意结构及作用原理如图 1.37 所示。

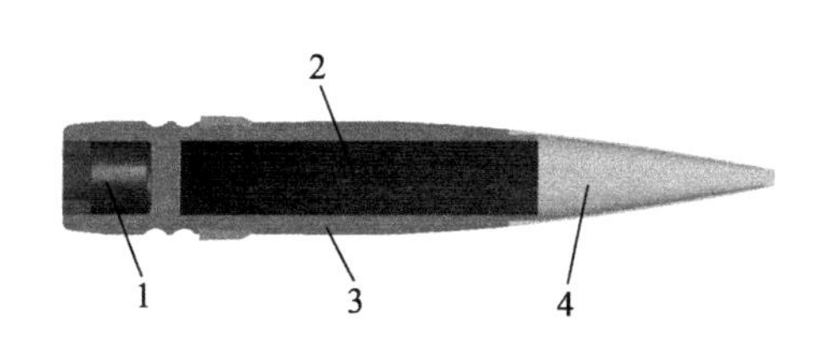

（a）战斗部示意结构

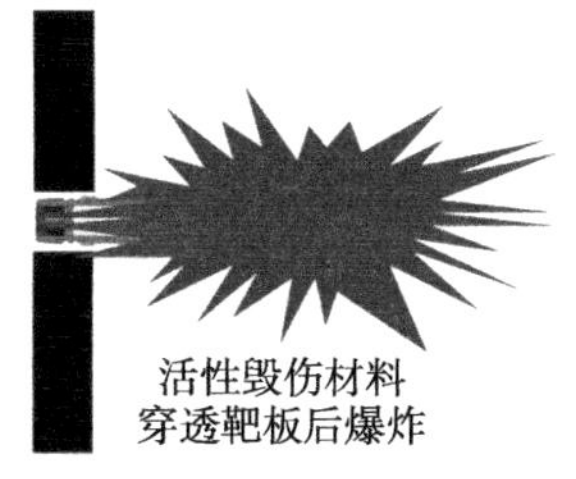

（b）终点作用原理

图 1.37 典型活性毁伤增强侵爆战斗部示意结构及作用原理

1—弹底；2—活性毁伤材料芯体；3—金属弹体；4—风帽

与杀爆类或聚爆类战斗部通过高能炸药爆炸驱动获得打击目标所需的速度不同，活性毁伤增强侵爆类战斗部面临的关键技术难题有以下两个方面。

（1）活性毁伤材料芯体高效激活爆炸技术。活性毁伤增强侵爆战斗部侵彻目标过程中，活性芯体承受的载荷从头部到尾部会显著衰减，导致后部芯体不易被激活爆炸，如何实现活性芯体高效激活爆炸成为武器应用技术难题之一。

（2）高效穿爆联合毁伤一体化结构设计技术。活性毁伤增强侵爆战斗部贯穿不同厚度目标的承载时间不同，这导致活性芯体的激活率显著不同。如何实现高效穿爆联合毁伤一体化，实现既有足够侵彻能力，又能适应贯穿不同厚度目标均能显著发挥爆炸毁伤优势，成为武器化应用又一技术难题。

经过多年创新研究和关键技术攻关，我国在活性毁伤增强侵爆弹药战斗部设计和研制方面取得了重大突破，攻克了武器化应用系列难题。

某小口径（25/30 mm）活性毁伤增强侵爆弹工程样机如图 1.38 所示，在 1 000 m 射距时对模拟武装直升机驾驶舱和导弹战斗部靶标典型毁伤效应如图 1.39 和图 1.40 所示。结果表明，在贯穿 10 ~ 40 mm 厚度装甲后，对多层后效铝靶均能造成结构大爆裂穿孔毁伤，平均爆裂毁伤孔径达 10 ~ 15 倍弹径，展现了良好的穿靶能力和毁伤增强适应性；命中模拟导弹战斗部靶标，说明其具备高效引爆钝感装药的能力，大幅提升了小口径穿甲弹防空反导能力。

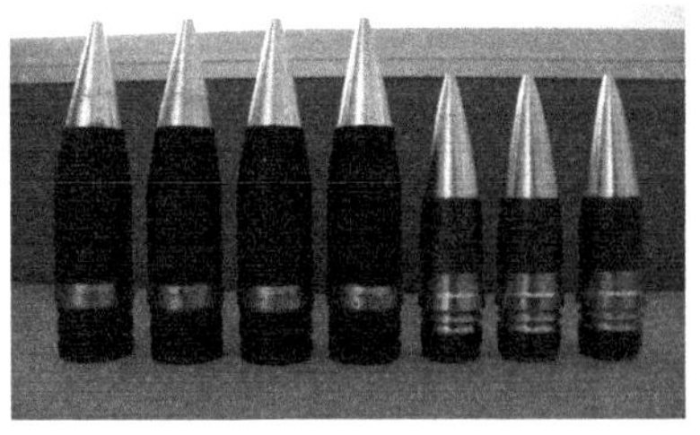

(a) 无引信无装药活性毁伤弹头

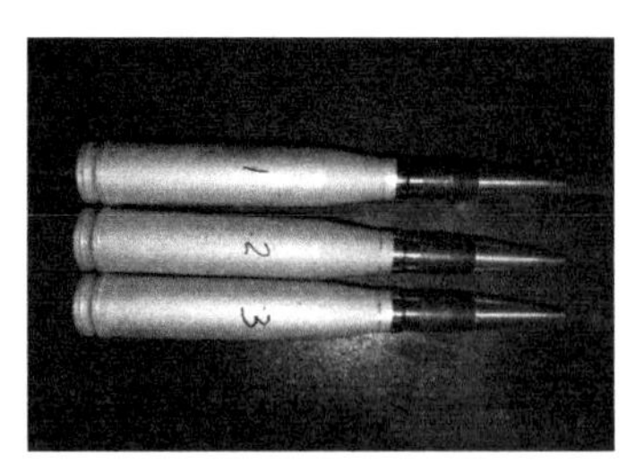

(b) 全备弹

图 1.38　小口径活性毁伤增强侵爆弹

(a) 模拟靶标

(b) 穿靶后激活爆炸

(c) 后效靶毁伤效应

图 1.39　模拟武装直升机驾驶舱靶标典型爆裂毁伤效应

(a) 模拟战斗部靶标

(b) 装药引爆效应

图 1.40　模拟导弹战斗部靶标典型引爆毁伤效应

某中大口径（105 mm）活性毁伤增强侵爆弹工程样机如图 1.41 所示，打击模拟大中型战舰和钢筋混凝土碉堡工事目标典型毁伤效应分别如图 1.42 和图 1.43 所示。结果表明，活性毁伤增强侵爆弹具备贯穿 7 层大间隔装甲靶的能力，活性芯体逐层激活爆炸和多域毁伤；其贯穿厚度 500 mm 钢筋混凝土靶标，爆裂穿孔直径达 6 倍弹径以上，活性芯体爆炸毁伤效应显著，为中大口径无引信、无装药穿甲弹具备高效反舰攻坚破障能力开辟了新途径。

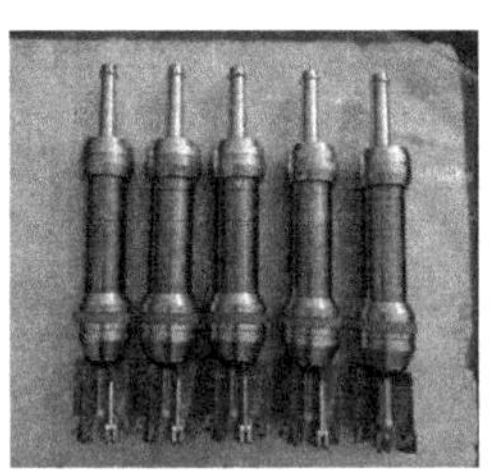

(a) 无引信、无装药活性毁伤弹头

(b) 全备弹

图 1.41　中大口径活性毁伤增强侵爆弹

(a) 贯穿甲板逐层穿爆作用

(b) 甲板逐层爆裂毁伤

图1.42 模拟中大型战舰靶标典型毁伤效应

(a) 贯穿钢筋混凝土穿爆作用

(b) 大破孔破障毁伤

图1.43 模拟钢筋混凝土碉堡工事靶标典型毁伤效应

第2章

活性毁伤材料设计理论

|2.1 热力学基础|

显著区别于炸药、火药、推进剂等传统含能材料，活性毁伤材料兼备力学强度和爆炸能量双重材料属性，常态下呈现为类似惰性材料的属性，但在强冲击载荷（爆炸、高速碰撞等）作用下则会被激活从而引发爆燃反应，释放出大量化学能。活性毁伤材料这种独特的力学和化学性能，决定了冲击响应过程力化耦合行为的复杂性。化学热力学和动力学分析是材料体系设计的基础。

2.1.1 热力学参数

热力学第一定律的本质是能量守恒，即对于任意隔离系统，无论经历何种变化，体系中的功热转化过程始终遵循能量守恒定律。

1. 热与热容

恒容过程和恒压过程是两类典型的热力学过程。恒容过程是指系统容积恒定不变的过程，即 $dV=0$，如在体积固定的密闭反应器中进行的过程。系统在恒容过程中，非体积功为零，热力学第一定律可表述为

$$Q_V = \Delta U \tag{2.1}$$

式中，恒容热 Q_V 为指系统恒压且非体积功为零过程中与环境交换的热量；ΔU 为系统状态变化过程中的热力学能变，只与系统的初态和终态有关。

式（2.1）表明，在恒容且无非体积功（$W'=0$）的条件下，系统与环境交换的热量 Q_V 与 ΔU 相等，对于微小恒容且非体积功为零的过程，有

$$\delta Q_V = \mathrm{d}U \tag{2.2}$$

恒压过程是指系统压力与环境压力相等且恒定不变的过程，即 $\mathrm{d}p=0$，如在大气环境压力下在敞开容器中进行的过程。恒压热 Q_p 是指系统恒压且非体积功为零的过程中与环境交换的热量，体积功 W 和恒压热 Q_p 可表述为

$$W = -p_{\mathrm{amb}}(V_2 - V_1) = -p(V_2 - V_1) = p_1V_1 - p_2V_2 \tag{2.3}$$

$$Q_p = (U_2 + p_2V_2) - (U_1 + p_1V_1) \tag{2.4}$$

在热力学中，系统热焓 H 定义为

$$H = U + pV \tag{2.5}$$

由于 U，p，V 均为状态函数，因此 H 也为状态函数，单位与能量的单位（J）相同。由式（2.4）和式（2.5），得到

$$Q_p = \Delta H \tag{2.6}$$

式（2.6）表明，恒压过程中，系统恒压热 Q_p 与焓变 ΔH 在量值上相等，恒压热 Q_p 只取决于系统的初态和终态，与具体过程无关。

同样，对于微小恒压且非体积功为零的过程，有

$$\delta Q_p = \mathrm{d}H \tag{2.7}$$

对于无相变、无化学反应的 pVT 变化系统，摩尔恒容或恒压热容是计算系统恒容热 Q_V、恒压热 Q_p、能变 ΔU 和焓变 ΔH 等热力学参量的基础。

恒容且非体积功为零条件下，$n$mol 物质温度升高 $\mathrm{d}T$ 所需热量为 δQ_V，定义 $\delta Q_V/(n\mathrm{d}T)$ 为温度 T 条件下摩尔恒容热容 $C_{V,\mathrm{m}}$（单位为 $\mathrm{J\cdot mol^{-1}\cdot K^{-1}}$），即

$$C_{V,\mathrm{m}} = \frac{1}{n}\cdot\frac{\delta Q_V}{\mathrm{d}T} = \frac{1}{n}\left(\frac{\partial U}{\partial T}\right)_V = \left(\frac{\partial U_{\mathrm{m}}}{\partial T}\right)_V \tag{2.8}$$

这样，系统 Q_V 和 ΔU 可由下式得到：

$$Q_V = \Delta U = n\int_{T_1}^{T_2} C_{V,\mathrm{m}}\mathrm{d}T \tag{2.9}$$

对于理想气体 pVT 变化过程，不论过程恒容与否，ΔU 均可由式（2.9）得到。对于非理想气体，恒容过程，$Q_V=\Delta U$；非恒容过程，$Q\neq\Delta U$。

恒压且非体积功为零条件下，n mol 物质温度升高 $\mathrm{d}T$ 所需热量为 δQ_p，定义 $\delta Q_p/(n\mathrm{d}T)$ 为温度 T 条件下摩尔恒压热容 $C_{p,\mathrm{m}}$，即

$$C_{p,\mathrm{m}} = \frac{1}{n}\cdot\frac{\delta Q_p}{dT} = \frac{1}{n}\left(\frac{\partial H}{\partial T}\right)_p = \left(\frac{\partial H_{\mathrm{m}}}{\partial T}\right)_p \tag{2.10}$$

由 $C_{p,\mathrm{m}}$ 与 $C_{V,\mathrm{m}}$ 定义，两者之间的关系可表述为

$$C_{p,\mathrm{m}} - C_{V,\mathrm{m}} = \left[\left(\frac{\partial U_{\mathrm{m}}}{\partial V_{\mathrm{m}}}\right)_T + p\right]\left(\frac{\partial V_{\mathrm{m}}}{\partial T}\right)_p \tag{2.11}$$

可以看出，$C_{p,\mathrm{m}}$与$C_{V,\mathrm{m}}$两者之间的差别在于，$(\partial U_{\mathrm{m}}/\partial V_{\mathrm{m}})_T(\partial V_{\mathrm{m}}/\partial T)_p$代表1 mol物质恒压下单位温升从环境吸收的热量；$p(\partial V_{\mathrm{m}}/\partial T)_p$代表1 mol物质体积膨胀对环境做功所吸收的热量。

对于理想气体，状态方程为$(\partial V_{\mathrm{m}}/\partial T) = R/p$，且$(\partial U_{\mathrm{m}}/\partial V_{\mathrm{m}})_T = 0$，摩尔恒容热容和摩尔恒压热容之间的关系可表述为

$$C_{p,\mathrm{m}} - C_{V,\mathrm{m}} = R \tag{2.12}$$

与气体相比，凝聚相物质尽管$(\partial V_{\mathrm{m}}/\partial T)_p$很小，但某些情况下$(\partial U_{\mathrm{m}}/\partial V_{\mathrm{m}})_T$却很大，即凝聚相物质$C_{p,\mathrm{m}}$和$C_{V,\mathrm{m}}$并非总是近似。一般说来，凝聚相物质$C_{p,\mathrm{m}}$较易测定，$C_{V,\mathrm{m}}$可由式$C_{p,\mathrm{m}} - C_{V,\mathrm{m}} = T(\partial V_{\mathrm{m}}/\partial T)_p(\partial p/\partial T)_V$计算得到。

需要指出，$C_{p,\mathrm{m}}$不仅与温度T有关，还与压强p有关，即$C_{p,\mathrm{m}}$是T，p的二元函数。在恒温条件下，$C_{p,\mathrm{m}}$与p关系可表述为

$$\left(\frac{\partial C_{p,\mathrm{m}}}{\partial p}\right)_T = -T\left(\frac{\partial^2 V_{\mathrm{m}}}{\partial T^2}\right)_p \tag{2.13}$$

2. 反应焓与生成焓

化学反应体系的反应热可由摩尔反应焓来衡量，在温度T、压力p及各组分摩尔分数一定的条件下，体系反应焓变化$\mathrm{d}H$与反应度$\mathrm{d}\xi$的关系可表述为

$$\frac{\mathrm{d}H}{\mathrm{d}\xi} = \sum v_{\mathrm{B}} H_{\mathrm{B}} = \Delta_{\mathrm{r}} H_{\mathrm{m}} \tag{2.14}$$

式中，$\mathrm{d}H/\mathrm{d}\xi$为摩尔反应焓，单位为$\mathrm{kJ \cdot mol^{-1}}$；$v_{\mathrm{B}}$为化学计量数；$H_{\mathrm{B}}$为参与反应各组分的摩尔焓。

在热力学中，气体标准态是指任意温度T和标准压力$p^{\theta} = 100\ \mathrm{kPa}$下的纯气体状态，液体或固体标准态是指任意温度$T$和标准压力$p^{\theta} = 100\ \mathrm{kPa}$下的纯液体或固体状态。反应体系中各组分均处于温度为T标准态下的摩尔反应焓，称为标准摩尔反应焓，以$\Delta_{\mathrm{r}} H_{\mathrm{m}}^{\theta}(T)$表示，具体形式可表述为

$$\Delta_{\mathrm{r}} H_{\mathrm{m}}^{\theta}(T) = \sum v_{\mathrm{B}} H_{\mathrm{B}}^{\theta}(T) = f(T) \tag{2.15}$$

按$\Delta_{\mathrm{r}} H_{\mathrm{m}}$和$\Delta_{\mathrm{r}} H_{\mathrm{m}}^{\theta}$的定义，两者的过程区别及关系如图2.1所示，即

$$\Delta_{\mathrm{r}} H_{\mathrm{m}}^{\theta} = \Delta_{\mathrm{r}} H_{\mathrm{m}} + \Delta H_1 - \Delta H_2 \tag{2.16}$$

式中，ΔH_1，ΔH_2分别为反应物与产物在恒温混合和变压过程的焓变。

对于理想气体反应体系，$\Delta H_1 = 0$，$\Delta H_2 = 0$，$\Delta_{\mathrm{r}} H_{\mathrm{m}}^{\theta} = \Delta_{\mathrm{r}} H_{\mathrm{m}}$；对于非理想气体反应体系，则$\Delta_{\mathrm{r}} H_{\mathrm{m}}$和$\Delta_{\mathrm{r}} H_{\mathrm{m}}^{\theta}$之间存在一定的差异。

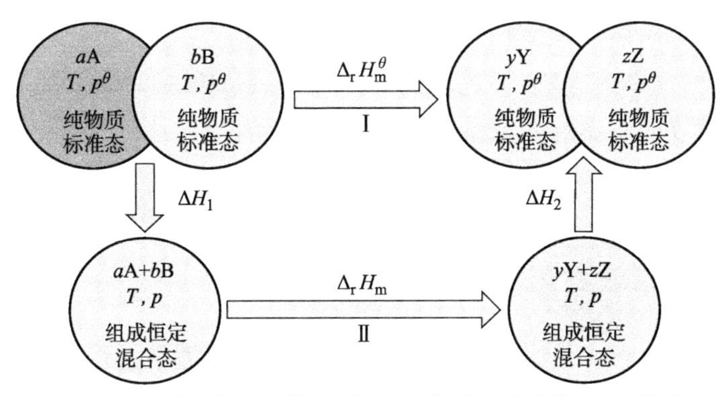

图 2.1　标准摩尔反应焓 $\Delta_r H_m^\theta$（T）与摩尔反应焓 $\Delta_r H_m$ 关系

由标准摩尔生成焓 $\Delta_f H_m^\theta$ 计算反应焓 $\Delta_r H_m^\theta$ 时，初态反应物与终态产物含有相同种类和摩尔数的单质，即任何反应的初态和终态，均可由同样摩尔数的相同种类单质来生成。$\Delta_f H_m^\theta$ 强调反应生成的单质必须是相应条件下的稳定相态，对于稳定相态的单质，$\Delta_f H_m^\theta$ 为零，非稳定相态单质则不为零。

标准摩尔燃烧焓同样可用于反应焓 $\Delta_r H_m^\theta$ 的计算。标准摩尔燃烧焓系指温度为 T 的标准态下，由化学计量数 $v_B = -1$ 的 β 相态物质 B(β) 与氧发生完全反应时的焓变，以 $\Delta_c H_m^\theta$(B, β, T) 表示，单位为 $\mathrm{kJ \cdot mol^{-1}}$。

基于状态函数法，反应焓与标准摩尔燃烧焓关系可表述为

$$\Delta_r H_m^\theta = \Delta H_1 - \Delta H_2 = -\sum v_B \Delta_c H_m^\theta(\mathrm{B}) \tag{2.17}$$

状态函数法同样可用于标准摩尔生成焓计算。首先，基于 298.15 K 下 $\Delta_f H_m^\theta$ 或 $\Delta_c H_m^\theta$ 等热力学数据，得到反应的标准摩尔反应焓 $\Delta_r H_m^\theta$。在此基础上，假设在 298.15 K 至温度 T 范围内各物质不发生相变，在两个温度的标准态下，反应初态和终态之间可设计成图 2.2 所示的单纯途径。

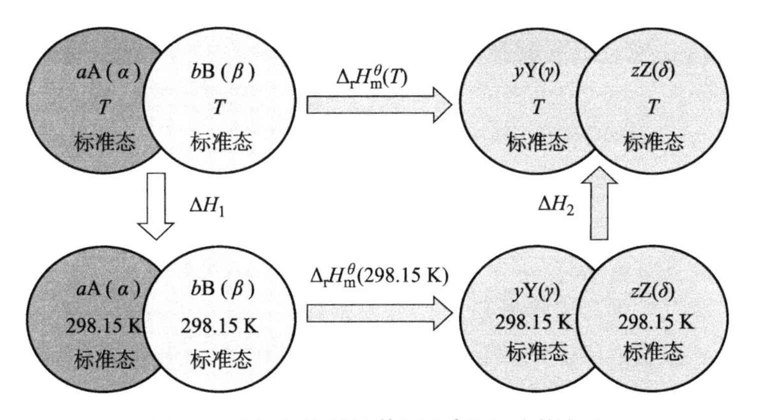

图 2.2　状态函数法计算标准摩尔反应焓方法

标准摩尔反应焓 $\Delta_r H_m^\theta$ 为

$$\Delta_r H_m^\theta(T) = \Delta_r H_m^\theta(298.15\ \mathrm{K}) + \Delta H_1 + \Delta H_2$$

反应温度 T 下标准摩尔反应焓 $\Delta_r H_m^\theta(T)$ 为

$$\Delta_r H_m^\theta(T) = \Delta_r H_m^\theta(298.15\ \mathrm{K}) + \int_{298.15\ \mathrm{K}}^{T} \sum v_B C_{p,m}(\mathrm{B},\beta)\,\mathrm{d}T \tag{2.18}$$

2.1.2 热力学状态函数

除热力学基本参量外，热力学第二定律描述了热力学过程的方向性，表明了一切自发过程都有方向性，且过程不可逆，常用熵来判断方向性。

1. 熵与克劳修斯不等式

卡诺循环是热力学过程分析的基础，即任意一个可逆循环均可分割成无限多个小卡诺循环，每个小卡诺循环的可逆热温商之和均为0，表述为

$$\oint \frac{\delta Q_r}{T} = 0 \tag{2.19}$$

式中，δQ_r 为小卡诺循环中系统与温度为 T 热源所交换的可逆热。

式（2.19）表明，对于任意可逆循环，可逆热温商 $\delta Q_r/T$ 沿封闭曲线的环积分为0。也就是说，其积分只取决于系统始态和终态，与过程途径无关。

克劳修斯将上述过程中的状态函数定义为熵（S），表述为

$$\mathrm{d}S = \frac{\delta Q_r}{T} \tag{2.20}$$

对于非体积功为零的微小可逆过程，由热力学第一定律，有

$$\mathrm{d}S = \frac{\mathrm{d}U + p\mathrm{d}V}{T} \tag{2.21}$$

式（2.21）中右边变量 U，p，V，T 均为系统的状态函数，其值取决于系统状态，即任何绝热可逆过程熵变均为0，绝热可逆过程为等熵过程。

在熵定义式 $\mathrm{d}S = \delta Q_r/T$ 中，温度 T 总是为正值，对于可逆吸热过程，有 $\delta Q_r > 0$，故 $\mathrm{d}S > 0$，即系统可逆吸热后熵增加。例如一定量纯物质从固态变为液态再变为气态（s→l→g）的可逆相变过程，整个过程中系统不断吸热，熵不断增加，即 $S_g > S_l > S_s$。从系统无序度上看，气态无序度最大，分子可在整个空间自由运动；固体无序度最小，分子只能在平衡位置附近振动；液体无序度介于气态、固态之间。也就是说，系统无序度增加，熵也随之增加。

在微观物理意义上，熵可由统计热力学中玻尔兹曼熵定理给出，即

$$S = k\ln\Omega \tag{2.22}$$

式中，k 为玻尔兹曼常数；Ω 为系统总微观状态数。式（2.22）表明，系统总微观状态数 Ω 越大，系统的混乱度越高，系统的熵也就越大。

卡诺定理指出，工作于 T_1，T_2 两个热源间的任意热机 i 与可逆热机 r，可逆热机的效率总是大于或等于任意热机，可表述为

$$\frac{\delta Q_1}{T_1}+\frac{\delta Q_2}{T_2}\begin{cases}<0 & \text{不可逆}\\ =0 & \text{可逆}\end{cases} \tag{2.23}$$

任意热机完成一微小循环后，热温商之和小于或等于零，且等号只在可逆时成立。将任意一个循环用无限多个微小循环代替，式（2.23）可表述为

$$\oint\frac{\delta Q}{T}\begin{cases}<0 & \text{不可逆}\\ =0 & \text{可逆}\end{cases} \tag{2.24}$$

假设某一不可逆循环，由不可逆途径 a 和可逆途径 b 组成。
对于不可逆途径 a，有

$$\int_1^2\frac{\delta Q_{ir}}{T}+\int_2^1\frac{\delta Q_r}{T}<0 \tag{2.25}$$

对于可逆途径 b，有

$$\begin{cases}\displaystyle\int_2^1\frac{\delta Q_r}{T}=-\int_1^2\frac{\delta Q_r}{T}\\ \displaystyle\int_1^2\frac{\delta Q_r}{T}>\int_1^2\frac{\delta Q_{ir}}{T}\end{cases} \tag{2.26}$$

式中，下标 ir 表示不可逆过程；δQ_r，δQ_{ir}分别为途径 a 中由状态 1 到状态 2 过程所对应的可逆热和不可逆热。

结合熵定义式，可得到

$$\begin{cases}\displaystyle\Delta_1^2 S\geqslant\int_2^1\frac{\delta Q}{T}\\ \displaystyle\mathrm{d}S\geqslant\frac{\delta Q}{T}\end{cases} \tag{2.27}$$

式（2.27）即为克劳修斯不等式，其中等号只在可逆时成立，表明系统过程的方向可通过比较过程的热温商与熵差（可逆热温商）进行判断。若过程热温商小于熵差，过程不可逆；若过程热温商等于熵差，则过程可逆。

对于单纯发生 pVT 变化过程的系统，熵变可根据熵定义式，即

$$\mathrm{d}S=\frac{\mathrm{d}H-V\mathrm{d}p}{T} \tag{2.28}$$

对于理想气体或凝聚态物质，若过程绝热（$\delta Q=0$），则有

$$\Delta S\begin{cases}>0 & \text{不可逆}\\ =0 & \text{可逆}\end{cases} \tag{2.29}$$

式（2.29）表明，对于绝热过程，熵不可能减小，即熵增原理。一般情况下，系统与环境间往往并不绝热，这时可将系统与环境组成的隔热系统作为一个整体来考虑，该整体显然满足绝热条件，可表述为

$$\Delta S_{\text{iso}} = \Delta S_{\text{sys}} + \Delta S_{\text{amb}} \begin{cases} > 0 & \text{不可逆} \\ = 0 & \text{可逆} \end{cases} \tag{2.30}$$

式（2.30）即为熵增原理的另一种表述，表明隔离系统熵不可能减小。

不可逆过程可以是自发过程，也可以是依托环境做功的非自发过程。对隔离系统而言，若内部发生不可逆过程，则一定是自发过程，不可逆过程的方向即自发过程的方向。可逆过程属始终处于平衡状态的过程，可表述为

$$\mathrm{d}S_{\text{iso}} = \mathrm{d}S_{\text{sys}} + \mathrm{d}S_{\text{amb}} \begin{cases} > 0 & \text{自发} \\ = 0 & \text{平衡} \end{cases} \tag{2.31}$$

式（2.31）称为熵判据，即通过定量计算系统及环境的熵变，可判断反应过程的方向及限度。系统熵变计算分单纯 pVT 变化、相变及化学变化三种情况。通常情况下，化学变化过程和反应热都是不可逆的，反应热与反应温度之比并不等于反应熵变。物质标准摩尔熵的确立，使化学熵变计算成为可能。

基于热力学第三定律对熵基准，可以算出某一状态（T，p）下一定量物质的熵，即规定熵或第三定律熵。在温度为 T 的标准态下，1 mol 物质的规定熵即为温度 T 时的标准摩尔熵，记作 $S_{\text{m}}^{\theta}(T)$。基于标准摩尔熵，即可算得化学变化过程的熵变，判定反应过程的方向及限度。

2. 亥姆霍兹函数与吉布斯函数

克劳修斯不等式熵判据应用于隔离系统，需要同时计算系统熵变与环境熵变。在恒温恒容或恒温恒压情况下，利用热力学参量关系可对克劳修斯不等式进行简化，得到更简便的形式，即亥姆霍兹函数和吉布斯函数。

对于恒温恒容且非体积功为零的过程，即 $\delta Q_V = \mathrm{d}U$，将其代入克劳修斯不等式并进行微分，得到

$$\mathrm{d}(U - TS) \begin{cases} < 0 & \text{不可逆} \\ = 0 & \text{可逆} \end{cases} \tag{2.32}$$

$$A = U - TS \tag{2.33}$$

式中，函数 A 为亥姆霍兹（Helmholtz）函数。因 U，T，S 均为状态函数，亥姆霍兹函数 A 也是状态函数，且为广度量，单位为 J 或 kJ。

将式（2.33）代入式（2.32）中，对于微小过程，可表述为

$$\mathrm{d}A_{T,V} \begin{cases} < 0 & \text{自发} \\ = 0 & \text{平衡} \end{cases} \tag{2.34}$$

对于宏观过程，可表述为

$$\Delta A_{T,V}\begin{cases}<0 & \text{自发}\\ =0 & \text{平衡}\end{cases} \tag{2.35}$$

式（2.34）和式（2.35）即为亥姆霍兹函数判据，表明在恒温恒容且非体积功为零的条件下，对于一切可能的自发过程，亥姆霍兹函数减小；对于平衡过程，亥姆霍兹函数不变。与熵判据相比，亥姆霍兹函数判据无需考虑环境变化，仅由系统状态函数增量 ΔA，即可判定反应过程的方向及限度。

对于恒温恒压且非体积功为零过程，即 $\delta Q_p = \mathrm{d}H$，将其代入克劳修斯不等式并进行微分，得到

$$\mathrm{d}(H - TS)\begin{cases}<0 & \text{不可逆}\\ =0 & \text{可逆}\end{cases} \tag{2.36}$$

$$G = H - TS \tag{2.37}$$

式中，函数 G 即为吉布斯（Gibbs）函数。吉布斯函数 G 与亥姆霍兹函数 A 一样，也是一个广度状态函数，单位为 J 或 kJ。

将式（2.37）代入式（2.36）中，对于微小过程，可表述为

$$\mathrm{d}G_{T,p}\begin{cases}<0 & \text{自发}\\ =0 & \text{平衡}\end{cases} \tag{2.38}$$

对于宏观过程，可表述为

$$\Delta G_{T,p}\begin{cases}<0 & \text{自发}\\ =0 & \text{平衡}\end{cases} \tag{2.39}$$

式（2.38）和式（2.39）即吉布斯函数判据，表明在恒温恒压且非体积功为零的条件下，对于一切可能的自发过程，吉布斯函数减小；对于平衡过程，吉布斯函数不变。吉布斯函数判据应用非常广泛，一是许多相变、化学变化均属恒温恒压且非体积功为零过程，二是也无需考虑环境变化，仅依据系统状态函数增量 ΔG，即可对反应过程的方向及限度进行判断。

2.1.3 化学反应速率

化学反应速率是表征爆炸/爆燃反应体系能量输出结构和做功能力的重要参数。对于活性毁伤材料而言，多组分体系化学反应速率快慢，在很大程度上决定着爆燃超压效应、热效应及其对目标毁伤能力的强弱。

1. 化学平衡及平衡常数

化学反应通常发生在多相多组分系统中，使用热力学判据对反应过程的方向和限度进行判定时，需要用偏摩尔量进行相关计算，吉布斯函数的偏摩尔量

即为化学势。对于任意化学反应 $0 = \sum v_B B$，随着反应进行，各组分摩尔数均发生变化，系统吉布斯函数也随之变化，在恒定 T，p，$W'=0$ 时，有

$$dG = \sum \mu_B dn_B \tag{2.40}$$

式中，μ_B 为化学势。将反应进度 $d\xi = dn_B/v_B$ 代入式（2.40），得到

$$\left(\frac{\partial G}{\partial \xi}\right)_{T,p} = \sum v_B \mu_B = \Delta_r G_m \tag{2.41}$$

式中，$(\partial G/\partial \xi)_{T,p}$ 为一定温度、压力和组成条件下，反应进行了将 $d\xi$ 微量进度折合成每摩尔反应进度时所引起的系统吉布斯函数变化。

换种说法，可以看作无限大量反应系统进行了 1 mol 进度化学反应时所引起的系统吉布斯函数变化，即摩尔反应吉布斯函数，通常用 $\Delta_r G_m$ 表示。

根据恒温恒压条件下吉布斯函数判据，有：

若 $\Delta_r G_m < 0$，$(\partial G/\partial \xi)_{T,p} < 0$，反应正向进行，反应物自发生成产物；

若 $\Delta_r G_m > 0$，$(\partial G/\partial \xi)_{T,p} > 0$，反应不能自发正向进行；

若 $\Delta_r G_m = 0$，$(\partial G/\partial \xi)_{T,p} = 0$，反应达到平衡。

恒温恒压下吉布斯函数值 G 随反应进度 ξ 的变化关系如图 2.3 所示。从图中可以看出，ξ 随反应进行而增加；系统吉布斯函数 G 逐渐降低，降至最低时反应达到平衡。最低点左侧曲线斜率 $(\partial G/\partial \xi)_{T,p} < 0$，表明反应自发正向进行；最低点处 $(\partial G/\partial \xi)_{T,p} = 0$，系统达到化学平衡；最低点右侧曲线的斜率 $(\partial G/\partial \xi)_{T,p} > 0$，表明若 ξ 进一步增加，G 将增大，这不可能自发进行。如果系统开始处于最低点右侧，则反应逆向自发进行，逐渐从右侧向最低点趋近，至最低点时达到平衡，即吉布斯函数减小的自发过程。对于恒温、恒容系统，可用亥姆霍兹函数 A 代替吉布斯函数 G 进行类似分析。

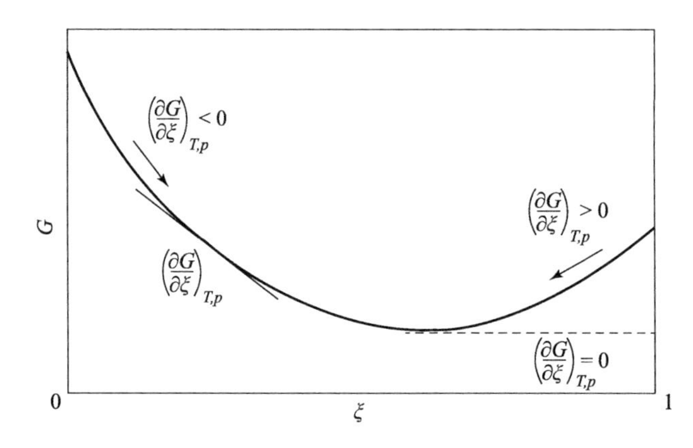

图 2.3　恒温恒压下 G 随 ξ 的变化关系

基于平衡条件化学反应方向分析，还可对化学反应平衡进行定量描述，平衡常数 K^θ 即为最常用的参量之一。平衡常数 K^θ 热力学定义为

$$\Delta_r G_m^\theta = -RT\ln K^\theta = \sum v_B \Delta_f G_m^\theta(B,T) \tag{2.42}$$

式（2.42）定义表明，平衡常数 K^θ 除了与热力学函数 $\Delta_r G_m^\theta$ 相关外，还与反应系统中的平衡组成有关，$\Delta_r G_m^\theta$ 可通过三种方法来计算。

①通过化学反应 $\Delta_r H_m^\theta$ 和 $\Delta_r S_m^\theta$ 计算 $\Delta_r G_m^\theta$。

$$\Delta_r G_m^\theta = \Delta_r H_m^\theta - T\Delta_r S_m^\theta \tag{2.43}$$

②通过 $\Delta_f G_m^\theta$ 计算 $\Delta_r G_m^\theta$。

$$\Delta_r G_m^\theta = \sum v_B \Delta_f G_m^\theta(B,T) \tag{2.44}$$

式中，$\Delta_f G_m^\theta$ 为标准摩尔生成吉布斯函数变化，单位为 $kJ \cdot mol^{-1}$。

③通过相关反应计算。

如果一个反应由其他反应线性组合得到，那么该反应的 $\Delta_r G_m^\theta$ 可由相应反应的 $\Delta_r G_m^\theta$ 线性组合得到。

平衡组成测定必须是反应体系已处于平衡状态，可通过化学或物理方法来测定，如平衡时各组分的浓度、分压等。平衡组成的主要特点：一是在反应条件不变情况下，平衡组成应不随时间变化；二是一定温度下，由正向或逆向反应的平衡组成所算得 K^θ 应一致；三是改变原料配比所得 K^θ 应相同。

2. 反应速率方程

浓度和温度是影响化学反应速率最重要的因素，化学反应速率方程或反应动力学方程是描述反应速率与浓度、温度、时间之间的关系。在此先分析恒温下反应速率与浓度之间的关系，然后分析温度对反应速率的影响。

对于任意化学反应，定义反应物转化速率 $\dot{\xi}$ 为

$$\dot{\xi} = \frac{d\xi}{dt} = \frac{1}{v_B} \cdot \frac{dn_B}{dt} \tag{2.45}$$

式中，ξ 为广度量，即单位时间反应进度，单位为 $mol \cdot s^{-1}$。

定义单位体积转化速率为反应速率 r，单位为 $mol \cdot m^{-3} \cdot s^{-1}$，即

$$r = \frac{\xi}{V} = \frac{1}{v_B V} \cdot \frac{dn_B}{dt} \tag{2.46}$$

对于恒容反应，如密闭反应器中反应或液相反应，体积 V 为常数，即 $dn_B/V = dc_B$，可用浓度 c_B 代替 dn_B/V，式（2.46）可写为

$$r = \frac{1}{v_B} \cdot \frac{dc_B}{dt} \tag{2.47}$$

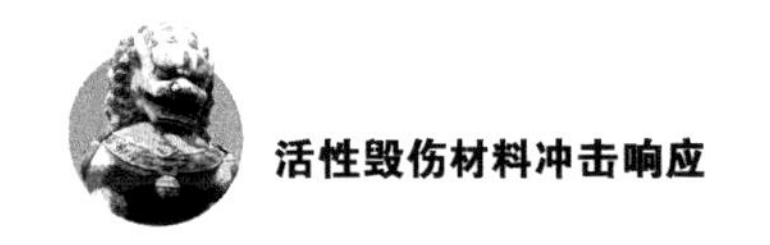

对于某指定反应物 A 或产物 Z，通常可用消耗或生成速率来表示。在恒容条件下，反应物 A 的消耗速率或产物 Z 的生成速率可表述为

$$\begin{cases} r_A = -(\mathrm{d}c_A/\mathrm{d}t) \\ r_Z = (\mathrm{d}c_Z/\mathrm{d}t) \end{cases} \tag{2.48}$$

另外，通过反应化学计量式，可以得到反应中某气体组分 A 的分压与体系总压之间的关系。反应物 A 基于浓度和分压的反应速率可分别表述为

$$\begin{cases} -\mathrm{d}c_A/\mathrm{d}t = k_A c_A^n \\ -\mathrm{d}p_A/\mathrm{d}t = k_{p,A} p_A^n \end{cases} \tag{2.49}$$

式中，n 为反应级数，对于任一特定反应是个定值；k_A 为浓度速率常数，单位为$\mathrm{mol}^{1-n} \cdot \mathrm{m}^{3(n-1)} \cdot \mathrm{s}^{-1}$；$k_{p,A}$为分压速率常数，单位为$\mathrm{Pa}^{1-n} \cdot \mathrm{s}^{-1}$。

对于恒温恒容理想气体 A，将 $p_A = c_A RT$ 代入式（2.49），得到

$$k_A = k_{p,A}(RT)^{n-1} \tag{2.50}$$

由此可见，在 T，V 一定时，气相反应速率既可用 $\mathrm{d}c_A/\mathrm{d}t$ 来表示，也可用 $\mathrm{d}p_A/\mathrm{d}t$ 来表示，特别是当反应级数 $n=1$ 时，k_A 和 $k_{p,A}$相等。

对大多数化学反应而言，反应速率都随温度升高而增大。反应速率随温度变化主要体现为反应速率常数随温度的变化。实验表明，对于均相化学反应来说，反应温度每升高 10 K，反应速率常数可增大 2 ~ 4 倍，即

$$k(T + 10\mathrm{K})/k(T) \approx 2 \sim 4 \tag{2.51}$$

式（2.51）称为范特霍夫规则，$k(T)$、$k(T+10\ \mathrm{K})$ 分别为对应于温度 T 和 $T+10$ K 时的速率常数，两者比值定性描述了温度对反应速率的影响。

为描述温度对反应速率的影响，阿伦尼乌斯方程（Arrhenius）建立了反应速率常数 k 与温度 T 之间的关系，微分形式为

$$\frac{\mathrm{d}\ln k}{\mathrm{d}T} = \frac{E_a}{RT^2} \tag{2.52}$$

式中，E_a 为活化能，单位为 $\mathrm{J} \cdot \mathrm{mol}^{-1}$，温度变化不大时，可被视为常数。

阿伦尼乌斯方程表明，$\ln k$ 随 T 的变化率与活化能 E_a 成正比。也就是说，活化能越高，反应速率对温度变化越敏感。对于同时存在若干个反应的系统，高温对活化能高的反应有利，低温对活化能低的反应有利。

积分形式的阿伦尼乌斯方程为

$$\begin{cases} \ln k = -\dfrac{E_a}{RT} + \ln A \\ k = A\mathrm{e}^{-E_a/RT} \end{cases} \tag{2.53}$$

式中，A 为指前因子，也称为表观频率因子，单位与 k 相同。

式（2.53）表明，$\ln k$ 与 $1/T$ 呈直线关系，如果对一系列（$1/T$，$\ln k$）实验数据作图，通过直线斜率和截距，可求得相应的活化能 E_a 及指前因子 A。

进一步实验研究表明，当温度变化范围过大时，$\ln k - 1/T$ 图有一定的弯曲，表明指前因子 A 与温度有关，修正经验关系为

$$k = AT^B e^{-E_a/RT} \tag{2.54}$$

式中，A，B 为实验常数，B 取值一般在 0 ~ 4。

2.2 热力学参量测试方法

活性毁伤材料冲击激活行为是一个相当复杂的力 - 热 - 化耦合响应过程，化学热力学参量测量和表征是开展活性毁伤材料体系设计、组分筛选和化学性能评价的重要基础。本节主要介绍三种常用热力学参量测量表征方法。

2.2.1 热重分析法

热重分析（Thermogravimetric Analysis，TGA）法，是指在程序控制温度条件下，测量材料质量与温度之间关系的热分析方法，是研究材料热稳定性和组分变化的重要方法之一。实际应用中，常将 TGA 法与其他分析法结合，进行综合热分析，以准确获得被测材料的热化学变化过程及特性。

热重分析仪是 TGA 法的主要仪器，如图 2.4 所示，主要由精密热天平、加热系统、程序控温系统、记录系统等组成，主要部件包括样品盘、加热器、热电偶、精密热天平、平衡砝码、传感器、天平复位器以及光电信号转换系统等。热重分析法基本测量原理为，在特定控温程序下，光电管将材料试样质量变化引起的天平位移量转化为电磁量，电磁量经微电流放大器放大后，输入记录仪记录下电量，通过电量大小反映被测材料试样质量。

当加热过程中材料试样发生升华、气化、分解出气体或失去结晶水等热行为时，试样质量就会变化，仪器记录下试样的重量变化，获得热重曲线。通过热重曲线分析，可获得试样质量随温度的变化规律，进而根据试样减少的质量算出所失去的材料量，从而获得材料在受热过程中经历的热行为。

TGA 法分为静态法和动态法两种。静态法又称等温热重分析法，主要用于在恒温下测定材料质量变化与温度之间的关系，即把试样在不同给定温度下加热至恒重，常用于测定固相材料的热分解速度和反应速度常数。动态法又称非

等温热重分析法，是指通过程序温控下连续升温和称重来测定质量变化与温度之间关系的方法，特点是易与其他热分析法组合使用，实际应用较多。

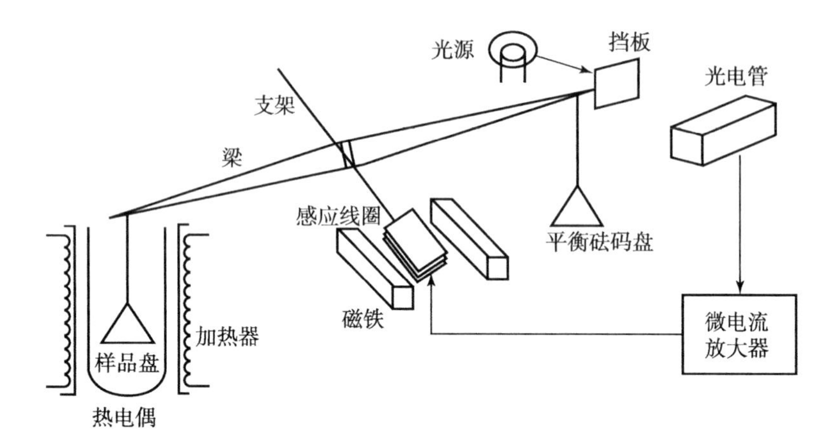

图 2.4 热重分析仪

TGA 法主要特点是定量性强，但凡材料受热时有重量变化，均可用该方法来研究其变化规律，准确测量材料质量变化量及变化速率，因而常用于确定材料因自身发生分解、氧化或挥发而造成的质量减少或增加等性质。

典型 Si/PTFE（质量分数 50%/50%）活性毁伤材料试样的热重曲线如图 2.5所示。从图中可以看出，在 500 ℃左右，热重曲线开始下降，表明氟聚物基体材料开始发生分解；在 500 ~ 600 ℃，试样剧烈反应，生成 SiF_4，质量快速下降，最终试样质量变为原始质量的 50% 左右。

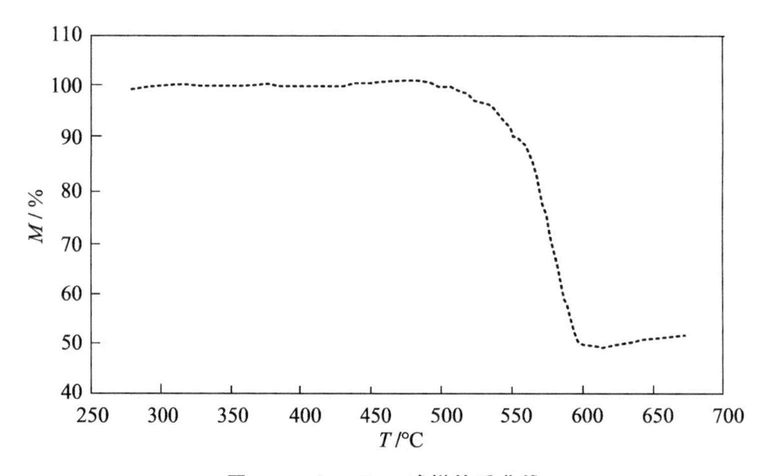

图 2.5 Si/PTFE 试样热重曲线

2.2.2 差热分析法

差热分析（Differential Thermal Analysis，DTA）法，指在程序控制温度条件下，测量材料和参比品间温度差与温度关系的热分析方法。差热分析仪是差热分析法的主要仪器，由加热炉、温差检测器、温度程序控制仪、信号放大器、记录仪和气氛控制设备等组成。差热分析法基本测试原理如图2.6所示，当试样发生物化变化时，释放或吸收的热量导致试样温度高于或低于参比品温度，在DTA曲线上就会反映出放热或吸收峰。聚合物典型DTA曲线如图2.7所示，纵坐标为试样与参比品间温度差 ΔT，横坐标为环境温度 T。

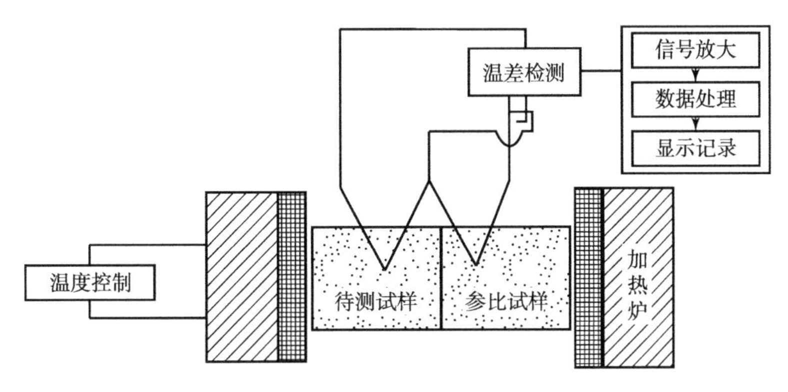

图2.6　差热分析法基本测试原理

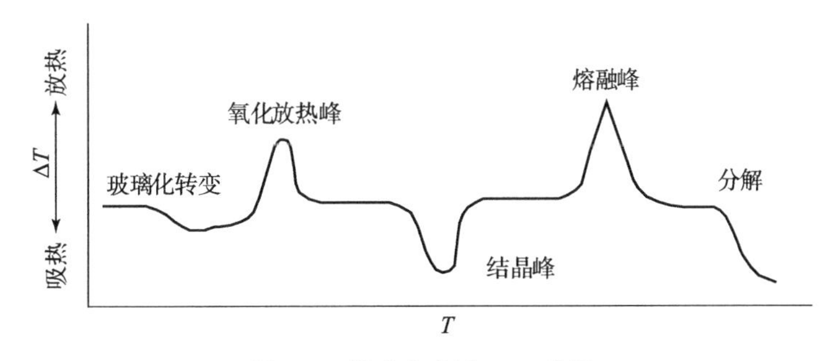

图2.7　聚合物典型DTA曲线

DTA法被广泛用于材料鉴别成分分析、相态变化和烧结进程等研究。例如用于材料鉴别和成分分析时，不同材料在相变或化学反应过程中会产生独特的吸热或放热峰，通过测量特征峰即可对被测材料进行鉴别。但DTA法存在两个局限：一是试样热效应常导致其升温速率表现为非线性，难以准确定量测量；二是当由于热效应导致被测试样、参比品和环境三者之间温差较大时，热交换会降低热效应测量的灵敏度和精度。DTA 法主要用于半定量或定性分析材料的热力学变化过程，测量精度主要受以下三方面因素影响。

1. 仪器因素

仪器加热方式、加热炉形状及尺寸会影响 DTA 曲线的基线稳定性，而试样支持器、热电偶和电路系统等也会对其产生一定影响。此外，差热分析中所采用的坩埚材料要求对试样、产物和气氛都是惰性的，且不起催化作用。

2. 实验因素

升温速率对 DTA 曲线峰影响较大。升温速率快，体系偏离平衡条件，峰位向高温方向迁移，基线漂移大，曲线峰尖锐，相邻峰发生重叠，难以分辨；升温速率慢，体系接近平衡条件，基线漂移小，曲线峰宽而浅，相邻峰易于分辨，但测定时间长，要求仪器灵敏度高。同时，气氛性质（氧化性、还原性或惰性气氛等）影响材料的化学反应过程，从而显著影响 DTA 曲线。

3. 试样因素

试样本身的热传导和热扩散性质会对 DTA 曲线产生显著影响，而且与试样量、粒度、装填均匀性、密实程度以及稀释剂等因素密切相关。此外，对于有气体参加或释放的反应，DTA 曲线还会受气体扩散因素影响。

典型 Zr/PTFE（质量分数 62.7%/37.3%）活性毁伤材料试样的 DTA 曲线如图 2.8 所示，在 320～330℃，差热曲线出现首次下降，此时基体材料吸热熔化；在 510℃ 左右曲线显著下降，材料在该温度发生初始反应。

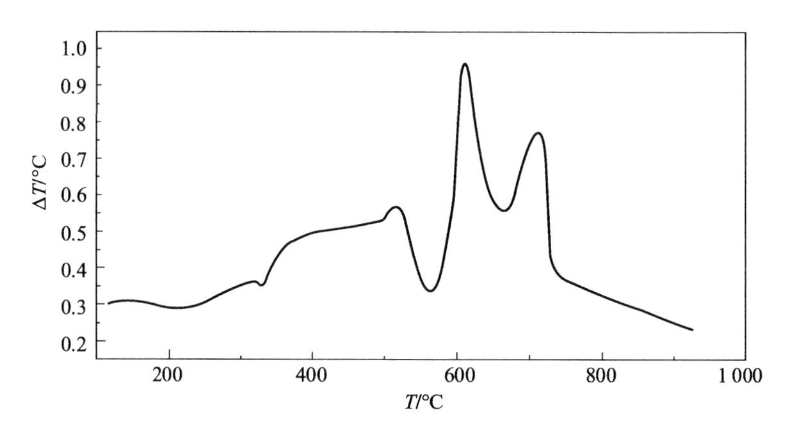

图 2.8 典型 Zr/PTFE 活性毁伤试样 DTA 曲线

2.2.3 差示扫描量热法

差示扫描量热（Differential Scanning Calorimetry，DSC）法，是指在程序控温下测量输入试样和参比品热功率差与温度关系的热分析方法。DSC 曲线以温度或时间为横坐标，以试样与参比品之间的温差为零（$\Delta T=0$）所需供给的热功率差为纵坐标。曲线中热功率差反映试样随温度或时间变化所引起的焓变。试样吸热时，焓变为正，曲线出现上升凸起峰；试样放热时，焓变为负，曲线出现下降凸起峰。聚合物典型 DSC 曲线如图 2.9 所示。

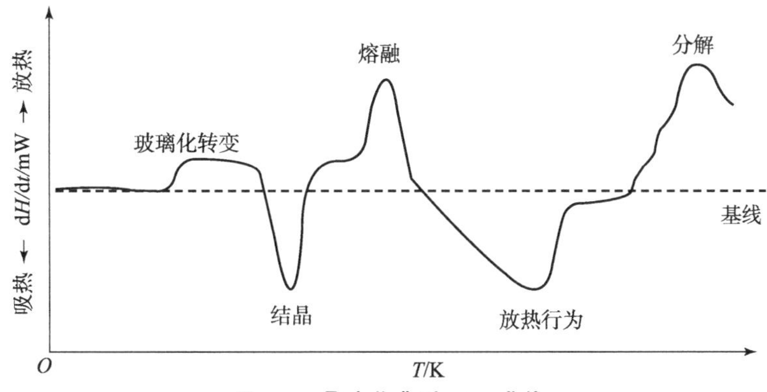

图 2.9　聚合物典型 DSC 曲线

DSC 法是研究高聚物热化学特性的重要方法，既可用于结晶、熔化和液晶转变（转变热、结晶度和结晶动力学）等物理特性分析，也可用于反应热、反应动力学、热稳定性、阻燃性、氧化特性、交联程度等化学特性研究。

按测量方法不同，DSC 仪分为热流型、功率补偿型和调制热流型等几种类型。热流型 DSC 仪在给予试样和参比品相同热功率条件下，测量试样和参比品两端温差 ΔT，再通过热流方程换算成热量差 ΔQ，并将其作为信号输出。

热流型 DSC 仪与 DTA 仪测试方法基本类似，都是直接测量试样和参比品之间的温差，主要区别在于，热流型 DSC 仪中试样与参比品托架下设置有一电热片，程序控制下电热片同时对试样和参比品进行均匀加热。

功率补偿型 DSC 仪在始终保持试样和参比品相同温度下，直接测量试样和参比品两端所需的热量差 ΔQ，并将其直接作为信号输出。功率补偿型 DSC 仪主要特点：一是试样和参比品拥有独立的加热系统和传感器系统，分别由两套控制电路监控，一套用于控制试样和参比品升温速率，另一套用于补偿二者间温差；二是试样产生放热或吸热效应时，试样和参比品间温差始终为零（$\Delta T=0$）。基本原理如图 2.10 所示，当试样产生放热或吸热效应时，试样温度高于或低于参比品温度，差示热电偶产生的温差电势经差热放大器放大后送入功率补偿放大器，功率补偿放大器调节补偿加热丝电流，减小或增大试样下面的电流，增大或减小参比品下面的电流，从而降低或提高试样温度，提高或降低参比品温度，使二者之间的温度差始终保持为零。功率补偿型 DSC 仪主要优点：一是能及时补偿试样产生的热效应，使试样与参比品之间无温差、无热交换；二是试样温度始终随炉温线性变化，提高了测量灵敏度和精度，功率补偿型 DSC 仪主要用于定量精密分析。

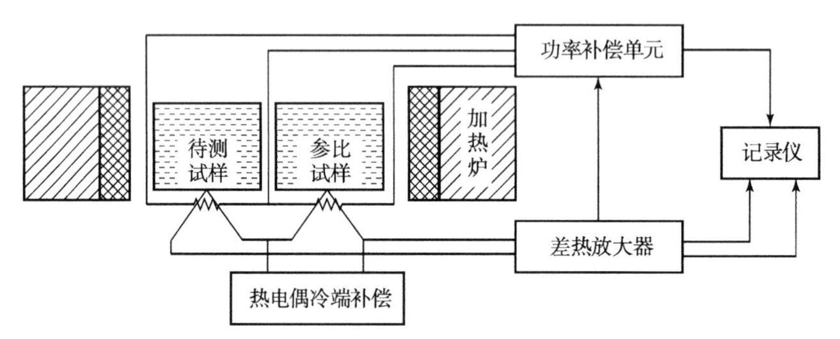

图 2.10 功率补偿型 DSC 仪基本工作原理

微米级金属粉体 PTFE/Al（质量分数 20.5%/79.5%）及纯 PTFE 在空气和氩气环境中热分解的 DSC 曲线如图 2.11 所示。PTFE 完全分解温度为 520 ℃，PTFE/Al 第一次放热反应发生在 500～550 ℃。图 2.12 所示为纳米级金属颗粒 PTFE/Al（质量分数 70%/30%）及 PTFE/Al_2O_3（质量分数 34%/66%）在氩气环境中热分解的 DSC 曲线。与微米 PTFE/Al 相比，纳米 PTFE/Al 放热峰出现在 400 ℃左右，PTFE/Al_2O_3 则呈现更显著的放热现象，放热峰高于纳米 PTFE/Al，表明活性金属粉体粒径越小，反应放热效应越显著。

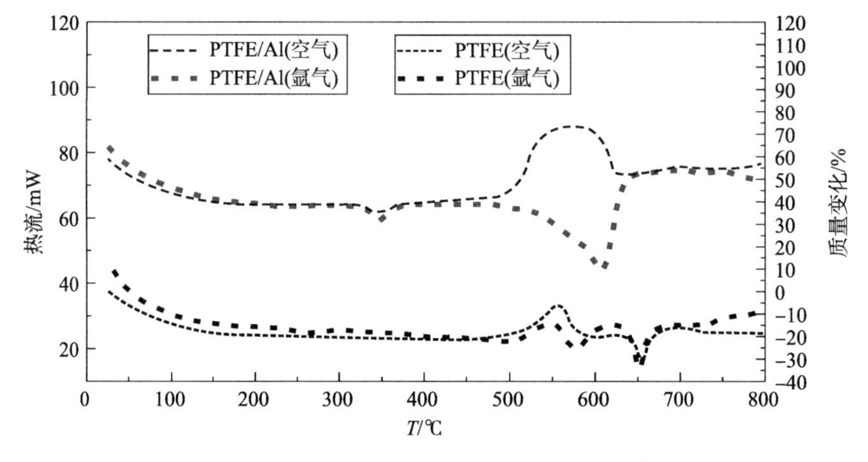

图 2.11 PTFE/Al 与 PTFE 试样的 DSC 曲线

PTFE/Mg（质量分数 60%/40%）试样 TGA/DSC 测试曲线如图 2.13 所示。放热峰始于 673 K，高于 PTFE 熔化峰温度 615 K，表明体系反应时，Mg 与液态 PTFE 发生了反应；吸热峰出现于 919 K，与 Mg 熔点温度基本一致，此时体系停止了放热，表明在该组分配比下 Mg 与 PTFE 未完全反应。

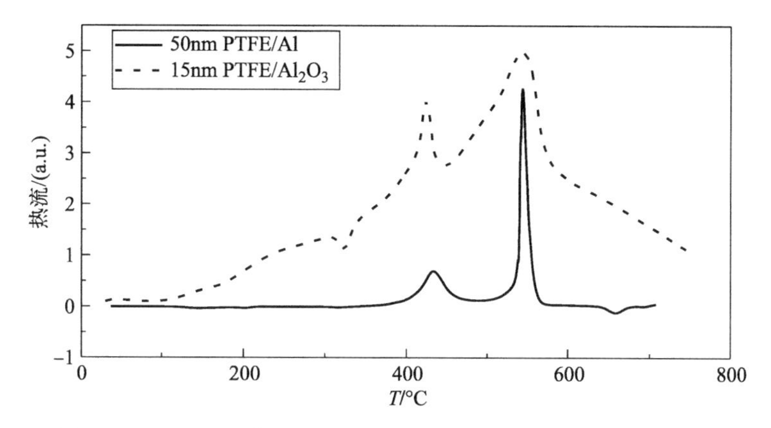

图 2.12　PTFE/Al 与 PTFE/Al_2O_3 活性毁伤材料试样的 DSC 曲线

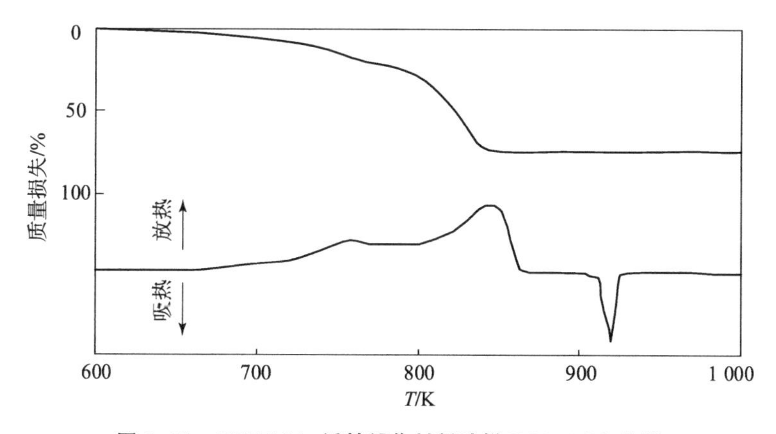

图 2.13　PTFE/Mg 活性毁伤材料试样 TGA/DSC 曲线

典型 PTFE/Ti 活性毁伤材料试样 DSC 曲线如图 2.14 所示。从图中可以看出，PTFE 熔化吸热峰出现在 330 ℃左右，放热反应开始出现在 520 ℃，剧烈放热反应约在 560 ℃，当温度为 570 ℃时放热到达峰值。

典型 PVDF/Li 活性毁伤材料试样 DSC 曲线如图 2.15 所示。可以看出，曲线上 175 ℃和 180 ℃两个吸热峰分别对应于 PVDF 和 Li 熔化，在 355 ℃左右出现显著放热峰，表明活性体系在该温度发生了放热反应。

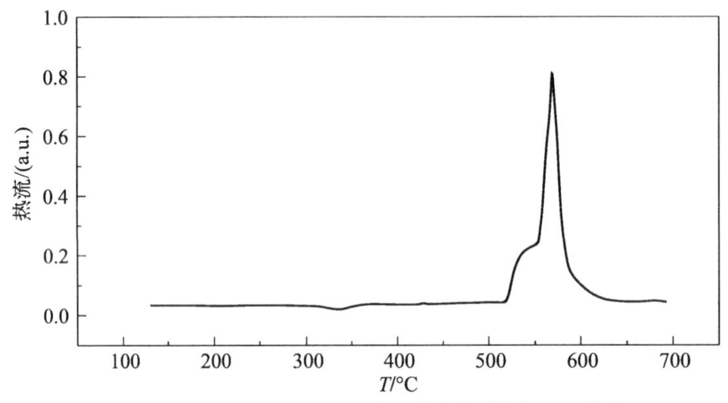

图 2.14　典型 PTFE/Ti 活性毁伤材料试样 DSC 曲线

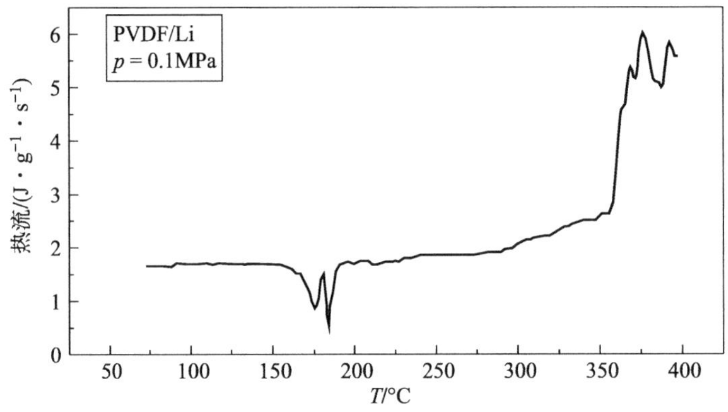

图 2.15　典型 PVDF/Li 活性毁伤材料试样 DSC 曲线

2.3　活性毁伤材料体系设计

从武器化或工程化应用角度看，活性毁伤材料需同时具备类金属强度、类炸药能量、类惰性钝感和微毫秒激活响应时间等关键性能。本节主要介绍活性毁伤材料配方体系设计方法和典型二元、多元活性毁伤材料体系性能。

2.3.1　体系设计方法

从组分上看，活性毁伤材料主要是由氟聚物基体和活性金属粉体两方面构成，氟聚物基体除了起模压成型和烧结硬化作用外，更重要的是，在遭受到强冲击或爆炸载荷作用下，能快速发生分解释放出强氧化剂成分，由此激活填充

其中的活性金属，从而引发体系发生剧烈爆炸/爆燃反应，释放大量化学能和气体产物，产生超压和热效应。此外，还常在氟聚物基体内添加重金属粉体、金属氧化物粉体等，从而构成多元活性毁伤材料体系。其中，重金属粉体是调控和提高材料体系密度的重要组分，而金属氧化物的添加对化学反应速率有一定影响。图2.16（a）所示为活性毁伤材料体系组分设计方法。

活性毁伤材料体系设计需要解决的关键问题是组分筛选和配比设计，直接决定着活性毁伤材料含能量、气体产物量、反应速率、反应温度和材料体系密度等性能。活性毁伤材料密度主要影响活性毁伤元的侵彻能力，含能量、气体产物量和反应速率等主要影响活性毁伤元爆炸威力性能。对活性毁伤材料的工程化应用，需综合考虑活性毁伤材料的物化性能，如图2.16（b）所示，从而确定活性毁伤材料组分及配比。从活性毁伤材料体系设计手段看，可应用REAL/ASTD化学热力学软件对材料体系组分与配比进行调控与优化，该软件基于吉布斯－亥姆霍兹/范特－霍夫标准反应热效应方程开发，根据化学热力学数据等压热容 $C_p=f(T)$、标准焓 ΔH_{298}^{θ}、标准熵 S_{298}^{θ}、相变点和相变热等参数对化学反应行为进行仿真，给出化学反应体系平衡时各组分及产物含量、产物相态、反应温度、气体产物量等，表2.1所示为常用物质的热力学数据。

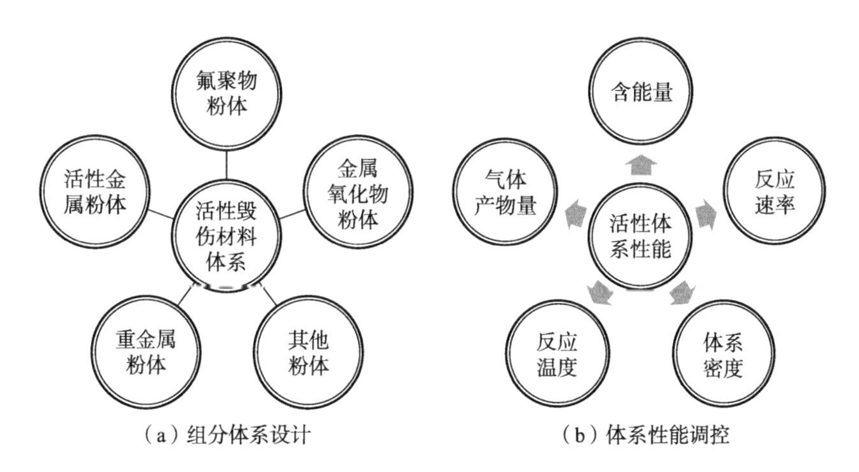

图2.16 活性毁伤材料体系设计方法

表2.1 常用物质热力学数据

物质名称	T_M/K	T_B/K	ΔH_M/kJ	ΔH_B/kJ	$\Delta H_{f,298}^{0}$/kJ	S_{298}^{θ}/ $J\cdot K^{-1}$	$C_{p,298}$/ $(J\cdot mol^{-1}\cdot K^{-1})$
Al	933	2 767	10.7	290.8	0	28.321	24.272
Al_2O_3	2 327	—	118.4	—	−1 675	50.936	78.920

续表

物质名称	T_M/K	T_B/K	ΔH_M/kJ	ΔH_B/kJ	$\Delta H^{\theta}_{f,298}$/kJ	S^{θ}_{298}/$J \cdot K^{-1}$	$C_{p,298}$/($J \cdot mol^{-1} \cdot K^{-1}$)
Fe	1 809	—	13.7	—	0	27.32	25.1
C	4 073	—	104.6	—	0	5.74	8.536
Fe_2O_3	1 867	—	—	—	-823	87.4	103.76
Al_4C_3	2 473	—	—	—	-206.9	88.95	116.8
Fe_3C	1 500	—	51.46	—	25.1	108.3	107.1
AlF_3	—	—	—	—	-1 510.4	66.5	75.1
FeF_2	1 373	—	—	—	-718	87	59.1

2.3.2 二元活性毁伤材料体系

在二元活性毁伤材料体系中，PTFE是常用的聚合物基体，作为四氟乙烯（TFE）的均聚物，PTFE化学性质稳定，结晶度高，熔融温度约为327 ℃，密度约为2.1g/cm^3。PTFE还具有良好的黏结性和高温熔化/冷却硬化性能，从而能对活性毁伤材料模压定型，在满足各类形状的前提下，具有良好的力学强度。更为重要的是，PTFE在分解时能够释放大量氧化剂，并与填充活性金属发生化学反应，产生剧烈爆炸/爆燃效应。此外，二元活性毁伤材料体系中填充材料多为活泼金属，如铝（Al）、镁（Mg）、锆（Zr）、铪（Hf）、钽（Ta）等。表2.2所示为这些金属材料的相关参数。

表2.2 常用金属材料参数

序号	金属名称	密度/($g \cdot cm^{-3}$)	熔点/℃
1	Al	2.74	660
2	Mg	1.74	648
3	Zr	6.49	1 852
4	Hf	13.31	2 227
5	Ta	16.65	2 996

由于Al粉具有较高的反应热、化学性质活泼等优点，又具有较强的爆燃效应，可大幅提高活性毁伤材料的毁伤威力，因此Al粉是活性配方体系中最常见的填充材料之一。在REAL/ASTD软件上，通过改变Al和PTFE组分含量，可获得体系配比对反应产物、放热量、反应温度和气体产物量的影响规

律。以质量分数比为50/50的PTFE/Al活性毁伤材料配方体系为例，反应后的气体产物主要以AlF、AlF_2、AlF_3、Al为主，固体产物主要是单质C，体系反应温度和气体产物量分别为1 973 K、3.04 m^3/kg。改变PTFE/Al的质量比，PTFE/Al活性毁伤材料配方体系反应的生成物、反应温度和气体产物量等随之发生变化，相关参数如表2.3所示。

表2.3　PTFE/Al活性毁伤材料配方体系的相关参数

PTFE/Al 质量分数比	主要固体产物	主要气体产物	反应温度/K	气体产物量/($m^3 \cdot kg^{-1}$)
20/80	Al、Al_4C_3、AlF_3	AlF、AlF_2、AlF_3、Al	1 463	0.59
30/70	Al、Al_4C_3	AlF、AlF_2、AlF_3、Al	1 618	1.49
40/60	Al_4C_3、C	AlF、AlF_2、AlF_3、Al	1 871	2.39
50/50	C	AlF、AlF_2、AlF_3、Al	1 973	3.04
60/40	C	AlF、AlF_2、AlF_3	3 282	4.11
70/30	C	AlF、AlF_2、AlF_3	3 531	3.94
80/20	C	AlF、AlF_2、AlF_3	2 926	3.22

根据表2.3的计算结果，PTFE/Al活性毁伤材料配方体系反应时，Al优先和PTFE释放出的F发生反应，根据Al和F之间物质的量关系，产物为AlF_3、AlF_2、AlF等。当Al有剩余时，继续与C反应生成Al_4C_3，当Al的含量相对较少时，则产物中有单质C生成。PTFE/Al活性毁伤材料配方体系发生的主要化学反应为

$$4Al + C_2F_4 = 4AlF + 2C$$

$$2Al + C_2F_4 = 2AlF_2 + 2C$$

$$4Al + 3C_2F_4 = 4AlF_3 + 6C$$

$$4Al + 3C = Al_4C_3$$

PTFE/Al活性毁伤材料配方体系在O_2充足的环境中反应时，若有单质Al剩余或产物中有单质C生成时，这些未反应的Al、产物C等物质还会继续与环境中的O_2发生放热反应，进一步提高毁伤威力，反应式可表述为

$$4Al + 3O_2 = 2Al_2O_3$$

$$C + O_2 = CO_2$$

图2.17～图2.19所示为PTFE/Al配方体系密度、反应温度、气体产物量等随配比变化的情况。随Al粉含量增加，PTFE/Al配方体系密度逐渐升高，反应温度先增加后降低；铝粉含量为30%时，体系具有最高反应温度，约为3 531 K，Al粉含量在30%～40%，反应温度均超过3 000 K，气体产物量先增

加后降低；当 Al 粉含量为 40% 时，气体产物量最大值约为 4.11 m^3/kg。

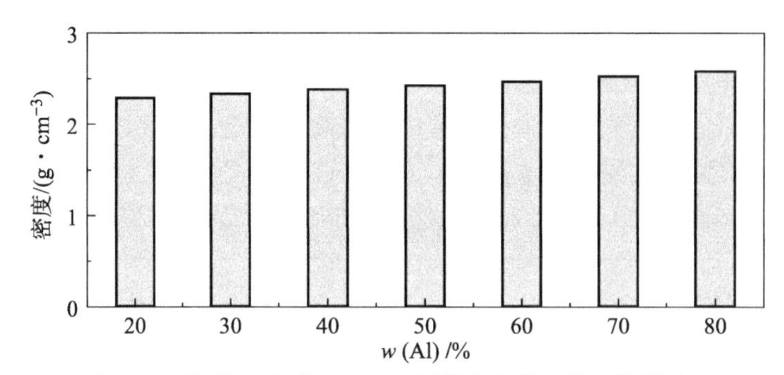

图 2.17　组分配比对 PTFE/Al 活性配方体系密度的影响

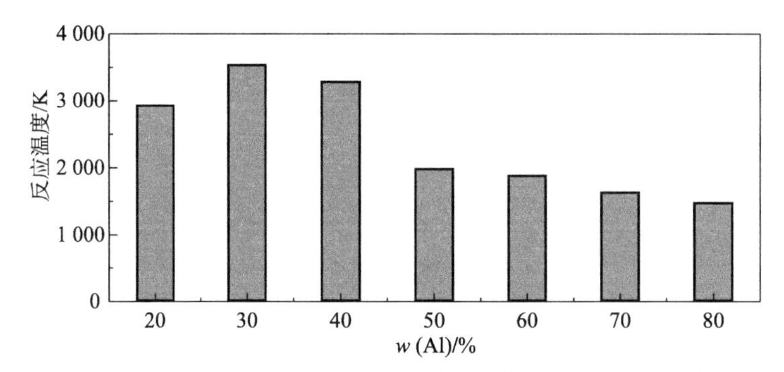

图 2.18　组分配比对 PTFE/Al 活性配方体系反应温度的影响

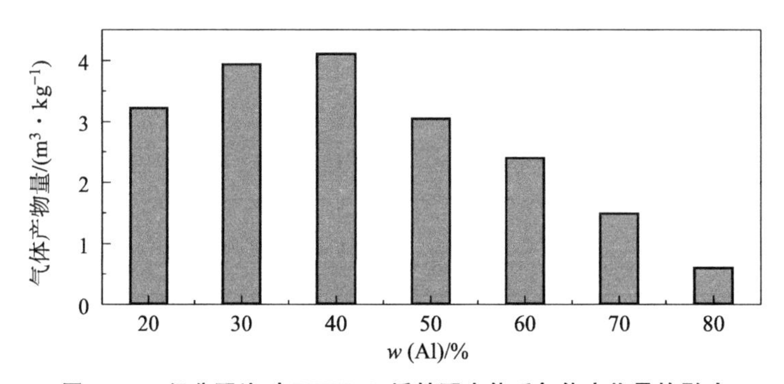

图 2.19　组分配比对 PTFE/Al 活性配方体系气体产物量的影响

除 PTFE/Al 外，为适应不同应用条件下对材料力化性能要求，其他常用二元活性毁伤材料体系还包括 PTFE/Mg、PTFE/Zr、PTFE/Hf、PTFE/Ta 等，图 2.20 所示为不同配方体系的密度变化特性。这些材料与 PTFE/Al 类似，具有一定力学强度，在冲击作用下发生反应，释放化学能和气体产物。

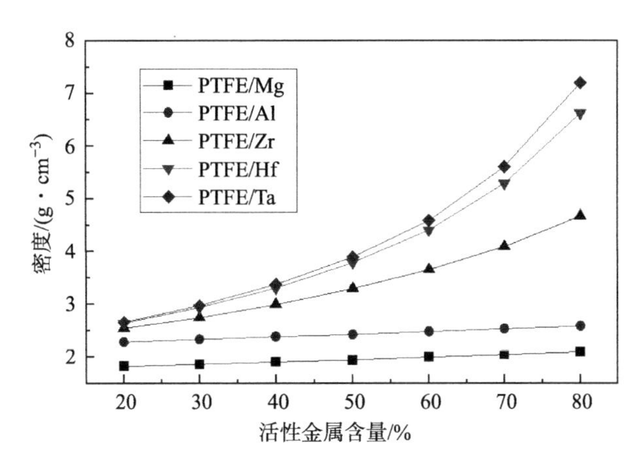

图 2.20　活性金属含量对典型二元体系密度影响特性

2.3.3　多元活性毁伤材料体系

以二元活性毁伤材料体系为基础，在含能混合物内加入一些重金属或金属氧化物等粉体，能够改善活性毁伤材料的力化性能，满足工程化应用中对活性毁伤材料密度、强度、激活阈值、能量释放的要求。

1. 氧化还原类填充材料

除单质活性金属，铝热剂等氧化还原类混合材料也可用作活性毁伤材料的填充材料组分。这类多元活性毁伤材料体系一般由氟聚物基体、活性金属（Al、Mg、Ti 等）与无机氧化物（Fe_2O_3、MnO_2、CuO、Bi_2O_3 等）组成。

以质量比为 44 : 26 : 30 的 PTFE/Al/Fe_2O_3 活性毁伤材料为代表，分析这类活性毁伤材料配方体系的化学反应特性。PTFE/Al/Fe_2O_3 活性毁伤材料反应后的主要气体产物为 AlF、AlF_2、AlF_3、CO、FeF、FeF_2 等，固体产物主要是单质 C 和 Fe_3C 等，体系反应温度和气体产物量分别为 2 148 K、2.73 m^3/kg。改变 PTFE/Al/Fe_2O_3 配方质量比，活性毁伤材料体系反应的生成物、反应温度和气体产物量等随之发生变化，相关参数如表 2.4 所示。

表 2.4　PTFE/Al/Fe_2O_3 活性毁伤材料配方体系相关参数

Fe_2O_3 含量/%	主要固体产物	主要气体产物	反应温度/K	气体产物量/($m^3 \cdot kg^{-1}$)
10	C	AlF、AlF_2、AlF_3、CO、FeF、FeF_2	3 382	3.87

续表

Fe_2O_3 含量/%	主要固体产物	主要气体产物	反应温度/K	气体产物量/($m^3 \cdot kg^{-1}$)
20	C、Fe_3C	AlF、AlF_2、AlF_3、CO、FeF、FeF_2	2 713	3.40
30	C、Fe_3C	AlF、AlF_2、AlF_3、CO、FeF、FeF_2	2 148	2.73
40	Al_2O_3、Fe_3C、Fe	AlF、AlF_2、AlF_3、CO、CO_2、FeF、FeF_2	2 150	2.37
50	Al_2O_3、Fe_3C、Fe	AlF、AlF_2、AlF_3、CO、CO_2、FeF、FeF_2	2 172	2.02

根据表2.4的计算结果，当配方体系中 Fe_2O_3 的含量相对较少时，气体产物主要有AlF、AlF_2、AlF_3、FeF、FeF_2、CO等，固体产物中只有单质C生成；而随着 Fe_2O_3 的含量增加，Fe_2O_3 与Al发生氧化还原反应生成 Al_2O_3 与Fe，进而Fe与生成的C会发生化合反应生成 Fe_3C；随着 Fe_2O_3 含量进一步增加到40%，固体产物中还剩有多余的Fe，且气体产物中有 CO_2 生成。PTFE/Al/Fe_2O_3 活性毁伤材料配方体系发生的主要化学反应为

$$4Al + 3C_2F_4 = 4AlF_3 + 6C$$

$$2Al + C_2F_4 = 2AlF_2 + 2C$$

$$4Al + C_2F_4 = 4AlF + 2C$$

$$2Al + Fe_2O_3 = Al_2O_3 + 2Fe$$

$$2Fe + C_2F_4 = 2FeF_2 + 2C$$

$$4Fe + C_2F_4 = 4FeF + 2C$$

$$2Al_2O_3 + 3C_2F_4 = 4AlF_3 + 6CO$$

$$Fe_2O_3 + 3CO = 2Fe + 3CO_2$$

$$3Fe + C = Fe_3C$$

可以看出，在材料基础配方体系中添加 Fe_2O_3 可能会加快反应速率。此外，PTFE/Al/Fe_2O_3 活性毁伤材料配方体系在氧气充足的环境中反应时，若有单质Al剩余或产物中有单质C、Fe生成时，这些未反应的Al、产物C与Fe等物质还会继续与环境中的 O_2 发生放热反应，进一步提高毁伤威力。

图2.21～图2.23所示为PTFE/Al/Fe_2O_3 材料配方体系密度、反应温度、气体产物量等随配比变化的情况。可以看出，随 Fe_2O_3 含量增加，PTFE/Al/Fe_2O_3 配方体系密度逐渐升高，反应温度先降低后趋于稳定，气体产物量逐渐

降低。当在基础配方体系PTFE/Al中适当添加10% Fe_2O_3，PTFE/Al/Fe_2O_3配方体系的反应温度为3 382 K，气体产物量为3.87 m^3/kg。

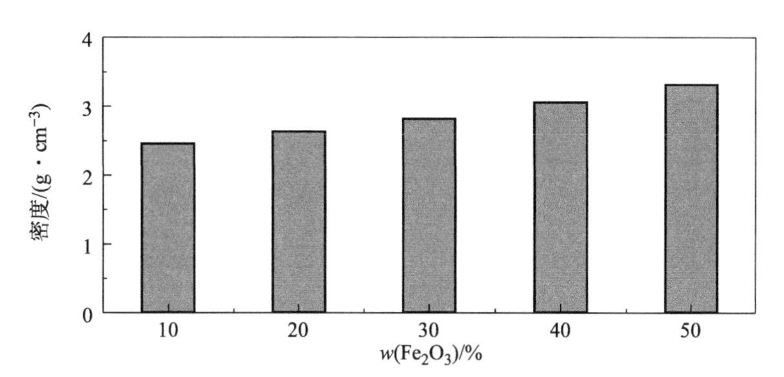

图2.21　组分配比对PTFE/Al/Fe_2O_3活性配方体系密度的影响

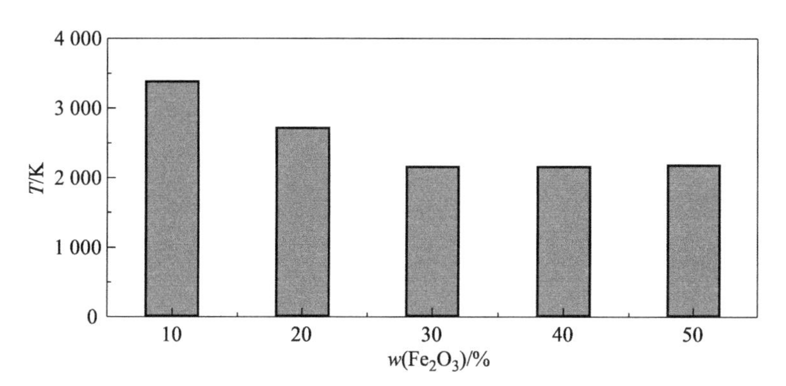

图2.22　组分配比对PTFE/Al/Fe_2O_3活性配方体系反应温度的影响

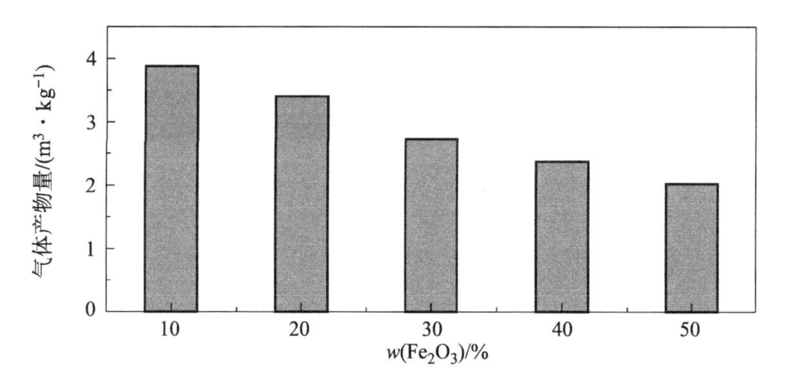

图2.23　组分配比对PTFE/Al/Fe_2O_3活性配方体系气体产物量的影响

除PTFE/Al/Fe_2O_3外，为适应不同应用条件下对材料力学性能的要求，其他常用三元材料体系还包括PTFE/Al/MnO_2、PTFE/Al/CuO、PTFE/Al/Bi_2O_3

等，图 2.24 所示为金属氧化物含量对典型三元配方体系密度的影响。

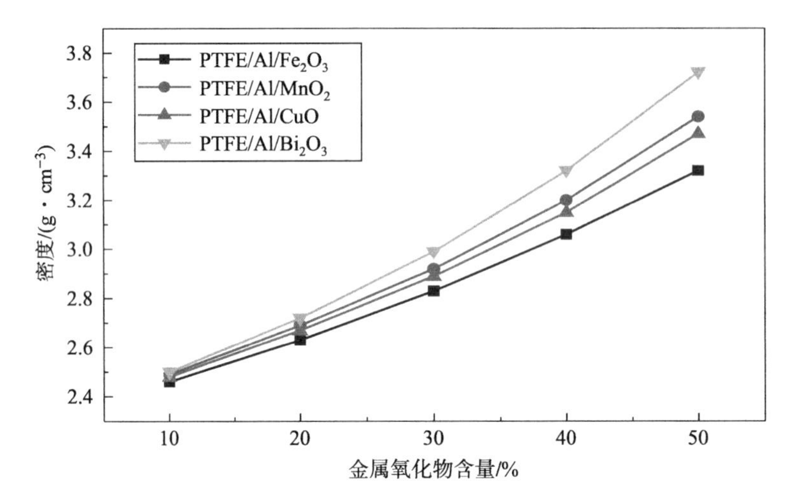

图 2.24　金属氧化物含量对典型三元活性配方体系密度的影响

2. 重金属类填充材料

PTFE/Al 活性毁伤材料理论密度低，对应的破片、弹丸等毁伤元侵彻能力不足，通常需要在这类低密度二元活性体系中添加一定量的高密度粉体，构成密度适中的三元活性体系，如 PTFE/Al/W、PTFE/Ti/W 等。

以质量分数比为 36.75 : 13.25 : 50 的 PTFE/Al/W 活性毁伤材料为代表，分析这类活性毁伤材料的化学反应特性。PTFE/Al/W 活性毁伤材料反应后的主要气体产物为 AlF_3、AlF_2、AlF 等，固体产物主要是单质 C 和 WC 等，体系反应温度和气体产物量分别为 3 444 K 和 1.758 m^3/kg。为研究 W 含量对 PTFE/Al/W 活性毁伤材料主要产物、反应温度和气体产物量的影响，在 PTFE 和 Al 为零、氧平衡条件下，改变 W 含量从 40% 到 80%，相关参数如表 2.5 所示。

表 2.5　PTFE/Al/W 活性毁伤材料配方体系的相关参数

W 含量/%	主要固体产物	主要气体产物	反应温度/K	气体产物量/($m^3 \cdot kg^{-1}$)
40	C、WC	AlF_3、AlF_2、AlF	3 468	2.18
50	C、WC	AlF_3、AlF_2、AlF	3 444	1.76
60	C、WC	AlF_3、AlF_2、AlF	3 403	1.34
70	C、WC	AlF_3、AlF_2、AlF	3 320	0.93
80	W、WC	AlF_3、AlF_2、AlF	3 153	0.54

可以看出，对 PTFE/Al/W 材料配方体系，主要气体产物为 AlF_3、AlF_2、AlF 等；随着 W 含量从 40% 增加到 80%，主要固体产物从 C 和 WC 变为剩余 W 和 WC。PTFE/Al/W 配方体系发生的主要化学反应为

$$4Al + 3C_2F_4 = 4AlF_3 + 6C$$

$$2Al + C_2F_4 = 2AlF_2 + 2C$$

$$4Al + C_2F_4 = 4AlF + 2C$$

$$W + C = WC$$

PTFE/Al/W 配方体系密度、反应温度、气体产物量等随配比变化的情况如图 2.25 ~ 图 2.27 所示。从图中可以看出，PTFE/Al/W 配方体系密度随 W 含量增加显著升高；反应温度随 W 含量增加略微下降，但整体反应温度均高于 3 000 K；气体产物量随 W 含量增加大幅降低。由此可见，W 粉含量对 PTFE/Al/W 的密度和气体产物量有显著的影响，虽然增加 W 粉可以提高材料密度，但会迅速降低气体产物量，因此在 PTFE/Al 配方体系中添加 W 粉要综合考虑材料密度和气体产物量。

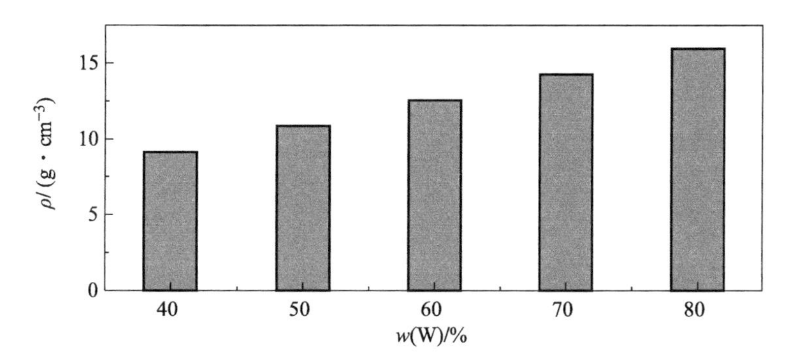

图 2.25　组分配比对 PTFE/Al/W 活性配方体系密度的影响

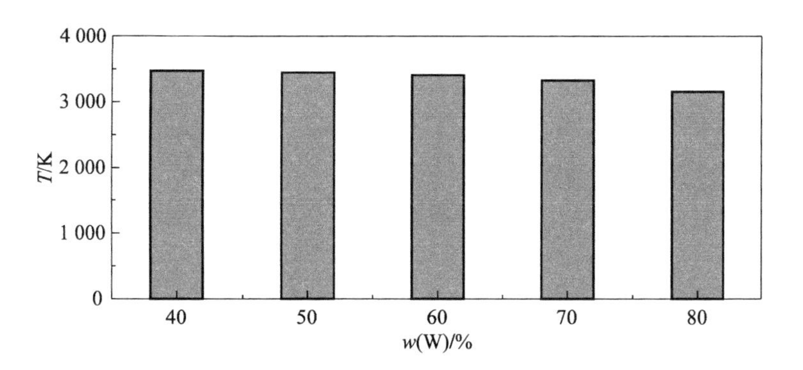

图 2.26　组分配比对 PTFE/Al/W 活性配方体系反应温度的影响

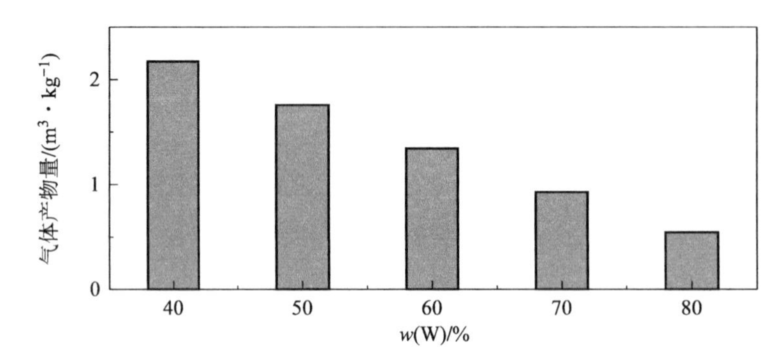

图 2.27 组分配比对 PTFE/Al/W 活性配方体系气体产物量的影响

3. 多元单质金属类填充材料

除了破片、弹丸等活性毁伤元，活性药型罩也是活性毁伤材料重要的应用形式之一。活性药型罩在炸药爆炸驱动下形成的高速活性侵彻体可利用动能侵彻和化学能释放耦合作用实现对目标的高效毁伤。从毁伤角度讲，要求活性药型罩材料密度高、延展性好、化学反应热多，由此常在配方体系中加入 W 粉，以提高配方体系密度。同时为兼顾延展性，还常在配方中添加 Ni、Cu、Pb 等金属粉体，且 Ni 还能与 Al 发生化学反应，进一步提升体系放热量，而 Pb 粉易在成型过程中气化，从而增加气体产物量。下面以 PTFE/Al/W/Ni 和 PTFE/W/Cu/Pb 两种典型多元活性毁伤材料为例，分析化学反应特性。

(1) PTFE/Al/W/Ni。

在 PTFE/Al/W/Ni 活性毁伤材料配方体系中，W 粉和 Ni 粉主要作用是调控密度，Al 粉和 Ni 粉延展性较好，且二者之间也会发生放热反应。以质量分数比为 20：25：30：25 的 PTFE/Al/W/Ni 活性毁伤材料为代表，分析这类材料的化学反应特性。PTFE/Al/W/Ni 活性毁伤材料反应后的主要气体产物为 AlF、AlF_3、AlF_2 等，固体产物主要是单质 C、Ni_2Al_3、Ni_3Al 和 WC 等，体系反应温度和气体产物量分别为 2 171 K 和 1.04 m^3/kg。改变 PTFE/Al/W/Ni 配方质量分数比，PTFE/Al/W/Ni 活性毁伤材料体系反应的主要生成物如表 2.6 所示。

根据表 2.6 的计算结果，对于 PTFE/Al/W/Ni 活性毁伤材料配方体系，当 Ni 的含量较少时，主要气体产物是 AlF、AlF_3、AlF_2 等；随着 Ni 含量增加至 45%，气体产物主要为 AlF_3、NiF_2 等。当 Ni 的含量为 5% 时，生成的固体产物主要是 Al、Al_4C_3、$NiAl_3$、WC 等；当 Ni 的含量增加至 15% 时，固体产物主要是 C、Al_4C_3、Ni_2Al_3、WC 等；当 Ni 的含量为 25% 时，固体产物主要是 C、Ni_2Al_3、Ni_3Al、WC 等；随着 Ni 的含量增加到 35% ~ 45%，固体产物中除有

单质 Ni 剩余外，主要固体产物就是 C、WC 等。从生成物可以看出，当 PTFE/Al/W/Ni 活性毁伤材料配方体系中当 Al 的含量较多而 Ni 的含量较少时，主要是 Al 和氟化物发生化学反应，剩余的 Al 会先与 C 发生化合反应，再与 Ni 发生金属间化合反应；当 Ni 的含量较多而 Al 的含量较少时，Ni 也会和氟化物发生化学反应，释放热量。PTFE/Al/W/Ni 配方体系发生的主要化学反应为

$$4Al + C_2F_4 = 4AlF + 2C$$

$$2Al + C_2F_4 = 2AlF_2 + 2C$$

$$4Al + 3C_2F_4 = 4AlF_3 + 6C$$

$$4Al + 3C = Al_4C_3$$

$$W + C = WC$$

$$Ni + 3Al = NiAl_3$$

$$2Ni + 3Al = Ni_2Al_3$$

$$3Ni + Al = Ni_3Al$$

$$2Ni + C_2F_4 = 2NiF_2 + 2C$$

表 2.6 PTFE/Al/W/Ni 活性毁伤材料配方体系反应的主要生成物

Ni 含量/%	主要固体产物	主要气体产物	反应温度/K	气体产物量/($m^3 \cdot kg^{-1}$)
5	Al、Al_4C_3、$NiAl_3$、WC	AlF、AlF_3、AlF_2	1 598	0.95
15	C、Al_4C_3、Ni_2Al_3、WC	AlF、AlF_3、AlF_2	1 816	1.11
25%	C、Ni_2Al_3、Ni_3Al、WC	AlF、AlF_3、AlF_2	2 171	1.04
35%	C、Ni、Ni_3Al、WC	AlF、AlF_2、AlF_3	2 447	0.87
45%	C、Ni、WC	AlF_3、NiF_2	2 028	0.51

图 2.28 ~ 图 2.30 所示为 PTFE/Al/W/Ni 材料配方体系密度、反应温度、气体产物量等随配比变化的情况。可以看出，随 Ni 含量增加，PTFE/Al/W/Ni 配方体系密度逐渐升高；反应温度先增加后减小，当 Ni 含量在 25% ~ 45% 时，反应温度均在 2 000 K 以上；气体产物量也是先增多后减少。

（2）PTFE/W/Cu/Pb。

为进一步增加活性毁伤材料体系密度，在 PTFE 中添加 W、Cu、Pb 等重金属，改变 PTFE/W/Cu/Pb 配方质量分数比，对应的主要产物列于表 2.7，体系密度、反应温度、气体产物量等随配比变化关系如图 2.31 ~ 图 2.33 所示。

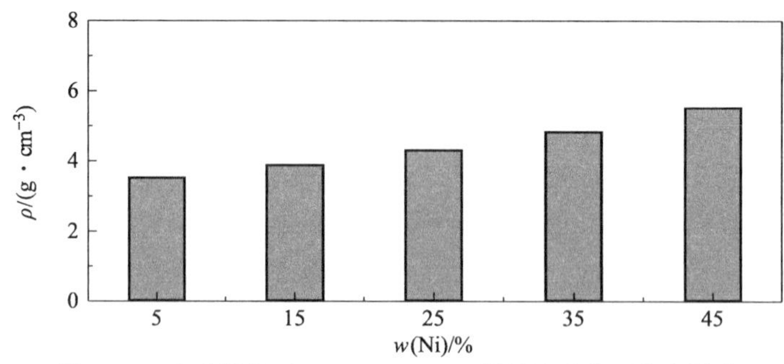

图 2.28 组分配比对 PTFE/Al/W/Ni 活性配方体系密度影响

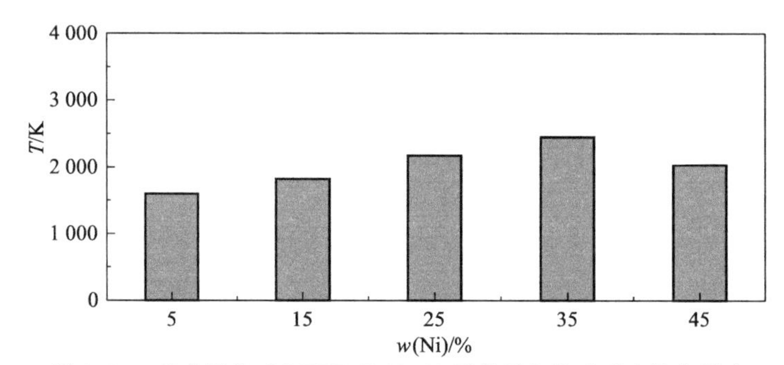

图 2.29 组分配比对 PTFE/Al/W/Ni 活性配方体系反应温度影响

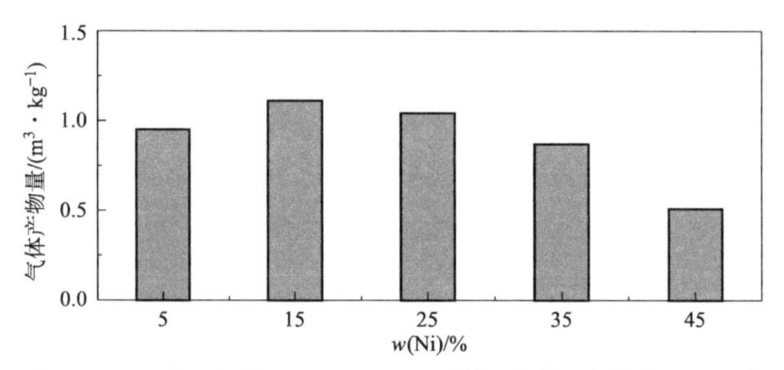

图 2.30 组分配比对 PTFE/Al/W/Ni 活性配方体系气体产物量影响

表 2.7 PTFE/W/Cu/Pb 活性毁伤材料配方体系反应的主要产物

Pb 含量/%	主要固体产物	主要气体产物	反应温度/ **K**	气体产物量/ ($\mathbf{m^3 \cdot kg^{-1}}$)
20	C、PbF_2、WC	PbF_2、PbF、CuF、CuF_2、Pb	1 721	0.41
25	C、Cu、PbF_2、WC	PbF_2、PbF、CuF、Pb	1 614	0.34
30	C、Cu、PbF_2、WC	PbF_2、PbF、CuF、Pb	1 594	0.24
35	C、Cu、PbF_2、WC	PbF_2、PbF、CuF、Pb	1 603	0.14
40	C、Cu、PbF_2、WC	PbF_2、PbF、Pb	1 650	0.02

从表中可以看出，PTFE/W/Cu/Pb 活性毁伤材料反应后的主要气体产物为 PbF_2、PbF、CuF、CuF_2、Pb 等，主要固体产物为 C、PbF_2、WC 等。还可以看出，与 PTFE/Al/W/Ni 材料配方体系相比，PTFE/W/Cu/Pb 材料配方体系的密度大幅增加，但是这类活性毁伤材料配方体系的反应温度和气体产物量均大幅下降，尤其当 Pb 的含量增加到 40% 时，气体产物量才为 0.02 m^3/kg。

根据表 2.7 的计算结果，PTFE 基体开始发生分解反应，释放出具有强氧化能力的 C_2F_4，随后活性材料配方体系中的金属粉粒 Cu、Pb 会与 C_2F_4 发生剧烈的氧化还原反应，产生反应热及气体产物。PTFE/W/Cu/Pb 活性毁伤材料配方体系发生的主要化学反应为

$$4Cu + C_2F_4 = 4CuF + 2C$$

$$2Cu + C_2F_4 = 2CuF_2 + 2C$$

$$4Pb + C_2F_4 = 4PbF + 2C$$

$$2Pb + C_2F_4 = 2PbF_2 + 2C$$

$$W + C = WC$$

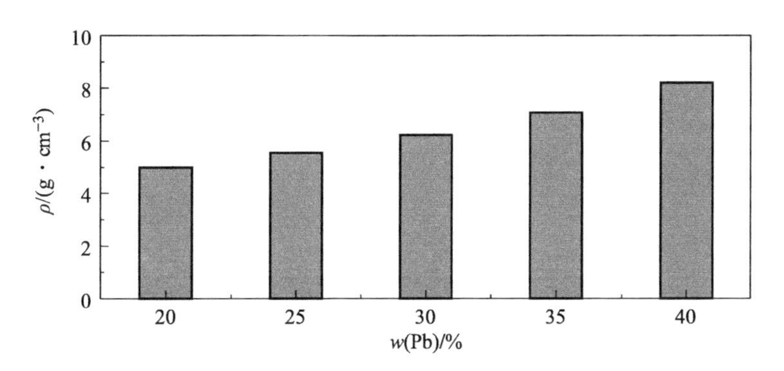

图 2.31　组分配比对 PTFE/W/Cu/Pb 活性配方体系密度的影响

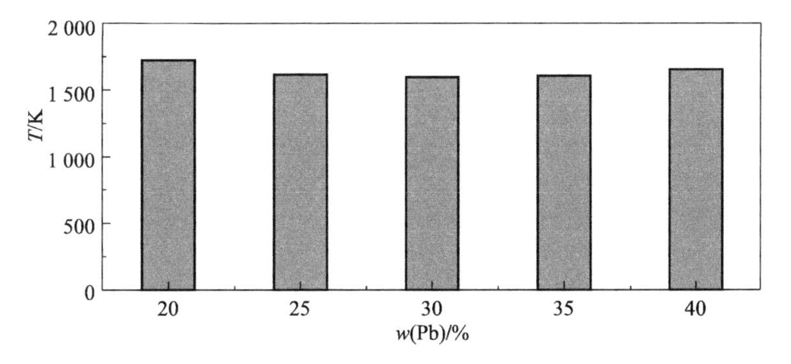

图 2.32　组分配比对 PTFE/W/Cu/Pb 活性配方体系反应温度的影响

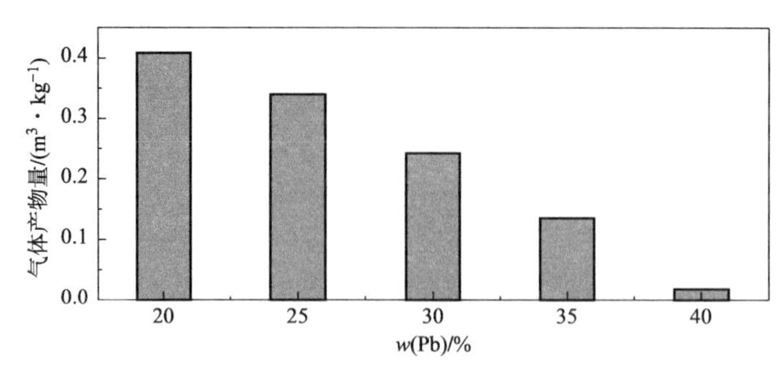

图 2.33　组分配比对 PTFE/W/Cu/Pb 活性配方体系气体产物量的影响

2.4　反应动力学模型

反应动力学模型主要描述在高应变率加载下，活性毁伤材料由未反应状态，在一定速率下转变为反应产物的反应动力学过程，该模型主要由未反应材料 JWL 方程、反应产物 JWL 方程及反应速率控制方程组成。

2.4.1　未反应材料 JWL 方程

JWL 方程主要描述炸药、火药、推进剂等含能材料的化学反应及状态转化过程，活性毁伤材料冲击激活反应行为可通过 JWL 方程组的三个方程描述。第一个 JWL 方程用于描述未反应材料的状态，第二个 JWL 方程描述由气体和固体组成的反应产物状态，第三个基于压力的反应速率方程用来描述未反应材料转化为反应产物的过程。这三个方程对材料反应过程的描述通常通过数值仿真方法实现，以 LS－DYNA 数值仿真软件为例，通过点火增长（IG）状态方程描述未反应和反应材料的 JWL 状态方程，其可表述为

$$p = r_1 e^{-r_5 V} + r_2 e^{-r_6 V} + \omega C_V \frac{T}{v} \tag{2.55}$$

式中，p 为压力；V 为体积；v 为比容；T 为温度；ω 为 Grüneisen 系数；C_V 为恒容热容；r_1，r_2，r_5，r_6 均为控制参数。

IG 状态方程中的反应速率方程由三部分组成，第一部分为点火部分，用来描述冲击波传播过后的反应速率；第二部分为增长部分，用来描述反应缓慢增长阶段的反应速率；第三部分为完成部分，用来描述反应快速完成阶段的反应速率，具体形式为

$$\frac{\partial F}{\partial t} = \text{freq}(1 - F)^{\text{frer}}(v^{-1} - 1 - \text{ccrit})^{\text{eetal}} +$$

$$\text{grow}_1(1-F)^{\text{es}_1}F^{\text{ar}_1}p^{\text{em}} +$$
$$\text{grow}_2(1-F)^{\text{es}_2}F^{\text{ar}_2}p^{\text{en}} \tag{2.56}$$

式中，F 为反应程度，未反应和完全反应时的 F 值分别为 0 和 1；v 为比容，$v=\rho_0/\rho$；freq，frer，ccrit，eetal 为点火系数；grow_1，es_1，ar_1，em 为增长系数；grow_2，es_2，ar_2，en 为完成系数。

此外，使用 IG 状态方程时，还需要设置式（2.56）中未显示的三个附加参数 fmxig，fmxgr 和 fmngr。当 $F \geqslant$ fmxig 时，速率方程的点火部分为零；当 $F \geqslant$ fmxgr 时，速率方程的增长部分为零；当 $F \geqslant$ fmngr 时，速率方程的完成部分为零。通过这三个参数，反应的三个阶段可以采用不同方程描述。

IG 状态方程采用不同 JWL 方程描述未反应活性材料与反应产物，JWL 方程参数源于材料冲击 Hugoniot 参数。未反应 PTFE、Al 及其他材料的冲击 Hugoniot 参数源于实验，冲击波波速与粒子速度关系可表述为

$$U_s = sU_p + c_0 \tag{2.57}$$

式中，U_s 为冲击波波速；U_p 为粒子速度；s 和 c_0 为拟合参数。PTFE 和 Al 的冲击波波速与粒子速度的拟合曲线如图 2.34 所示。

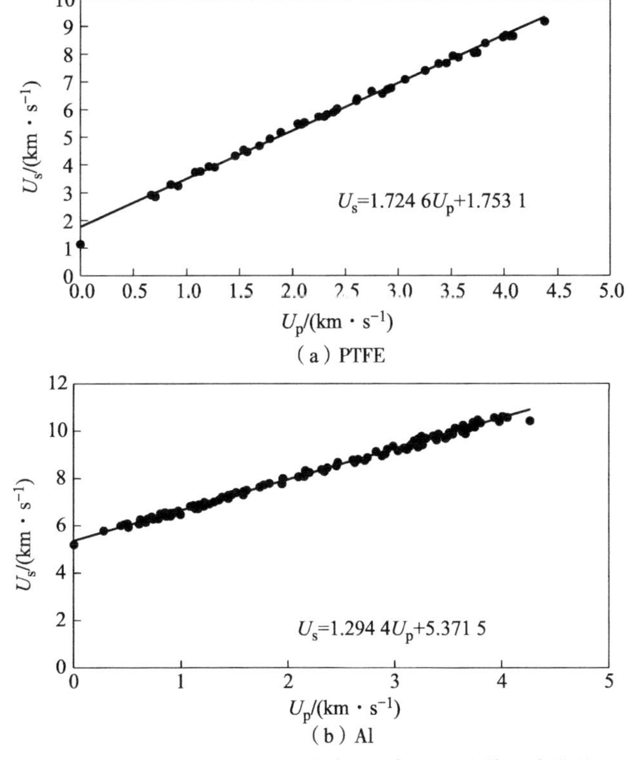

图 2.34　PTFE 与 Al 冲击波波速 – 粒子速度的拟合曲线

获得活性毁伤材料各组分的冲击 Hugoniot 参数之后，需计算每种组分材料的 Grüneisen 系数 ω，其一般形式为

$$\omega \approx 2s - 1 \tag{2.58}$$

其余所需参数，如密度、恒容热容，可通过查阅资料或测量获得。PTFE/Al（质量分数 62%/38%）活性毁伤材料各组分的特性参数如表 2.8 所示。

表 2.8 活性毁伤材料组分的特性参数

材料	$c_0/(\mathrm{m\cdot s^{-1}})$	s	$\rho_0/(\mathrm{kg\cdot m^{-3}})$	$C_V(\mathrm{J\cdot g^{-1}\cdot K^{-1}})$	ω
Al	5 370	1.29	2 784	0.90	1.58
PTFE	1 840	1.71	2 150	1.05	2.42
PTFE/Al	3 181.4	1.550 4	2 390.9	0.993	2.100 8

基于 PTFE/Al 活性毁伤材料各组分的特性参数，首先设定一系列粒子速度并将其代入式（2.57）计算相应的波速，再按基本冲击波参数关系，计算活性毁伤材料的冲击 Hugoniot 曲线

$$\begin{cases} p = c_0 U_p + s U_p^2 \\ \rho = \rho_0/(1 - U_p/U_s) \\ T = U_p^2/(2C_V) + T_0 \end{cases} \tag{2.59}$$

基于所获得的材料冲击 Hugoniot 参数及曲线，可拟合获得待研究材料的 JWL 方程参数，如图 2.35 和图 2.36 所示。未反应 PTFE/Al 活性毁伤材料参数 r_1，r_2，r_5，r_6 和 ω 如表 2.9 所示。

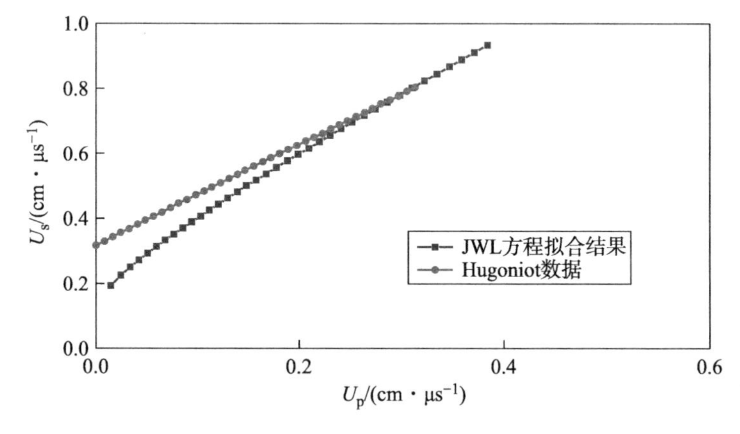

图 2.35 未反应活性毁伤材料冲击波波速－粒子速度曲线

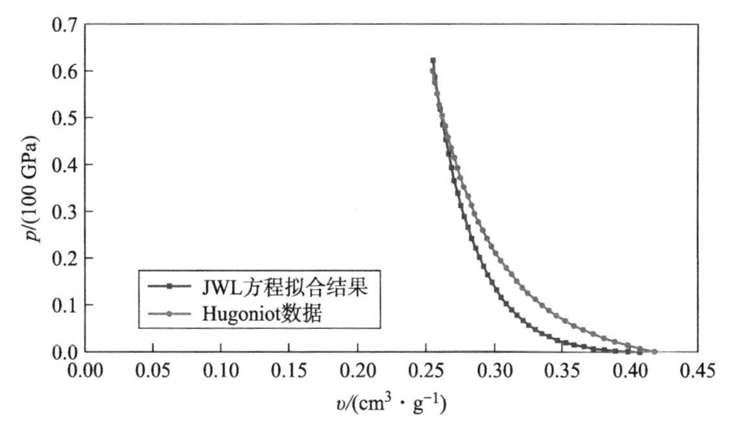

图 2.36　未反应活性毁伤材料压力－比容曲线

表 2.9　未反应 PTFE/Al 活性毁伤材料的 JWL 参数

材料	r_1	r_2	r_5	r_6	ω
PTFE/Al	2.293 7	2.009 3	45.292 2	51.545 4	7.764 2

根据表 2.8 中 PTFE/Al 及组分材料的冲击 Hugoniot 参数，可获得其他不同组分配比 PTFE/Al 材料的冲击 Hugoniot 参数，如表 2.10 所示。不同配比活性毁伤材料通过 Hugoniot 参数计算的冲击波波速－粒子速度曲线与动态力学实验方法获得的曲线对比如图 2.37 所示。从图中可以看出，二者总体重合度良好，表明理论计算结果准确性较高。但由于 Al 和 PTFE 两者的可压缩性差异较大，当粒子速度较低时，计算获得的活性毁伤材料冲击波速与粒子速度呈现明显的非线性关系；但当粒子速度较高时，活性毁伤材料各组分压缩性近似，计算与实验曲线吻合度较好，且冲击波波速与粒子速度呈现良好线性关系。

表 2.10　不同组分配比 PTFE/Al 材料的冲击 Hugoniot 参数

材料配比 (Al/PTFE)	c_0/ ($\mathrm{m \cdot s^{-1}}$)	s	ρ_0/ ($\mathrm{kg \cdot m^{-3}}$)	C_V/ ($\mathrm{J \cdot g^{-1} \cdot K^{-1}}$)	ω
100/0	5 370	1.290	2 784	0.900	1.580
90/10	5 017	1.332	2 721	0.915	1.664
75/25	4 488	1.395	2 626	0.938	1.790
50/50	3 605	1.500	2 467	0.975	2.000
26.45/73.55	2774	1.599	2 318	1.010	2.198
10/90	2 193	1.668	2 213	1.035	2.336
0/100	1 840	1.710	2 150	1.050	2.420

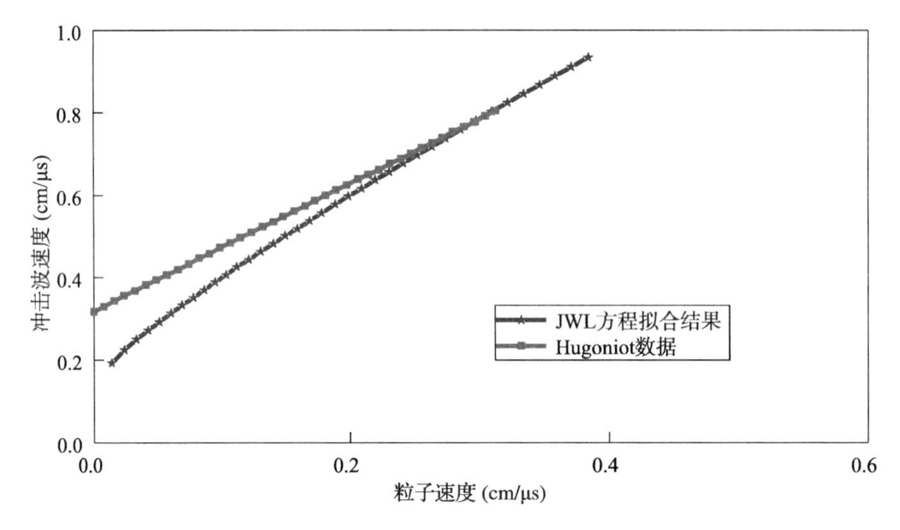

图 2.37 不同配比活性毁伤材料冲击波波速 - 粒子速度曲线

2.4.2 反应产物 JWL 方程

反应产物与未反应材料 JWL 方程不同，参数确定方法也有所差异。本节以未反应 PTFE/Al（质量分数 62%/38%）材料粒子速度 $U_p = 3.314 \times 10^{-1}$ cm · μs^{-1}、密度 $\rho = 2.2391$ g · cm^{-3}、温度 $T = 5\ 239$ K；未反应材料冲击波波速 $U_s = 8.040 \times 10^{-1}$ cm · μs^{-1}、压力 $p = 7.812 \times 10^{-1}$（×100 GPa）、冲击 Hugoniot 参数与表 2.19 相同为例，给出反应产物 JWL 方程及其参数确定方法。

在化学反应中，反应所释放能量决定了反应后气体产物的初始状态，未反应材料体系的内能 E_i 为

$$E_i = U_p^2 + C_{V,u} T_0 \tag{2.60}$$

式中，U_p 为未反应材料中粒子速度，单位为 cm · μs^{-1}；$C_{V,u}$ 为未反应材料的恒容热容，单位为 100 kJ · g^{-1} · K^{-1}；T_0 为未反应材料初始温度，单位为 K。

根据式（2.60）计算所得未反应材料体系内能 $E_i = 5.202 \times 10^{-2}$（100 kJ · g^{-1}）。通过热力学理论，可以获得活性材料的爆热 $Q = 1.35 \times 10^{-2}$ kJ · g^{-1}，反应产物的恒容热容 $C_{V,r} = 1.457 \times 10^{-5}$（100 kJ · g^{-1} · K^{-1}）。

反应气体产物的压力 - 粒子速度曲线可通过多方气体公式计算：

$$p\rho^{-\gamma} = K \tag{2.61}$$

式中，γ 为多方气体指数；p 为气体产物压力，单位为 100 GPa；ρ 为气体产物密度，单位为 g · cm^{-3}；K 为常数。

多方气体指数为

$$\gamma = \sqrt{U_s^2/(2Q+1)} \tag{2.62}$$

式中，U_s 为未反应材料冲击波波速，单位为 cm · μs^{-1}；Q 为活性毁伤材料爆热，单位为 100 kJ · g^{-1}。当未反应活性毁伤材料中的冲击波波速 $U_s = 8.040 \times 10^{-1}$ cm · μs^{-1}和材料爆热 $Q = 1.35 \times 10^{-2}$ kJ · g^{-1}时，产物的多方气体常数$\gamma = 4.894$。

对于典型可反应材料，其反应前、反应后材料的冲击 Hugoniot 曲线及 Rayleigh 曲线如图 2.38 所示。Rayleigh 线分别经过未反应活性材料 Hugoniot 曲线上的 von Neumann 点和反应产物 Hugoniot 曲线上的 C－J 点。von Neumann 点表示初始冲击波通过时未反应活性材料的状态，而 C－J 点表示反应刚结束时产物的状态，活性毁伤材料的反应即发生于这两点之间。

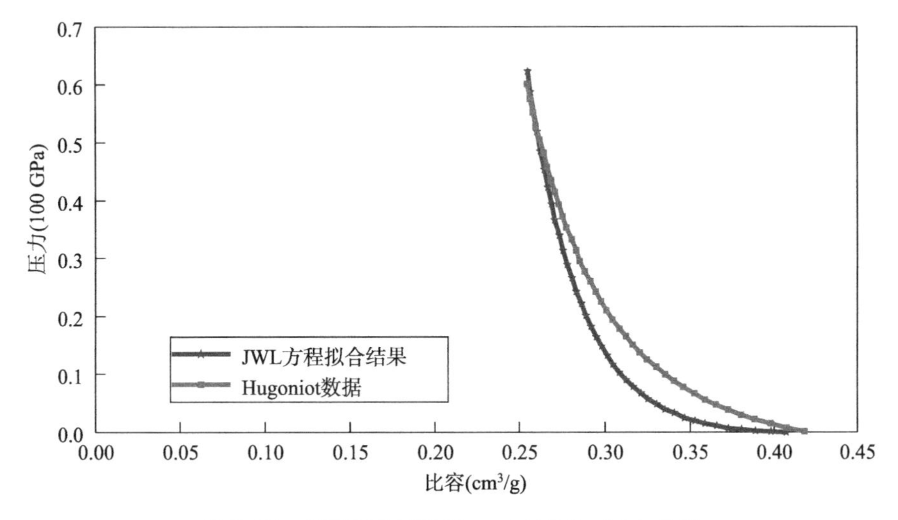

图 2.38 活性毁伤材料 Hugoniot 和 Rayleigh 曲线

C－J 压力为反应过程的重要参数，结合多方气体指数、C－J 粒子速度和爆热，可计算反应产物在 C－J 点的密度 ρ_{CJ}，其具体形式为

$$\rho_{CJ} = \frac{p_{CJ}}{(\gamma - 1)(U_{CJ}^2/2 + Q)} \tag{2.63}$$

式中，ρ_{CJ}为产物的 C－J 密度，单位为 g · cm^{-3}；p_{CJ}为产物的 C－J 压力，单位为 100 GPa；U_{CJ}为产物的 C－J 粒子速度，单位为 cm · μs^{-1}。

通过产物 C－J 压力、密度，由式（2.61）可获得某固定冲击速度下活性毁伤材料的 K 值。以初始冲击压力 $p_{CJ} = 2.513 \times 10^{-1}$（100 GPa）、粒子速度 $U_{CJ} = 1.335 \times 10^{-1}$ cm · μs^{-1}、密度 $\rho_{CJ} = 2.879$ g · cm^{-3}为例，则这时的 K 值为 1.420×10^{-3}。最后结合基本冲击波参数关系与多方气体方程，可获得给定初始冲击速度

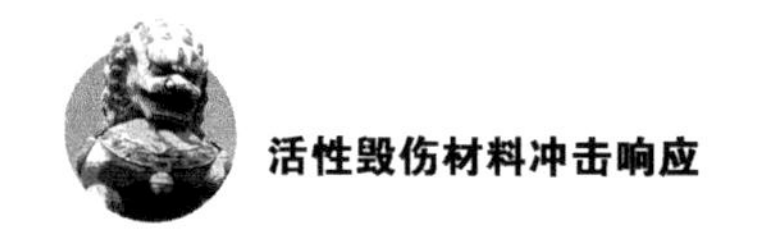

下的反应产物 Hugoniot 曲线。从而通过计算可获得 JWL 方程中各参数值，如表 2.11 所示，JWL 方程拟合和计算所得压力－比容曲线如图 2.39 所示。

表 2.11 反应产物 JWL 参数

材料	r_1	r_2	r_5	r_6	ω
反应产物	4.735 6×105	3.062 0	5.046 7	4.923 4	$3.140\,3\times10^{-1}$

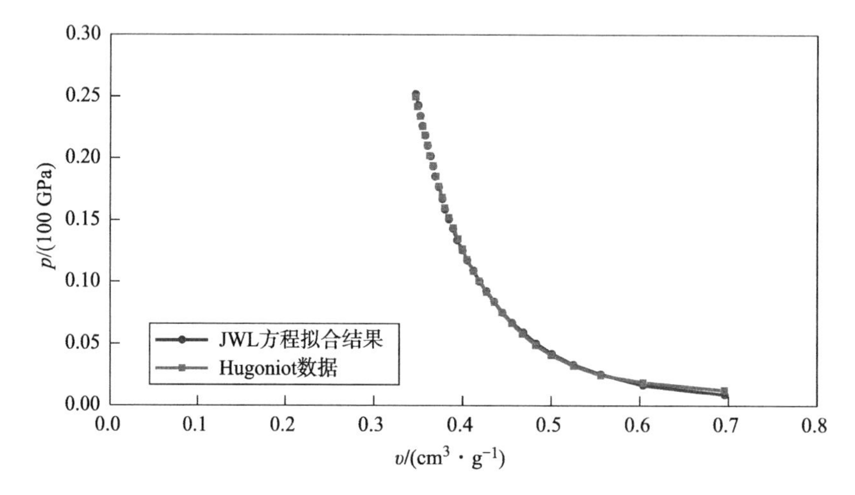

图 2.39 反应产物压力－比容曲线

2.4.3 反应速率控制方程

纯 PTFE 的分解过程可以用 Arrhenius 速率方程描述，具体形式为

$$\frac{d\lambda}{dt} = (1-\lambda)Fe^{-\frac{\Theta_0(1+A_p p)}{T}} \tag{2.64}$$

式中，λ 为反应程度，0 代表未反应，1 代表完全反应；F 为频率因子；Θ_0 为活化能；A_p 为 Arrhenius 压力系数。

纯 PTFE 的活化能与 C—C 键能（3.6 eV）非常接近，说明 PTFE 链中C—C 键的断裂是影响其热分解（形成 C_2F_4 单体分子）和分解速率的决定因素。纯 PTFE 活化能 $\Theta_0=3.25\text{eV}$，频率因子 $F=8.4\times10^{16}\text{s}^{-1}$，压力系数 $A_p=1.2\times10^{-2}\text{GPa}^{-1}$。PTFE/Al 和纯 PTFE 的活化能大致相同，可假设两者反应速率相同。

IG 模型中的反应速率方程与 Arrhenius 速率方程有一定差异，为使其逼近 Arrhenius 速率方程，需要进行如下调整，令 IG 模型中的 F、t 与 Arrhenius 速率方程中的 F、t 一致，舍去反应速率方程中的点火和增长部分，只保留反应速

率方程中的完成部分，并将 fmxig、fmxgr 和 fmngr 设为 0，用完成部分的反应速率表示整体反应速率。利用未反应活性毁伤材料和反应产物的各项参数，得到不同反应程度下的压力、温度和比容等数据，再通过 Arrhenius 速率方程计算出不同反应程度下反应速率 - 压力曲线，如图 2.40 所示。然后对 IG 状态方程中反应速率方程完成部分的各项参数进行优化，拟合出与 Arrhenius 速率方程计算结果吻合度较高的反应速率 - 压力曲线，如图 2.41 所示。IG 模型和Arrhenius 速率方程计算出的各曲线几乎完全重合，得到 IG 模型各参数如表 2.12 所示。

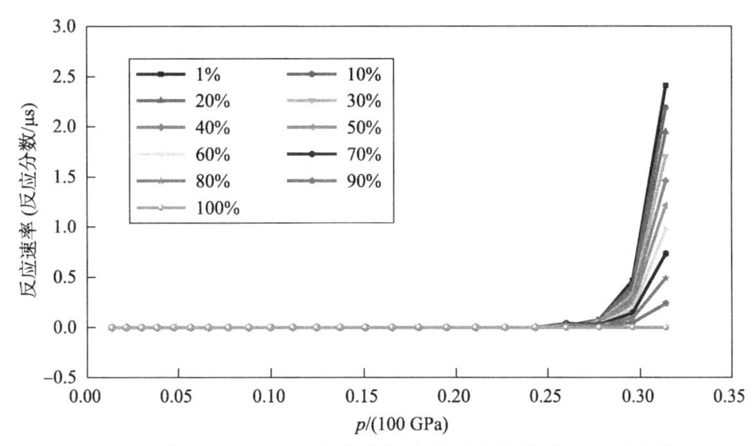

图 2.40　基于 Arrhenius 速率方程计算反应程度对反应速率影响

表 2.12　IG 模型反应速率方程参数

$grow_2$	es_2	ar_2	en	fmxig	fmxgr	fmngr
8.5991×10^{13}	1.0020	6.3067×10^{-5}	2.6963×10^{1}	0	0	0

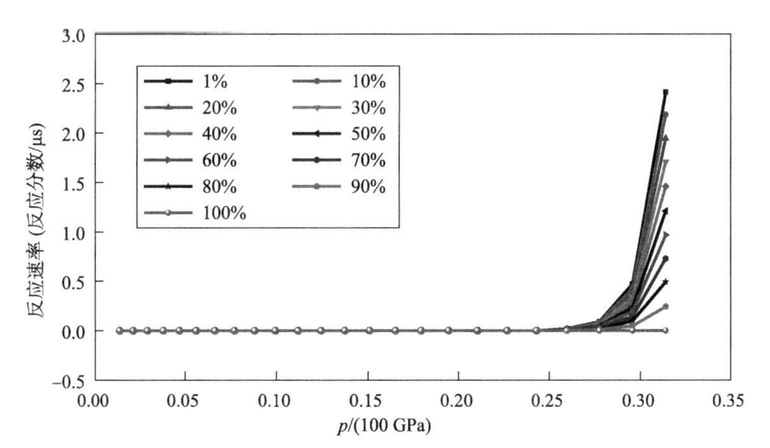

图 2.41　基于 IG 状态方程计算反应程度对反应速率影响

第3章

活性毁伤材料制备方法

3.1 组分混合方法

组分混合是通过物理混合方式，使不同密度、粒度、流散性的活性毁伤材料组分粉体均匀分散的过程。组分混合主要包括干燥碎化和组分混合两个工艺环节。多组分粉体混合均匀性会显著影响活性毁伤材料的物化性能。

3.1.1 干燥碎化

活性毁伤材料 PTFE 基体易吸湿结块，黏性大，流散性差，与填充粉体混合之前，一般需要先对氟聚物基体进行干燥和碎化处理。

1. 干燥

PTFE 粉体干燥一般在真空干燥箱中进行。基本流程为：首先，将待干燥粉体均匀平铺于浅底容器，置于干燥箱内；然后，对干燥箱进行抽真空处理；最后，设定干燥温度及时间，对 PTFE 粉体进行干燥。

需要注意的是，浅底容器的选择应按照待干燥粉体量确定，保证粉体铺设均匀平整，且厚度一般不大于 1 cm。为确保良好干燥效果，应合理设定干燥温度及干燥时间。干燥温度过高，会导致待干燥粉体再次结块；温度过低，则不利于粉体内水分挥发。干燥温度一般为 50 ~ 70 ℃。干燥时长根据粉体吸湿程度设定，一般为 3 ~ 8 h。吸湿结块 PTFE 粉体如图 3.1 (a) 所示，通过真空干燥箱对 PTFE 粉体干燥的过程如图 3.1（b）所示。

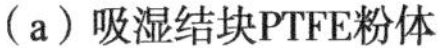
（a）吸湿结块PTFE粉体

（b）PTFE粉体干燥

图 3.1　PTFE 粉体真空干燥

2. 碎化

碎化处理主要是通过粉碎机对吸湿结块的 PTFE 粉体进行碎化，首先，按活性毁伤材料制备要求，向机中添加适量粉体材料；然后，设定粉碎机转速和粉碎时间，对粉体进行粉碎；最后，对碎化后粉体进行过筛，以获得流散性好、粒度均匀的粉体。过筛设备主要有手摇筛、振动筛粉机、悬挂式偏重筛粉机等。筛制过程中应保持环境干燥，避免粉体吸湿黏性增加，阻塞筛孔而影响过筛效率。此外，单次筛粉量不宜过多，应保证粉体在筛网上有足够空间，可以在较大范围内移动，达到更好的过筛效果。

需特别注意，与 PTFE 粉体类似，活性粉体若保存不当往往也会吸湿结块，需按照类似方法进行过筛。一般粉体粒度因材料制备要求而不同，需选择合适目数的筛网。常用筛网目数及筛孔尺寸的对应关系如表 3.1 所示。

表 3.1　筛网目数与筛孔尺寸对应关系

筛网目数	100	120	140	170	200	230	270	325	400
筛孔尺寸/mm	0.150	0.125	0.106	0.090	0.075	0.063	0.053	0.045	0.037 4

典型碎化设备及过筛处理后 PTFE 粉体如图 3.2 所示，从图中可以看出，碎化过筛后粉体中无絮状或块状团聚，粒度均匀、流散性良好。

3.1.2　组分混合

组分混合是通过各组分间物理运动，实现特定比例氟聚物基体与填充金属粉体均匀分布的过程，主要包括组分称量、组分混合两个步骤。

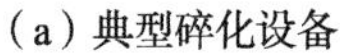
（a）典型碎化设备

（b）过筛后PTFE粉体

图 3.2　聚四氟乙烯粉体碎化过筛

组分称量即按照活性毁伤材料组分配比要求，称取一定质量各组分材料粉体的过程。活性毁伤材料体系对各组分配比要求严格，因此，一般选择高精度电子天平，在干燥通风环境中，对组分材料进行称取。

组分混合主要设备有 V 筒混料机、剪切混合机等，如图 3.3 所示。基本工作原理为利用设备机械运动，使多组分粉体混合物发生径向、周向和轴向三维运动，经适当的混合时间实现多组分粉体之间均匀混合。组分混合基本流程：首先，按配比要求将称量好的各组分粉体依次加入混合设备中；然后，设定混合时间及混合速率，对组分粉体进行混合；最后，将混合好的组分粉体倒出，密封保存。影响混合均匀性的主要工艺参数是混合时间、混合速率等。

（a）V筒混料机

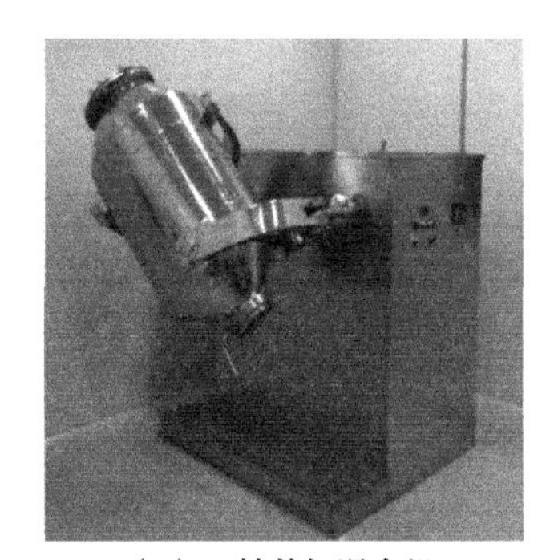
（b）三轴剪切混合机

图 3.3　典型组分混合设备

1. 混合时间

混合时间表征组分粉体通过混合设备混合时间的长短，直接决定活性毁伤

材料组分的混合均匀性。混合时间过短，组分间相互分散不充分，混合不均匀；混合时间过长，混合设备机械搅拌产生热量不易耗散，导致粉体温度上升，PTFE黏结成块，影响组分混合均匀性。在实际混合中，应依据具体活性毁伤材料组分配比、粉体粒径、粉体质量等，通过试验确定合理的混合时间。以典型PTFE/Al/W（质量分数50%/30%/20%）活性毁伤材料为例，达到良好混合均匀性的粉体质量与混合时间关系如图3.4所示。

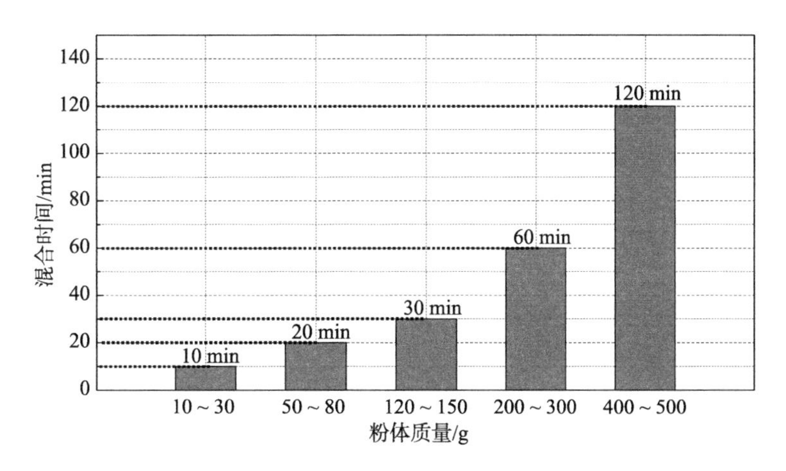

图3.4 粉体质量与混合时间关系

2. 混合速率

混合速率是决定多组分粉体混合时间和混合均匀性的重要参数，混合速率过低，粉体材料三维运动速率较慢，不利于组分间相互运动及扩散，混合所需时间较长；混合速率过高，会导致混合粉体局部运动速率过高，温升显著，特别是剪切式混合机，搅拌叶片高速旋转会对粉体产生高剪切速率，导致氟聚物基体升温，形成絮状团聚，甚至发生高温分解及组分间反应。

混合速率对多组分活性粉体体系混合均匀性影响如图3.5所示，从图中可以看出，正常混合速率下，粉体流散性良好，混合均匀；混合速率过高时，可明显观察到粉体中出现结块现象，反而不利于多组分粉体的均匀混合。

需要说明，机械混合一般用于粉体量较多或大批量生产，实验室条件下小试样制备，一般可采用手工研磨混合，如图3.6所示。基本流程为，先按配比要求将组分粉体倒入容器；再通过软质金属棒反复研磨搅拌，直至混合物无明显色差，表明各组分基本混合均匀，即可对混合物密封保存。

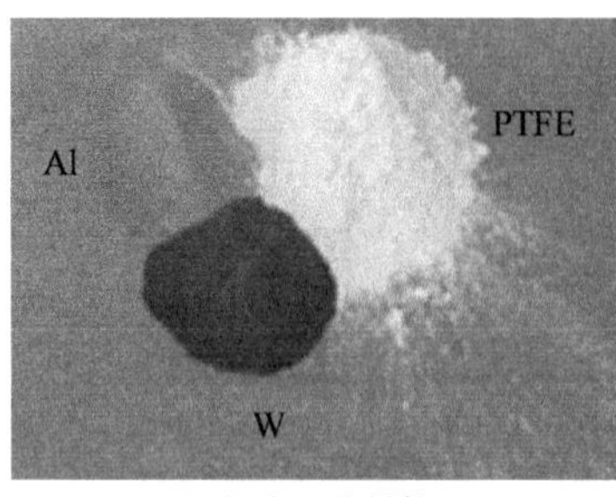

(a) 多组分粉体

(b) 不同混合速率下混合物状态

图 3.5　混合速率对多组分活性粉体体系混合均匀性影响

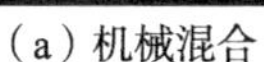
(a) 机械混合

(b) 手工研磨混合

图 3.6　活性毁伤材料粉体组分混合方式

3.1.3　混合工艺影响

混合工艺的影响主要体现在活性毁伤材料组分混合均匀性对材料性能的影响上。在混合方式相同条件下，影响混合均匀性主要取决于混合时间。

以 PTFE/Al 和 PTFE/Al/W 两种活性毁伤材料体系为例，对比混合时间对活性毁伤材料试样性能的影响，两种试样各组分含量及混合时间如表 3.2 所示。多组分粉体通过 V 筒混料机混合，混合时间分别为 10 min、20 min、30 min，圆柱形试样分别在 80 MPa 和 200 MPa 压力下进行模压成型，烧结硬化工艺相同。

表 3.2　材料组分含量及混合时间

材料	组分含量/%			混合时间/min		
	PTFE	Al	W			
PTFE/Al	76.5	23.5	0	10	20	30
PTFE/Al/W	31.6	11.4	57.0	10	20	30

不同混合时间下，压制/烧结获得的 PTFE/Al 材料试样如图 3.7 所示。从图中可以看出，当混合时间为 10 min 时，试样表面颜色不均，各试样间色差明显，表明金属粉体与聚四氟乙烯粉体未混合均匀。随着混合时间增加，试样表面斑点减少，试样间色差减小，表明组分粉体混合均匀性增加。

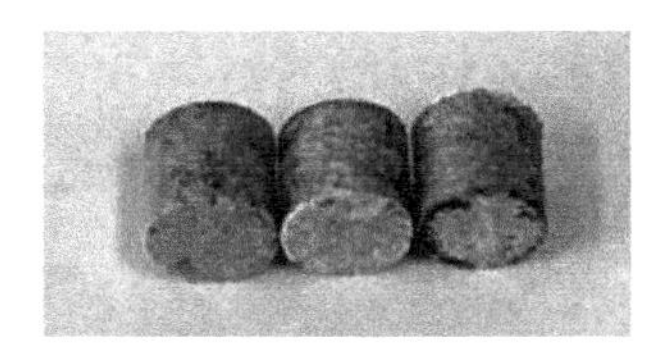
（a）10 min

（b）20 min

（c）30 min

图 3.7　不同混合时间 PTFE/Al 材料试样

不同混合时间下，PTFE/Al/W 材料试样如图 3.8 所示。可以看出，混合时间为 10 min 时，试样端面颜色不均，侧面颜色整体较浅。混合时间增加至 20 min时，试样端面斑点分布趋于均匀，侧面颜色加深。混合时间为 30 min 时，试样端面和侧面颜色趋于一致，表明各组分呈现良好的混合均匀性。

（a）10 min

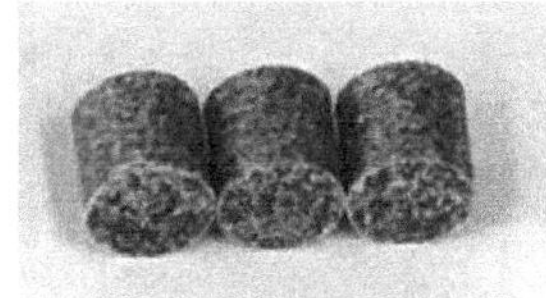
（b）20 min

（c）30 min

图 3.8　不同混合时间 PTFE/Al/W 试样

不同混合时间 PTFE/Al 试样的细观结构如图 3.9 所示。从图中可看出，混合时间为 10 min 时，PTFE 基体呈不规则片状，边缘呈现絮状，细观结构中 Al 颗粒形成明显团聚，组分混合均匀性较差；混合时间增加至 20 min，未观察到金属颗粒团聚现象，组分混合均匀性有所增加，但仍可观察到金属颗粒与基体并未形成良好的均匀混合体系；混合时间为 30 min 时，金属颗粒与氟聚物基体均无团聚，金属颗粒均匀分散于基体中，且基体对金属颗粒形成良好包覆，表明此时 PTFE/Al 活性毁伤材料组分体系有良好的混合均匀性。

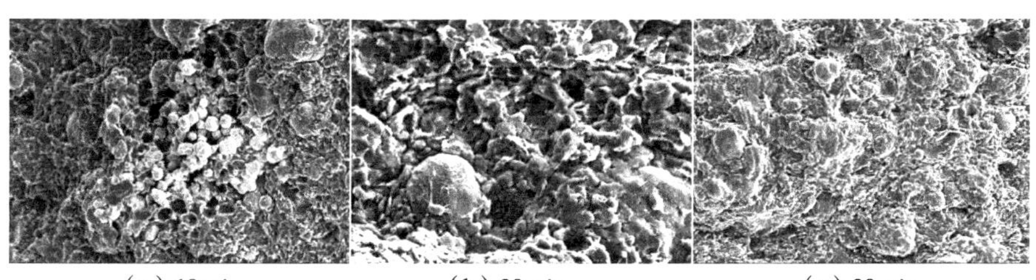
（a）10 min　　（b）20 min　　（c）30 min

图 3.9　不同混合时间 PTFE/Al 试样的细观结构

3.2 模压成型方法

模压成型工艺是在给定外部压力下，通过特定形状模具将活性混合物制备成试样的过程，模制压力的大小直接决定试样密度的高低。本节主要介绍模压成型模具设计、模压工艺及模压参数对活性试样性能的影响。

3.2.1 模具设计

活性毁伤材料模压成型模具设计以试样形状及密实度要求为依据，典型小尺寸试样模压成型模具的基本结构如图 3.10 所示。柱形试样模具主要包括套筒、冲头和底模，环形试样模具主要包括套筒、底模、柱芯和压型套。

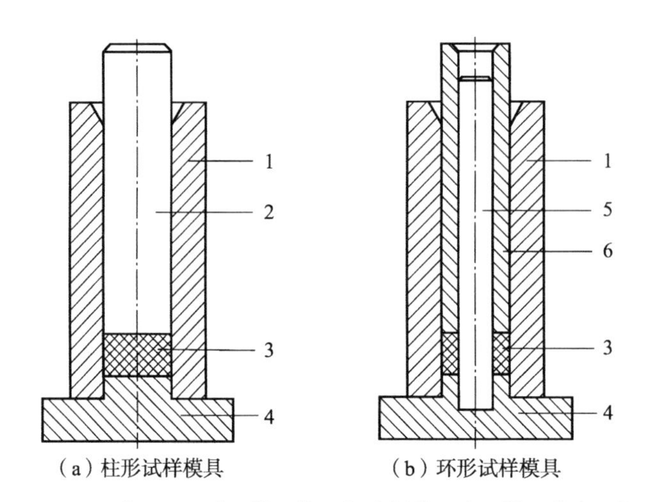

（a）柱形试样模具　　（b）环形试样模具

图 3.10　典型小尺寸活性毁伤材料试样模压成型模具基本结构

1—套筒；2—冲头；3—压件；4—底模；5—柱芯；6—压型套

对于尺寸较大的活性毁伤材料试样，为提高试样沿高度方向密度的分布均匀性，往往需要采用双向压制模具，典型结构如图 3.11 所示，其主要由上套筒、下套筒、柱芯、上压型套、中压型套和下压型套等几部分组成。

模压成型模具设计关键在于确定装料室容积和套筒壁厚，装料室容积主要取决于一次加入粉体混合物的体积，装料室理论最小容积 V 为

$$V = \frac{W}{\gamma} \tag{3.1}$$

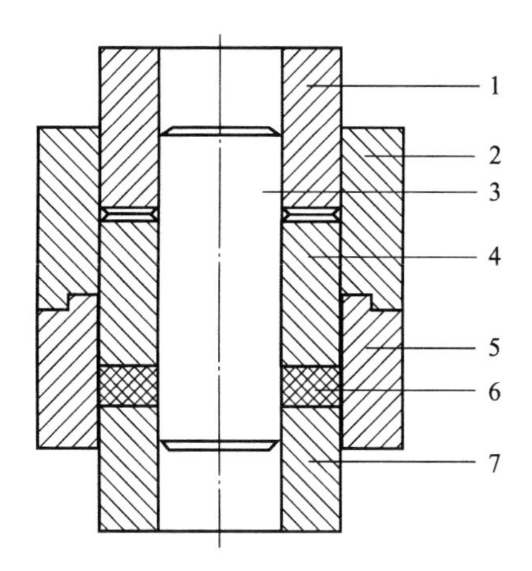

图3.11　典型大尺寸活性毁伤材料试样模压成型模具

1—上压型套；2—上套筒；3—柱芯；4—中压型套；
5—下套筒；6—压件；7—下压型套

式中，W和γ分别为活性毁伤材料粉体的质量和表观密度。

装料室高度h按下式确定：

$$h = \frac{V}{F} + (1.0 \sim 2.0)\,\mathrm{cm} \tag{3.2}$$

式中，F为压件沿压制方向的投影面积。

实际中，活性毁伤材料配方多样，粉体表观密度差异明显，一般压件密度可达表观密度的3～7倍。因此，在装料室体积及高度设计中，应结合具体材料组分配比及混合粉体表观密度，依据式（3.1）和式（3.2）进行设计。

此外，为避免套筒在模压过程中破裂，模具整体应具有足够的强度和刚度，套筒应具有足够的壁厚。套筒壁厚按下式确定：

$$\delta = \frac{d}{2} \cdot \frac{p_0}{R_b} \cdot \frac{h}{H} \tag{3.3}$$

式中，d和H分别为套筒内径和高度，p_0和R_b分别为模制压力和允许应力。

此外，模具设计还需注意，一是为便于柱芯进入套筒或便于压型套进入套筒和柱芯，套筒和柱芯入口处应设计倒角；二是为便于维护保养，模具工作表面硬度应达到HRC＝50～55，表面粗糙度为7～11级，且需抛光和镀铬，厚度一般为0.05～0.08 mm；三是为避免大尺寸成型试样脱模困难，应沿压模压出方向设计斜度，斜度范围为0.01～0.02；四是针对实际需要，小尺寸试样模具可设计为单孔或多孔。典型柱形试样单孔及多孔模具如图3.12所示。

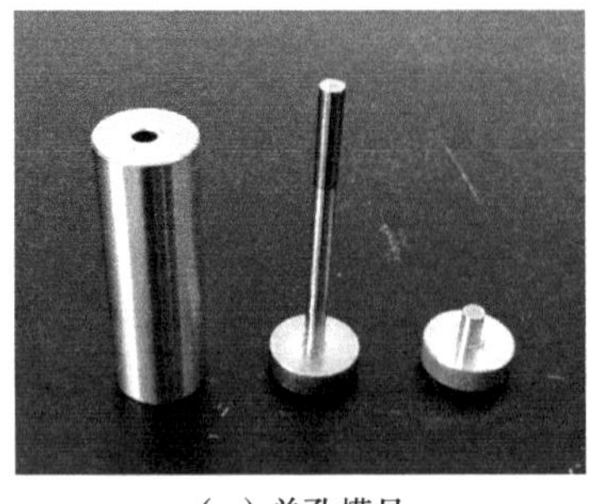

（a）单孔模具

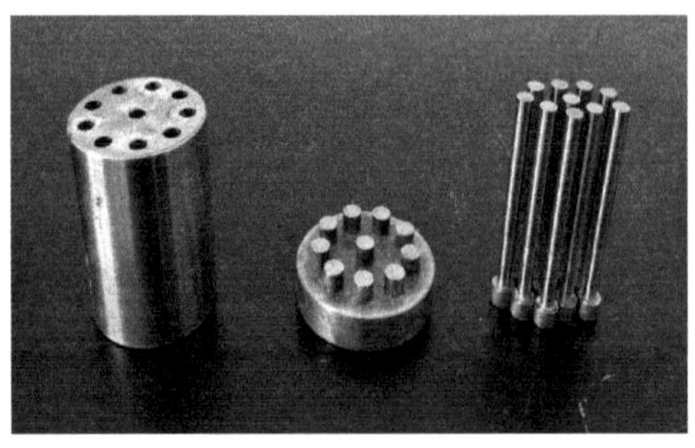

（b）多孔模具

图 3.12　典型柱形试样单孔及多孔模具

模具材料选取时，应充分考虑模压工作需求、模具加工工艺要求和经济适用性。在工作需求方面，模具材料应具有一定耐磨性、强韧性、耐冷热疲劳性和耐蚀性；在工艺条件要求方面，模具材料应具有可锻性、切削加工性、淬硬性、淬透性和可磨削性等；在经济适用性方面，模具选材应考虑经济性原则，降低成本。典型不同口径活性毁伤材料试样模压成型模具如图 3.13 所示。

图 3.13　典型不同口径活性毁伤材料试样模压成型模具

3.2.2　模压成型

活性毁伤材料模压成型时，组分粉体发生位移和变形，颗粒间孔隙度显著降低，粉体在压模内密实度增加，形成具有一定形状和强度的试样。

模压过程中粉体的受力及变形非常复杂，微观上表现为粉体颗粒的位移和转动，宏观上表现为粉体的形状变化和体积收缩。在外部压力作用下，氟聚物基体颗粒发生塑性变形，金属颗粒主要发生弹性变形。退模卸压后，金属颗粒恢复初始形状，与基体共同形成特定形状试样。影响活性毁伤材料试样模压成型的因素主要有模压方式、模制压力、模压速率、保压时间等几个方面。

1. 模压方式

活性毁伤材料的模压方式主要包括单向和双向模压。单向模压时，粉体一端与模壁有相对运动，另一端无相对运动。单向模压时试样密度分布如图 3. 14（a）所示，受模腔内摩擦力影响，试样密度从上至下逐渐减小。因此单向模压试样高度不宜过大，否则会导致试样密度分布不均。

对较高试样，一般采用双向模压，压制过程中，粉体两端均与模壁产生相对运动，试样密度分布如图 3. 14（b）所示。试样两端密度较高，中间较低，试样整体密度高于单向模压。通过调整模制压力，可获密度均匀的试样。

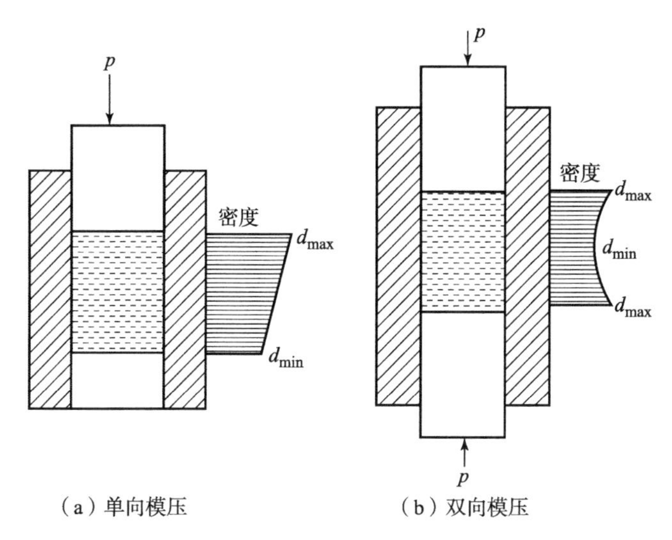

（a）单向模压　（b）双向模压

图 3. 14　不同模压方式试样密度分布

2. 模制压力

模制压力决定粉体混合物受压后的致密性和试样密度，模制压力过低，试样致密性低，孔隙率大，机械性能差；模制压力过高，退模后试样易开裂。合理控制模制压力，可以制备出致密性和机械性能良好的活性毁伤材料试样。氟聚物活性毁伤材料填充组分含量与模制压力的关系如表 3. 3 所示。

经过长期实践，有关模制压力与试样密度关系，国内外有不少经验公式可供工程设计和应用参考，这里只介绍几个代表性工程经验公式。

（1）巴尔申公式。

该公式适用于脆硬性金属组分含量较多、中等模制压力，具体形式为

表 3.3 填充组分含量与模制压力的关系

填充组分含量/%	模制压力/MPa	填充组分含量/%	模制压力/MPa
10 ~ 20	50	40 ~ 50	80
20 ~ 30	60	50 ~ 60	90
30 ~ 40	70		

$$\lg p = -L(\beta - 1) + K \quad (3.4)$$

式中，p 为模制压力；β 为相对体积（V/V_m），V 为实际试样体积，V_m 为致密试样体积；K，L 为经验常数。

（2）康诺匹茨基公式。

该公式适用于较高模制压力，具体形式为

$$\ln \frac{d_m - d}{d_m - d_0} = -Kp \quad (3.5)$$

式中，p 为模制压力；d 为实际试样密度；d_m 为致密试样密度；d_0 为粉体混合物表观密度；K 为经验常数。

（3）川北公夫公式。

该公式忽略压制过程粉体硬化效应，适用于较低模制压力，具体形式为

$$C = \frac{abp}{1 + bp} \quad (3.6)$$

式中，p 为模制压力；C 为粉体体积压缩比（$1 - d_0/d$），d_0 为粉体表观密度，d 为实际试样密度；a，b 为经验常数。

3. 模压速率及保压时间

模压速率是指模压冲头下降运动速度的快慢，主要取决于受压粉体的流动性，并影响试样的密度分布均匀性。氟聚物基活性粉体混合物流动性差，模压速率过高，活性粉体混合物模腔内流动不充分，会导致试样密度分布不均匀。通常，模压速率控制在 10 ~ 20 mm/min 为宜，最大不超过 70 mm/min。

保压时间是指达到设定模制压力后的持续压制时间，使模制压力在试样内得到充分传递，实现良好的密度分布均匀性。保压时间长短主要取决于试样高度和模压方式，试样高度与保压时间的关系如表 3.4 所示，典型模压成型设备及圆柱形模压成型活性毁伤材料试样如图 3.15 所示。

表 3.4　试样高度与保压时间的关系

单向模压		双向模压	
高度/mm	保压时间/min	高度/mm	保压时间/min
<5	1	30 ~ 40	8
5 ~ 10	2	40 ~ 50	10
10 ~ 20	4	50 ~ 100	15
20 ~ 30	8	100 ~ 150	20

（a）压机

（b）多孔模具压制

（c）圆柱形试样

图 3.15　典型模压成型设备及圆柱形模压成型活性毁伤材料试样

4. 试样密度估算

活性毁伤材料粉体组分配比主要由质量配比或体积配比来表征，按质量百分数计算各粉体组分配比，第 i 个组分质量百分数 g_i 为

$$g_i = \frac{G_i}{G} \tag{3.7}$$

式中，G_i 为第 i 个粉体组分质量；G 为粉体混合物总质量。

按体积分数计算各粉体组分体积配比，第 i 个组分体积分数 r_i 为

$$r_i = \frac{V_i}{V} \tag{3.8}$$

式中，V_i 为第 i 个粉体组分体积；V 为粉体混合物总体积。

各粉体组分质量分数与体积分数之间的换算关系为

$$\frac{g_i}{r_i} = \frac{d_{mi}}{d_p} \tag{3.9}$$

式中，d_{mi}为第 i 种粉体组分物质密度；d_p 为模压成型试样密度。

当已知各粉体组分质量分数时，模压成型试样密度为

$$d_p = \frac{1}{\sum_{i=1}^{n} \frac{g_i}{d_{mi}}} \tag{3.10}$$

当已知各粉体组分体积分数时，模压成型试样密度为

$$d_p = \sum_{i=1}^{n} d_{mi} r_i \tag{3.11}$$

3.2.3 模压工艺

模压工艺主要影响活性毁伤材料试样的密度及物化性能。首先，分析模制压力对 PTFE/Al 和 PTFE/Al/W 两种典型活性毁伤材料试样性能的影响。试样由粉体混合物在 V 筒混料机中混合 30 min 后，在不同模制压力下压制成型，再经相同烧结硬化工艺制备而成。两种试样组分配比及模制压力如表 3.5 所示。

表 3.5　不同材料组分配比及模制压力

材料	组分含量/%			模制压力/MPa			
	PTFE	Al	W				
PTFE/Al	76.5	23.5	0	5	20	50	80
PTFE/Al/W	31.6	11.4	57.0	20	100	200	250

PTFE/Al 和 PTFE/Al/W 试样如图 3.16 和图 3.17 所示，试样直径 D、高度 H、体积 V 和密度 ρ 如表 3.6 所示。可以看出，模制压力较小时，两种试样颜色均较浅，高度较高。随着模制压力升高，试样颜色加深，且不同试样颜色分布更加均匀。当模制压力从 5 MPa 升高至 80 MPa 时，PTFE/Al 试样高度从 13.15 mm 降低至 9.27 mm，体积从 880.16 mm^3 降低至 638.89 mm^3，对应材料密度从 1.83 g/cm^3增加至 2.25 g/cm^3。对于 PTFE/Al/W 试样，当模制压力从 20 MPa 升高至 250 MPa，试样高度从 9.84mm 降低至 9.09 mm，试样体积从 678.18 mm^3 降

低至 638.58 mm³，对应材料密度从 4.42 g/cm³ 增加至 4.62 g/cm³。

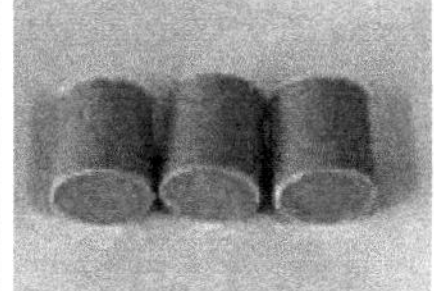

（a）5 MPa　（b）20 MPa　（c）50 MPa　（d）80 MPa

图 3.16　不同模制压力下的 PTFE/Al 试样

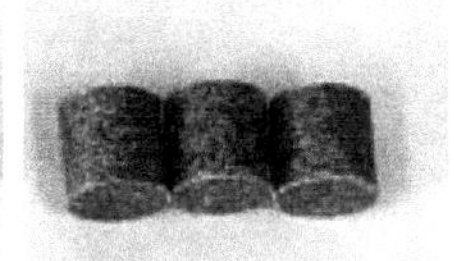

（a）20 MPa　（d）100 MPa　（c）200 MPa　（d）250 MPa

图 3.17　不同模制压力下的 PTFE/Al/W 试样

表 3.6　不同模制压力材料试样特性参数

材料	模制压力/MPa	D/mm	H/mm	V/mm³	ρ/(g·cm⁻³)
PTFE/Al	5	9.11	13.51	880.16	1.83
	20	9.17	10.20	673.30	2.12
	50	9.31	10.38	706.26	2.24
	80	9.37	9.27	638.89	2.25
PTFE/Al/W	20	9.37	9.84	678.18	4.42
	100	9.45	9.40	658.96	4.55
	200	9.44	9.22	644.98	4.65
	250	9.46	9.09	638.58	4.62

PTFE/Al 试样的细观结构如图 3.18 所示。可以看出，模制压力为 5 MPa 时，试样细观结构呈现大量孔隙及裂纹，表明试样结构疏松，整体密度较低。当模制压力增大至 20 MPa 时，试样细观结构裂纹及孔隙有所减少，密度增加，但仍可从金属颗粒形状轮廓判断氟聚物基体与金属颗粒之间未形成紧密结合。当模制压力提高至 50 MPa 时，试样细观结构裂纹及孔隙显著减少，仅观察到少量金属颗粒脱落产生的孔洞，且难以从形状轮廓分辨出金属颗粒。当模制压力进一步提高至 80 MPa 时，除试样切割产生的破坏之外，可观察到试样细观

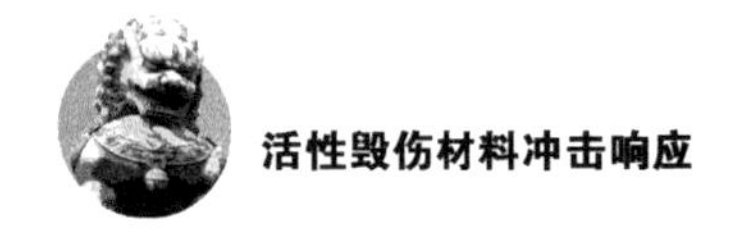

结构均匀、密实、平整，无显著裂纹、孔隙，表明试样具有良好的致密性。

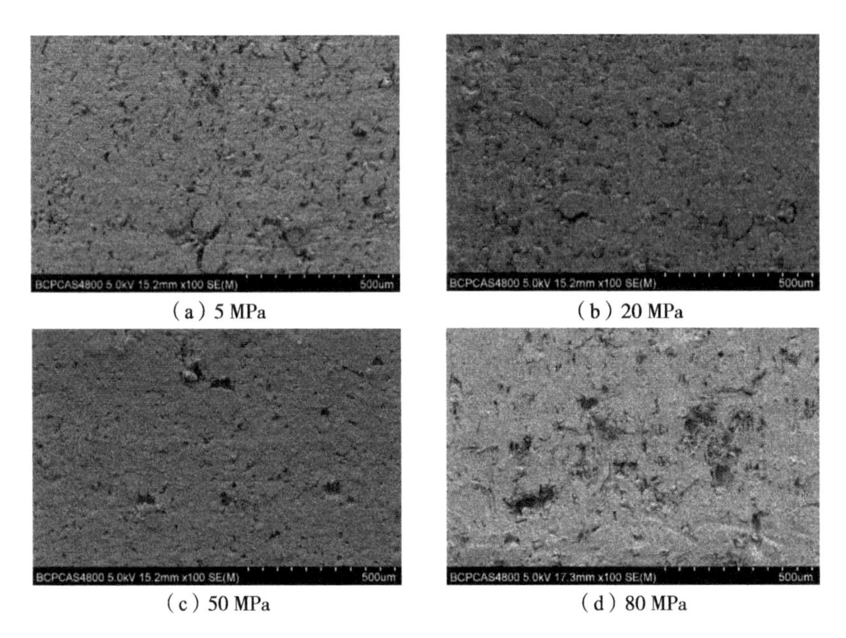

(a) 5 MPa　(b) 20 MPa

(c) 50 MPa　(d) 80 MPa

图 3.18　PTFE/Al 试样的细观结构

PTFE/Al 试样的准静态应力 - 应变曲线如图 3.19 所示。可以看出，模制压力不同，试样力学特性差异显著。当模制压力为 5 MPa、20 MPa 和 50 MPa 时，所测应力 - 应变曲线先快速上升，达到强度极限后快速下降，试样发生失效破坏，表明试样呈脆性特征。当模制压力增大至 80 MPa 时，所测应力 - 应变曲线呈现典型的弹性段、塑性段和应变硬化效应。准静态压缩下，试样先发生弹性变形，应变约为 0.1 时，进入塑性段。塑性应力先随应变快速增加，然后随应变缓慢增大。应变超过 1.1 时，曲线持续上升，表明试样未发生破坏。

准静态压缩后的 PTFE/Al 试样失效模式如图 3.20 所示。从图中可以看出，模制压力为 5 MPa、20 MPa 和 50 MPa 时，试样发生脆性破坏，形成不规则碎片。模制压力为 80 MPa 时，压缩后试样呈现为较薄圆饼状，形状规则，无显著破坏，表明试样弹塑性良好。这主要是因为，模制压力较低时，试样致密性较差，细观结构孔隙、缺陷较多，金属颗粒与基体结合不紧密。压缩作用下，细观缺陷和基体与颗粒界面处易产生破坏，并扩展至整个试样。模制压力升高后，试样致密性提高，细观缺陷减少，基体与颗粒结合增强，有利于载荷传递。

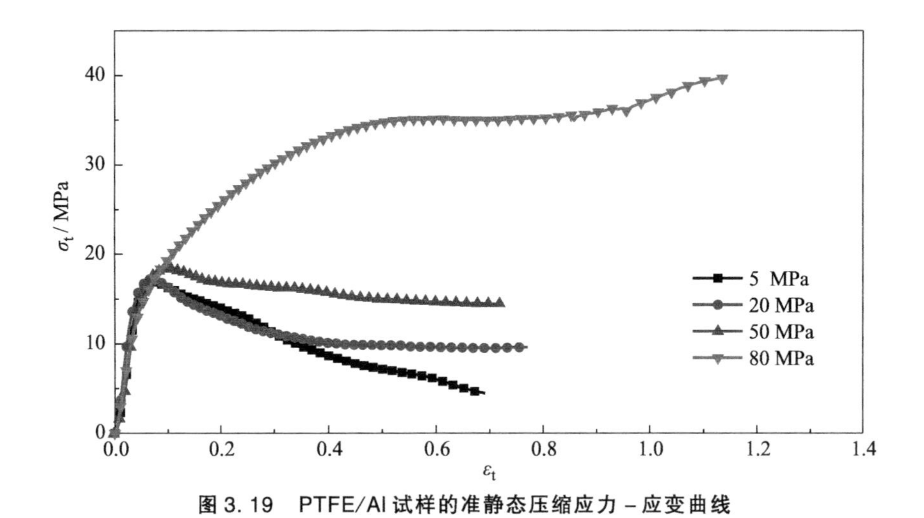

图 3.19　PTFE/Al 试样的准静态压缩应力 - 应变曲线

（a）5 MPa　（b）20 MPa　（c）50 MPa　（d）80 MPa

图 3.20　准静态压缩后的 PTFE/Al 试样失效模式

PTFE/Al/W 试样准静态压缩应力 - 应变曲线如图 3.21 所示。可以看出，当模制压力为 20 MPa 时，曲线呈典型脆性特征，失效应变约为 0.05，失效应力约为 12.78 MPa。模制压力增大至 100 MPa 和 200 MPa 时，试样由脆性变为弹塑性。模制压力进一步增大至 250 MPa，试样的应变硬化效应增大。

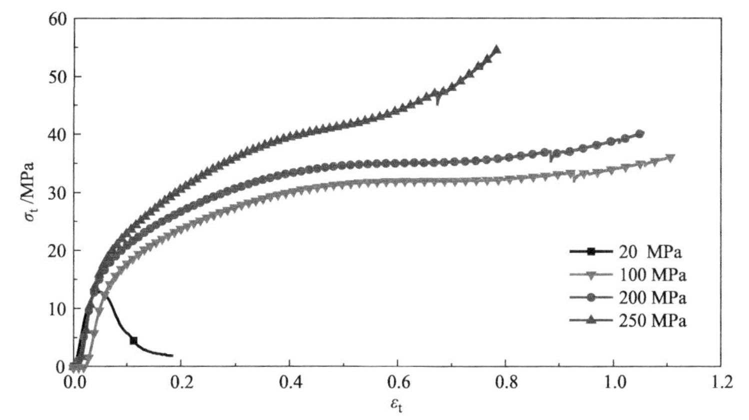

图 3.21　PTFE/Al/W 试样的准静态压缩应力 - 应变曲线

准静态压缩后的 PTFE/Al/W 试样失效模式如图 3.22 所示。模制压力为 20 MPa 时，试样快速发生破坏，边缘出现断口，侧面呈 45°裂纹。模制压力为 100 MPa 时，试样呈薄饼状，边缘开裂。模制压力进一步增大至 200 MPa 和 250 MPa 时，试样呈薄饼状，但未出现显著破坏，表明弹塑性良好。

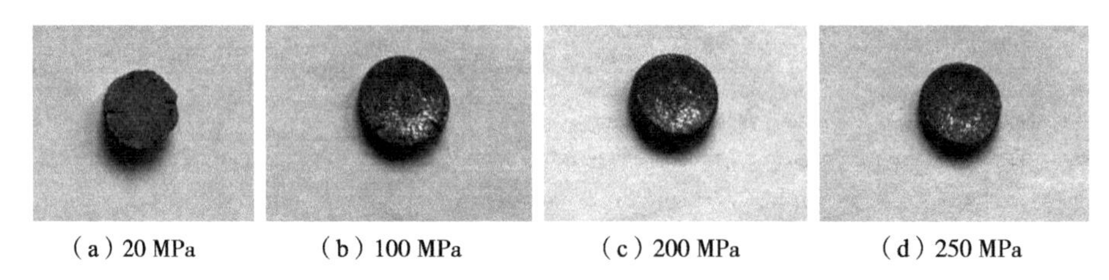

（a）20 MPa　（b）100 MPa　（c）200 MPa　（d）250 MPa

图 3.22 准静态压缩后的 PTFE/Al/W 试样失效模式

3.3 烧结硬化方法

烧结硬化主要是针对活性毁伤材料应用技术性能的不同，先通过高温熔化工艺，使试样中的 PTFE 基体全部或部分发生熔化，再经特定的冷却方式，使 PTFE 基体从无定形相态转变为结晶相态，从而改变基体与填充粉体之间的界面结合方式，实现试样力学强度的显著提升或物化性能的显著改变。

3.3.1 升温熔化

活性毁伤材料试样的升温熔化是一个由表及里的热传导过程，如图 3.23 所示。在初始时刻（$T=t_1$），试样内外温度一致。随着烧结炉按预设程序开始加热升温，试样开始吸收热量，在热传导作用下试样内部存在较大温度梯度（$T=t_2$），热量不断从试样表面向内部传递。随着加热升温和热传导过程继续，试样由里及外温度梯度逐渐减小（$T=t_3$），直至整个试样达到温度平衡，温度梯度消失（$T=t_4$），并与炉内温度一致。随后，经过一段适当时间的保温，试样内全部或部分 PTFE 从固相向熔融相转变。

活性毁伤材料烧结过程中升温和保温时间可通过热传导方程进行估算，在圆柱坐标系下，试样升温熔化过程热传导方程可表述为

$$\rho c\frac{\partial t}{\partial \tau}=\frac{1}{r}\cdot\frac{\partial}{\partial \tau}\left(\lambda r\frac{\partial t}{\partial r}\right)+\frac{1}{r^2}\cdot\frac{\partial}{\partial \varphi}\left(\lambda\frac{\partial t}{\partial \varphi}\right)+\frac{\partial}{\partial z}\left(\lambda\frac{\partial t}{\partial z}\right)+q \tag{3.12}$$

式中，λ、ρ、c 为试样热传导系数、密度和比热容；q 为热源发热率密度。

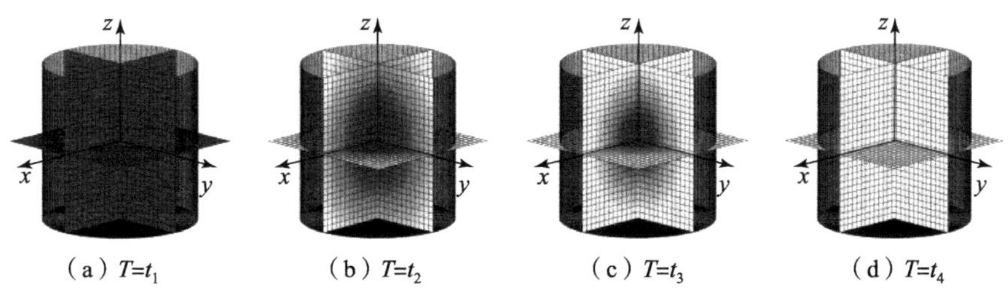

图 3.23　活性毁伤材料试样升温熔化过程

活性毁伤材料试样升温熔化是一个对 PTFE 基体相变行为进行调控的过程。在烧结加热过程中，活性毁伤材料粉体吸收热量温度逐渐上升，达到 PTFE 基体熔点时，PTFE 大分子结构开始自由运动，晶体结构转变为无定形结构，材料由白色不透明体转变为胶状透明体。熔化后的 PTFE 受表面张力作用，发生黏性流动和凝聚融合，使填充粉体组分在 PTFE 中不断扩散和混合，从而良好结合。因此，烧结过程中调控烧结温度历程，控制 PTFE 从晶体态向无定形态转变，是实现活性毁伤材料试样组分之间良好结合的关键。

升温熔化阶段主要涉及升温和保温两个方面，如图 3.24 所示。升温是将模压成型的活性毁伤材料试样由室温加热到烧结温度的过程，保温过程是将达到烧结温度的预成品在此温度下保持一段时间，使试样充分受热和完成热交换，由结晶相态全部或部分转变为无定形相态的过程。具体而言，首先，以一定的升温速率经时间 t_1 将试样由室温加热至烧结温度 T_1；然后，在烧结温度下保温至时间 t_2；最后完成试样的升温熔化过程。

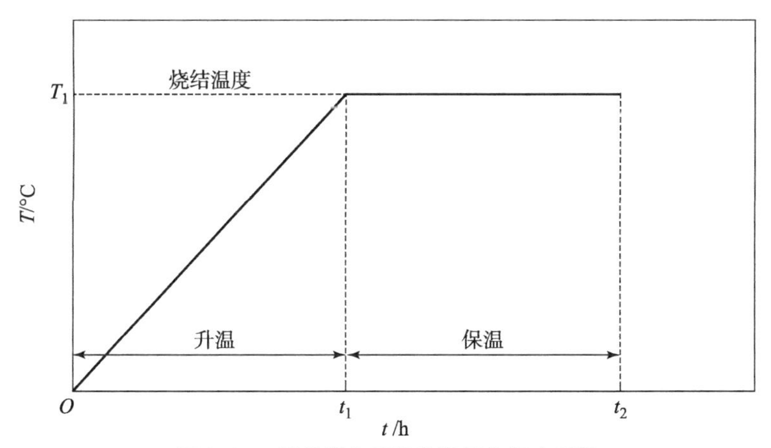

图 3.24　活性毁伤材料升温熔化温度历程

在升温过程中，PTFE 基体从结晶相态转变为无定形相态。PTFE 受热后体积膨胀，在熔点时体积膨胀 2.5% 左右。控制升温阶段两个关键因素为升温速

率和烧结温度。升温速率表征温度上升的快慢，一般由烧结试样尺寸大小、几何形状等确定。试样尺寸越大、厚度越大，设定升温速率应越缓慢。烧结温度为升温阶段的最高温度，对 PTFE 基活性毁伤材料而言，一般要高于 PTFE 熔化温度（327 ℃）。但当温度超过 400 ℃后，PTFE 就会快速分解，通常 PTFE 基活性毁伤材料烧结温度控制在 375 ± 10 ℃为宜。

在保温过程中，PTFE 分子运动加剧，颗粒间界面消失，成为密实、连续的整体，同时活性金属颗粒不断在熔融态基体中运动、分散，并与黏性基体材料形成充分结合。保温温度一般与烧结温度一致，保温时间主要由烧结试样尺寸大小而定。对于尺寸、厚度较大的试样，一般应设定较长保温时间，保证试样由表及里充分完成热交换，PTFE 基体完全由晶态转变为无定形态。具体升温速率、保温时间等工艺参数由活性毁伤材料试样厚度或直径决定。

升温熔化的主要设备为烧结炉，如图 3.25 所示。活性毁伤材料的升温熔化过程：首先，将待烧结试样摆盘置于烧结炉内（图 3.26）；然后，通过气体输入系统，向烧结炉内输入惰性保护气体；最后，通过温控系统设定升温熔化温度历程，对置于烧结炉内的活性毁伤材料试样进行加热。

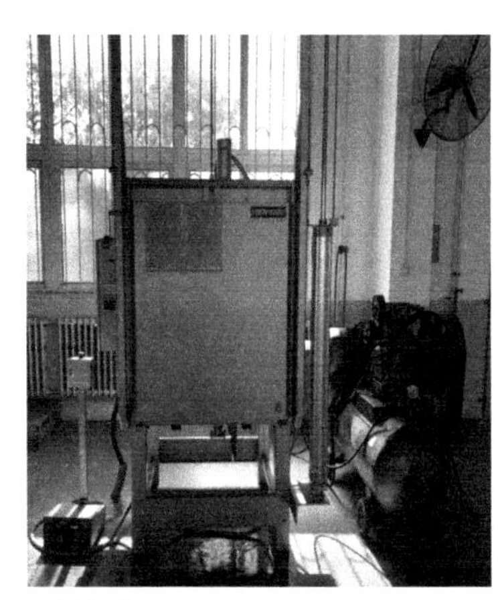

图 3.25　烧结炉

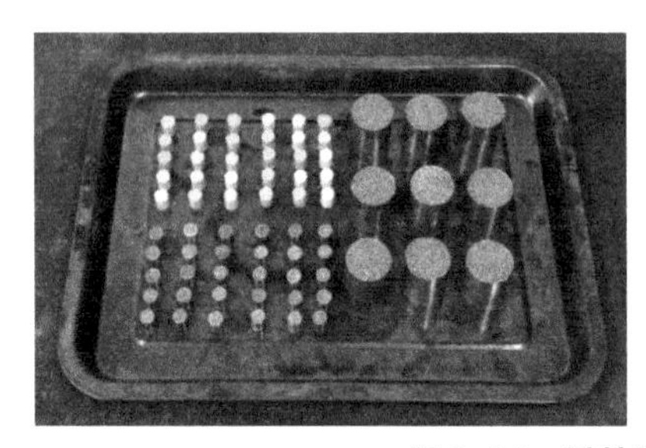

图 3.26　活性毁伤材料烧结

3.3.2　冷却硬化

保温时间一经结束，即转入冷却硬化阶段。冷却硬化是将试样由烧结温度降至室温的热传导过程，如图3.27所示。在初始时刻（$T=t_1$），试样内外层温度一致。随着降温冷却开始，试样与周围环境产生温度梯度，热量从试样向周围环境传导（$T=t_2$），试样由里及外产生温度差，热量从试样内部向表面传导。随着降温冷却继续，热量不断由内向外传导（$T=t_3$），直到试样中温度梯度消失，且与环境温度一致，冷却过程结束（$T=t_4$）。

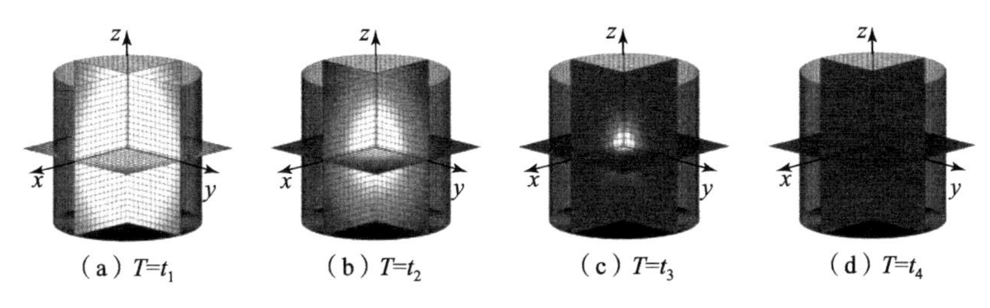

图3.27　活性毁伤材料试样冷却硬化过程

与升温熔化过程相反，冷却硬化是PTFE基体从无定形相态向重结晶相态转变的过程。在冷却硬化过程中，热对流和热辐射逐渐消失，试样整体温度下降，胶状透明熔融状PTFE停止流动，开始由无定形相态向结晶相态转变。随着降温过程结束，PTFE外观再次变为白色不透明体。重结晶过程填充粉体组分的嵌入和包覆效应，显著提高了试样的力学强度、致密度与硬度。

PTFE基活性毁伤材料试样冷却硬化过程主要包括二次保温和降温两个阶段，如图3.28所示。先以一定降温速率，经时间t_3将炉温由烧结温度T_1降至二次保温温度T_2，在该温度保温至t_4时刻后，再经时间t_5降至室温。

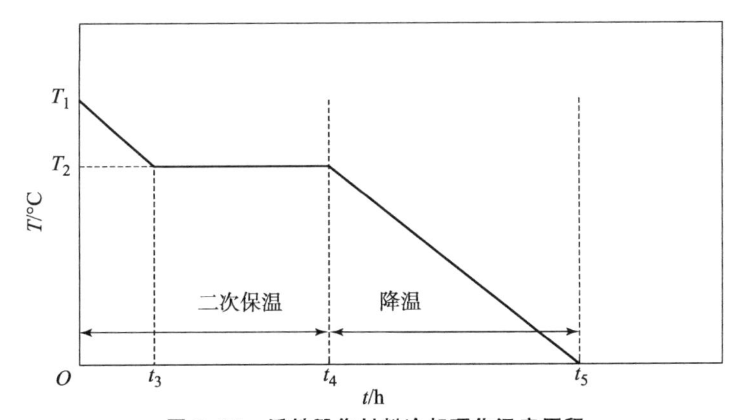

图3.28　活性毁伤材料冷却硬化温度历程

PTFE熔点在327 ℃左右，高于熔点温度时，PTFE由结晶相向无定形相转变；低于熔点温度时，PTFE由无定形相向重结晶相转变。在低于熔点温度10～15 ℃时，PTFE重结晶速率最快，低于260 ℃时，重结晶基本停止。

一般而言，先以不大于5 ℃/min的降温速率，将炉温由烧结温度降至二次保温温度310～315 ℃，并根据试样形状及尺寸大小，在该温度保温2～4 h，使PTFE基体快速从熔融无定形相态转变为结晶相态，随后转入降温阶段。

降温阶段是将PTFE试样由二次保温温度降至室温的过程。按降温速率的不同，大致可以分为随炉降温、自然环境降温和快速降温三种方式。

随炉降温是指完成二次保温阶段后，关闭烧结炉电源，在不打开烧结炉炉门的情况下，试样在烧结炉内随炉一起自然降温。该降温方式的特点是，降温速率较慢，降温过程所需时间长，但可使试样在二次保温阶段结束后进一步得到重结晶，避免温度变化太快导致试样出现大变形和力学性能下降。

自然环境降温是指在二次保温阶段后，将试样从烧结炉中取出，置于空气环境中自然冷却至室温。与随炉降温相比，自然环境降温可大幅缩短烧结硬化时间，提高制备效率，但会对大尺寸试样的性能造成一定的不利影响。

快速降温是指通过冷却介质，使二次保温结束的试样快速降至室温，冷却介质一般选择低温液体。与随炉降温和自然环境降温相比，快速降温往往会导致试样发生形状和结构较大变形，主要用于学术性和机理性研究，分析冷却过程对试样形状、结构、韧性、脆性、激活阈值等物化性能的影响。某些情况下，快速降温也可制备和调控有特殊性能要求的试样，满足工程应用需要。

需要指出的是，充分烧结硬化的PTFE基活性毁伤材料由于PTFE基体从无定形相态向结晶相态转化充分，呈现良好的弹塑性特点。但在某些特殊应用需求下，适当调控烧结硬化工艺参数和过程，可有效调控PTFE基活性毁伤材料的力化性能。如设定烧结温度在330 ℃左右，保温时间缩至10～30 min，取消二次保温，采用自然环境降温或快速降温等，可显著提高脆性。

3.3.3 烧结工艺

烧结工艺的影响主要体现在基体结晶度对活性毁伤材料性能的影响。具体来讲，影响基体结晶度的主要因素包括烧结温度、保温时间、冷却方式等。为此，选择PTFE/Al活性毁伤材料，研究烧结工艺对材料性能的影响。

1. 烧结温度影响

首先，将完成干燥碎化的PTFE基体与Al粉按照73.5：26.5的质量分数比均匀混合；然后，通过φ9.5 mm模具，在模制压力80 MPa、保压时间2 min

条件下，压制成型；最后，模压成型的试样在惰性气氛保护下，通过烧结炉进行烧结硬化。为研究烧结温度对材料性能的影响，首先以5 ℃/min的升温速率将六组PTFE/Al材料试样加热至250.0 ℃、275.0 ℃、300.0 ℃、325.0 ℃、350.0 ℃和375.0 ℃六个不同烧结温度，并在各烧结温度保温1 h，不同烧结温度的升温历程如图3.29所示。由于试样尺寸较小，保温结束之后，试样不进行二次保温，而是直接通过随炉降温方式冷却至室温。

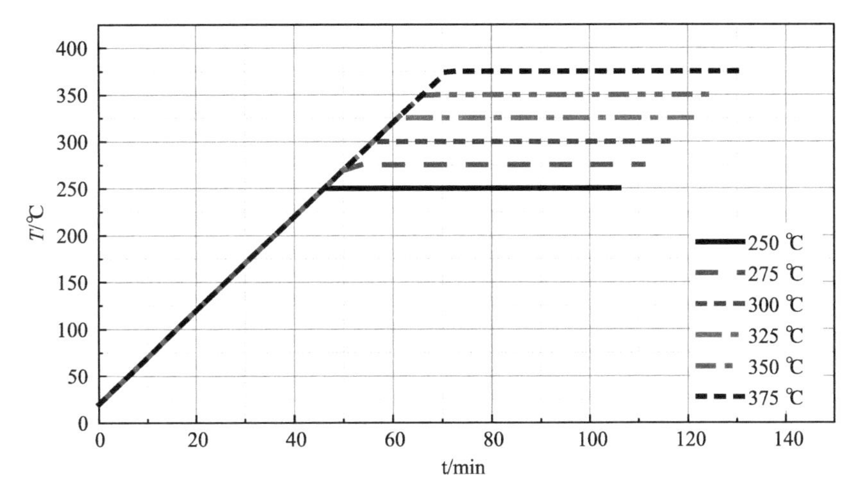

图3.29 不同烧结温度的升温历程

不同温度烧结硬化活性毁伤材料的准静态应力－应变曲线及试样压缩变形特征如图3.30所示。可以看出，当烧结温度较低（250.0 ℃、275.0 ℃、300.0 ℃、325.0 ℃）时，应力－应变曲线上升至最高点后，快速下降，表明材料试样呈脆性特征，且随烧结温度升高，材料抗压强度升高。当烧结温度较高（350.0 ℃、375.0 ℃）时，材料应力－应变曲线在经历弹性段、屈服段之后，进入塑形段，曲线未下降表明材料试样未发生显著破坏。通过对比可知，材料由脆性向弹塑性转变的烧结温度范围在325～350 ℃范围内，这表明基体结晶度对活性毁伤材料力学性能影响显著。

观察测试活性毁伤材料试样可知，对于烧结温度为275 ℃的试样，在准静态压缩作用下，试样沿与加载方向成45°的方向发生破坏，产生贯穿破坏裂纹。随着烧结温度升高至325 ℃，压缩后试样呈现上端小、下端大的形状，并产生多条交叉裂纹，表明材料的抗压性能有了一定提升，压缩过程中试样略微发生塑性变形。当烧结温度继续升高至375 ℃时，试样呈现良好塑性，在压缩作用下未发生显著破坏，最终变成较薄的饼状结构。

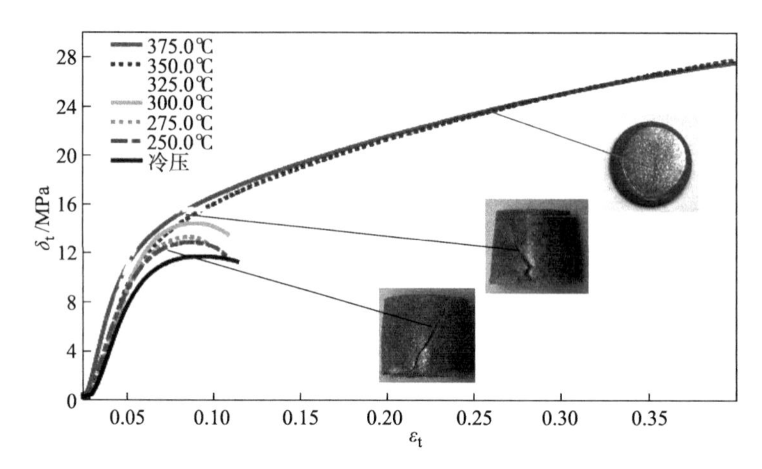

图 3.30 活性毁伤材料准静态应力－应变曲线及试样压缩变形特征

不同烧结温度活性毁伤材料试样细观变形特征如图 3.31 所示。在烧结温度较低时（250 ℃），试样断口较为整洁，氟聚物基体变形形成少量丝状纤维，活性毁伤材料呈现脆性力学性能。随着烧结温度升高至基体熔点附近（325 ℃），在压缩作用下，材料失效断口处形成大量直径较大 PTFE 纤维束。这表明，随着烧结温度升高，氟聚物基体结晶度有所提升。基体纤维束的形成会阻止裂纹形成及扩展，虽然材料整体依然呈现脆性，但整体强度有所提升。当烧结温度为 375 ℃时，在材料断口处可观察到大量直径在纳米及微米尺度的 PTFE 纤维网络。这一方面表明在高温烧结条件下，基体材料已具备良好的结晶度；另一方面表明纤维网络的形成使活性毁伤材料呈现出良好的弹塑性。

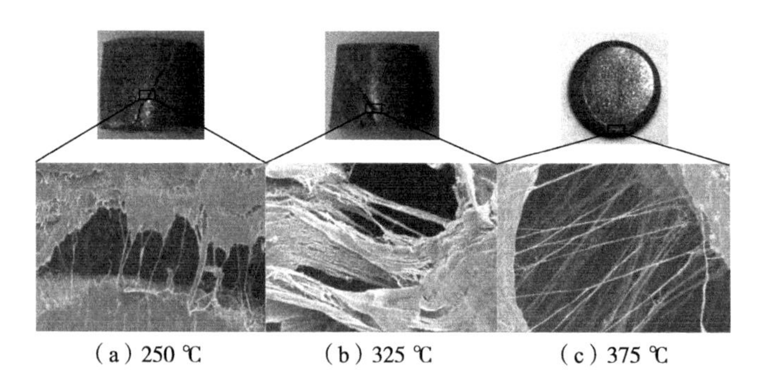

(a) 250 ℃　(b) 325 ℃　(c) 375 ℃

图 3.31 活性毁伤材料细观变形特征

2. 冷却方式影响

为研究冷却方式对材料性能影响，在 PTFE/Al 活性毁伤材料试样组分均匀混合，并在模制压力 80 MPa、保压时间 2 min 条件下压制成型后，首先以 5 ℃/min的升温速率将三组材料试样加热至烧结温度 375.0 ℃；然后，在烧结温度保温 1 h；最后，分别通过随炉降温、自然环境降温和快速降温三种方式冷却至室温。三种降温冷却方式的温度时间历程如图 3.32 所示。

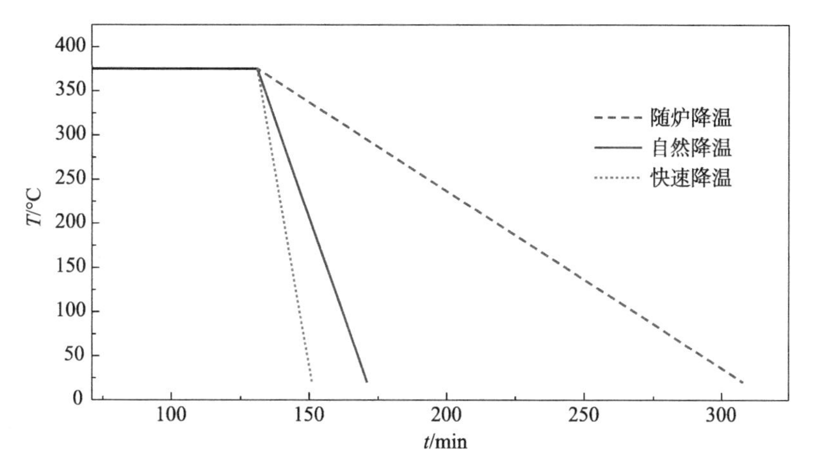

图 3.32 不同冷却方式的温度时间历程

通过随炉降温和快速降温两种冷却方式获得的典型活性毁伤材料试样如图 3.33 所示。通过对比可知，随炉降温所得试样总体呈规则圆柱体，上下端面平整，侧圆柱面光滑平直。快速降温所得试样形状发生显著体积收缩及形状畸变，上下端面内凹，侧圆柱面呈双曲形。这主要是因为，活性毁伤材料试样降温本质上是一个热传导过程，随炉降温时降温速率较慢，降温过程中试样由表及里温度梯度较小，允许试样充分完成热传导过程。而快速降温时，试样表面及内部温度梯度较大，热传导不充分，最终导致形状畸变。

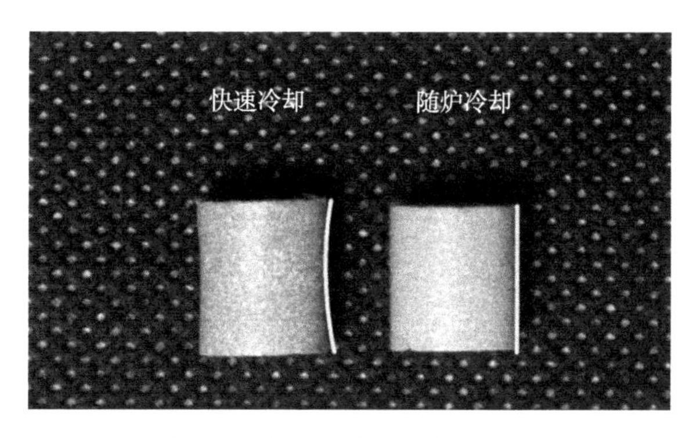

图 3.33 通过不同冷却方式获得的典型活性毁伤材料试样

通过随炉降温和快速降温两种冷却方式获得的活性毁伤材料细观结构如图 3.34 所示。从图中可以看出，对于随炉降温冷却试样，球形 Al 金属颗粒与周围 PTFE 基体在界面处紧密结合，大量丝状 PTFE 纤维包裹覆盖于金属颗粒表面，使二者形成良好联结。相比之下，对于快速降温冷却试样，球形 Al 金属颗粒与 PTFE 基体界面处存在较大空隙，表明二者结合较差；同时，仅可观察到少量 PTFE 纤维与 Al 金属颗粒联结较弱，未对金属颗粒形成包裹。

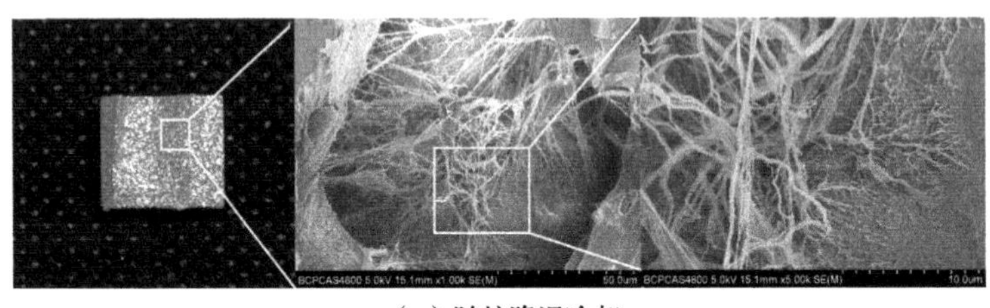

（a）随炉降温冷却

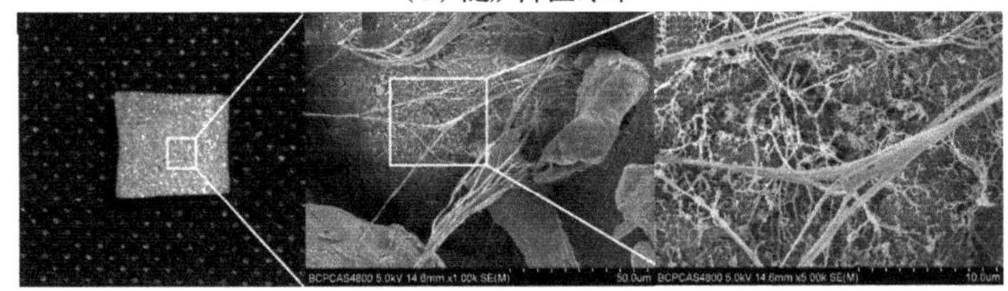

（b）快速降温冷却

图 3.34　通过不同冷却方式获得的活性毁伤材料细观结构

不同冷却方式导致的材料试样形状畸变可通过对试样特征尺寸的分析定量对比。通过特征尺寸对几何形状的描述如图 3.35 所示。快速冷却方式获得的试样整体从圆柱形变成侧圆柱面和端面内凹的圆柱形。对比于标准圆柱试样，变形后试样的几何形状可通过式（3.13）~式（3.15）定量描述：

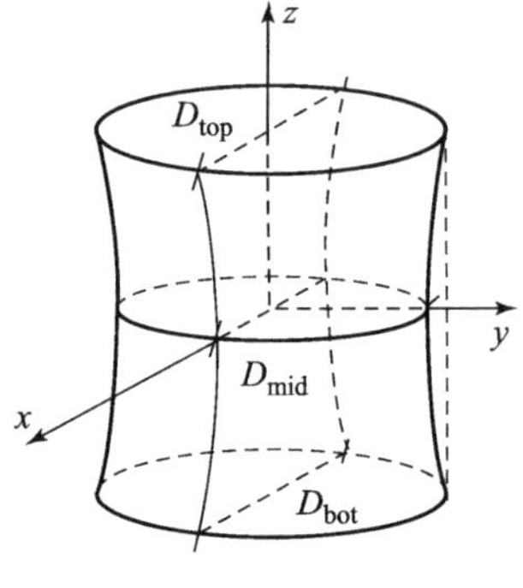

图 3.35　形状畸变试样的特征尺寸

$$\frac{x^2}{(D-2\lambda)^2/4}+\frac{y^2}{(D-2\lambda)^2/4}-\frac{z^2}{D^2(D-2\lambda)^2/[D^2-(D-2\lambda)^2]4}=1 \tag{3.13}$$

$$D=\frac{D_{top}+D_{bot}}{2} \tag{3.14}$$

$$\lambda=\frac{D_{top}+D_{bot}}{2}-D_{mid} \tag{3.15}$$

式中，D_{top}和D_{bot}分别为试样侧圆柱面上端和底端直径；D_{mid}为试样侧圆柱面中间位置的直径；D为上下端面平均直径；λ表征试样的收缩变形。

在随炉降温、自然环境降温和快速降温三种冷却方式下，分别随机选择三枚试样对其形状畸变进行测量和计算，结果如图3.36所示。可以看出，随冷却速率增加，材料试样收缩变形增加。从机理角度分析，主要是降温速率导致的柱状试样热传导过程和基体结晶度差异。活性毁伤材料主要由氟聚物基体和金属颗粒填充组分构成，热传导系数较小。降温速率较快，会导致试样结构温度梯度较为明显，表面降温速率快，重结晶更充分，材料收缩较大，最终导致试样呈现侧圆柱面和端面内凹的几何特征。

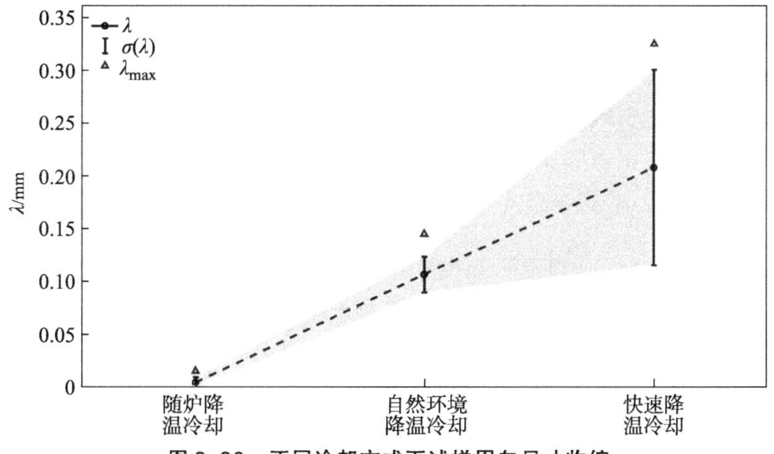

图3.36　不同冷却方式下试样周向尺寸收缩

3.4　力链增强效应

力链增强主要是基于纳米力链、纤维力链增强机理，通过在活性毁伤体系中添加纳米粉体、纤维等组分，实现材料强度和韧性的显著增强。本节主要介绍活性毁伤材料的力链增强方法、力链增强仿真及力链增强机理。

3.4.1 力链增强方法

1. 纳米力链增强方法

纳米力链增强主要通过在微米级活性毁伤材料颗粒体系中添加 SiC、SiO_2、WC、MoS_2、石墨等高强度纳米粉体，一方面，纳米粉体强度较高，可显著提升材料体系各组分的平均强度；另一方面，可进一步增加微米级粉体体系颗粒级配程度，通过增强力链效应，显著提升活性毁伤材料强度和韧性。

外载荷压缩作用下，活性毁伤材料细观结构力链分布如图 3.37 所示。外载荷初始作用阶段，氟聚物基体首先发生弹性变形，随着材料整体应变增加，细观结构金属颗粒聚集。变形达到一定程度，氟聚物基体进入塑性变形阶段，金属颗粒间开始接触。继续加载条件下，金属颗粒间接触加剧，形成两条强力链，承载材料的主要外部载荷。但由于力链较少，进一步加载将引发沿两条力链的颗粒产生滑移，导致力链断裂，材料发生失效破坏。

向典型微米级活性毁伤材料体系中添加纳米粉体后，在外载荷作用下，尺度较大的微米级金属颗粒间首先接触并形成强力链。随着外载荷继续作用，纳米粉体颗粒及纳米、微米颗粒之间产生接触，在材料体系细观结构中进一步形成若干弱力链。弱力链的产生将减弱大金属颗粒之间的接触力，降低强力链应力幅值。强弱力链形成网络，使活性毁伤材料强度、韧性得到显著提升。

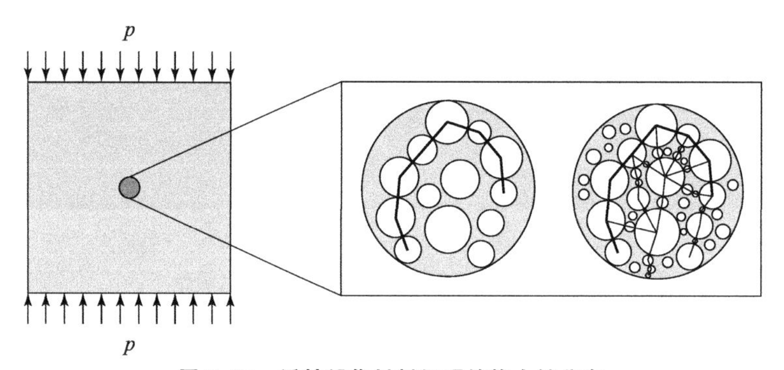

图 3.37 活性毁伤材料细观结构力链分布

相较于微米尺度粉体，纳米粉体表面积大，表面能低，流散性差，易团聚。添加纳米粉体活性毁伤材料制备的关键在于各组分粉体的混合均匀性。混合不匀，团聚纳米粉体一方面无法与氟聚物基体形成良好结合，导致材料细观结构松散，致密度差；另一方面，在外载荷作用下，无法与微米金属颗粒共同形成力链网络，导致材料强度和韧性提升不足。

典型添加纳米粉体活性毁伤材料体系制备方法为，首先，将已烘干脱水的氟聚物基体、活性金属、惰性金属、纳米粉体及其他组分按配比预混合后，在无水乙醇等介质中，借助湿混设备混合 2～4 h；然后，将混合均匀的粉体通过超声振动设备解聚，随后通过真空干燥设备烘干 6～8 h；最后，在 200 MPa 压力下，通过双向模压方式压制成型，并通过烧结炉进行烧结硬化。

以添加 SiC、WC、石墨纳米粉体的 PTFE/Al 体系材料为例，不同配方材料具体组分配比如表 3.7 所示，动态压缩应力－应变曲线如图 3.38 所示。

表 3.7　不同材料组分配比

材料	组分含量/%		
	PTFE	Al	纳米粉体
A	73.6	24.6	1.8
B	62.6	34.2	3.2
C	49.7	43.3	7.0
D	67.9	22.7	9.4

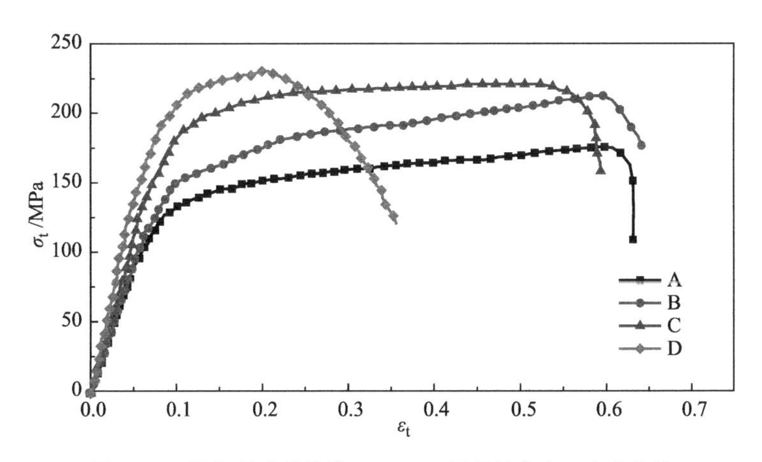

图 3.38　添加纳米粉体的 PTFE/Al 材料的应力－应变曲线

对于试样 A，纳米粉体含量为 1.8%，应力－应变曲线呈现典型弹塑性特征。试样 A 在动态压缩载荷作用下，首先发生弹性变形，到达材料屈服点后，进入塑性段，随后塑性应力随应变线性上升，呈现一定的应变硬化效应。纳米粉体含量增加至 3.2% 时，试样 B 抗压强度、屈服强度及应变硬化效应均显著提升。试样 C 纳米粉体含量为 7.0%，与试样 A、B 相比，弹性模量、屈服强度进一步提升，但塑性段应力 - 应变曲线斜率较小，应变硬化效应减弱，且在应变为 0.53 左右，试样失效破坏，应力 - 应变曲线开始下降。试样 D 纳米粉体含量最高，弹性模量、屈服强度、抗压强度均最高，但在应变为 0.2 左右，曲线到达最高点后迅速下降，表明此时试样塑性较差，呈现显著脆性特征。

添加 SiC、SiO_2、WC 纳米粉体的不同配方 PTFE/Al/W 材料具体组分配比如表 3.8 所示，动态压缩应力 - 应变曲线如图 3.39 所示。

表 3.8 不同材料组分配比

材料	组分含量/%			
	PTFE	Al	W	纳米粉体
A	29.3	11.4	57.0	1.3
B	41.6	12.7	38.1	6.4
C	43.4	15.2	30.2	8.9
D	41.3	16.8	28.3	11.2

试样 A 纳米粉体含量为 1.3%，动态压缩下，试样经弹性变形和屈服后，快速进入塑性段。塑性段曲线斜率较小，表明试样应变强化效应不显著。试样 B 和 C 纳米粉体含量分别增加至 6.4% 和 8.9%，其屈服强度和抗压强度显著提升，同时塑性段曲线斜率增加，应变强化效应有所提升。试样 D 纳米粉体含量进一步增加至 11.2%，其应力 - 应变曲线快速上升，当应变为 0.33 左右时，达到试样抗压强度，随后曲线快速下降，表明纳米粉体的添加可有效提升活性毁伤材料强度。

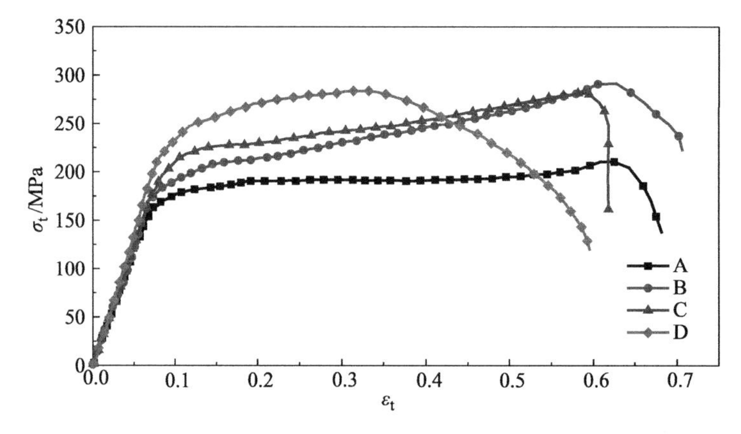

图 3.39 添加纳米粉体的 PTFE/Al/W 材料应力 - 应变曲线

2. 纤维力链增强方法

纤维具有较大长径比，与块体状材料相比，一方面无法容纳大尺寸缺陷，可显著发挥强度优势；另一方面，纤维柔曲性良好，在外载荷作用下可发生弯曲、扭转、拉伸等变形而不失效，因此在材料增强增韧方面应用广泛。

纤维力链增强主要是通过在活性毁伤材料体系中添加碳纤维、氧化铝纤维、SiC 纤维等高强度纤维材料，增强外载荷作用下材料的细观结构局部应力传递效应及力链效应，显著提升活性毁伤材料强度和韧性。

外载荷拉伸作用下，活性毁伤材料细观结构裂纹扩展过程如图 3. 40 所示。外载荷初始作用阶段，氟聚物基体首先发生弹性变形，随材料整体应变增加，金属颗粒/基体间应力增加。拉伸变形进一步加剧，裂纹开始在基体/颗粒界面及细观结构缺陷处产生，并不断扩展，最终导致材料失效破坏。

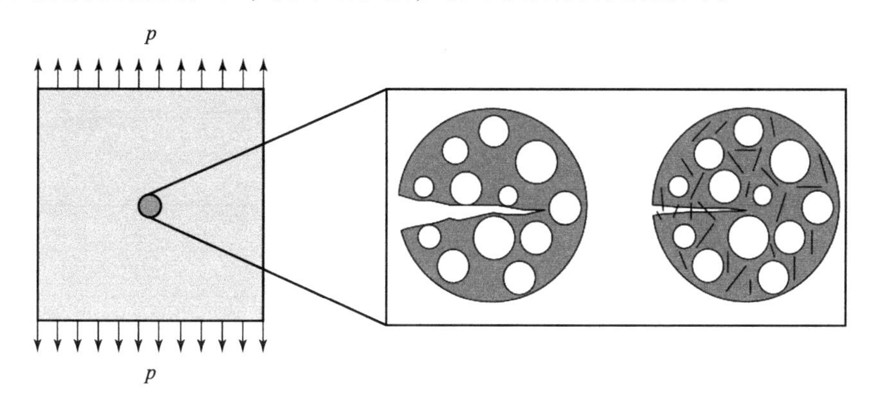

图 3. 40　活性毁伤材料细观结构裂纹扩展过程

向典型活性毁伤材料体系中添加纤维后，在外载荷作用下，裂纹首先在基体/颗粒界面及细观结构缺陷处产生。随着外载荷继续作用，在裂纹演化及扩展过程中，基于纤维桥联机制、拔出机制及裂纹转向机制，在材料细观结构形成力链，阻滞裂纹进一步扩展，使活性毁伤材料强度、韧性得到显著提升。

除纤维种类外，影响活性毁伤材料纤维力链增强效应的主要因素还包括纤维含量、纤维长度、混合均匀性等。纤维含量过少，力链增强效应弱；含量过多，材料塑性降低。纤维长度过大，不利于通过机械搅拌方式与其他组分混合均匀；长度过小，桥联、拔出及裂纹转向等机制不显著。一般来讲，纤维长度应大于材料体系颗粒平均间距，具体纤维长度应根据材料组分配比、粒度特性等，通过实验确定。混合均匀性差，一方面纤维团聚导致材料细观结构松散，致密度差；另一方面，导致细观结构缺陷增加，材料强度和韧性不足。

典型添加纤维活性毁伤材料体系制备方法为，首先，将氟聚物基体、活性金属、惰性金属粉体及其他组分烘干，并通过丙酮等溶剂，对纤维进行表面进行超声清洗；然后，在无水乙醇等介质中，借助湿混设备对各组分材料混合4～6 h，再通过循环真空泵抽滤获得各组分混合粉体；在此基础上，通过真空干燥设备对混合粉体烘干6～8 h，获得干燥混合粉体；最后，在200 MPa压力下，通过双向模压方式压制成型，并通过烧结炉进行烧结硬化。

以添加不同含量碳纤维PTFE/Al活性毁伤材料体系为例，材料具体组分配比如表3.9所示，动态压缩应力－应变曲线如图3.41所示。试样A纤维含量为4.9%，应力－应变曲线呈典型弹塑性特征，且呈现一定应变硬化效应。试样B纤维含量为7.2%，材料弹性模量、屈服强度及抗压强度均有所降低，主要是由于相较于试样A，试样B氟聚物基体含量减少，活性金属颗粒含量增加造成。试样C强度最高，但塑性最差，主要原因是基体与活性金属质量比接近1∶1，同时纤维含量增加至11.5%。试样D弹性模量及屈服强度均最小，经塑性变形后，在应变0.43左右发生破坏失效。以上分析表明，通过纳米或纤维力链增强方法，可使典型活性毁伤材料的动态抗压强度提升1～2倍。

表3.9　不同材料组分配比

材料	组分含量/%		
	PTFE	Al	纤维
A	68.2	25.4	4.9
B	61.1	30.5	7.2
C	45.2	43.3	11.5
D	57.4	22.7	17.3

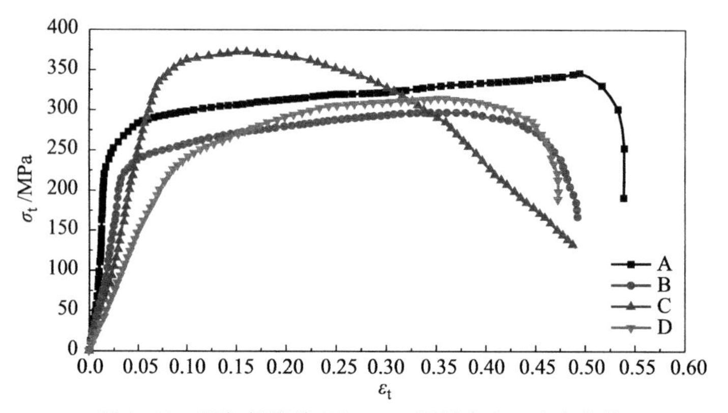

图3.41　添加纤维的PTFE/Al材料应力－应变曲线

3.4.2　力链增强仿真

从组分构成角度看，典型活性毁伤材料主要是由活性金属颗粒、惰性金属颗粒与聚合物基体经冷压成型和烧结硬化工艺制备而成的复杂体系。在外载荷作用下，金属组分通过颗粒间形成的力链，显著增强活性毁伤材料强度和韧性。体系中增加高强度纳米粉体、纤维等组分则可通过增强外载荷作用下材料细观结构力链效应，进一步增强活性毁伤材料强度和韧性。

通过数值仿真，分析活性毁伤材料的力链增强效应，需首先做如下三方面假设：一是假设金属颗粒形状为规则球形，二是假设颗粒服从二维平面随机分布且彼此之间不重叠，三是忽略材料细观缺陷，假设颗粒与基体结合良好。

活性毁伤材料细观模型建立及有限元网格划分通过 ANSYS 参数化语言实现，外载荷作用下材料动力学响应及力链增强效应通过 LS－DYNA 分析求解。

PTFE/Al/W 活性毁伤材料的细观结构建模流程如图 3.42 所示，主要步骤包括各组分质量分数设定、金属颗粒数量设定、金属颗粒投放生成以及有限元网格划分等。首先，根据分析需要及材料特性，确定待生成组分质量分数；然后，根据金属颗粒粒度特性，确定金属颗粒数量；在此基础上，在模型区域内生成金属颗粒，并保证颗粒之间不重合；最后，根据各组分在外载荷作用下的响应特征，选择合适单元类型，对细观结构模型进行有限元网格划分。

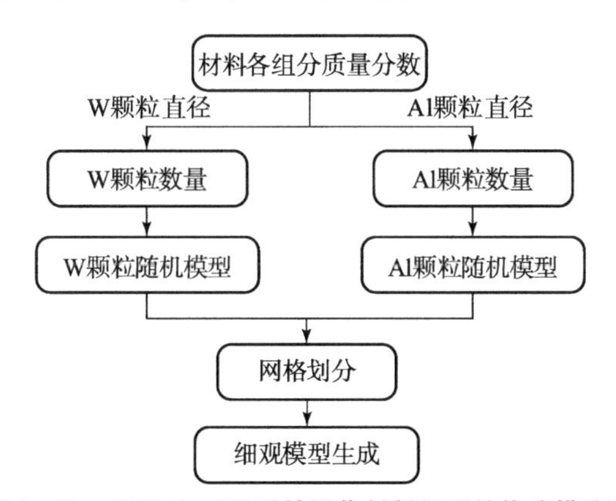

图 3.42　PTFE/Al/W 活性毁伤材料细观结构建模流程

在高应变率载荷作用下，活性毁伤材料基体变形较大，选择 ALE 单元类型进行网格划分。金属颗粒刚性大、变形小，选择 Lagrange 单元进行网格划分。颗粒与基体之间的接触采用二维自动单面接触类型。PTFE、Al 和 W 三种材料均通过 Johnson－Cook 强度模型和 Grüneisen 状态方程进行描述，其中，Johnson－Cook 强度模型表述为

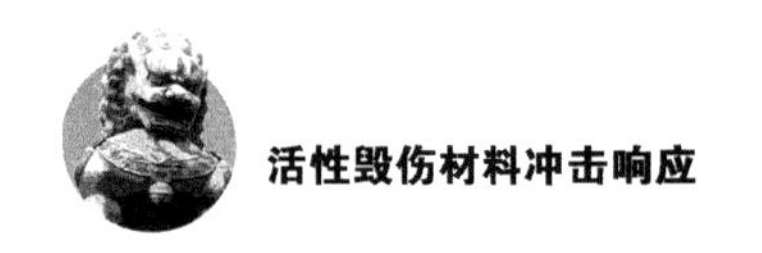

$$\sigma_y = (A + B\varepsilon_p^N)\left[1 + C\ln\left(\frac{\dot{\varepsilon}}{\dot{\varepsilon}_0}\right)\right]\left[1 - \left(\frac{T - T_r}{T_m - T_r}\right)^m\right] \tag{3.16}$$

等式右侧三个乘积项分别表示应变效应、应变率效应以及温度效应。式中，A 为材料屈服强度；B 为材料应变硬化常数；N 为应变硬化指数；ε_p 为有效塑性应变；C 为应变率硬化系数；$\dot{\varepsilon}_0$为参考应变率；m 为热软化系数；T_r 为室温；T_m 为熔化温度。该材料模型中材料失效行为可通过下式描述：

$$\varepsilon_f = [D_1 + D_2\exp(D_3\sigma^*)][1 + D_4\ln\dot{\varepsilon}^*][1 + D_5T^*] \tag{3.17}$$

式中，σ^*为压力与有效应力的比值；$\dot{\varepsilon}^*$为有效塑性应变率与准静态临界率的比值；T^*为比温度；$D_1 \sim D_5$ 为常数。Grüneisen 状态方程可表述为

$$p = \frac{\rho_0 {c_0}^2\eta}{(1 - s\eta)}\left(1 - \frac{\gamma_0\eta}{2}\right) + \gamma_0\rho_0E_m \tag{3.18}$$

式中，c_0 为材料声速，γ_0 为 Grüneisen 系数。仿真中，PTFE、Al 和 W 三种材料 Johnson – Cook 强度模型参数和 Grüneisen 状态方程参数如表 3.10 所示。

表 3.10　PTFE、Al 和 W 材料强度模型参数和状态方程参数

材料种类	Johnson – Cook					Grüneisen		
	ρ	A	B	N	C	c_0	s	γ_0
PTFE	2.14×10^{-9}	11	44	1	0.12	1.7×10^{6}	1.12	0.59
W	1.7×10^{-8}	1 506	177	0.12	0.016	4.0×10^{6}	1.23	1.67
Al	2.7×10^{-9}	265	426	0.34	0.015	5.4×10^{6}	1.34	1.97

典型 PTFE/Al/W 活性毁伤材料细观几何模型和有限元模型如图 3.43 所示，其主要由 PTFE 基体、Al 颗粒、W 颗粒、上底板和下底板组成。仿真分析中，金属颗粒粒度特性及含量依据分析需求设定，载荷通过固定下底板、上底板压缩材料实现，加载应变率通过调整上底板压缩速度实现。

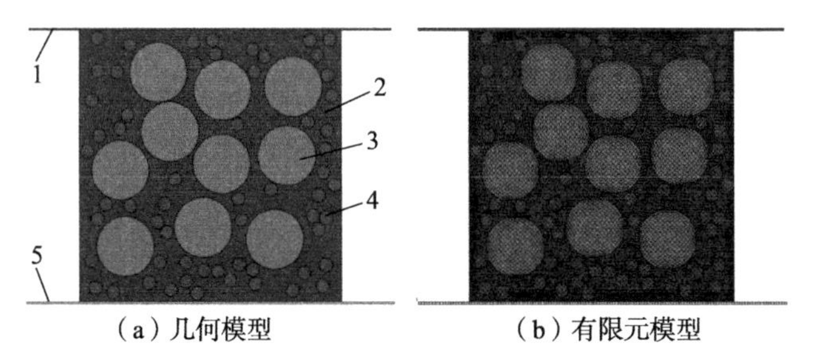

（a）几何模型　　（b）有限元模型

图 3.43　典型 PTFE/Al/W 活性毁伤材料细观几何模型和有限元模型

1—上底板；2—PTFE 基体；3—W 颗粒；4—Al 颗粒；5—下底板

3.4.3　力链增强机理

1. 二元体系力链仿真分析

二元体系活性毁伤材料即仅由氟聚物基体和活性金属构成的活性毁伤材料。在外载荷作用下，对其颗粒增强机理及力链效应的影响主要从二元体系组分配比和增强相颗粒级配两方面进行分析。

(1) 组分配比影响。

为分析组分配比对 PTFE/Al 活性毁伤材料力链效应的影响规律，选用四种不同组分配比的活性毁伤材料，建立其细观有限元模型进行数值模拟研究。四种材料具体参数如表 3.11 所示，其中，D_A 为 Al 颗粒直径，N_A 为 Al 颗粒数量，为便于对比，四种配比材料均选择等直径 Al 颗粒。细观模型整体尺寸为 200 μm×200 μm，加载速度恒定为 1 000 μm/ms，对应加载应变率为 5 000 s^{-1}，所建立不同组分配比 PTFE/Al 的计算模型如图 3.44 所示。

表 3.11　不同配比 PTFE/Al 材料细观模型参数

编号	N_A/个	D_A/μm	Al 含量/%	材料密度/($g \cdot cm^{-3}$)
1#	25	21	21.6	2.26
2#	42	21	36.3	2.34
3#	52	21	45.0	2.39
4#	61	21	52.8	2.44

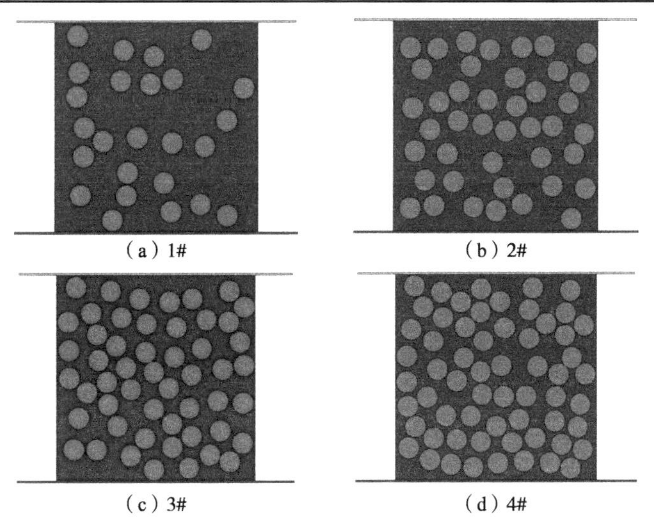

(a) 1#　(b) 2#　(c) 3#　(d) 4#

图 3.44　不同配比 PTFE/Al 材料的计算模型

不同组分配比 PTFE/Al 材料在压缩变形过程中的力链形成及分布如图 3.45 所示，从图中可以看出，组分配比对压缩过程中的力链效应及材料力学响应行为影响显著。1#材料中 Al 颗粒数为 25，在外载荷作用下，材料变形形成了 2 条较为明显的力链，直至整体加载应变为 0.500 时，试样内部未出现明显破坏及裂纹。当 Al 颗粒数量增加至 42 时，试样变形过程中形成了约 5 条显著力链，其中 2 条较强，其余力链较弱，当整体应变为 0.500 时，试样内部出现了微小裂纹，材料开始发生破坏。随着 Al 颗粒数量进一步增加至 52 和 61，加载下材料内部力链数量进一步增加。加载初始阶段，材料内迅速形成若干准直线形状力链，承载主要外部载荷，随着加载不断进行，强弱力链形成网络。对比不同配比材料内应力演化过程可以发现，随着 Al 含量增加，压缩应力在试样中的传播速度呈逐渐增加趋势，这可由整体应变为 0.001 时力链的形成和分布得到证实。

不同组分配比 PTFE/Al 材料在整体应变为 0.275 时的细观结构应变分布如图 3.46 所示，可以看出，4 种材料均发生不同程度的变形。但随 Al 含量增加，基体变形增加，表现为材料塑性下降。尤其是对 4#材料，可观察到细观裂纹及破坏，表明金属颗粒对 PTFE/Al 材料力学性能的增强存在一最优含量。

试样顶端平均应力和各组分内能随试样整体应变的变化关系如图 3.47 所示。可以看出，4#试样顶端平均应力率先出现下降，与图 3.45 中计算结果相对应。另外，从图 3.47（b）和（c）可以看出，在变形后的试样中，PTFE 基体中内能百分比明显高于 Al 颗粒；同时随 Al 颗粒数量增加，整体应变相同时 Al 颗粒内能含量明显增加，表明金属颗粒增加对材料力学性能有增强作用。PTFE 内能百分比显著高于其组分体积分数，表明变形过程中其吸收能量更多，在提升体系弹塑性的同时，更有利于活性毁伤材料体系发生化学反应。

（2）颗粒级配影响。

在给定 Al 颗粒体积分数的条件下，选用 4 种不同直径的 Al 颗粒随机生成组分比基本相同的 PTFE/Al 活性毁伤材料细观模型，以对比分析颗粒级配特性对材料动力学响应行为及力链效应的影响。不同颗粒级配 PTFE/Al 材料细观模型参数如表 3.12 所示。细观模型整体尺寸为 200 μm × 200 μm，加载应变率为 5 000 s^{-1}，不同颗粒级配 PTFE/Al 材料细观计算模型如图 3.48 所示。

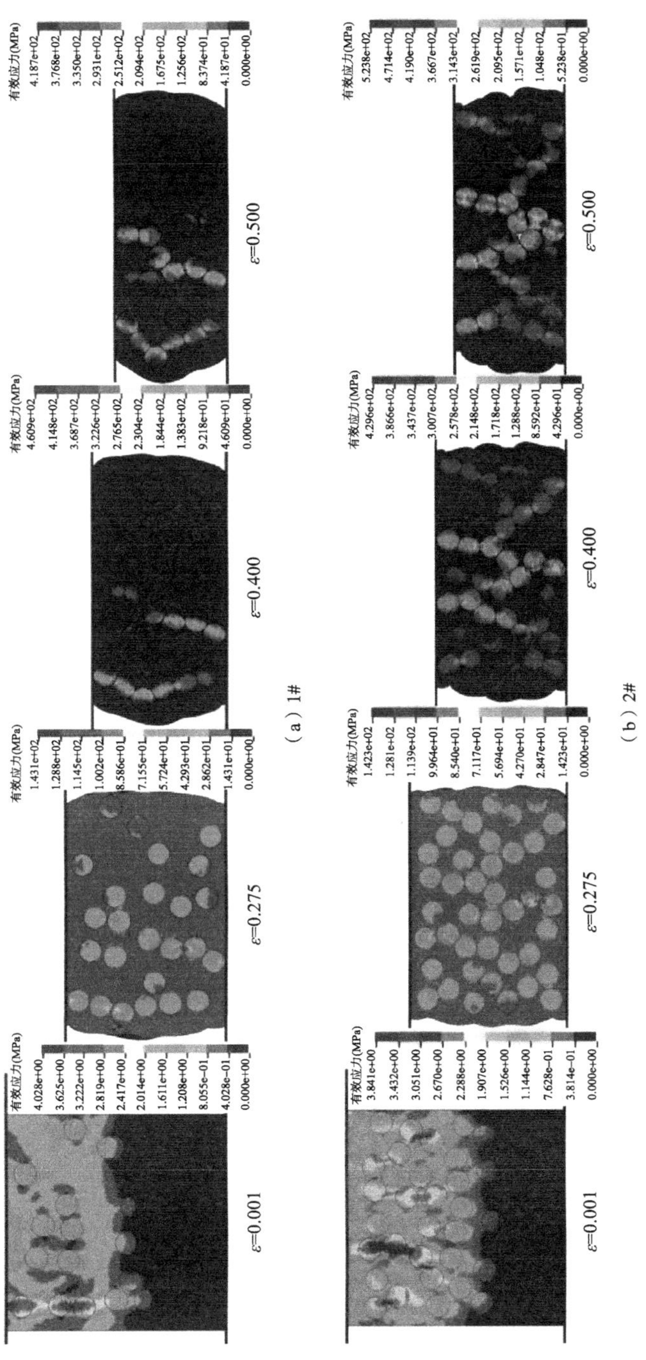

（a）1#

（b）2#

图 3.45　不同配比 PTFE/Al 材料的力链形成及分布

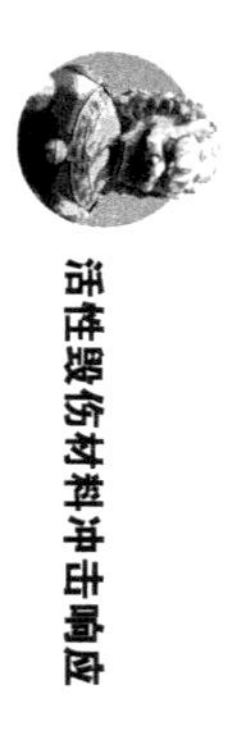

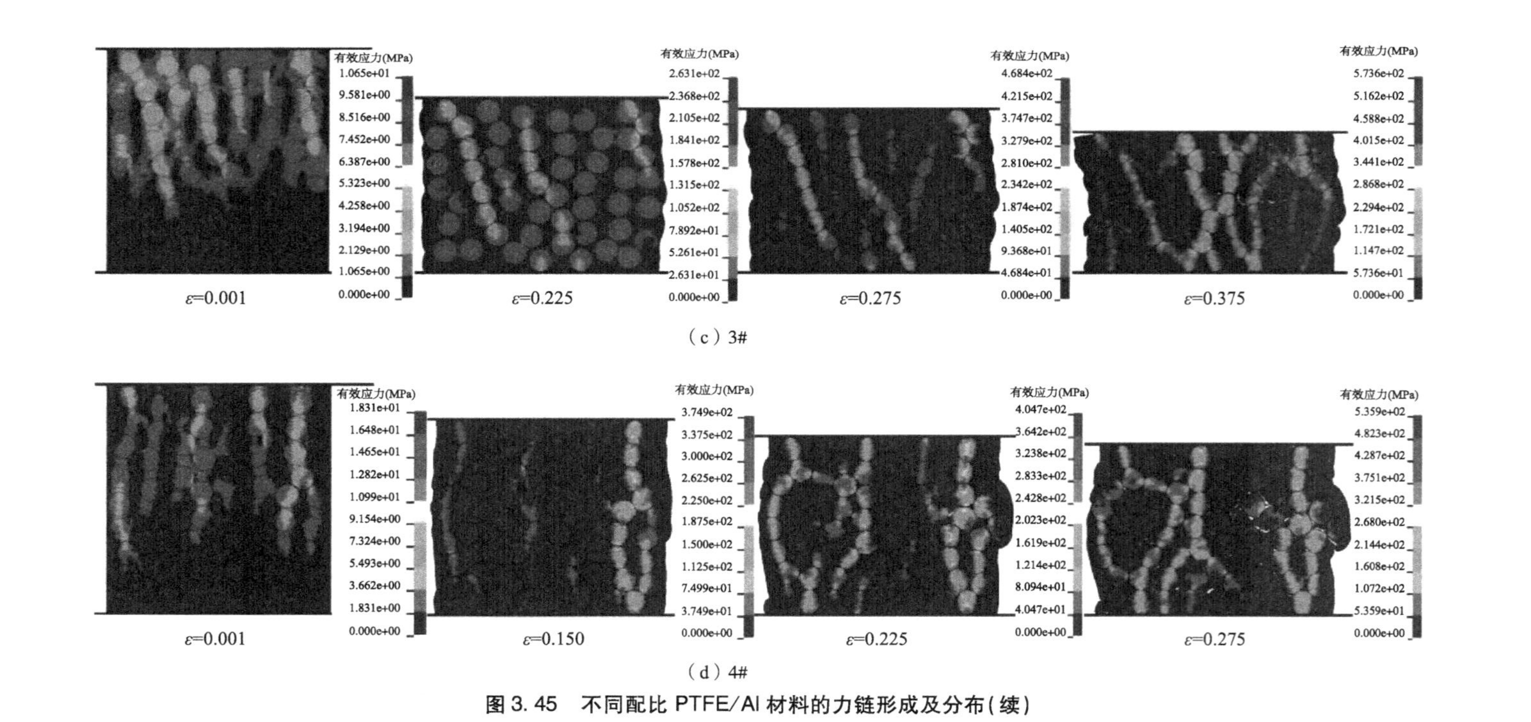

图 3.45 不同配比 PTFE/Al 材料的力链形成及分布(续)

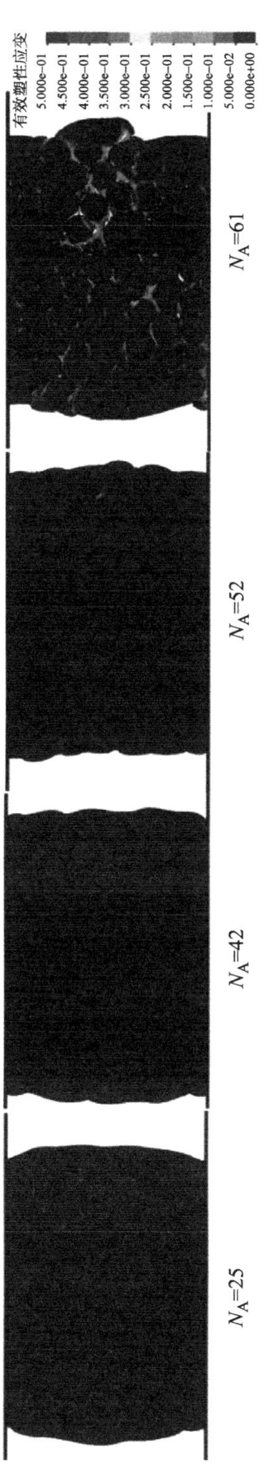

图 3.46　不同配比 PTFE/Al 材料在整体应变为 0.275 时的细观结构应变分布

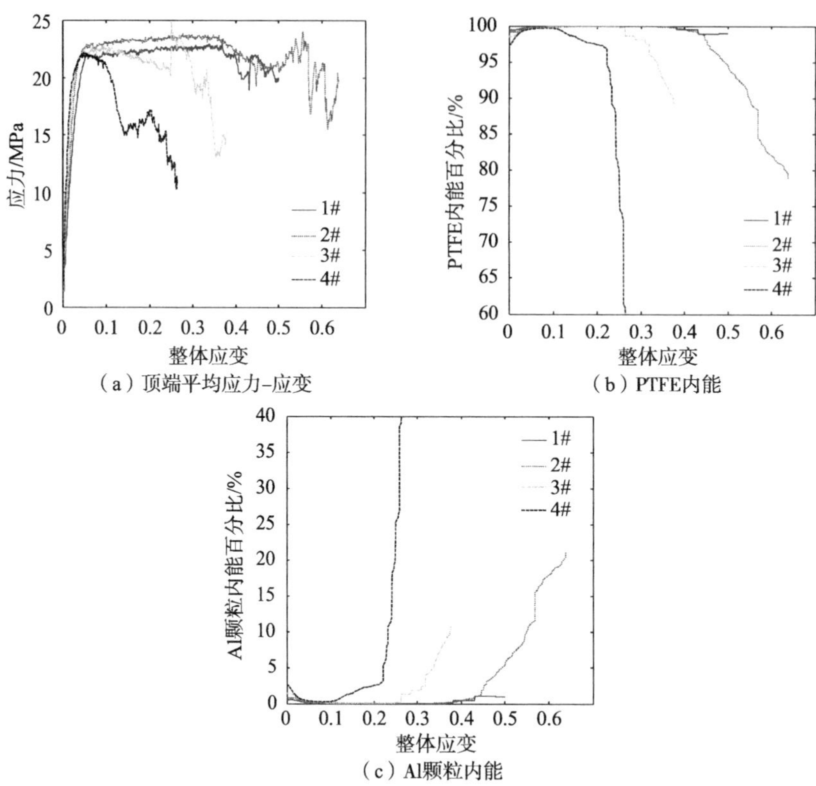

（a）顶端平均应力-应变　（b）PTFE内能

（c）Al颗粒内能

图 3.47　试样平均应力－应变关系和各组分内能

表 3.12　不同颗粒级配 PTFE/Al 材料细观模型参数

编号	N_A/个	D_A/μm	Al 含量/%	试样密度/(g·cm^{-3})
1#	185	10	36.3	2.34
2#	42	21	36.3	2.34
3#	17	33	36.3	2.34
4#	10	44	38	2.35

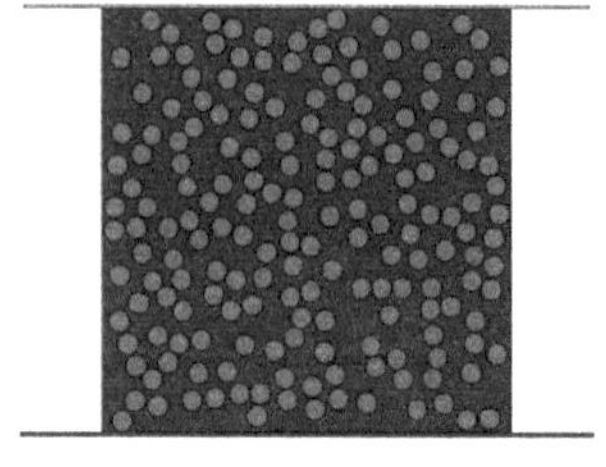
（a）1#

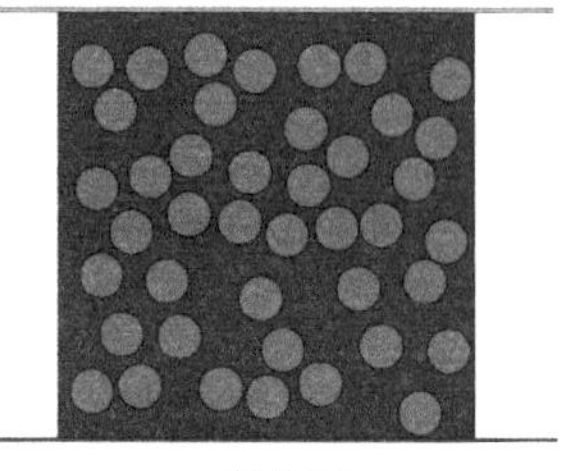
（b）2#

图 3.48　不同颗粒级配 PTFE/Al 材料计算模型

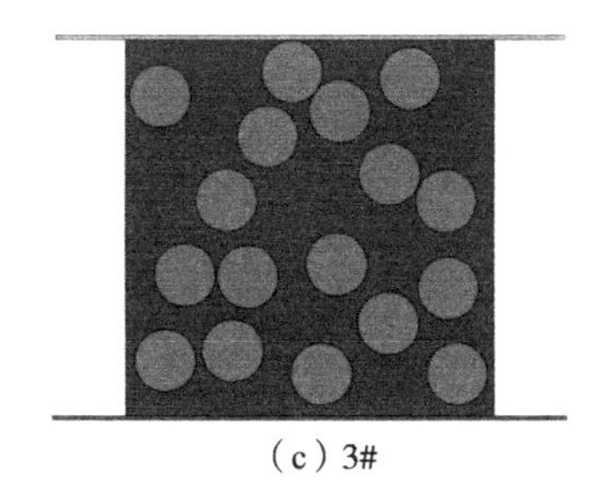

（c）3#

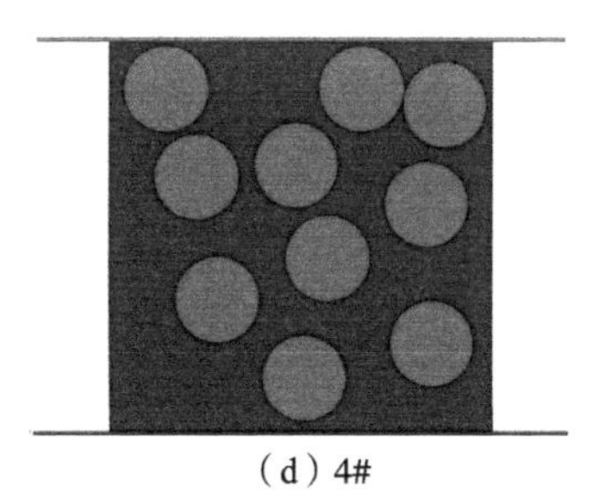

（d）4#

图 3.48　不同颗粒级配 PTFE/Al 材料计算模型（续）

不同粒度级配 PTFE/Al 材料在压缩变形过程中的力链形成及分布如图 3.49 所示。可以看出，粒度级配特征对材料变形过程中的力链效应和材料动力学响应行为影响显著。当金属颗粒直径为 10 μm 时，材料内颗粒数量最多，加载过程中，材料内形成许多密集分布的力链，在整体应变为 0.450 时试样内部出现了失效破坏。随着 Al 颗粒尺寸增加，颗粒数量随之减少，试样压缩变形过程中形成的力链数也因此随之减少。从力链强度方面分析，Al 颗粒间相互作用加强时，材料强度则显著增加。从材料失效破坏方面分析，当 Al 颗粒尺寸为 33 μm 和 44 μm，材料均在整体应变为 0.450 时出现了明显破坏。然而，Al 颗粒尺寸为 21 μm，整体应变为 0.500 时试样内部仍未出现明显破坏。这表明，在材料组分配比一定条件下，合理设计粒度级配特征可有效提高材料的力学性能。

不同 Al 粒度级配试样变形过程的细观应变分布如图 3.50 所示。可以看出，当应变为 0.35 和 0.45 时，1#试样颗粒直径最小、颗粒数量最多，细观结构应力分布较为均匀，试样整体变形较小，表现出更优的力学性能。相比之下，4#试样 PTFE 基体局部变形程度最严重，颗粒与基体之间脱黏破坏明显。这表明合理设计材料粒度级配特性可有效提高活性毁伤材料力学性能。

活性毁伤材料试样在压缩变形过程中顶端平均应力 - 应变关系及各组分内能变化如图 3.51 所示。1#试样顶端应力在整体应变约为 0.45 时出现了下降，而 4#试样顶端应力在整体应变约为 0.2 时即开始下降，这与图 3.49 所示试样响应行为相对应，体现了因材料粒度级配导致的显著弹塑性差异。另外，从图 3.51（b）和（c）中可以看出，剧烈变形的活性材料试样中各组分能量百分比明显受 Al 颗粒尺寸影响。当颗粒尺寸为 33 μm 时，Al 颗粒内能百分比始终处于一个较低水平，原因在于试样中颗粒之间和颗粒与基体间的相互作用程度较其余试样要低，不利于底板动能或基体内能转移至 Al 颗粒中。

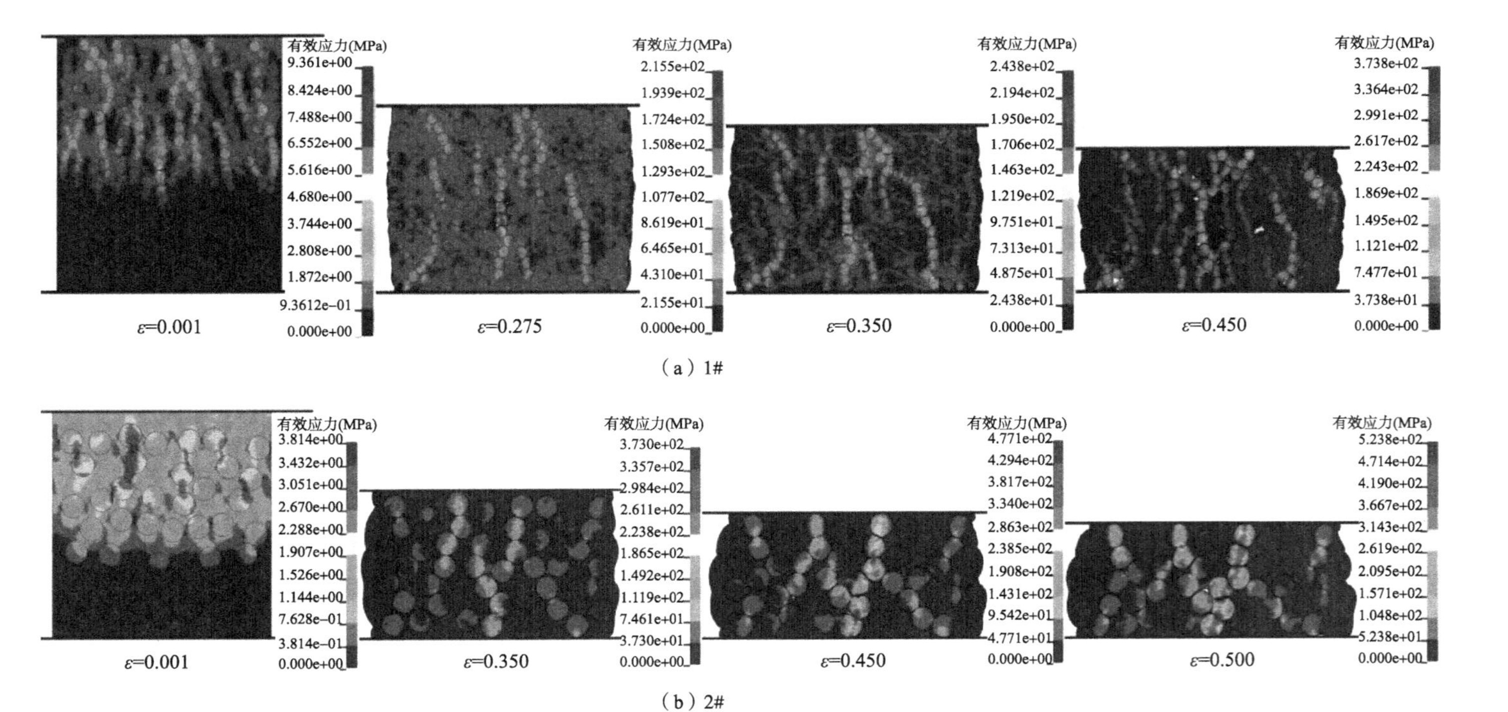

（a）1#

（b）2#

图 3.49　不同粒度级配 PTFE/Al 材料的力链形成及分布

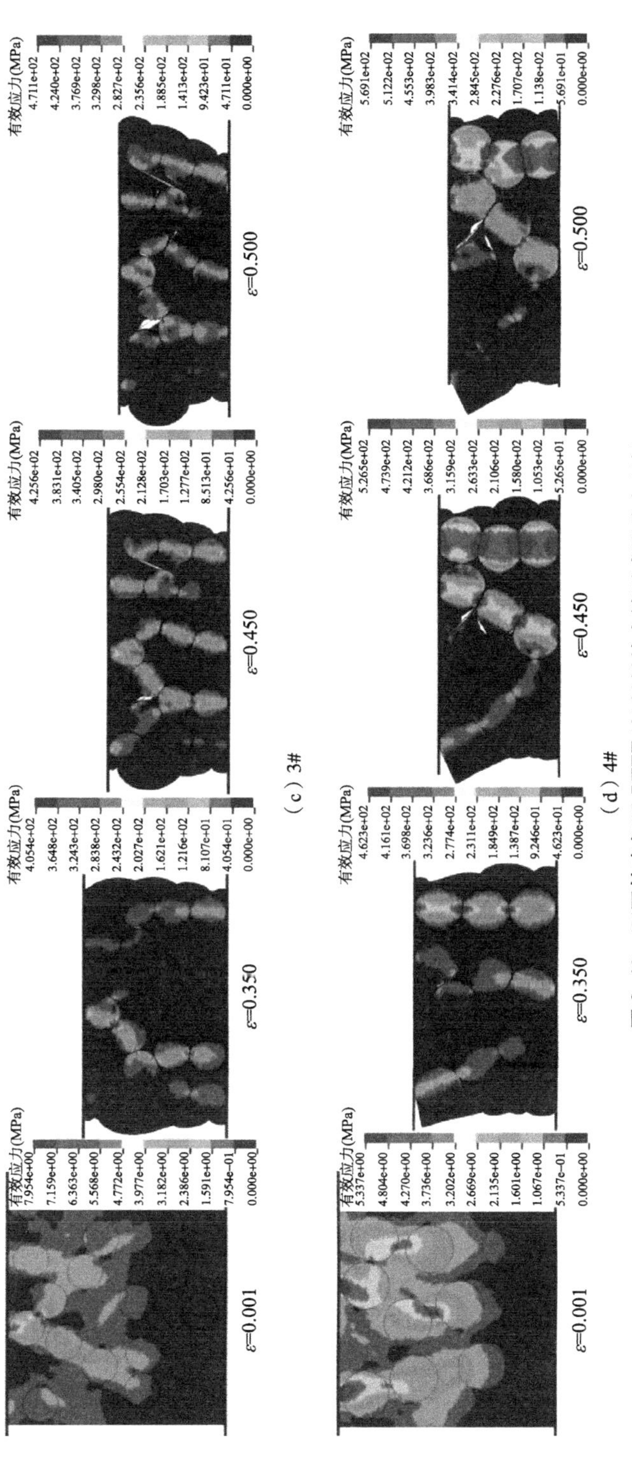

（c）3#

（d）4#

图3.49　不同粒度级配PTFE/Al材料的力链形成及分布（续）

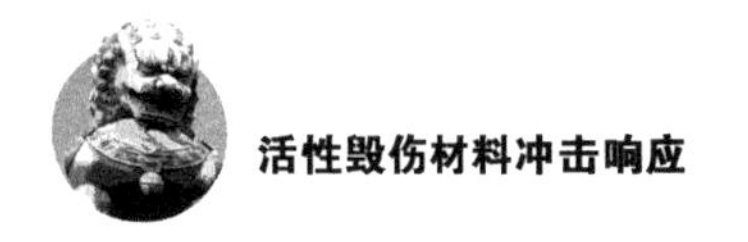

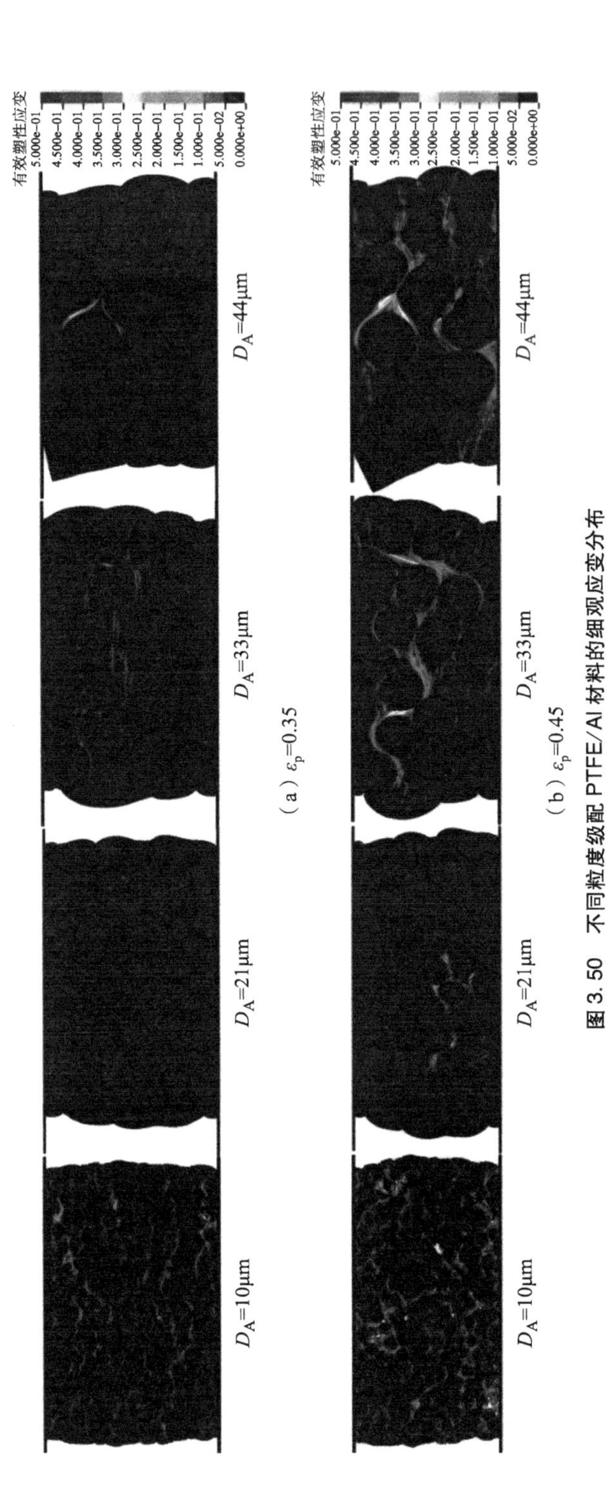

图 3.50　不同粒度级配 PTFE/Al 材料的细观应变分布

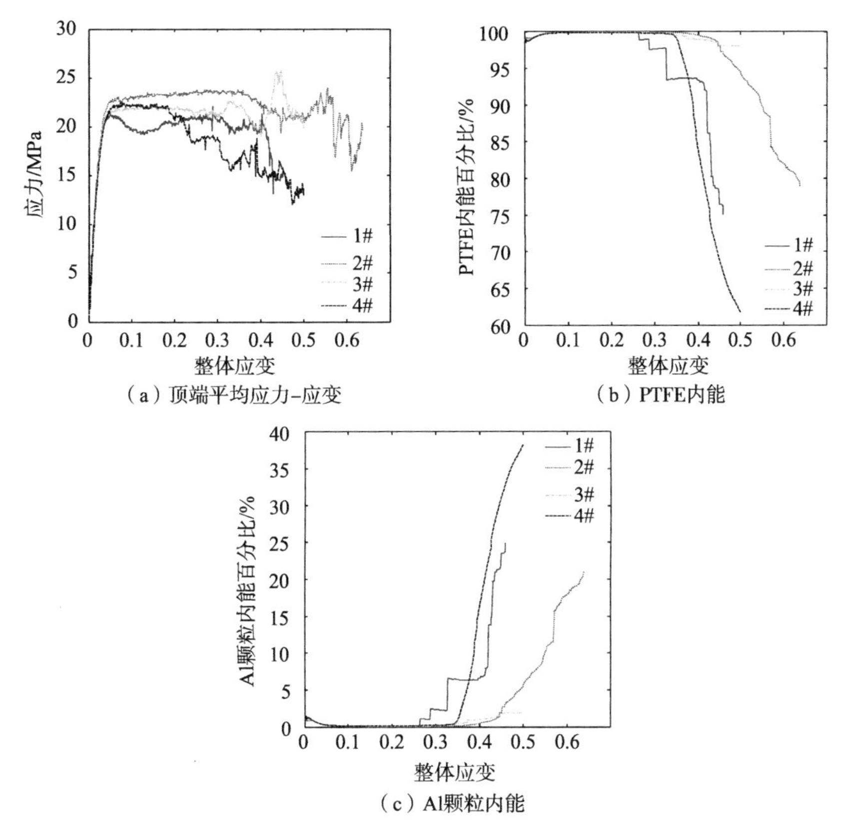

（a）顶端平均应力-应变

（b）PTFE内能

（c）Al颗粒内能

图 3.51　试样平均应力－应变关系和各组分内能

2. 多元体系力链仿真分析

多元体系活性毁伤材料即在 PTFE/Al 体系基础上添加其他组分，对密度、激活阈值、气体产物量、力学强度进行调控的活性毁伤材料。在外载荷作用下，对其颗粒增强机理及力链效应的影响，主要以 PTFE/Al/W 多元活性毁伤材料为例，从组分配比和增强相颗粒级配两方面进行分析。

（1）组分配比影响。

分析组分配比对 PTFE/Al/W 活性毁伤材料在外载荷作用下力链效应的影响规律，以 4 种不同组分配比 PTFE/Al/W 材料为例，建立其细观有限元模型，开展数值模拟研究。4 种配比材料参数如表 3.13 所示，其中，D_W 为 W 颗粒直径，N_W 为 W 颗粒数量。细观模型整体尺寸为 200 μm × 200 μm，Al 颗粒直径为 5 μm，数量为 60，材料配比通过调整 W 颗粒数量实现，加载应变率为 5 000 s^{-1}，所建立不同组分配比 PTFE/Al/W 的计算模型如图 3.52 所示。

表 3.13　不同组分配比 PTFE/Al/W 活性毁伤材料细观模型参数

编号	N_W/个	D_W/μm	W 含量/%	试样密度/（g·cm^{-3}）
1#	4	44	15.2	4.46
2#	7	44	26.6	6.16
3#	10	44	38.0	7.85
4#	13	44	49.4	9.55

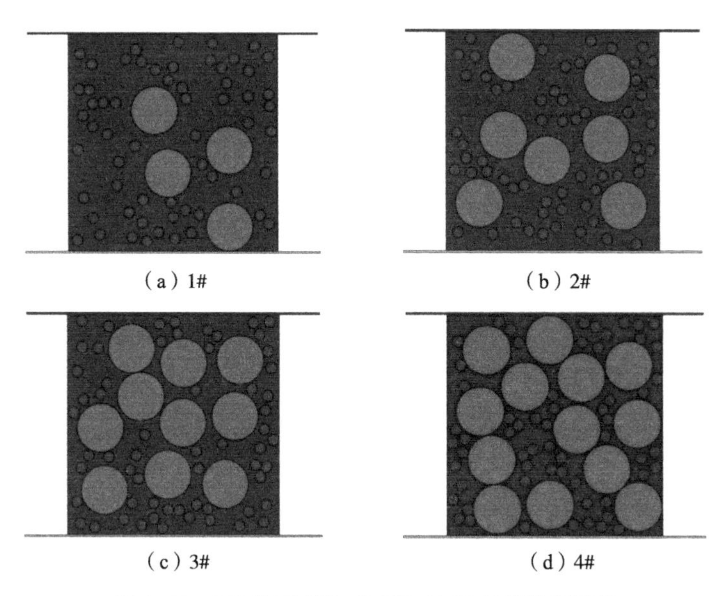

（a）1#　（b）2#　（c）3#　（d）4#

图 3.52　不同组分配比 PTFE/Al/W 材料计算模型

不同组分配比 PTFE/Al/W 试样压缩变形过程中力链及应力分布如图 3.53 所示。从图中可以看出，组分配比对试样压缩变形过程中的力链效应和材料响应行为影响显著。对 1#材料，由于金属含量较小，不同粒径颗粒间的相互作用不明显，当整体应变为 0.450 时试样内部出现明显破坏。随 W 颗粒含量增加，试样发生破坏时，整体应变逐渐减小。特别地，当 W 颗粒数量为 13 时，试样在整体应变为 0.075 时开始出现裂纹，在整体应变为 0.175 时试样已发生了显著破坏。从力链效应角度看，当 W 颗粒数为 10 时，试样最多形成了约 4 条力链；而且，随试样内裂纹的形成及扩展，材料内力链效应会随之变化，具体包括初始力链形成、断裂以及材料破裂变形过程中力链的二次激活等。

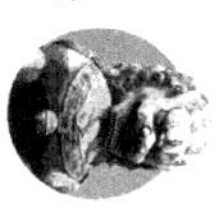

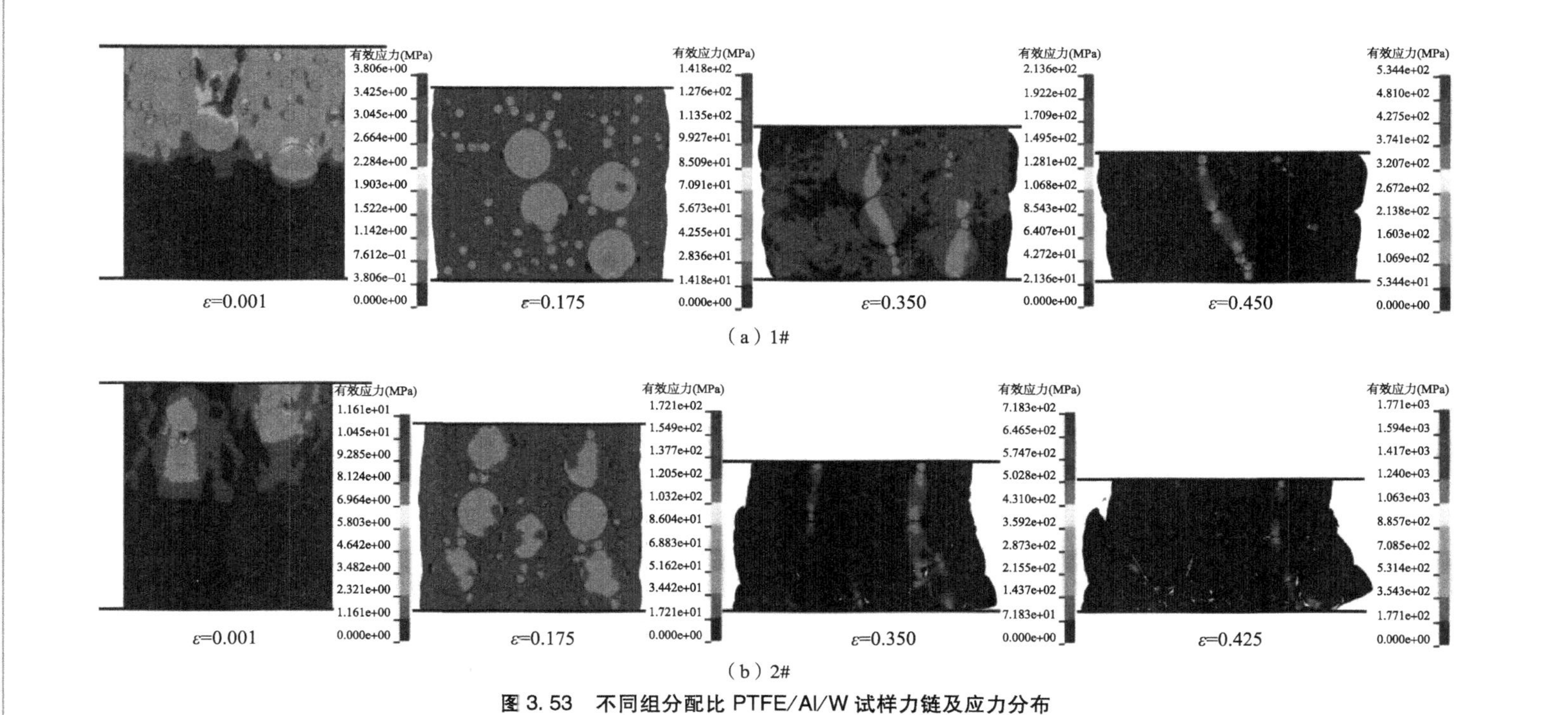

（a）1#

（b）2#

图 3.53　不同组分配比 PTFE/Al/W 试样力链及应力分布

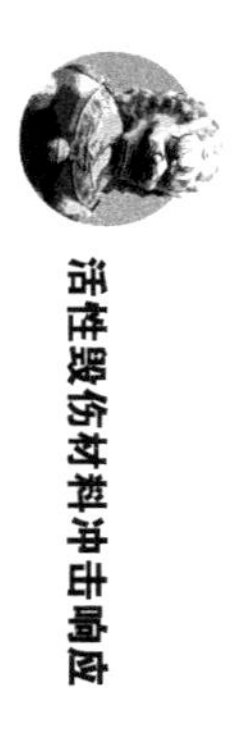

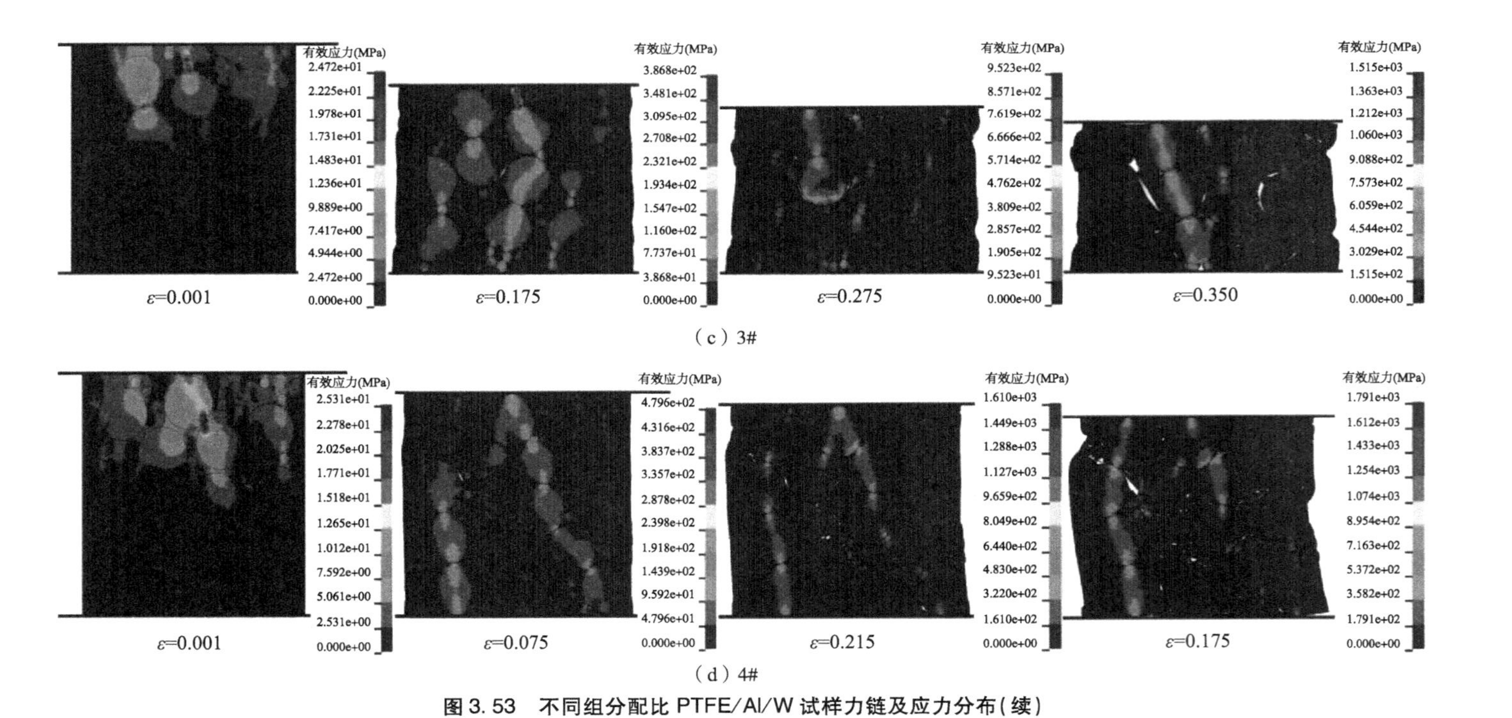

图 3.53 不同组分配比 PTFE/Al/W 试样力链及应力分布(续)

不同组分配比 PTFE/Al/W 试样在不同整体应变时的变形如图 3.54 所示。可以看出，在压缩变形过程中，塑性应变主要发生于 PTFE 基体内，金属颗粒未发生显著变形。加载过程中金属颗粒间滑移或挤压随 W 颗粒含量的增加而增强，在给定整体应变条件下，试样内 PTFE 基体局部大变形程度随 W 颗粒含量的增加呈逐渐增强趋势，这将导致材料脆性增强、塑性减弱。

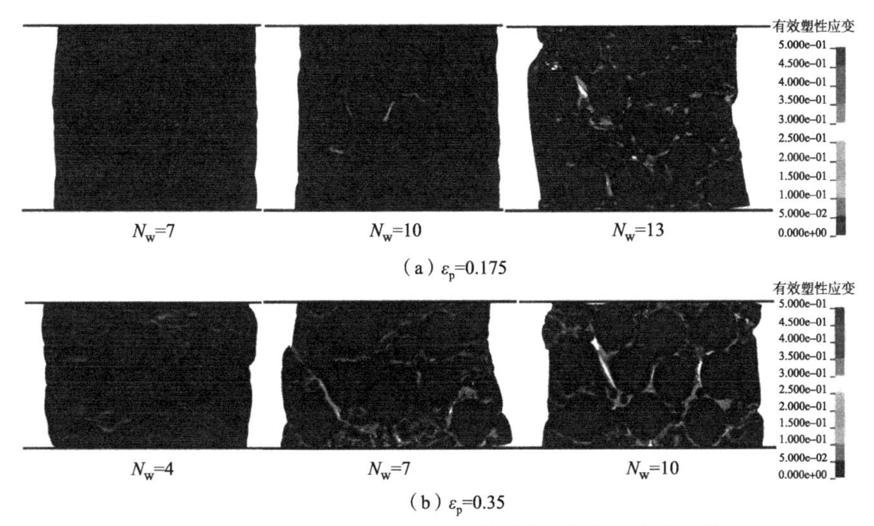

图 3.54　不同组分配比 PTFE/Al/W 试样在不同整体应变时的变形

组分配比对试样顶端平均应力－应变关系和各组分内能百分比的影响如图 3.55 所示。随 W 颗粒含量增加，试样平均应力出现下降时的整体应变减小。另外，从图 3.55（b）～（d）中可以看出，PTFE/Al/W 试样在应变率为 5 000 s^{-1} 载荷作用下的变形过程中，PTFE 基体所含内能百分比最大，其次为 Al 颗粒。这表明，在压缩变形过程中，PTFE 基体容易吸收能量，更有利于其温度上升，从而促使其发生化学反应。从图中还可看出，当试样内部发生破裂后，PTFE 基体内能百分比逐渐下降，而 Al 颗粒和 W 颗粒内能则逐渐提高。

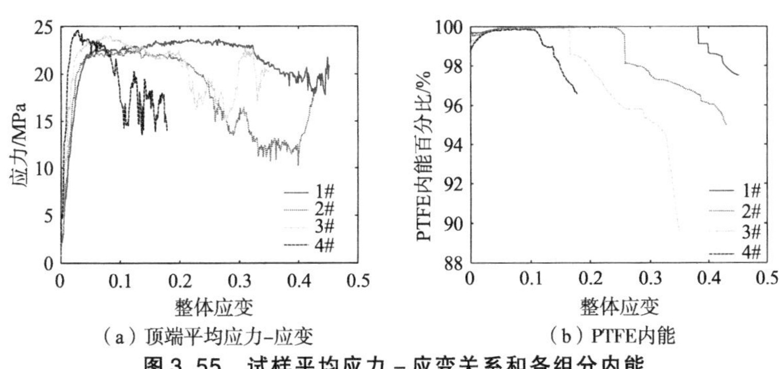

图 3.55　试样平均应力－应变关系和各组分内能

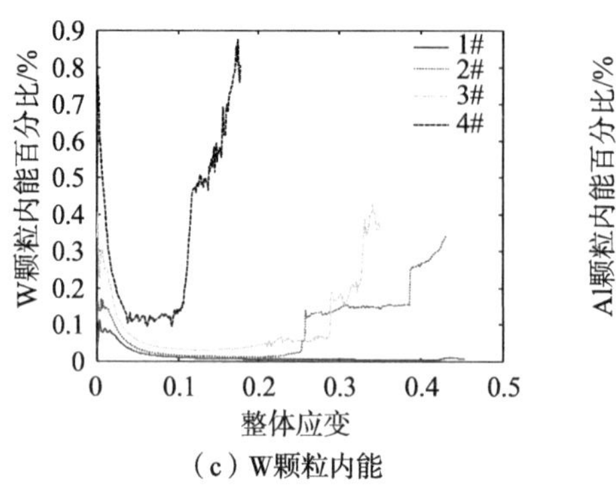

(c) W颗粒内能

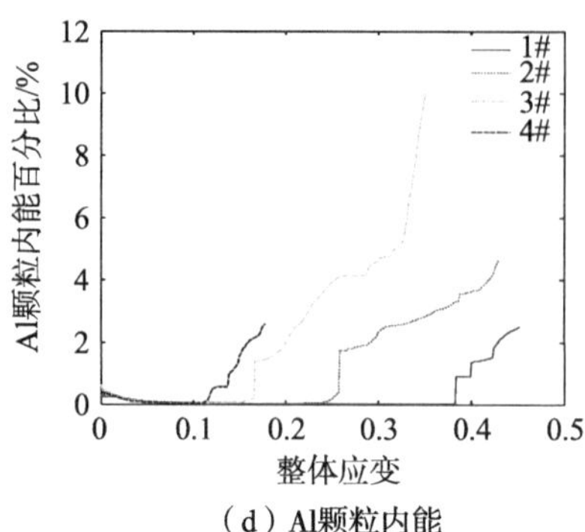

(d) Al颗粒内能

图 3.55 试样平均应力 – 应变关系和各组分内能（续）

（2）颗粒级配影响。

在给定组分配比的条件下，为探究粒度级配特性对多元体系活性毁伤材料 PTFE/Al/W 动力学响应行为及力链效应的影响，选择 4 种不同直径 W 颗粒随机生成活性材料试样细观有限元模型。4 种不同颗粒级配 PTFE/Al/W 材料细观模型的参数如表 3.14 所示。细观模型整体尺寸为 200 μm × 200 μm，加载应变率为 5 000 s^{-1}，不同颗粒级配 PTFE/Al/W 材料细观计算模型如图 3.56 所示。

表 3.14 不同颗粒级配 PTFE/Al/W 材料细观模型的参数

编号	N_W/个	D_W/μm	W 含量/%	试样密度/($g \cdot cm^{-3}$)
1#	193	5	37.9	7.83
2#	44	11	38.1	7.86
3#	10	22	38.0	7.85
4#	7	44	38.6	7.94

不同颗粒级配 PTFE/Al/W 材料压缩变形过程应力及力链分布如图 3.57 所示。从图中可以看出，材料体系粒度级配特性对压缩变形过程中的力链效应及响应行为影响显著。当 W 颗粒尺寸为 5 μm 时，试样压缩变形过程中形成了多条力链，整体应变为 0.268 时试样内大范围破裂，但未形成大裂纹。随 W 颗粒尺寸增加至 11 μm，压缩过程中形成了 2 条贯穿整个试样的力链，在整体应变为 0.275 时开始出现裂纹，应变为 0.385 时试样发生大范围破坏。当 W 颗粒尺寸为 22 μm 时，试样在整体应变为 0.175 时开始出现裂纹，整体应变为 0.350 时试样严重破坏。继续增加 W 颗粒尺寸至 44 μm，试样在压缩变形过程中形成力链数减少，整体应变为 0.225 时试样已出现明显破坏。同时还可观察

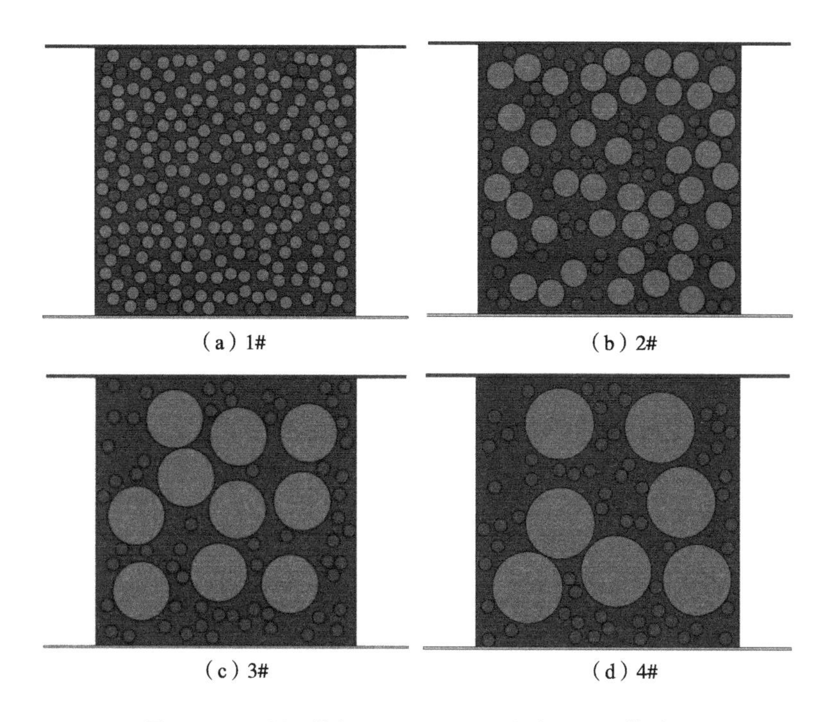

图 3.56　不同颗粒级配 PTFE/Al/W 材料细观计算模型

到，在 W 颗粒尺寸不大于 22 μm 时，破坏均首先发生于试样内部；当 W 颗粒尺寸为 44 μm 时，试样底部率先出现裂纹，导致材料撕裂状失效。

动态压缩过程中，不同颗粒级配 PTFE/Al/W 材料典型细观应变分布如图 3.58 所示。从图中可以看出，给定组分配比条件下，随 W 颗粒尺寸增大，试样内 PTFE 基体遭受颗粒间挤压或滑移作用而产生的影响范围缩小，从而导致了 PTFE 基体局部大变形范围随之减小。随着 W 颗粒尺寸进一步增加至 44 μm 时，基体大变形范围进一步减小，仅在试样下半部分观测到局部大变形，但局部大变形区域的裂纹扩展更加迅速，破坏程度更加严重。

不同颗粒级配 PTFE/Al/W 材料平均应力和各组分内能百分比随应变的变化如图 3.59 所示。可以看出，当 W 颗粒尺寸为 5 μm 时，平均应力最大值较其余颗粒尺寸时小得多，但各平均应力出现明显下降时的整体应变基本相等。另外，从图 3.59（b）~（d）中可以看出，Al 颗粒内能百分比随 W 颗粒尺寸增大而逐渐增大，颗粒尺寸为 44 μm 试样中的 PTFE 基体内能含量明显低于其余试样。这表明，W 颗粒尺寸增大有利于 Al 颗粒材料吸收外载荷能量。

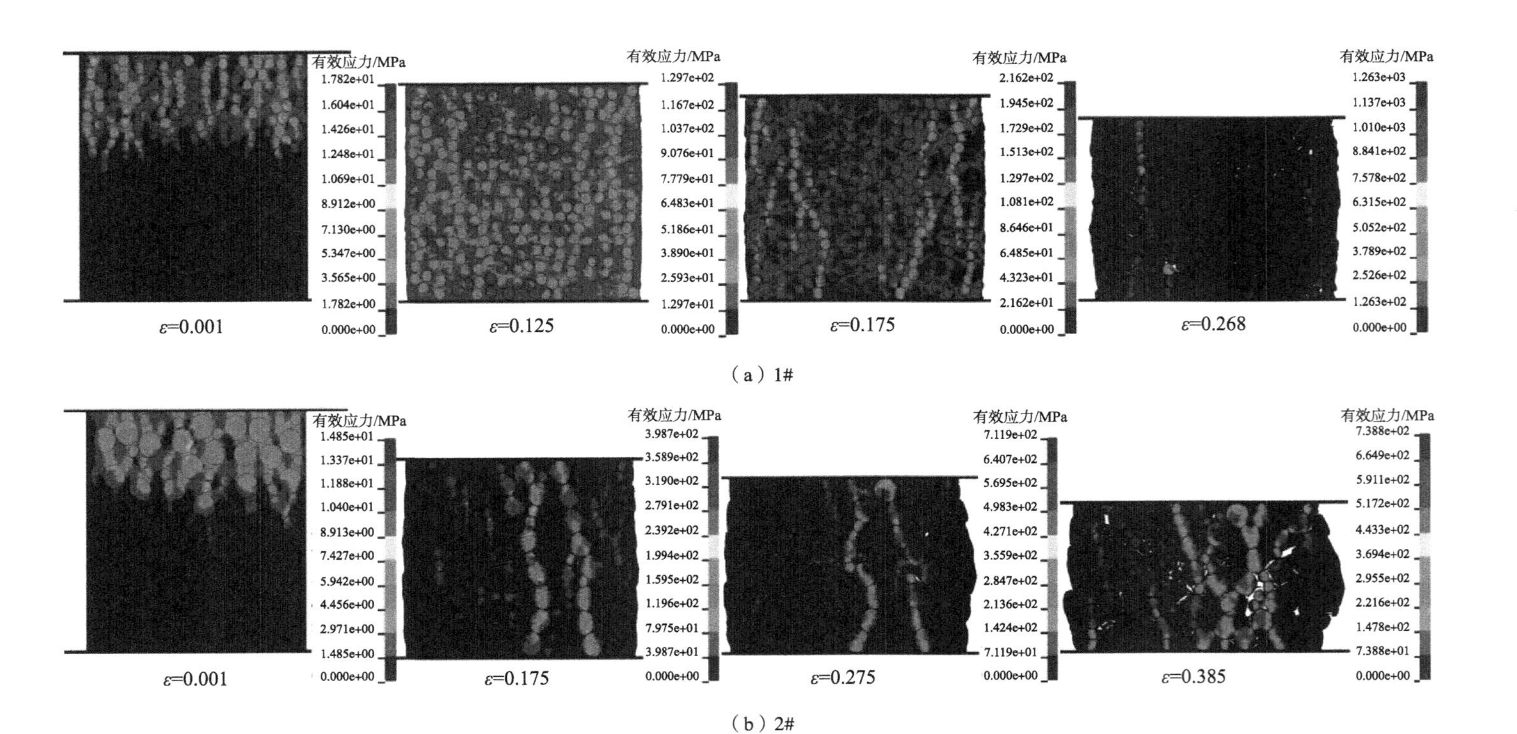

（a）1#

（b）2#

图 3.57　不同颗粒级配 PTFE/Al/W 材料压缩变形过程应力及力链分布

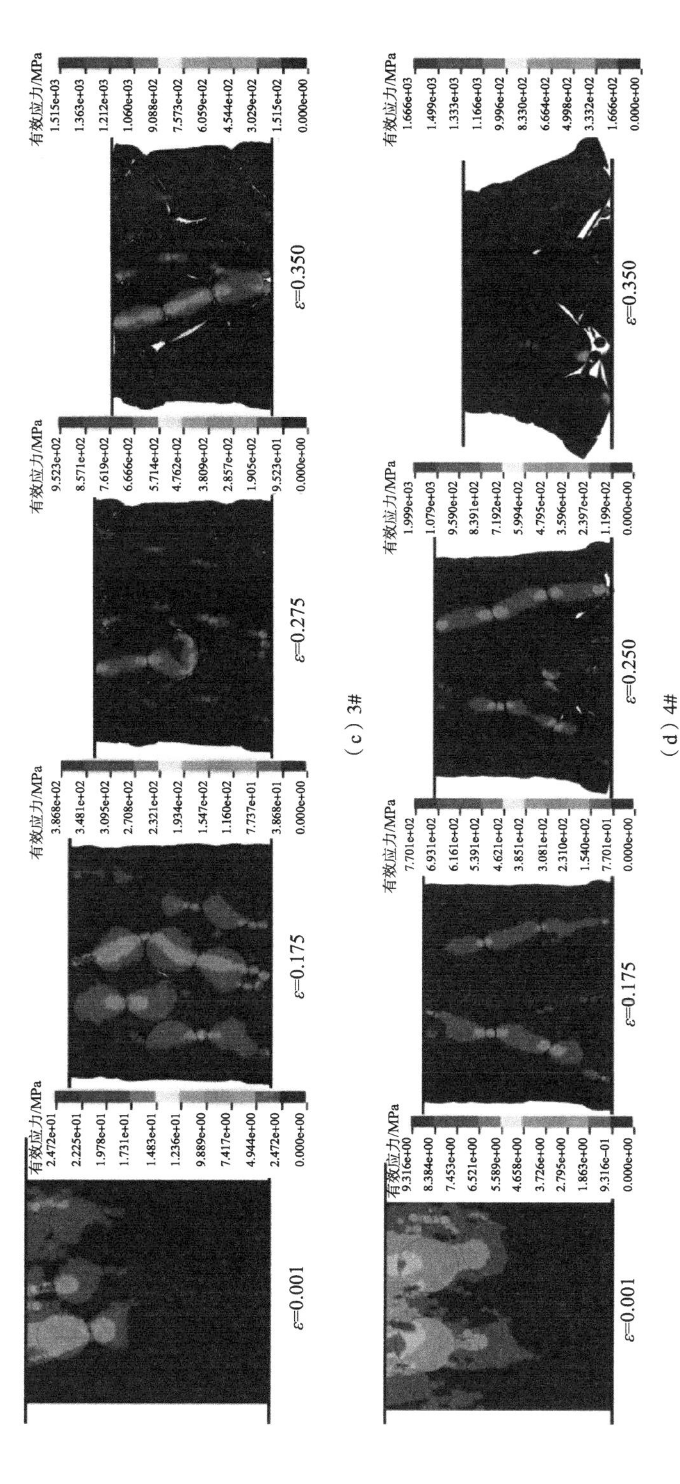

图 3.57　不同颗粒级配 PTFE/Al/W 材料压缩变形过程应力及力链分布（续表）

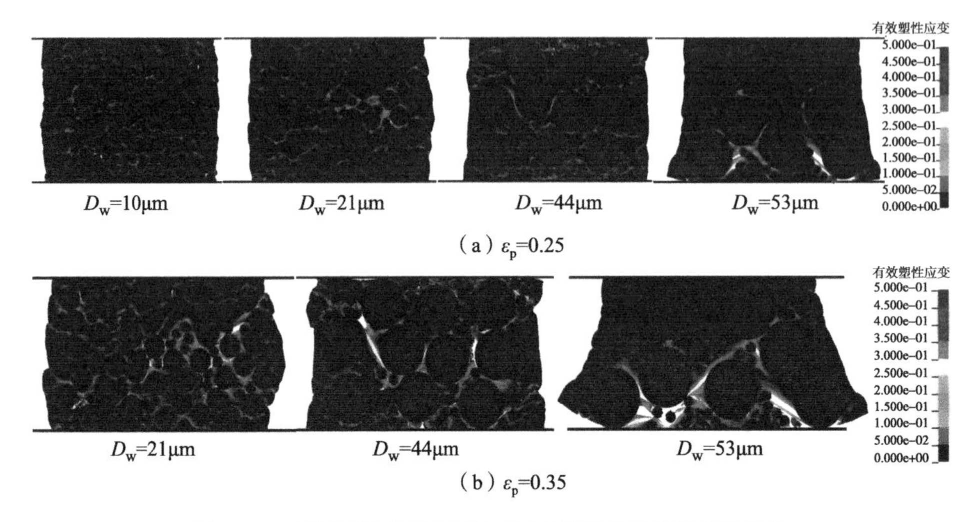

图 3.58　不同颗粒级配 PTFE/Al/W 材料典型细观应变分布

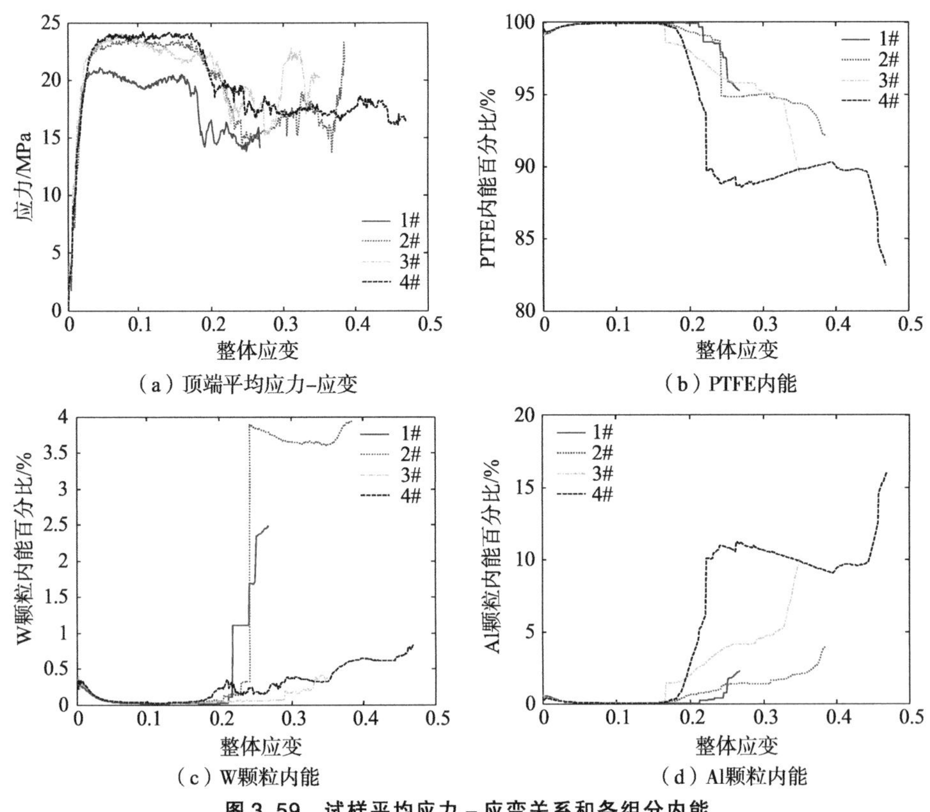

图 3.59　试样平均应力 – 应变关系和各组分内能

第4章

活性毁伤材料力学响应行为

4.1 力学响应行为研究方法

力学响应行为主要研究活性毁伤材料在准静态、动态和高低温加载下的力学行为及本构模型。本节重点介绍三种力学响应行为实验研究方法，一是准静态压缩实验方法，二是动态压缩实验方法，三是温度效应实验方法。

4.1.1 准静态力学响应

在准静态压缩或拉伸作用下，活性毁伤材料表现为应力随应变增大而增大的应变强化效应，可依照国标 GB/T 1041—2008《塑料 压缩性能的测定》或 GB/T 16421—1996《塑料拉伸性能小试样试验方法》进行测试。

压缩实验标准环境条件为温度 23 ℃ ±2 ℃，相对湿度 50% ±15%。测试试样一般为长径比为 1∶1 的圆柱体，上下端面保持良好平行度，使压缩过程中材料承受单轴压缩应力。在材料试验机上进行准静态压缩实验时，为减小压缩过程中的摩擦力，一般要对与材料试验机上下压头接触的试样表面进行打磨或润滑。实验压缩速度依据试样尺寸大小设定，压缩应变率范围为 10^{-3} ~ $10^{-1}\ s^{-1}$。试验机及试样如图 4.1 所示。

准静态压缩测试中，下压速率与加载应变率关系可表述为

$$\dot{\varepsilon} = \frac{v}{l_s} \tag{4.1}$$

（a）材料试验机

（b）活性毁伤材料试样

图4.1　活性毁伤材料准静态力学响应实验测试方法

式中，$\dot{\varepsilon}$ 为加载应变率，单位为 s^{-1}；v 为下压速率，单位为 mm/min；l_s 为试样长度，单位为 mm。长度为 10 mm 的试样，加载速度为 0.6 mm/min，应变率为 0.001 s^{-1}。

实验材料工程应力 σ_{eng} 和工程应变 ε_{eng} 可表述为

$$\sigma_{eng} = \frac{p}{A_s},\ \varepsilon_{eng} = \frac{l_s - l}{l_s} \tag{4.2}$$

假设材料压缩过程中体积不变，则真实应力 σ 和应变 ε 可表述为

$$\sigma = \frac{p}{A},\ \varepsilon = \frac{l_s - l}{l} \tag{4.3}$$

式中，p 为材料试验机加载压力，l_s 和 A_s 分别为试样原始长度和横截面积，l 和 A 分别为任意时刻试样的长度和横截面积。

材料真实应力－应变曲线（$\sigma - \varepsilon$）可通过工程应力－应变曲线（$\sigma_{eng} - \varepsilon_{eng}$）获得。材料真实应力－应变和工程应力－应变之间的关系表述为

$$\sigma = \sigma_{eng}(1 - \varepsilon_{eng}) \tag{4.4}$$

$$\varepsilon = -\ln(1 - \varepsilon_{eng}) \tag{4.5}$$

通过准静态压缩实验获得材料应力－应变曲线后，即可获得材料流动应力－塑性应变之间的关系，揭示活性毁伤材料应变效应。另外，基于材料应力－应变曲线，还可得到表征材料在准静态压缩条件下力学性能的各材料参数，如弹性模量、屈服强度、屈服应变、抗压强度、硬化模量等，如图4.1所示。

4.1.2　动态力学响应

不同加载速率下的实验测试表明，除了应变强化效应外，活性毁伤材料还具有显著的应变率效应，即材料动力学响应行为具有明显的应变率相关性，表现为材料应力－应变曲线与加载应变率之间存在明显的相关性。

与准静态力学响应行为相比，活性毁伤材料在动态加载下的力学响应行为有着显著差异，主要表现为随着应变率增大，惯性效应越趋于明显，应力波效应越显著。活性毁伤材料动态力学性能研究面临的主要困难在于，惯性效应和试样的物理性能耦合难以分离。采用分离式霍普金森压杆（SHPB）实验系统，在加载应变率范围为 $10^2 \sim 10^4\ s^{-1}$下，可以有效解决上述问题。

SHPB 实验系统的核心是实验杆中传播的应力波同时起加载和测试两方面的作用，利用杆中应力波传播获得实验杆与试样端面的应力－位移－时间关系，建立试样应力－应变关系；测试中加载波宽度远大于试样厚度，使试样受载处于局部动态平衡状态，试样变形分析不需要考虑应力波效应，将应力波效应与应变率效应成功解耦。SHPB 实验成为研究材料力学行为应变率效应的主要手段。

SHPB 实验测试系统如图 4.2 所示，主要由弹丸、入射杆、透射杆、吸收杆等几部分组成。实验测试原理如图 4.3 所示，通过弹丸碰撞入射杆，在入射杆中产生一道入射波；入射波传播至夹于入射杆和透射杆之间的试样内，对试样进行加载；入射波传到试样表面产生一道反射波返回入射杆，同时产生一道透射波传入透射杆。通过粘贴于入射杆和透射杆上的应变片，测量和记录入射波、反射波和透射波信息，并基于一维应力波理论获得试样的应力－应变曲线。

图 4.2　SHPB 实验测试系统

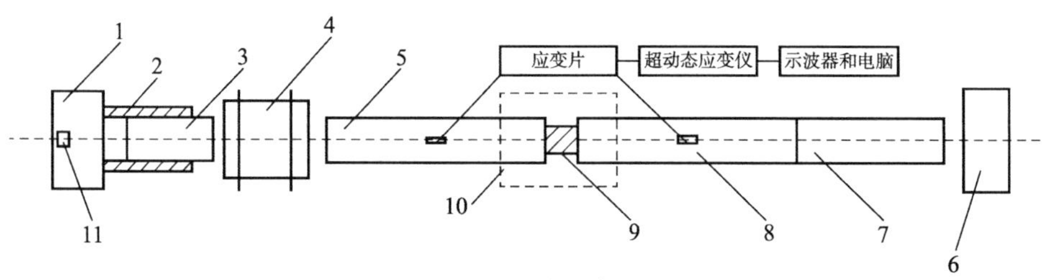

图 4.3　SHPB 实验系统测试原理

1—轻气炮；2—枪管；3—弹丸；4—小型天幕靶测速仪；5—入射杆；6—阻尼器；7—吸收杆；8—透射杆；9—试样；10—透明防护箱；11—电磁开关

弹丸以一定速度碰撞入射杆时，在弹丸和入射杆内各形成一道压缩波，压缩波传到弹丸尾部后发生反射，成为卸载拉伸波。在弹性波范围内，入射波的脉冲宽度 T 取决于弹丸长度 L，可表述为

$$T = \frac{2L}{C_{st}} \tag{4.6}$$

式中，C_{st}为弹丸内弹性波波速。

SHPB 实验系统测试过程中入射波 ε_I、反射波 ε_R、透射波 ε_T 的传播过程如图 4.4 所示。试样初始长度为 L_s，加载时杆端面粒子速度分别为 v_1 和 v_2。

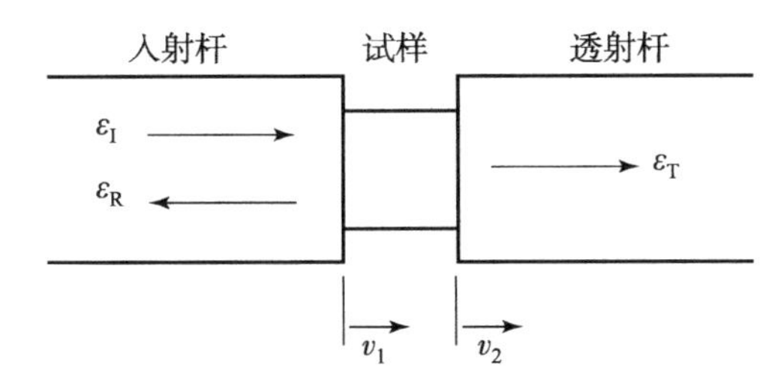

图 4.4　入射波、反射波和透射波的传播过程

根据一维应力波理论，杆端面粒子速度与应变关系为

$$v_1 = C_B(\varepsilon_I - \varepsilon_R) \tag{4.7}$$

$$v_2 = C_B\varepsilon_T \tag{4.8}$$

式中，C_B 为测试杆中的弹性波速。

试样材料内应变率和应变分别为

$$\dot{\varepsilon} = \frac{v_1 - v_2}{L_s} = \frac{C_B}{L_s}(\varepsilon_I - \varepsilon_R - \varepsilon_T) \tag{4.9}$$

$$\varepsilon = \int_0^t \dot{\varepsilon}\,dt = \frac{C_B}{L_s}\int_0^t (\varepsilon_I - \varepsilon_R - \varepsilon_T)\,dt \tag{4.10}$$

试样两端应力分别为

$$\sigma_1 = \frac{A_B}{A_s}E_B(\varepsilon_I + \varepsilon_R) \tag{4.11}$$

$$\sigma_2 = \frac{A_B}{A_s}E_B\varepsilon_T \tag{4.12}$$

式中，A_B 和 A_s 分别为压杆和试样的截面积；E_B 为压杆材料的弹性模量。

试样内平均应力为

$$\sigma = \frac{1}{2}(\sigma_1 + \sigma_2) = \frac{1}{2}\cdot\frac{A_B}{A_s}E_B(\varepsilon_I + \varepsilon_R + \varepsilon_T) \tag{4.13}$$

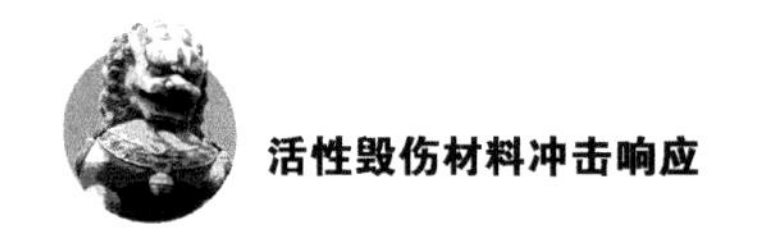

这样，SHPB 实验动态加载下试样的应力－应变关系可表述为

$$\begin{cases}\dot{\varepsilon}=\dfrac{v_1-v_2}{L_s}=\dfrac{C_B}{L_s}(\varepsilon_I-\varepsilon_R-\varepsilon_T)\\ \varepsilon=\displaystyle\int_0^t\dot{\varepsilon}\mathrm{d}t=\dfrac{C_B}{L_s}\int_0^t(\varepsilon_I-\varepsilon_R-\varepsilon_T)\mathrm{d}t\\ \sigma=\dfrac{1}{2}(\sigma_1+\sigma_2)=\dfrac{1}{2}\cdot\dfrac{A_B}{A_s}E_B(\varepsilon_I+\varepsilon_R+\varepsilon_T)\end{cases}\tag{4.14}$$

SHPB 实验测试结果分析主要基于两方面假设和近似，一是一维应力波假定，即假设压杆截面在变形后仍然保持平面，且截面上只作用均匀分布的轴向应力。本质是忽略杆中质点横向运动的惯性作用，在实际实验中，保证弹丸碰撞后，入射杆和透射杆变形依然处于弹性阶段，且入射杆和透射杆满足一定的长径比，则可满足一维应力波假定。二是均匀性假定，即假设试件应力/应变率随厚度均匀分布。入射波传入试样后会快速来回反射，并传出透射波。为使试样内应力和应变率快速达到均匀分布，抑制材料惯性效应以及试样与杆端面间的摩擦效应尤为重要。实际测试中，主要解决方法是选择与试样材料阻抗接近的压杆材料、润滑接触面、合理设计试样尺寸等。

在一维应力波及均匀性假设下，试样两端面应力相等，即

$$\sigma_1=\sigma_2\tag{4.15}$$

$$\frac{A_B}{A_s}E_B(\varepsilon_I+\varepsilon_R)=\frac{A_B}{A_s}E_B\varepsilon_T\tag{4.16}$$

试样应变关系为

$$\varepsilon_I+\varepsilon_R=\varepsilon_T\tag{4.17}$$

这样，式（4.14）应力－应变曲线可简化为

$$\begin{cases}\dot{\varepsilon}=-2\dfrac{C_B}{L_s}\varepsilon_R\\ \varepsilon=-2\dfrac{C_B}{L_s}\displaystyle\int_0^t\varepsilon_R\mathrm{d}t\\ \sigma=\dfrac{A_B}{A_s}E_B\varepsilon_T\end{cases}\tag{4.18}$$

实际测试中，为合理确定试样尺寸，基于周向和轴向惯性效应对应力的影响分析，试样内部应力的修正公式为

$$\sigma(t)=\sigma_m(t)+\rho_s\left(\frac{l_0^2}{6}-\nu_s\frac{d^2}{8}\right)\frac{\mathrm{d}^2\varepsilon(t)}{\mathrm{d}t^2}\tag{4.19}$$

式中，σ_m、ρ_s 和 ν_s 分别为试样的内部应力、密度和泊松比；l_0 和 d 分别为试

样初始厚度和直径。

在 $\sigma(t)$ 和 σ_m 误差最小的条件下，得到试样长径比估算公式为

$$\frac{l_0}{d}=\sqrt{\frac{3\nu_s}{4}} \tag{4.20}$$

传统 SHPB 测试多采用直接加载方式，入射波近似为方波，上升沿陡峭，持续时间一般为 10 ~ 20 μs，且波头会叠加直接碰撞引起的高频振荡。这种加载波特征，会使弹性波速较高（约 5 000 m/s）的金属材料在波上升时间内达到平衡。而活性毁伤材料是一种聚合物基复合材料，波阻抗较低，即使厚度较薄的试样，达到内部应力平衡所需的时间也在 20 μs 以上，这导致加载波在试样内反射多次才能达到应力平衡。也就是说，对活性毁伤材料而言，在开始加载的相当长一段时间内，试样仍处于应力不均状态，基本不满足 SHPB 实验试样受力变形均匀性假设。解决的方法：一是对实验数据进行适当修正，二是改进实验测试技术，使低波阻抗材料快速达到内部应力平衡。

实验技术改进的重要途径之一是，通过对入射波整形的方法，有效过滤碰撞产生的高频分量，减小波传播过程弥散，同时改变加载波形上升时间，使试样在上升阶段达到更理想的内部应力平衡。比较常用的方法是在入射杆撞击端中心位置粘贴一个或一组整形器，使弹丸在加载过程中先碰撞整形器，在整形器变形的同时，使加载应力波传入入射杆中。整形器一般选择塑性较好或比较软、声速较小的材料，通过塑性变形改变入射波形，有效平缓加载波上升沿，从而使试样在加载过程中达到内部应力平衡和均匀变形。

4.1.3 温度效应

活性毁伤材料属于聚合物基复合材料，力学响应行为受温度的影响显著，体现为显著的温度相关效应。在低应变率下，材料力学响应的温度效应可通过在材料试验机上加装高温试验箱进行测试。但在高应变率下，则需要考虑 SHPB 实验系统与升温装置联动问题。采用 SHPB 实验系统开展材料动态加载温度效应研究主要有两种途径，一是将试样及部分实验杆放入温度箱中同时加热，因入射杆、透射杆上存在温度梯度，在实验数据处理中需进行适当修正，同时还需测量实验杆上的温度分布，获得实验杆模量随温度变化规律。二是通过特殊的实验装置设计，如采用同步组装系统、热不敏感或隔热材料测试杆等，减小温度梯度影响，但实验装置会变复杂。

同步组装系统基本工作原理为，当试样加热时，试样与入射杆和透射杆分

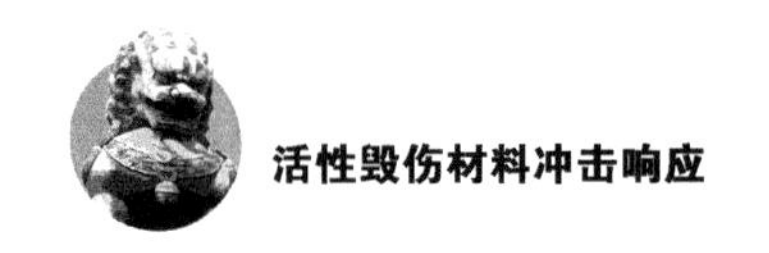

离；试样加热到预定温度时，同步组装装置启动，推动透射杆向试样移动，同时启动气炮发射弹丸，碰撞入射杆产生应力脉冲；通过精准控制，使应力波达到入射杆与试样接触面时，入射杆、试样及透射杆刚好紧密接触。

典型同步组装系统如图4.5所示，主要由SHPB测试系统、加热系统和同步系统三部分组成。气室（回气室）通过气动开关与气源及同步系统相连，气室充气时，进气开关打开，气动开关关闭，同步系统通过气动开关与驱动器相连，使活塞与透射杆相连运动。气室达到预定压力后，关闭进气开关，开启气动开关，回气室卸压，活塞向后运动，前气室压力进入身管驱动弹丸运动。气动开关打开后，回气室高压气体通过导气管推动驱动器带动透射杆向入射杆方向运动，应力波到达入射杆与试样接触面时，入射杆、试样及透射杆刚好紧密接触。实验试样加热炉固定在霍普金森压杆平台立柱上，炉内温度最高可达1 473 K，偏差为±3 K，从而为温度效应提供了研究手段。

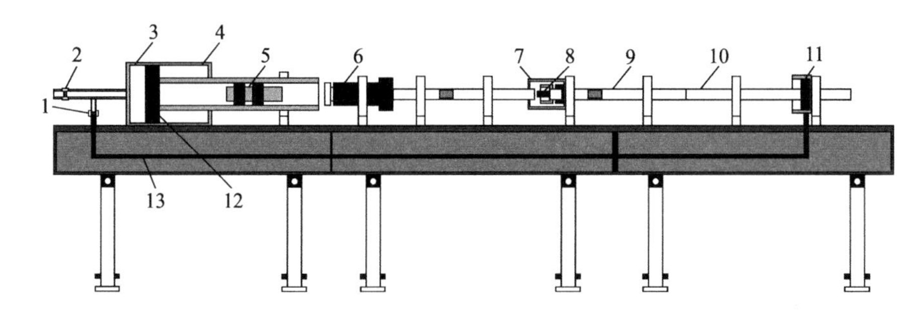

图4.5　典型同步组装系统

1—气动开关；2—进气开关；3—回气室；4—前气室；5—子弹；
6—入射杆；7—加热炉；8—试样；9—透射杆；10—吸收杆；
11—驱动器；12—活塞；13—导气管

4.2　准静态力学响应

准静态力学响应主要是通过准静态压缩、拉伸等实验手段，获得活性毁伤材料的应力-应变关系，对材料应变效应、弹性模量、屈服强度、屈服应变、抗压强度、硬化模量等进行分析。本节主要讨论组分配比、组分混合、模压成型以及烧结硬化等因素对活性毁伤材料准静态力学响应的影响。

4.2.1　组分配比影响

通过控制制备工艺参数，可有效调控活性毁伤材料力学性能，尤其是通过调控组分混合均匀性、模制压力、烧结温度－时间历程，可制备出全烧结弹塑性和半烧结脆性两类典型活性材料，以满足不同的工程应用需求。

两类典型活性毁伤材料的准静态压缩应力－应变曲线及力学参量表征方法如图4.6所示。脆性活性毁伤材料在准静态压缩载荷作用下的力学响应可分为弹性变形、塑性变形和失效破坏三个阶段。初始加载阶段，当应变较小时，应力与应变并非呈线性关系，应力随应变缓慢增加；随着应变继续增大，二者之间近似呈线性变化关系，此时材料处于弹性变形阶段；随着应力逐渐增大至活性材料屈服极限，材料进入塑性变形阶段；随着加载的继续进行，由于材料内部缺陷附近的应力集中在材料内部产生初始裂纹；一旦材料内部产生了初始裂纹，应力随应变的增大呈减小趋势，与此同时，裂纹沿材料塑性应变剧烈区域逐渐扩展，即此时材料进入失效破坏阶段。

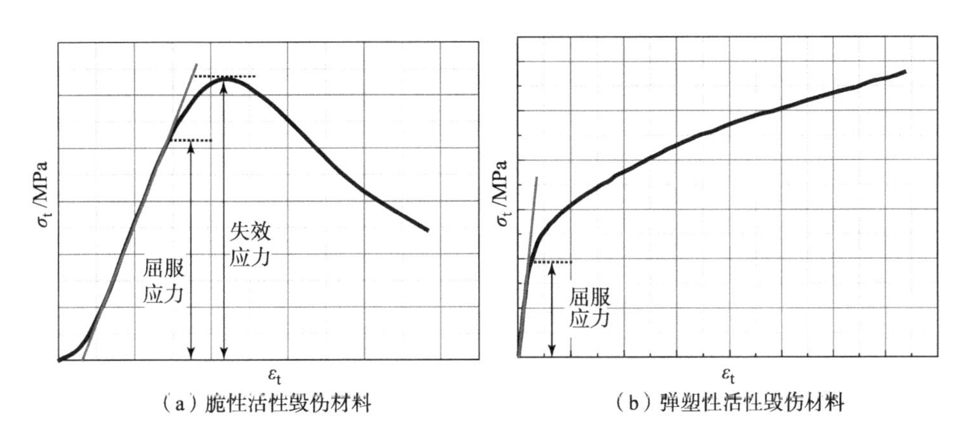

（a）脆性活性毁伤材料　（b）弹塑性活性毁伤材料

图4.6　典型应力－应变曲线和力学参量表征方法

相比之下，弹塑性材料与脆性材料准静态力学响应的主要差别表现在塑性变形阶段之后。随着加载继续，弹塑性材料应力随应变的增大继续增大。通常情况下，材料在经过塑性变形阶段后，若应力下降，则认为该最大应力为失效应力，表征材料抗压强度。但烧结硬化材料应力随应变持续增加，因此难以通过应力－应变曲线判别烧结硬化后材料的失效应力应变。

（1）全烧结弹塑性活性毁伤材料。

全烧结弹塑性PTFE/Al/W活性毁伤材料制备过程包括组分干燥混合、冷压成型和烧结硬化三个工艺。首先，将已烘干脱水的PTFE粉、Al粉和W粉等组分按配比预混合后，再在 V 筒混料机中混合 2～3 h；然后，在 200 MPa 压力下，对混合物进行模压，将其制成所需形状和尺寸的试样；最后，烧结硬化制备出实验用弹塑性活性毁伤材料试样。烧结过程为，先以不超过 5 ℃/min 的升温速率升至 380 ℃温度，保温 2～3 h 后，停止加热，随炉冷却 6～8 h。

四种实验 PTFE/Al/W 弹塑性材料组分配比如表 4.1 所示。通过准静态压缩试验的应力－应变曲线，得到不同配方材料的准静态力学特性参数，获得组分配比对弹塑性 PTFE/Al/W 活性材料力学性能的影响规律。

表 4.1　PTFE/Al/W 材料各组分配比

配方	TMD	PTFE/%	Al/%	W/%
P1	2.31	73.50	26.50	0.00
P2	2.64	63.60	22.40	14.00
P3	3.14	51.45	18.55	30.00
P4	4.12	36.75	13.25	50.00

在应变率为 0.001 s^{-1}条件下，四种弹塑性 PTFE/Al/W 材料的准静态压缩应力－应变曲线如图 4.7 所示。可以看出，四种材料的应力－应变曲线均呈现明显的弹性变形和塑性变形阶段。在弹性变形阶段，应力随应变快速线性上升，进入塑性变形阶段后，应力继续上升，表明四种活性毁伤材料均具有显著应变强化效应。在塑性变形阶段，应力随应变线性增加部分可通过硬化模量表征。塑性段后，应力随应变线性增加，应力随着应变的增大加速上升。

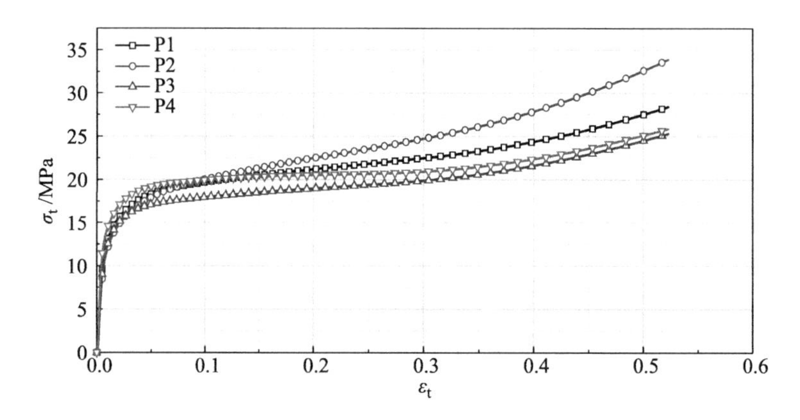

图 4.7　PTFE/Al/W 材料的准静态压缩应力－应变曲线

压缩实验进行至工程应变达 70% 时停止，得到四种弹塑性活性毁伤材料的弹性模量、屈服强度、塑性模量、最大强度等参数如表 4.2 所示。

表 4.2　PTFE/Al/W 材料准静态压缩材料参数

序号	弹性模量/MPa	屈服强度/MPa	屈服应变	硬化模量/MPa
P1	1 996.55	12.874 6	0.009 86	13.64
P2	1 726.14	12.326 2	0.010 93	22.98
P3	2 032.10	11.900 1	0.009 02	9.19
P4	2 841.44	13.190 6	0.007 44	4.12

基于 Voigt 和 Reuss 理论，四种配方活性毁伤材料的弹性模量预估值如表 4.3 所示。通过对比，P1、P3、P4 配方的活性毁伤材料的弹性模量均位于理论预估上下限范围之内，而 P2 配方的活性毁伤材料弹性模量低于理论预估弹性模量的下限。这主要是因为实际材料的力学行为除了受各组分含量影响外，还和制备工艺、密实程度、均匀程度有关。四种配方材料在混合、模压和压制等过程均严格按照统一标准，但仍难以避免材料出现特性差异。P2 配方试样在准静态压缩下弹性模量偏低，很可能是材料内部组分分布不均匀所致。

表 4.3　不同配方 PTFE/Al/W 材料弹性模量理论预估值

编号	Voigt 上限/GPa	Reuss 下限/GPa
P1	17.05	1.93
P2	23.08	1.96
P3	33.15	2.03
P4	52.27	2.16

在应变率为 0.001 s^{-1}的加载条件下，压缩至工程应变达 70% 时的四种配方试样如图 4.8 所示。从图中可以看出，在该压缩实验条件下，四种配方试样均被压缩成薄饼状，上下表面平整，边缘外鼓，试样表面未出现裂纹，边缘也未出现开裂，四种配方的活性毁伤材料均展现出了良好的韧性和塑性。

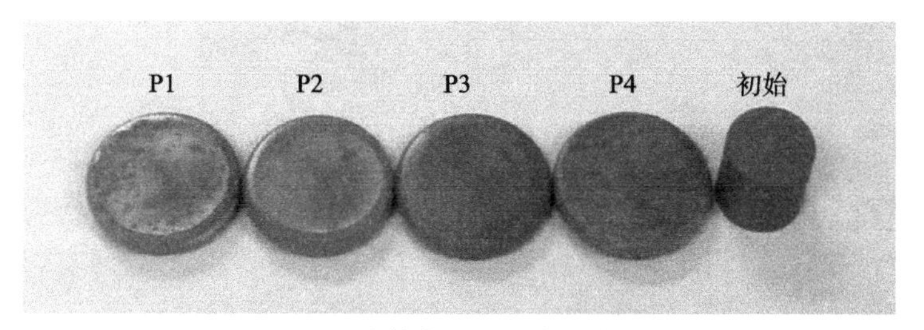

图 4.8　准静态压缩测试后的试样

（2）半烧结脆性活性毁伤材料。

与全烧结弹塑性 PTFE/Al/W 材料的试样制备工艺相比，半烧结脆性试样制备主要是烧结温度历程不同。温度先以不超过 5 ℃/min 升温速率升至 330 ℃，保温 10～20 min 后，在空气中冷却至室温。PTFE 熔化温度约为 327 ℃，温度升至 330 ℃处于熔化临界温度，经较短的保温时间，一是试样由表及里尚未充分熔化，二是冷却过程从无定形相向结晶相转变不充分，导致试样内金属粉体与基体之间未形成本体式结合，材料力学上呈现为显著的脆性。

三种配方脆性 PTFE/Al/W 活性毁伤材料如表 4.4 所示。准静态压缩所得的三种试样应力 - 应变曲线如图 4.9 所示。从图中可以看出，三种试样的应力 - 应变曲线均呈现为先迅速上升，经短暂屈服段后到达最大应力点，在出现塑性段之前，材料发生破坏失效，应力急剧下降，表现为显著的脆性。

表 4.4　脆性活性材料配方

配方	TMD	PTFE/%	Al/%	W/%
B1	2.31	73.50	26.50	0.00
B2	2.46	68.80	24.20	7.00
B3	2.635	63.60	22.40	14.00

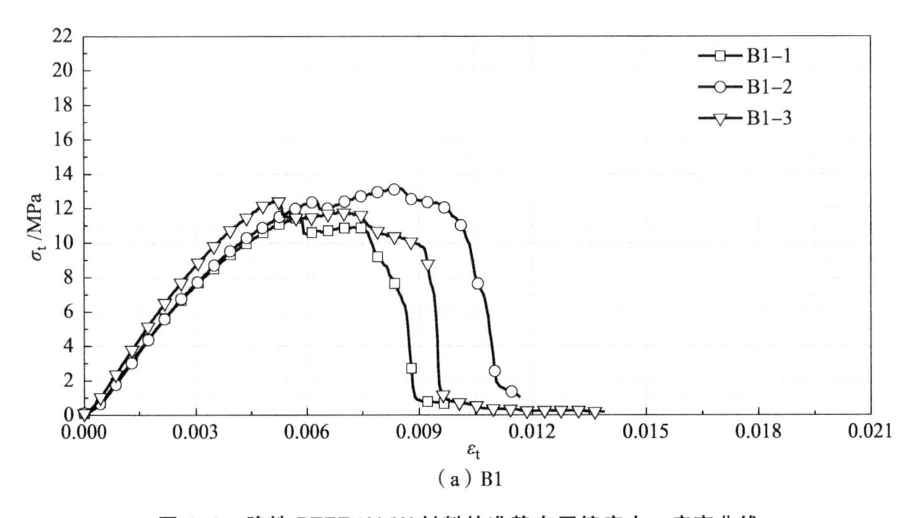

（a）B1

图 4.9　脆性 PTFE/Al/W 材料的准静态压缩应力 - 应变曲线

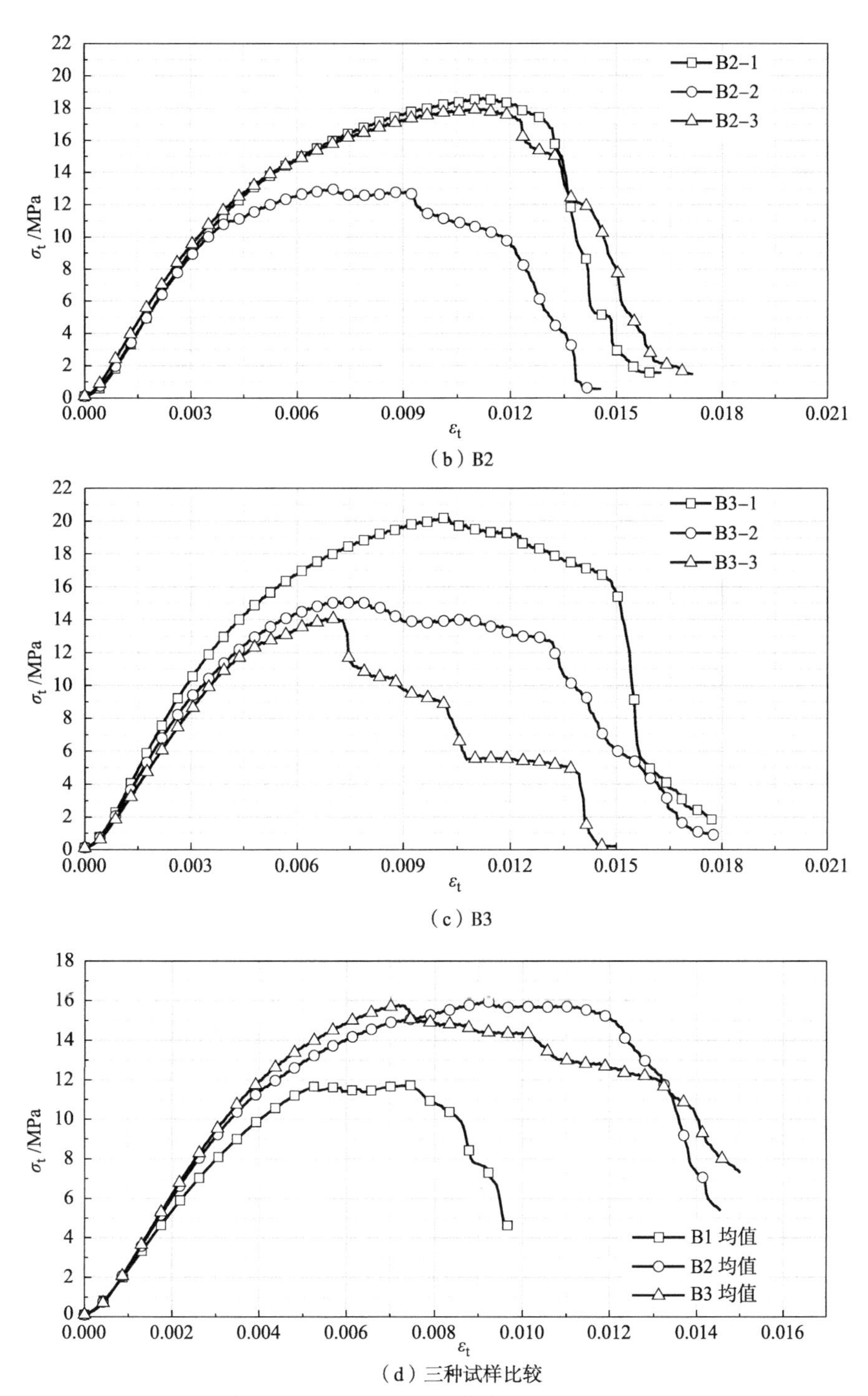

（b）B2

（c）B3

（d）三种试样比较

图 4.9　脆性 PTFE/Al/W 材料的准静态压缩应力 – 应变曲线（续）

另外，从图中还可以看出，在弹性阶段，三种试样应力-应变曲线有较好的一致性，但弹性段后，曲线出现较大的散布，同一配方试样抗压强度有显著不同。与 B2、B3 试样相比，B1 试样的失效应力和应变较小，表明 W 颗粒对力学强度有一定增强作用。三种试样准静态力学性能参数如表 4.5 所示，可以看出，B2 和 B3 试样力学强度相当，但 B2 试样失效应变比 B3 试样大，表明随着 W 颗粒含量增加，试样的力学强度并未显著增大，但塑性有所降低。

表 4.5 脆性 PTFE/Al/W 材料准静态力学性能参数

试样	弹性模量/MPa	抗压强度/MPa	失效应变	平均抗压强度/MPa	平均失效应变	相关系数/%
B1	2 421.91	11.48	0.005 74	12.10	0.005 74	2.59
	2 216.71	12.39	0.006 27			
	2 674.79	12.44	0.005 21			
B2	2 804.30	18.60	0.011 23	18.27	0.009 79	1.78
	3 022.22	12.95	0.007 03			
	2 964.50	17.94	0.011 10			
B3	3 444.49	20.20	0.010 25	14.59	0.008 36	3.64
	3 222.26	15.12	0.007 82			
	3 033.96	14.06	0.007 02			

准静态压缩后脆性 PTFE/Al/W 活性毁伤材料回收试样如图 4.10 所示，对比图 4.8 的弹塑性试样失效模式，两者存在显著不同。随加载进行，脆性试样首先产生与上表面呈 45°的裂纹，随后逐渐形成纵向贯穿裂纹，并导致试样发生碎裂失效。进一步观察回收试样，失效断口整齐，彼此基本无连接。

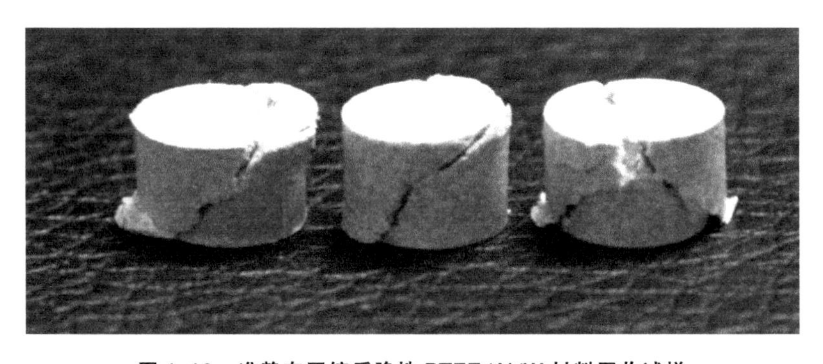

图 4.10 准静态压缩后脆性 PTFE/Al/W 材料回收试样

失效断口的细观结构特征如图 4.11 所示，从图中可以观察到回收试样裂纹断面处典型特征为金属颗粒无明显变形，断口端面整洁，断裂破坏起始于金属颗粒/基体界面处。这主要是因为，脆性 PTFE/Al/W 活性毁伤材料烧结温度处于 PTFE 熔化临界温度，而且保温时间较短，导致试样结晶度不足，特别是基体与金属颗粒之间未能有效形成本体式结合，从而展现为显著的脆性。

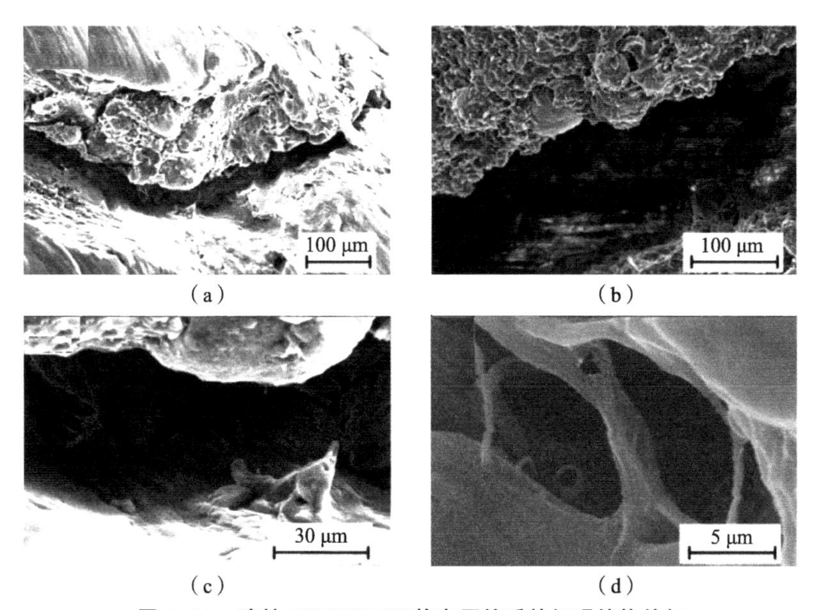

图 4.11　脆性 PTFE/Al/W 静态压缩后的细观结构特征

4.2.2　组分混合影响

PTFE 材料黏性高，在空气中容易吸湿成团，流散性差，不易与金属、合金等粉体组分均匀混合，显著影响活性毁伤材料的物化性能。本节主要介绍组分混合时间或组分混合均匀性对活性毁伤材料准静态压缩性能的影响。

不同混合时间下试样力学性能参数如表 4.6 所示，准静态压缩应力 - 应变曲线如图 4.12 所示。可以看出，混合时间较短试样的失效和屈服应力均低于混合时间较长试样。对未烧结试样，与混合均匀试样相比，短混合时间试样失效应力降低约 9%，屈服应力降低约 8%；对烧结试样，与混合均匀试样相比，短混合时间试样失效应力降低约 37%，屈服应力降低约 42%。表明混合均匀性对烧结硬化试样力学特性有显著影响。这主要是由于各组分之间分布不均，短混合时间试样烧结后，PTFE 基体对金属颗粒包覆作用较弱，导致烧结硬化效应减弱，在压缩作用下，基体含量较多区域易发生塑性变形，基体较少区域易产生颗粒间滑移，显著降低了材料的力学性能。

表 4.6　不同混合时间下试样力学性能参数

编号	直径/mm	高度/mm	烧结状态	混合时间/min	失效应力/MPa	屈服应力/MPa
B1	9.98	10.05	未烧结	30	23.76	20.76
B2	9.95	10.76	烧结	30	32.65	17.11
B3	9.98	9.91	未烧结	90	26.05	22.52
B4	9.93	10.35	烧结	90	51.72	29.60

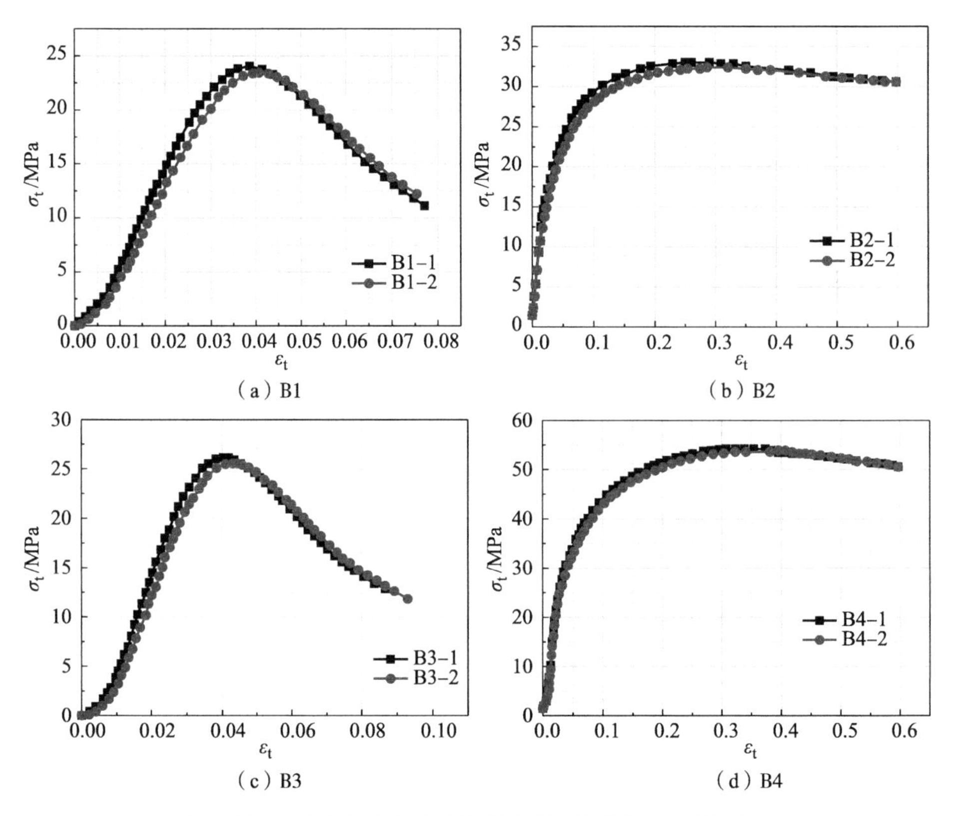

图 4.12　不同混合均匀性试样的准静态压缩应力－应变曲线

烧结（B2）与未烧结（B1）混合时间较短试样准静态压缩测试前后状态如图 4.13 所示。从图中可以看出，未烧结试样在静态压缩载荷作用下快速发生破坏，在试样圆柱面可观察到显著裂纹。烧结之后，材料塑性增加，试样在压缩作用下变形为较薄圆饼状，在材料边缘出现大量破裂缺口。

（a）B1

（b）B2

图 4.13　准静态压缩前后混合时间较短试样

为探究混合均匀性对活性毁伤材料细观结构和失效行为的影响，利用扫描电镜对 B1 和 B2 材料在压缩前的细观结构进行了表征，如图 4.14 所示。从图中可以看出，由于混合时间较短，试样表面粗糙，金属颗粒团聚，与基体混合均匀性差。其结果导致在试样部分区域有大量颗粒，而部分区域无颗粒，导致材料内部形成大量缺陷。在压缩载荷作用下，缺陷位置易于产生应力集中，率先形成初始裂纹，并逐渐扩展，最终导致材料的快速破坏。

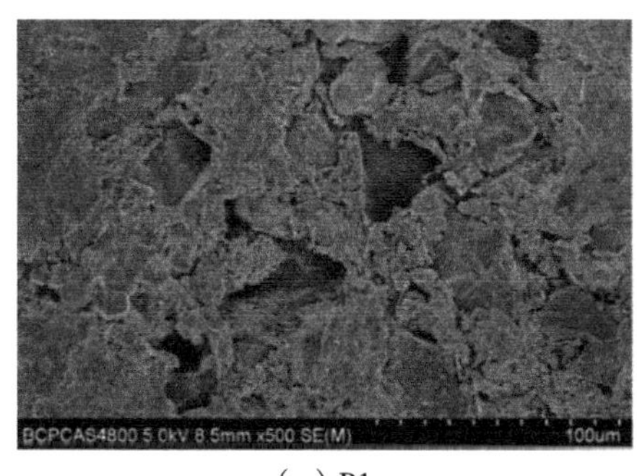

（a）B1

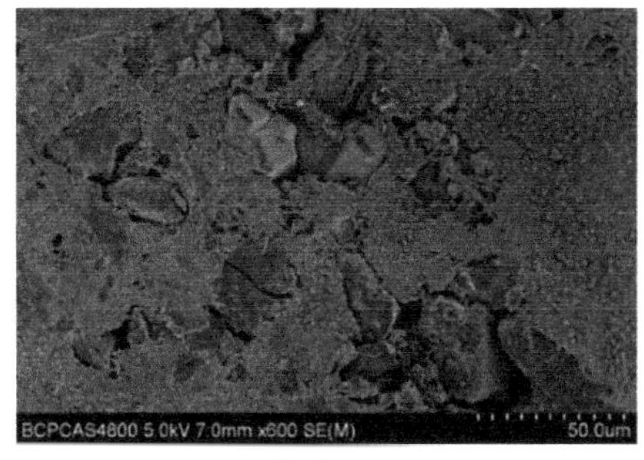

（b）B2

图 4.14　混合时间较短试样压缩前的细观结构

混合时间较短的未烧结试样和烧结试样在压缩作用下的破坏特征分别如图 4.15 和图 4.16 所示。观察可知，对于未烧结试样，基体密实度差。破坏区域的基体和团聚金属颗粒清晰可见。断口界面整洁，基体呈不规则块状，金属颗粒彼此之间未通过基体形成整体。相比之下，烧结后的材料基体密实度显著增加，与金属颗粒结合紧密。压缩下形成的断口区域可观察到基体拉伸形成的 PTFE 纤维，这也是烧结后材料塑性和强度显著的主要原因。

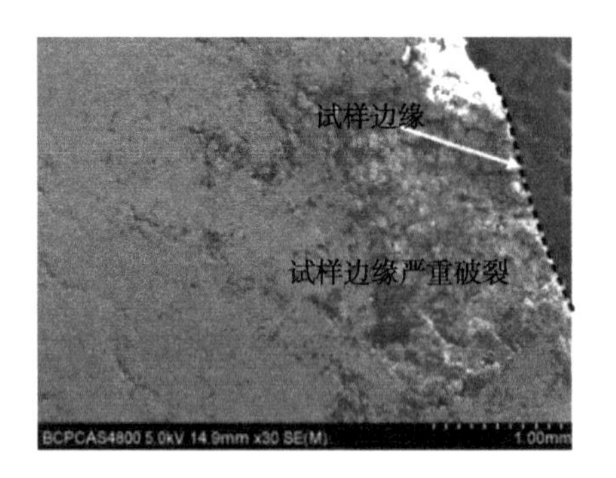

图 4.15　B1 试样压缩后的细观结构

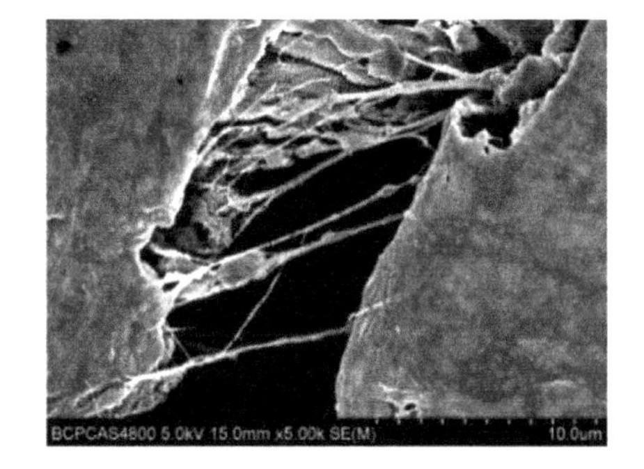

图 4.16　B2 试样压缩后的细观结构

4.2.3　模压成型影响

模压成型对活性毁伤材料准静态力学响应行为的影响主要体现在模制压力的影响。分别在 200 MPa、150 MPa、100 MPa、50 MPa 和 20 MPa 的模制压力下，通过冷压/烧结工艺制备 2 枚试样，通过准静态压缩试验获得材料试样的应力 - 应变曲线，以分析模制压力对材料静态力学性能的影响规律。

不同模制压力下活性毁伤材料的准静态应力 - 应变曲线如图 4.17 所示，材料力学性能参数如表 4.7 所示。分析可知，随模制压力逐渐降低，活性材料密度逐渐减小，特别是当模制压力降低为 20 MPa 时，活性材料密度降低至 7.03 g/cm^3，相对于模制压力为 200 MPa 时的试样密度降低了 8.7%。而观察不同模制压力材料的准静态应力 - 应变曲线可知，应力 - 应变曲线变化趋势基本相似，但在屈服应力和失效应力上存在较大差异。随着模制压力减小，材料失效应力及屈服强度随之减小。这主要是因为，模制压力较低时，材料孔隙率较高，压缩载荷作用下颗粒间发生滑移的可能性增大，且不利于压缩过程中金属颗粒间力链的形成，从而导致材料屈服强度及抗压强度的减小。

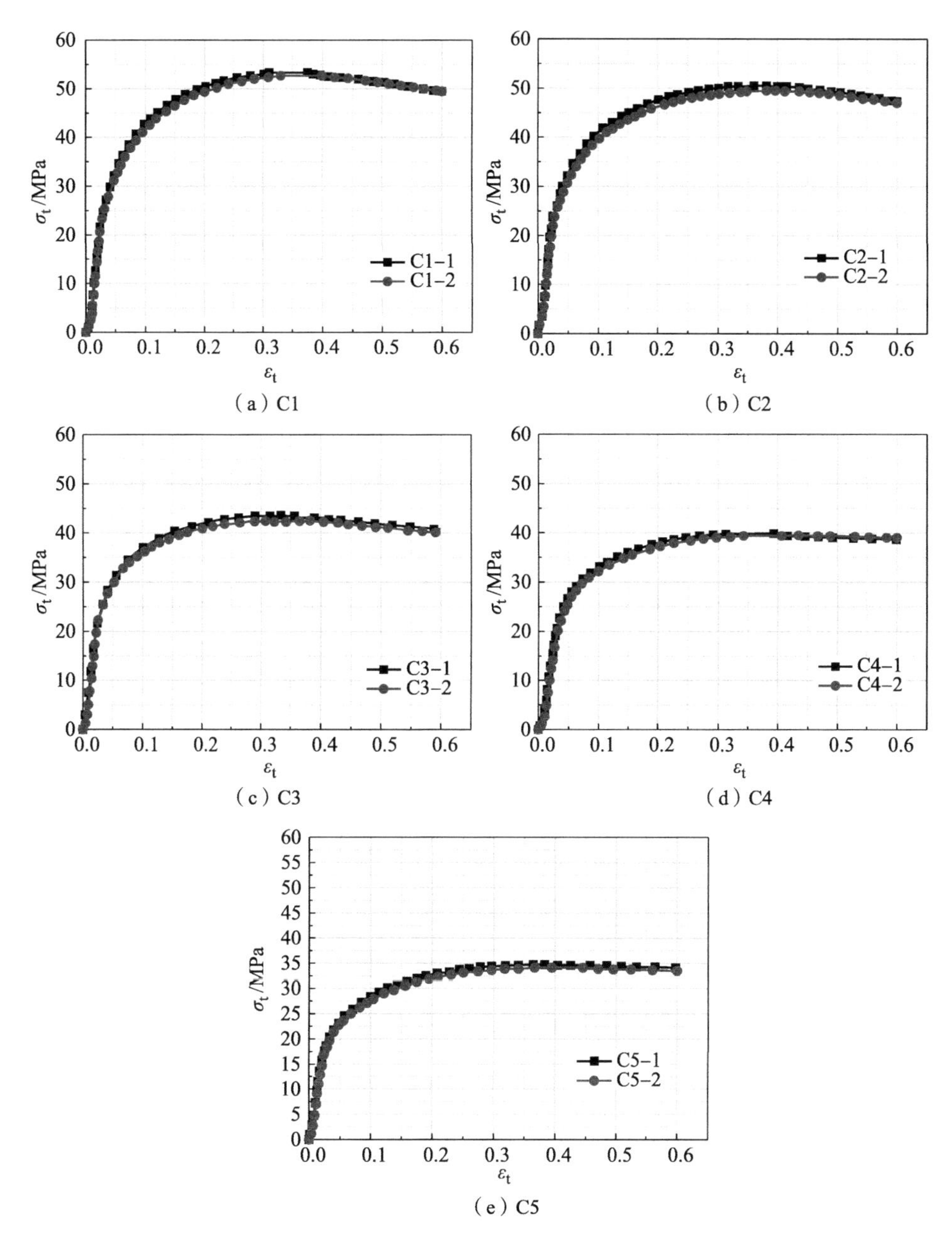

（a）C1　（b）C2　（c）C3　（d）C4　（e）C5

图4.17　不同模制压力下试样应力－应变曲线

不同模制压力下试样压缩后的破坏特征如图4.18所示。从图中可以看出，随着材料模制压力降低，材料压缩至相同工程应变时破坏加剧。模制压力为200 MPa时，试样未发生显著破坏，仅在压缩作用下变成扁平圆饼。与模制压力为 200 MPa 的试样相比，模制压力减小后的试样在压缩至工程应变为 70% 时，试样边缘均出现了不同程度开裂。这主要是因为，随着模制压力降低，试样内孔隙率越高，缺陷越多，试样更容易在压缩载荷作用下发生断裂。

表 4.7　不同模制压力试样力学性能参数

编号	直径/mm	高度/mm	密度/($g \cdot cm^{-3}$)	模制压力/MPa	失效应力/MPa	屈服应力/MPa
C1	9.93	10.35	7.70	200	51.72	29.60
C2	9.93	10.25	7.65	150	49.20	24.97
C3	9.91	10.53	7.56	100	42.82	24.18
C4	9.86	10.95	7.31	50	39.56	25.43
C5	9.78	11.48	7.03	20	34.26	21.91

(a) C1

(b) C2

(c) C3

(d) C4

(e) C5

图 4.18　不同模制压力下试样压缩后的破坏特征

图 4.19 所示为不同模制压力下试样压缩前的典型细观结构。模制压力对细观结构的影响主要表现为孔隙率不同。从图中可以看出，随着模制压力降低，材料细观缺陷增加，孔隙度增加，材料密实度下降。

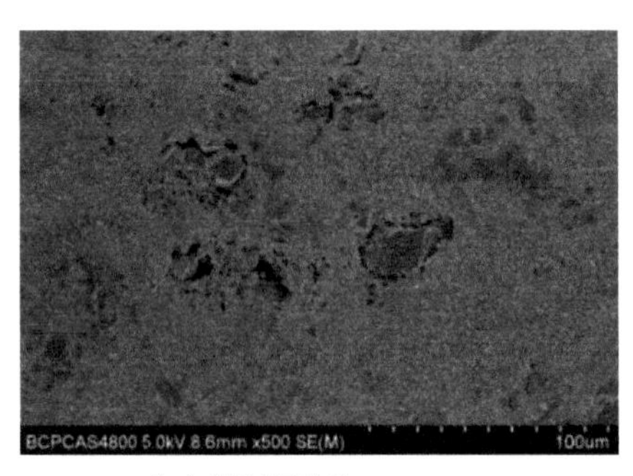

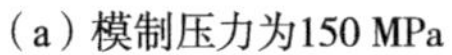
(a) 模制压力为150 MPa

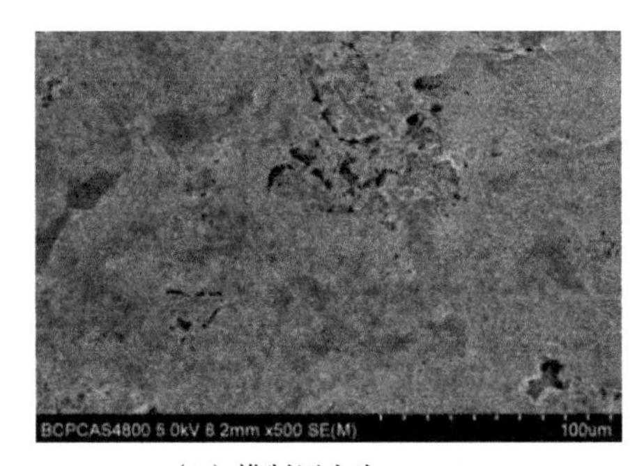

(b) 模制压力为100 MPa

图 4.19　不同模制压力下试样压缩前的典型细观结构

(c) 模制压力为50 MPa

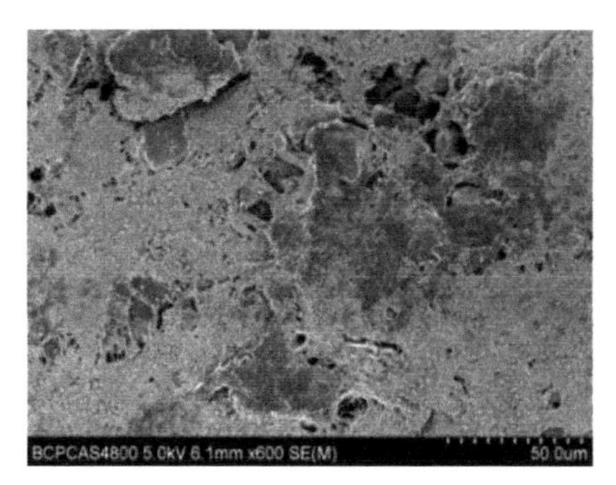

(d) 模制压力为20 MPa

图 4.19　不同模制压力下试样压缩前的典型细观结构（续）

模制压力分别为 100 MPa 和 50 MPa 的活性毁伤材料试样压缩后破坏区域的细观结构如图 4.20 所示。从图中可以看出，当模制压力为 50 MPa 时，在压缩作用下，试样底面周向产生了明显的裂纹，且在试样边缘出现了大量麻坑。裂纹断口边界清晰，可观察到少量 PTFE 纤维。当模制压力为 100 MPa 时，除了

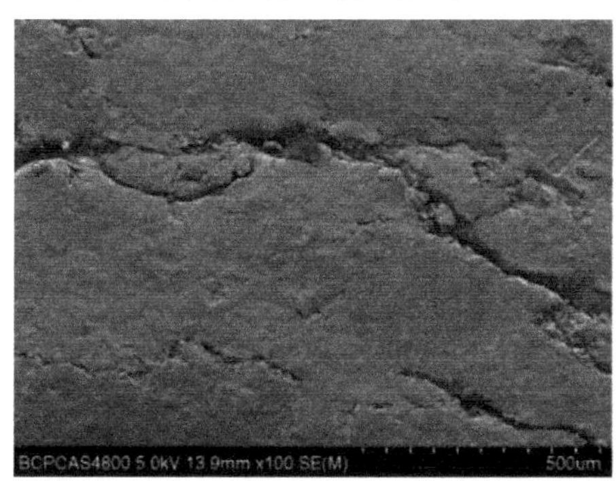

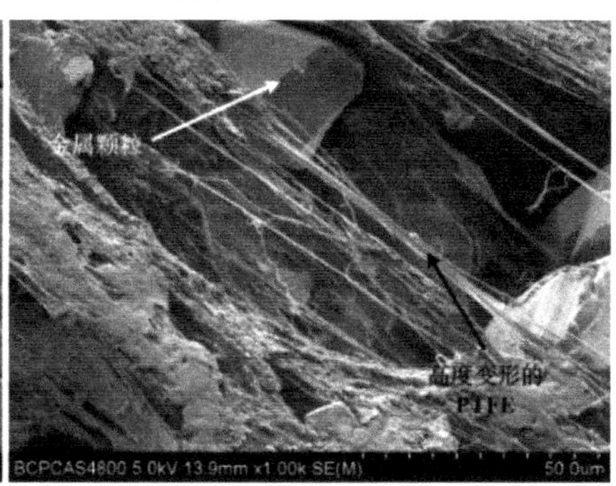

(a) 模制压力为100 MPa

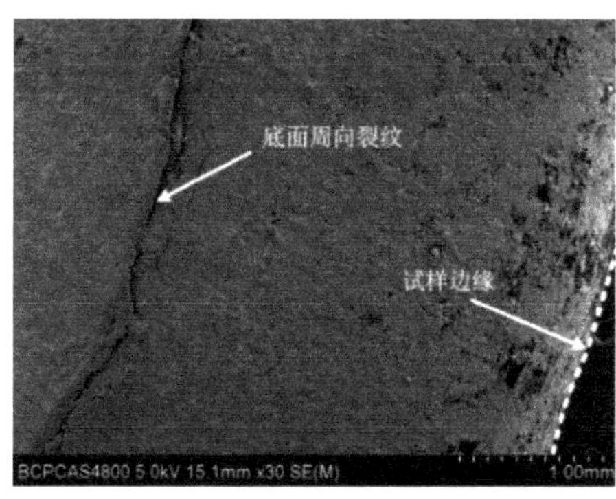

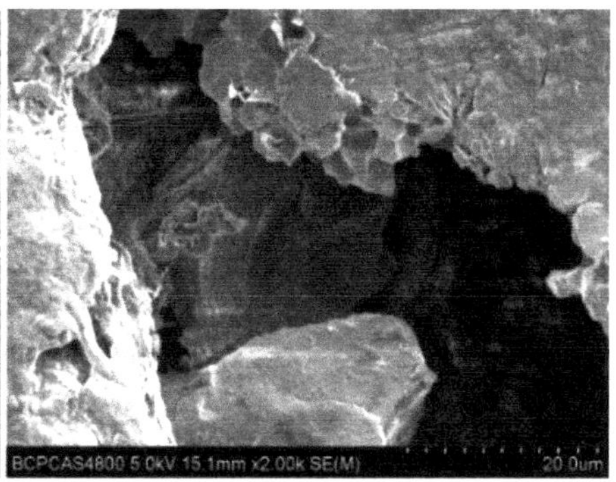

(b) 模制压力为50 MPa

图 4.20　不同模制压力下试样压缩后破坏区域的细观结构

可观察到试样表面裂纹之外，还可观察到在材料破坏断口区域形成的大量 PTFE 纤维。这些纤维桥接断口表面，缠绕金属颗粒，显著增强材料强度。

4.2.4 烧结硬化影响

本节对比分析不同配比 PTFE/Al/W 试样的烧结硬化工艺对材料准静态力学响应行为的影响规律。

不同组分配比及制备工艺试样的基本力学性能参数如表 4.8 所示。从表中可以看出，对于组分配比相同的材料，烧结硬化试样较冷压成型试样的密度更低。这主要是因为在烧结过程中 PTFE 基体膨胀，部分 PTFE 发生分解反应并释放四氟乙烯气体，在材料内部形成孔隙，从而导致试样孔隙率增加，体积增大，导致材料密度下降。在准静态力学性能实验中，为提高实验结果可靠性，对每种状态试样进行两次实验。压缩实验的结果表明，冷压成型试样和烧结硬化试样的典型应力 - 应变曲线有显著差异。

表 4.8 不同组分配比及制备工艺试样的基本力学性能参数

编号	直径/mm	高度/mm	密度/($g\cdot cm^{-3}$)	烧结状态	失效应力/MPa	屈服应力/MPa
A1	9.97	9.48	2.73	未烧结	10.38	7.96
A2	9.65	10.54	2.61	烧结	—	9.20
A3	9.99	9.69	4.64	未烧结	12.13	9.51
A4	9.82	10.09	4.53	烧结	—	11.63
A5	9.98	9.91	7.96	未烧结	26.05	22.52
A6	9.93	10.35	7.70	烧结	51.72	29.60
A7	9.98	10.50	9.65	未烧结	28.02	25.92
A8	10.01	10.75	9.28	烧结	31.05	23.56

图 4.21 所示为不同组分配比试样的应力 - 应变曲线及变形破坏特征，结合表 4.8 所示的实验结果可知，随材料密度从 2.73 g/cm^3 逐步增加至 9.65 g/cm^3，冷压成型活性材料的失效应力从 10.38 MPa 提高至 28.02 MPa。烧结硬化后，其对材料力学性能的主要影响为材料失效应力及屈服强度的显著提升。当材料密度从 2.61 g/cm^3 增加至 9.28 g/cm^3 时，材料屈服强度从 9.20 MPa 提高至 29.60 MPa，A2 和 A4 材料未发生失效，其余材料失效强度均显著提高。烧结硬化工艺使活性毁伤材料断裂韧性提高主要是因为高温烧结

(烧结温度高于 PTFE 的熔点 327 ℃) 使 PTFE 基体熔化后重结晶，增强了基体之间和基体与颗粒之间的连接强度，从而显著增强材料断裂韧性。

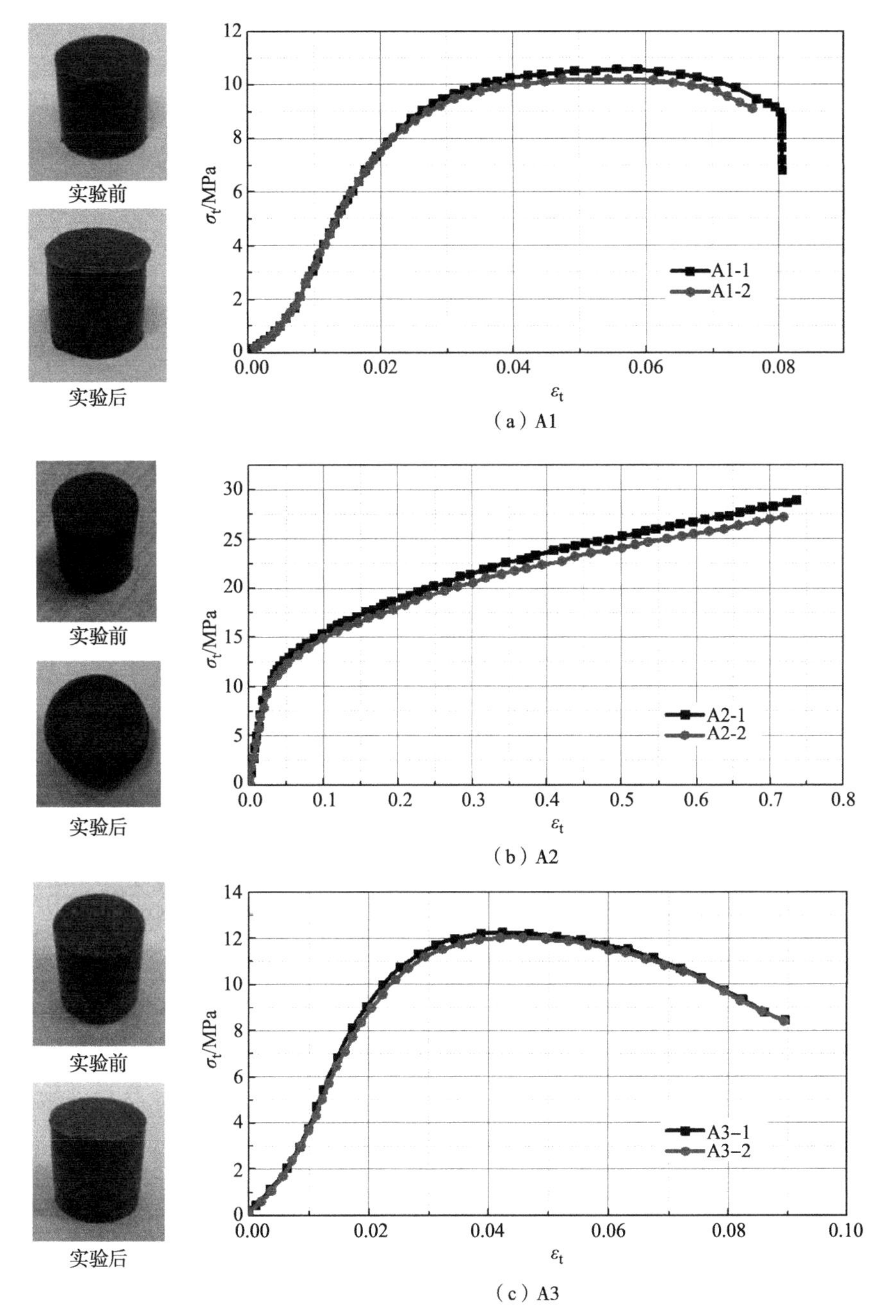

图 4.21　不同组分配比试样的应力－应变曲线及变形破坏特征

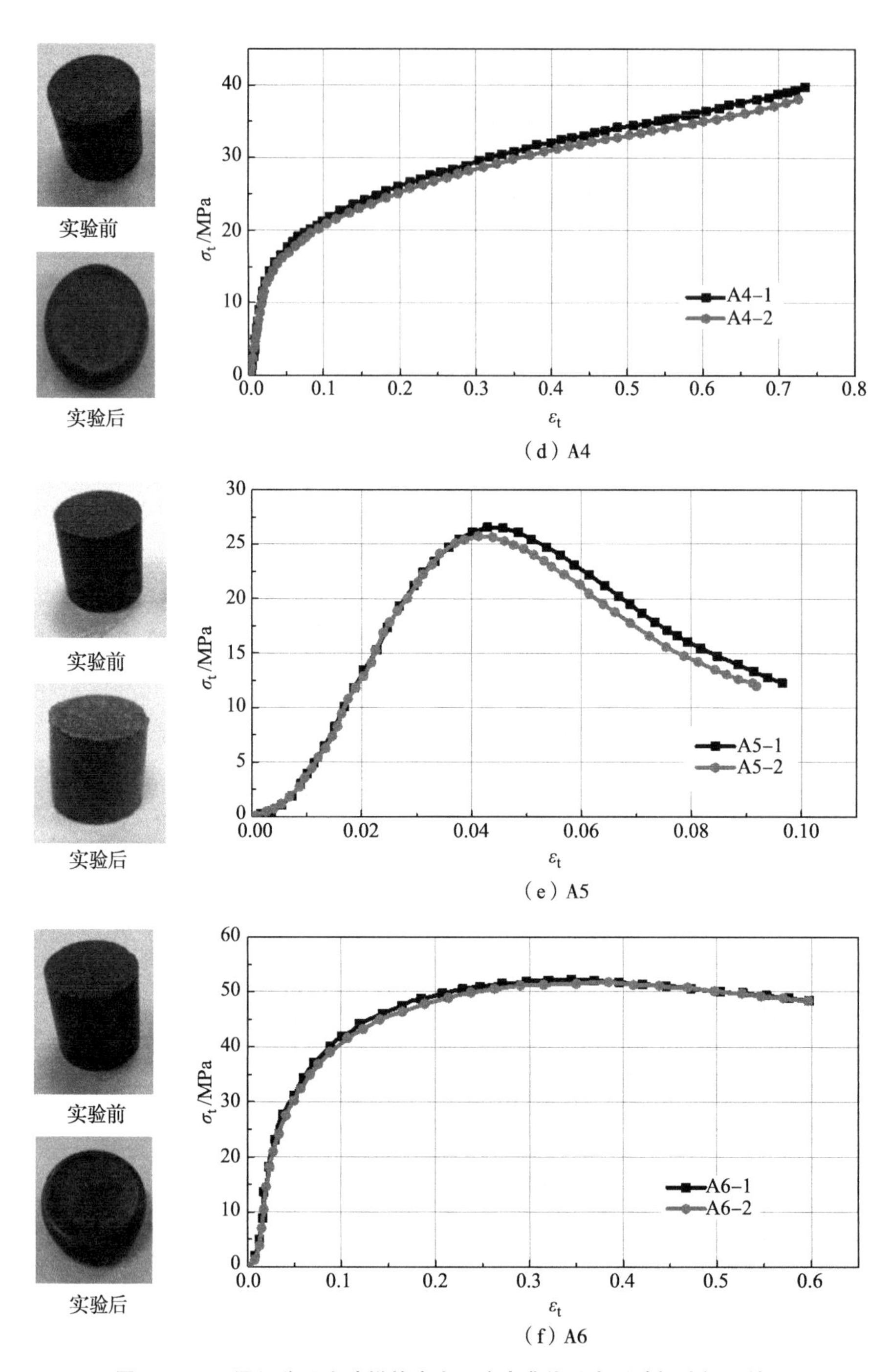

图 4.21 不同组分配比试样的应力－应变曲线及变形破坏特征（续）

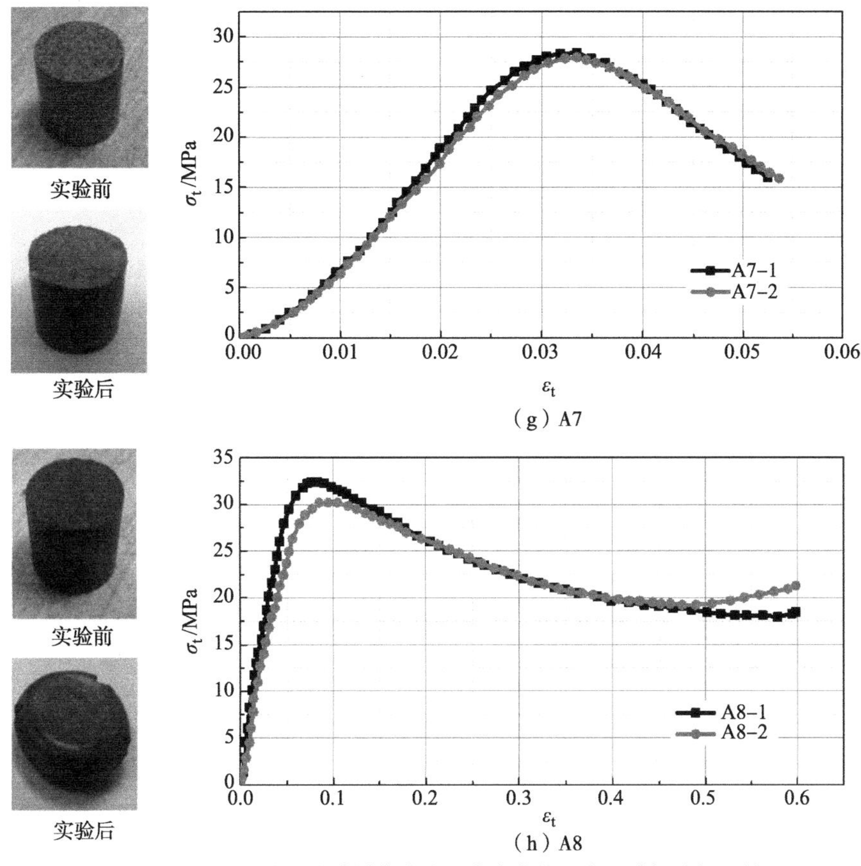

图 4.21　不同组分配比试样的应力 - 应变曲线及变形破坏特征（续）

对比图 4.21 中不同类型 PTFE/Al/W 活性毁伤材料试样压缩前后变形破坏特征，可以看出，不同组分配比冷压成型的试样在加载后快速失效，在试样圆柱面上可观测到大量明显裂纹，压缩后试样未发生明显的塑性变形。相比之下，不同密度的烧结硬化材料试样在压缩作用下，变形显著，由初始圆柱状变为较薄圆饼状，塑性明显增强。A2、A4、A6 三种试样在压缩下未发生显著破坏，A8 试样在圆饼边缘出现明显断裂。这主要是因为该密度的试样中，金属颗粒含量太高，导致试样内出现独特的颗粒间流动行为。

对烧结硬化活性毁伤材料试样在不同变形量下响应行为的对比分析，可通过准静态压缩过程中预设不同的工程应变量实现。以 A5 材料为例，设置加载工程应变分别为 20%、30%、40%、50%、60% 和 80%，试样变形特征如图 4.22 所示。从图中可以看出，随着变形量增大，试样鼓包变形加剧，变形量达到约 80% 时，试样边缘出现了明显的开裂。

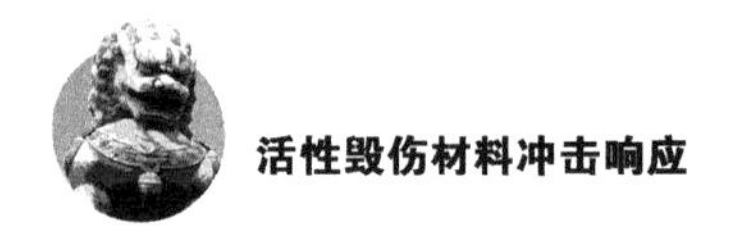

(a) ε≈20%　(b) ε≈30%

(c) ε≈40%　(d) ε≈50%

(e) ε≈60%　(f) ε≈80%

图 4.22　不同变形量条件下活性毁伤材料试样变形特征

图 4.23 所示为各类试样压缩前的细观结构。观察可知金属颗粒被 PTFE 基体包覆，通过基体之间的黏结力将其连接并组成具有一定强度的整体。在烧结硬化活性毁伤材料试样中，PTFE 基体经过熔化和重结晶过程在试样表面形成如图 4.23（b）、（d）、（f）、（h）中所示的颗粒状 PTFE 凝聚物。与此同时，由于烧结过程中基体材料少量分解并产生气体，从而在试样表面形成许多孔隙，如图 4.23（d）和（h）所示。由于 PTFE 基体未烧结前以离散粉末形式分布，故在冷压成型试样表面可观测到基体分布状态松散，在局部区域可观察到大量缺陷，如图 4.23（e）和（g）所示。造成以上现象的主要原因是，在高温烧结硬化过程中 PTFE 基体经历了熔融和重结晶过程，该过程使松散粉体状的 PTFE 基体熔融、聚合，包覆金属颗粒，形成坚实、连续的整体。而缺乏该熔融/重结晶过程的冷压烧结材料，基体则较为松散，内部缺陷较多，细观结构孔洞明显。因此，烧结硬化材料基体与金属颗粒之间的黏结作用显著高于分散式介质与金属颗粒之间的黏结作用，材料整体塑性更好，强度更大。

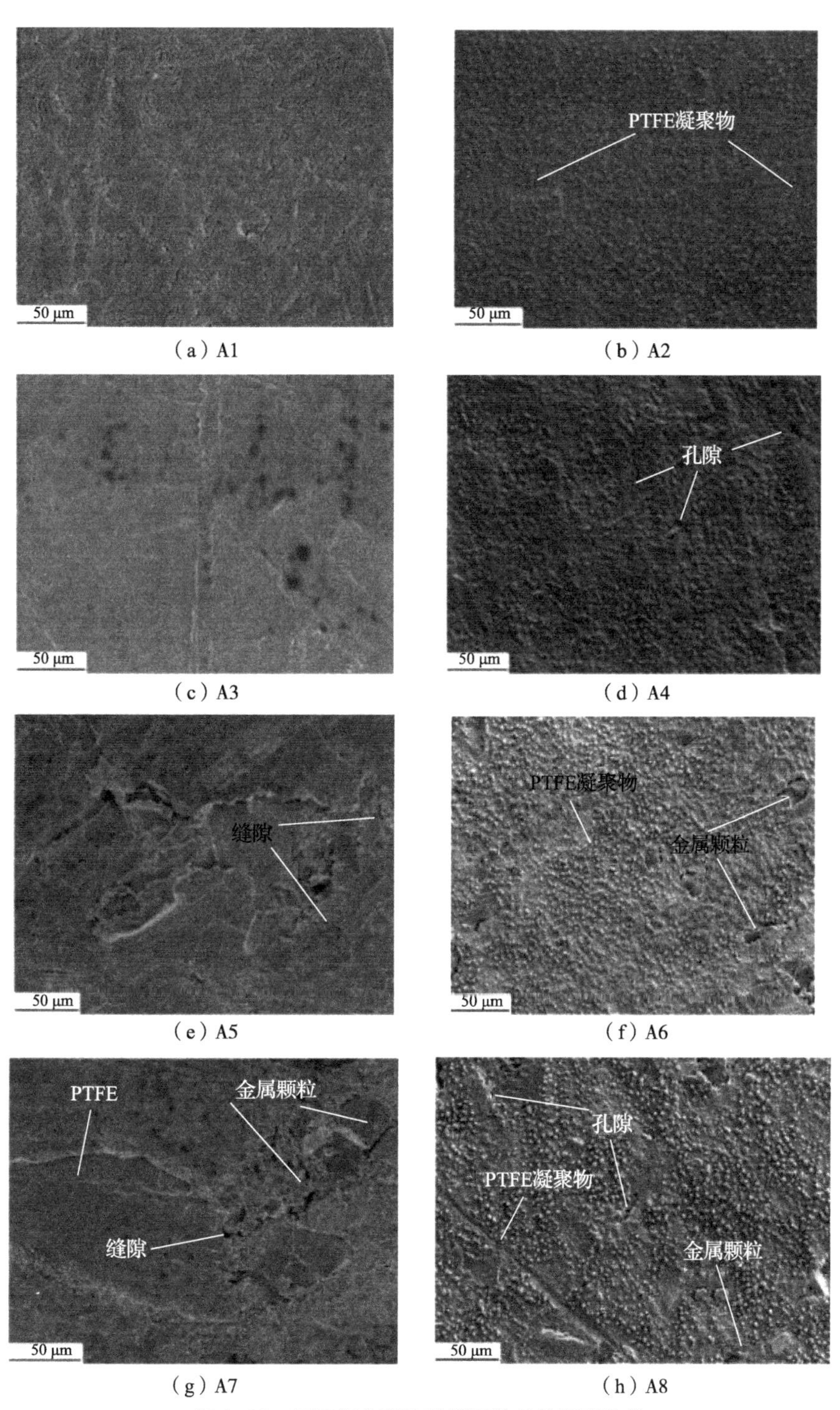

（a）A1　（b）A2　（c）A3　（d）A4　（e）A5　（f）A6　（g）A7　（h）A8

图 4.23　不同组分配比试样压缩前的细观结构

不同组分配比冷压成型试样压缩后的细观结构如图4.24所示。观察可知，在压缩作用下，因破坏失效，试样表面形成大量材料剥落麻坑及裂纹。在更高放大倍数下，可观察到麻坑内部有少量基体材料纤维。而对裂纹来讲，其断口整洁，裂纹贯穿至材料内部。当材料密度较高时（A7），除了可观察到试样表面麻坑，还可观察到在压缩作用下试样表面及边缘发生的大量材料脱落。而在材料内部，可观察到明显的金属颗粒聚集现象。表明高密度材料金属颗粒含量较高，金属颗粒不易与基体混合均匀，导致材料脆性显著，延展性降低。

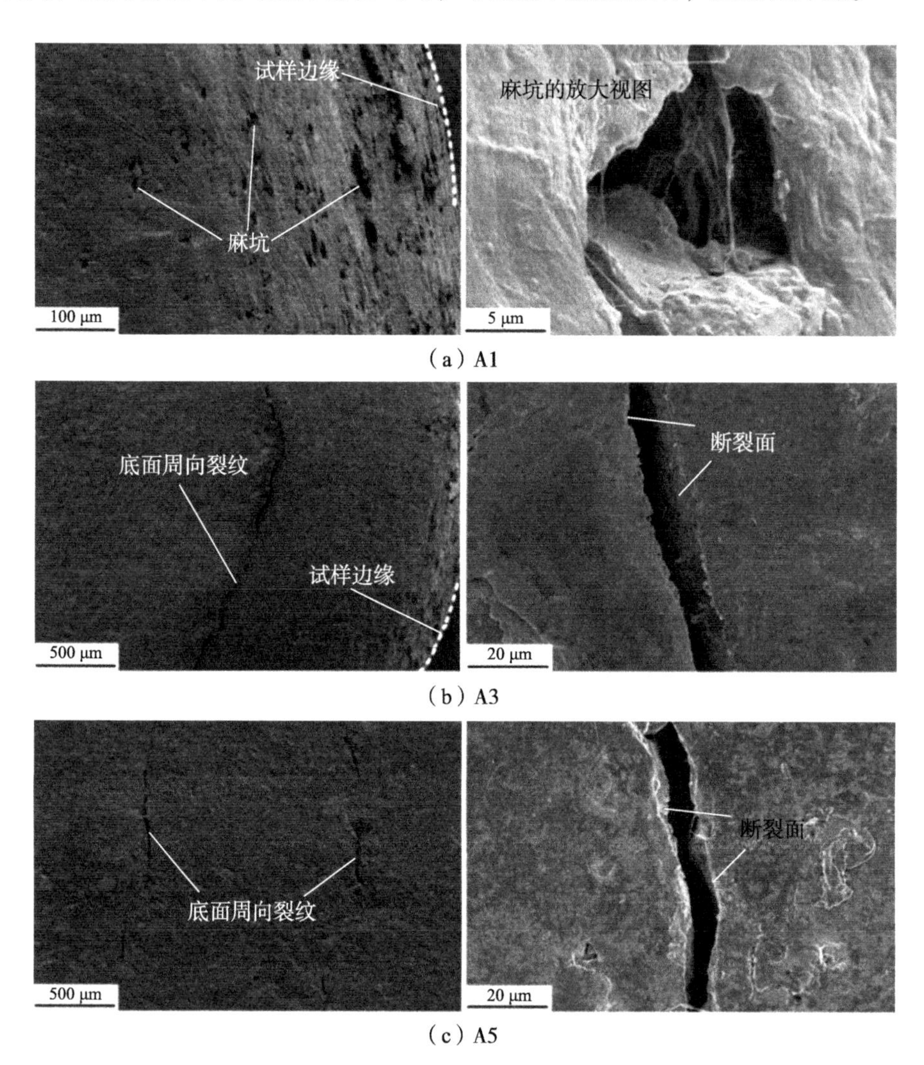

（a）A1

（b）A3

（c）A5

图4.24 不同组分配比冷压成型试样压缩后的细观结构

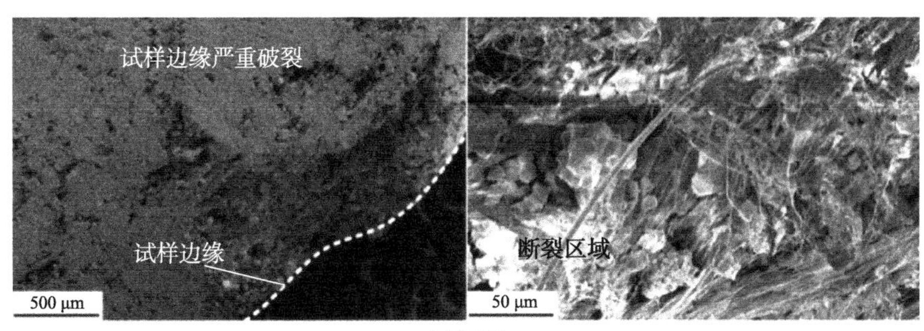

（d）A7

图 4.24　不同组分配比冷压成型试样压缩后的细观结构（续）

图 4.25 所示为不同组分配比烧结硬化试样压缩后的细观结构。从图中可以看出，在准静态压缩载荷作用下，烧结硬化试样圆柱面上产生裂纹。而在裂纹断面之间，由于拉伸作用，形成了大量纳米级 PTFE 纤维丝，在裂纹断口两断面形成桥接。在压缩过程中，因应力集中，初始裂纹通常产生于材料内部缺陷或孔隙附近，随着压缩过程继续，裂纹逐渐扩展并沿缺陷所在位置传播。而在此过程中，PTFE 基体因剧烈塑性变形，拉伸断裂形成大量纳米级纤维丝，并交织形成网络。该纤维网络的连接作用，在很大程度上阻碍裂纹的不断形成和扩展，从而显著增强材料的塑性和强度。

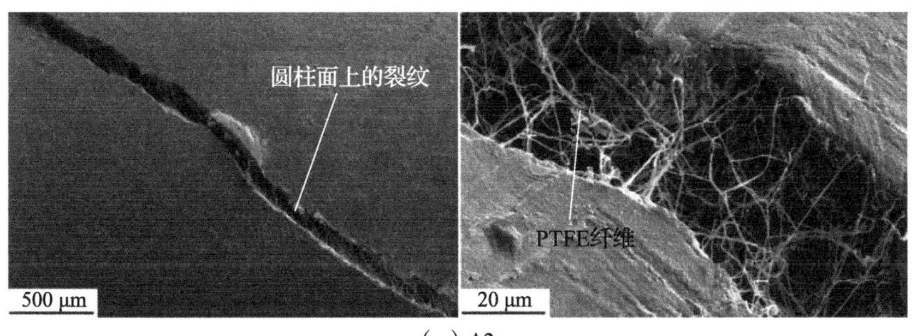

（a）A2

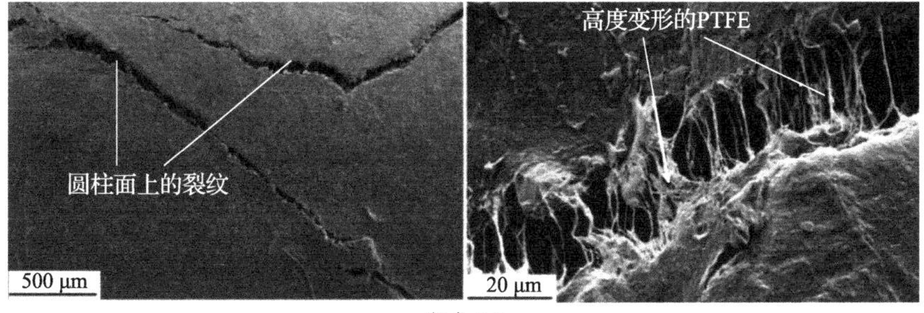

（b）A4

图 4.25　不同组分配比烧结硬化试样压缩后的细观结构

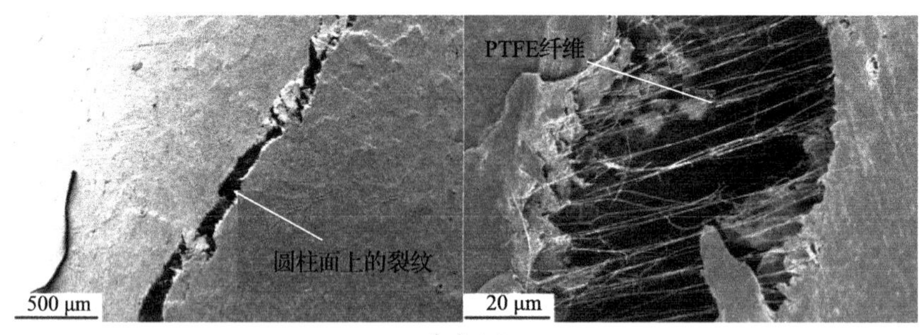

（c）A6

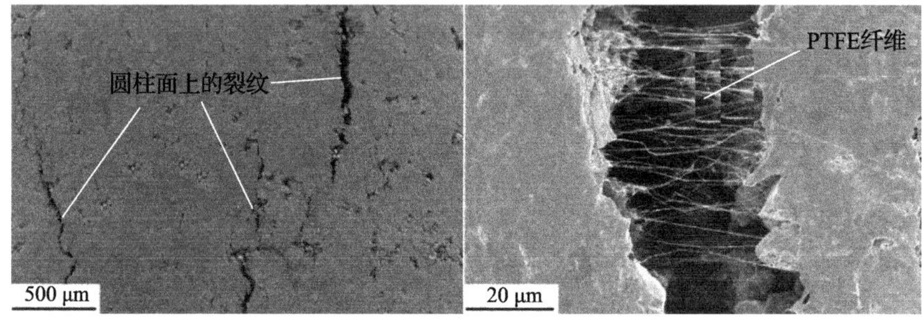

（d）A8

图 4.25　不同组分配比烧结硬化试样压缩后的细观结构（续）

不同变形量条件下冷压成型试样的细观结构如图 4.26 所示。在变形量为 20% 时，试样边缘出现了少量麻坑，由压缩过程中试样材料脱落造成，未观察到显著断裂及破坏。随变形量从 20% 增大至 80%，试样边缘破坏程度和表面麻坑分布量显著提高。且随压缩量增加，试样出现明显破坏区域。进一步观测表明，PTFE 基体发生剧烈塑性变形，但并未形成致密的 PTFE 纤维网络。

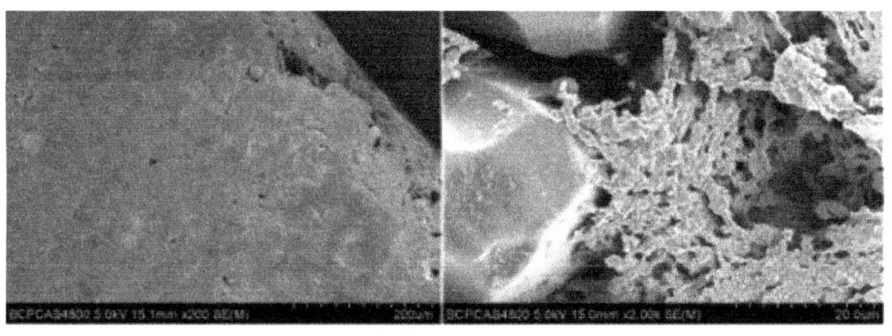

（a）$\varepsilon \approx 20\%$

图 4.26　不同变形量条件下冷压成型试样的细观结构

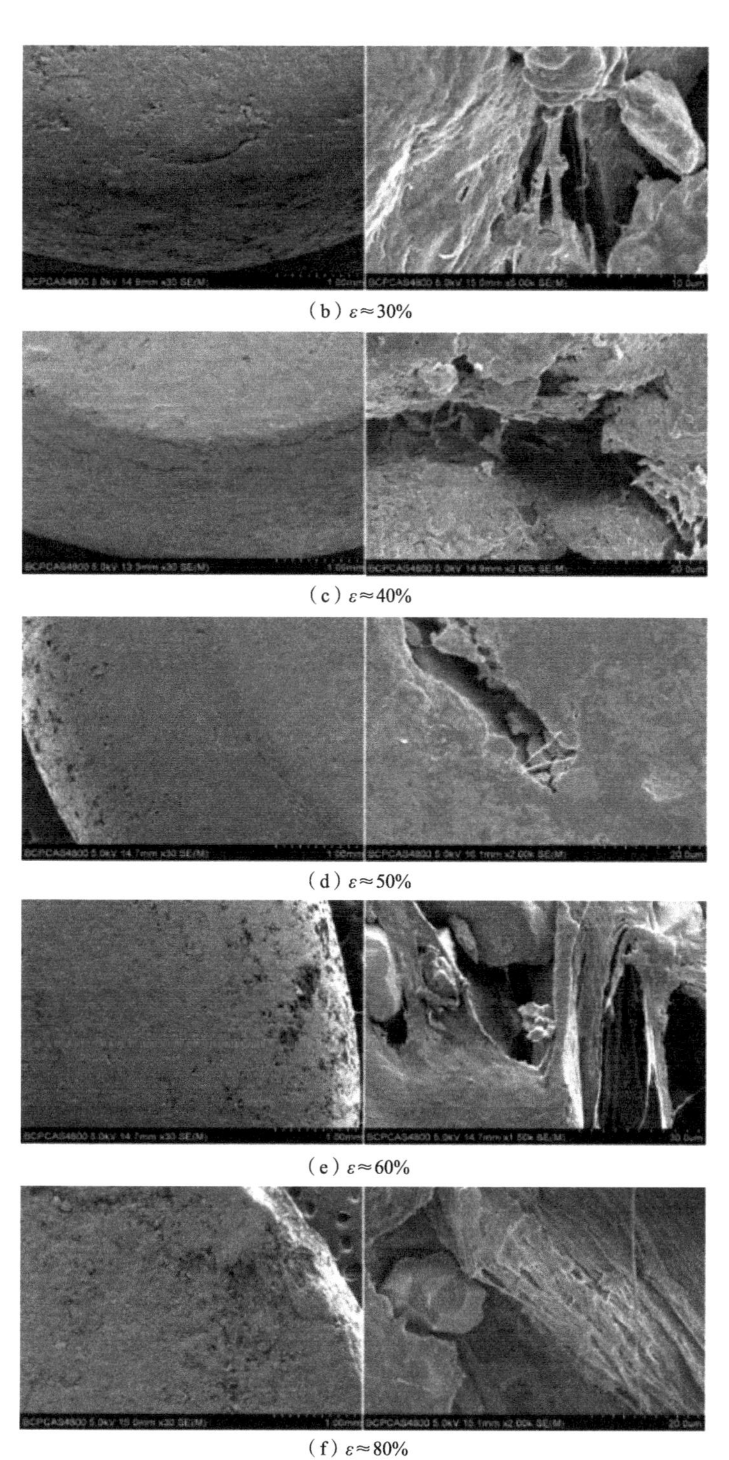

(b) $\varepsilon \approx 30\%$

(c) $\varepsilon \approx 40\%$

(d) $\varepsilon \approx 50\%$

(e) $\varepsilon \approx 60\%$

(f) $\varepsilon \approx 80\%$

图4.26　不同变形量条件下冷压成型试样的细观结构（续）

4.3 动态力学响应

动态力学响应主要是通过动态压缩、拉伸等试验测试手段，获得在不同应变率、不同温度条件下材料的应力－应变关系，对材料的应变效应、应变率效应、温度效应进行分析。本节重点讨论典型弹塑性、脆性活性毁伤材料在不同加载应变率及温度条件下的动力学响应行为。

4.3.1 弹塑性动力学响应

弹塑性和脆性活性毁伤材料在动态加载条件下的动力学响应行为截然不同。本节以表4.1中不同配方弹塑性 PTFE/Al/W 活性毁伤材料为对象，通过 SHPB 测试系统，在应变率 $10^2 \sim 10^4\ s^{-1}$范围内，分析其弹塑性动力学响应行为。

不同配方弹塑性活性毁伤材料的动态应力－应变曲线如图4.27所示。从图中可以看出，在高应变率动态加载条件下，材料的应力－应变曲线均包括显著弹性段、塑性段，表明四种配方 PTFE/Al/W 材料均呈现显著弹塑性特征。在动态压缩条件下，材料首先进入弹性段，应力随应变线性上升。材料在弹性段的特征可通过该线性段斜率，即弹性模量表征。在弹性段之后，材料发生屈服，应力随应变线性上升阶段结束。材料发生屈服时对应的应力即为材料屈服强度。在屈服点后，材料的应力－应变曲线进入塑性段。该阶段的应力继续随应变增加线性增加，但其斜率较弹性段要小得多。该特征体现了材料的应变硬化效应，该段曲线斜率用来表征材料的硬化模量。在塑性段末端，应力－应变曲线开始快速下降，进入卸载段，表明材料发生破坏或冲击载荷发生卸载。

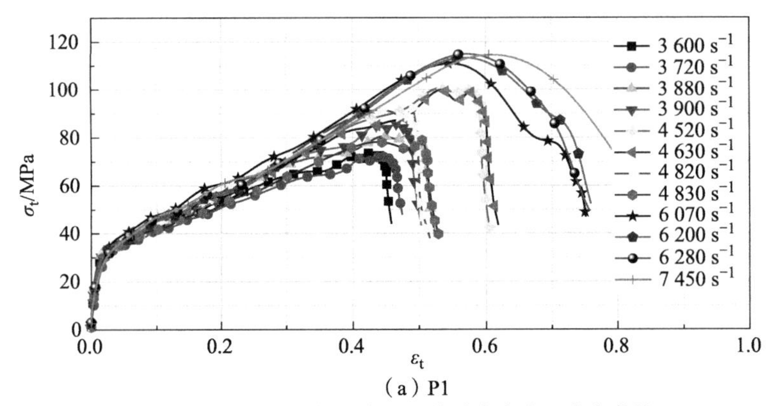

(a) P1

图4.27 弹塑性活性毁伤材料的动态应力－应变曲线

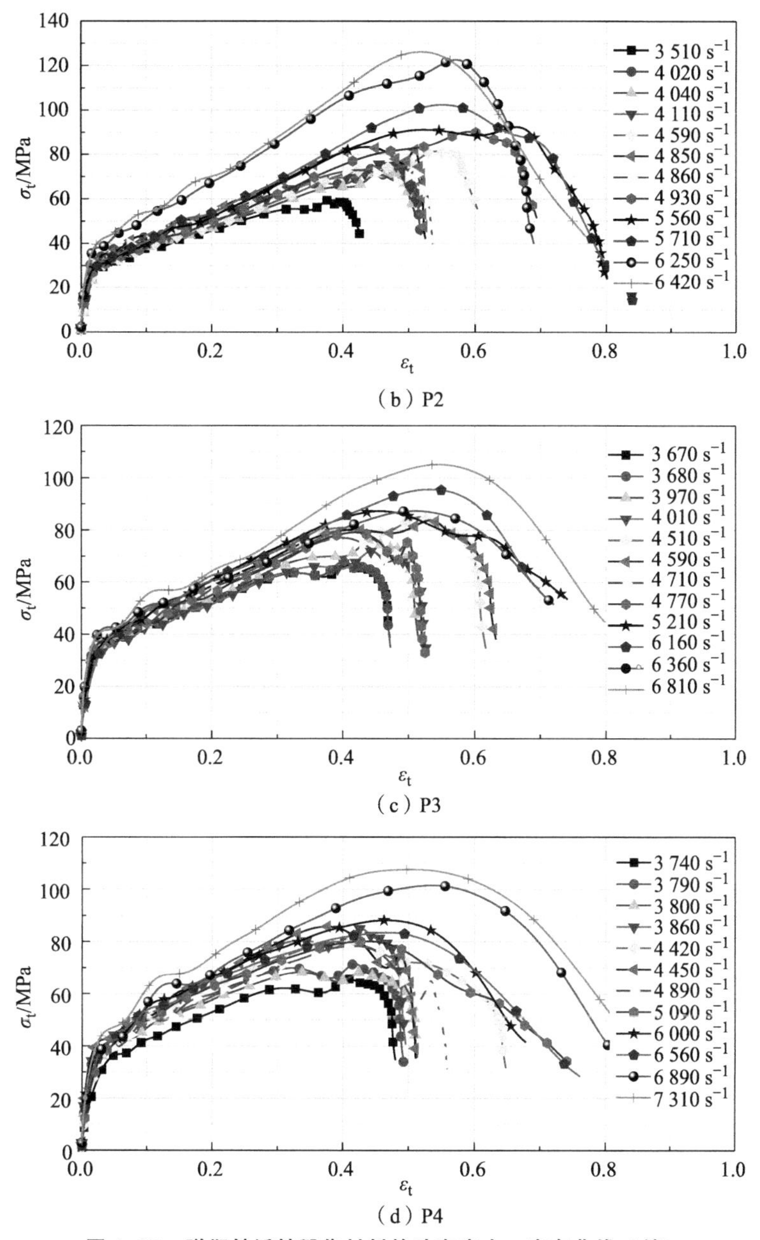

（b）P2

（c）P3

（d）P4

图 4.27　弹塑性活性毁伤材料的动态应力 – 应变曲线（续）

对于不同配方材料，在应变率不同条件下，应力 – 应变曲线也呈现显著差异。随应变率增加，应力 – 应变曲线在弹性段基本重合，但在塑性段，曲线斜率不断增加，表明材料硬化模量随应变率增加而增加。同时，材料抗压强度、失效应变也不断增加。以上现象均体现了材料的应变率增强效应。

动态压缩测试之后的四种配方材料的试样如图 4.28 所示。从图中可以看出，在压缩作用下，试样均变为较规则的圆饼状。P1 试样未出现显著的失效破坏，端面较光滑。P2 试样表面出现因压缩产生的条纹，可观察到部分边缘位置出现破坏。P3 试样在边缘位置出现因破碎产生的缺口，并可观察到材料的脱落现象。而 P4 试样在压缩作用下，除了变形之外，边缘出现不规则缺损，产生的破坏最为显著。上述回收试样特征也表明 4 种配方的材料在动态压缩载荷作用下呈现出良好的塑性，材料未发生明显碎裂破坏也说明材料具有较高的强度。

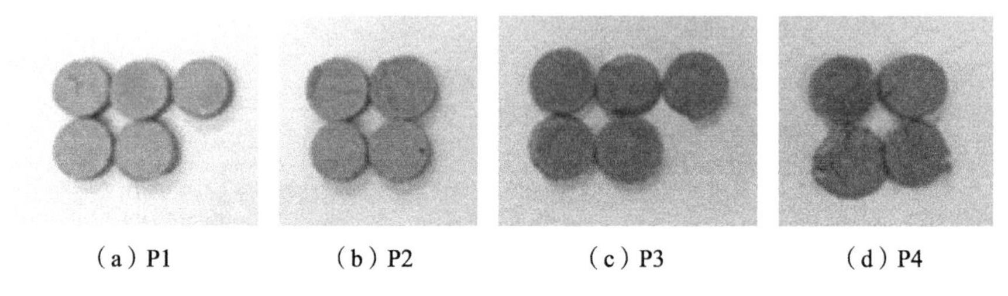

(a) P1　　(b) P2　　(c) P3　　(d) P4

图 4.28　动态压缩测试后的试样

动态压缩后试样破坏断口区域的 SEM 图像如图 4.29 所示。在材料初始破坏阶段，可观察到因基体材料剧烈变形产生的初始破坏及所形成的 PTFE 纤维簇，表明 PTFE 纤维簇的形成是材料断裂开始的标志。随着材料变形及破坏加剧，初始纤维簇不断拉伸形成密集纤维网络，纤维的直径为 60 ~ 100 nm。研究表明，PTFE 纤维是从应力集中点产生，并沿拉伸应力主方向不断扩展。而纤维网络的形成，表明基体材料具有较高结晶度。在材料破坏过程中，PTFE 纤维对裂纹形成起阻碍作用，从而使材料呈现优良弹塑性，并提升材料强度。而从 PTFE/Al/W 材料的反应角度分析，PTFE 拉伸破坏形成的纤维越多，与活性金属 Al 的接触面积越大，材料的反应越充分，能量释放越多。

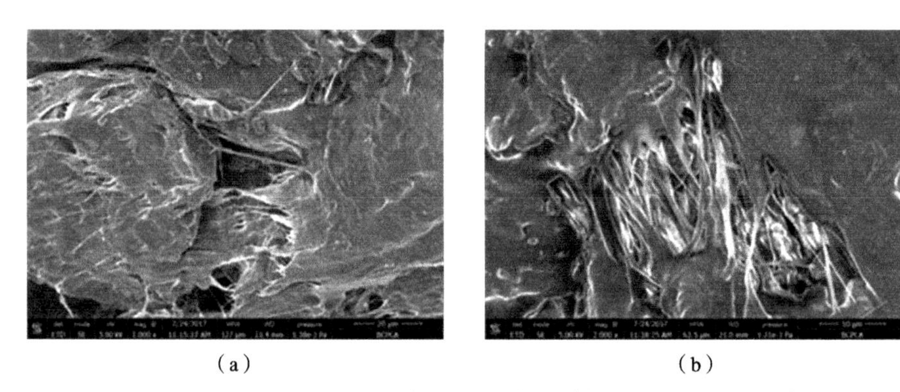

(a)　　(b)

图 4.29　PTFE/Al/W 材料试样动态压缩后破坏断口区域 SEM 图像

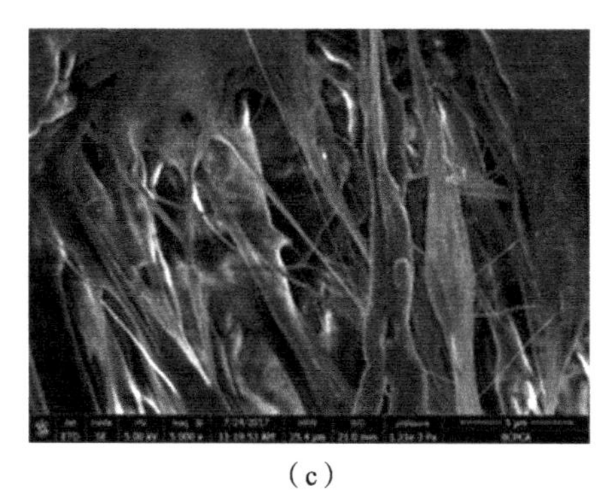

(c)

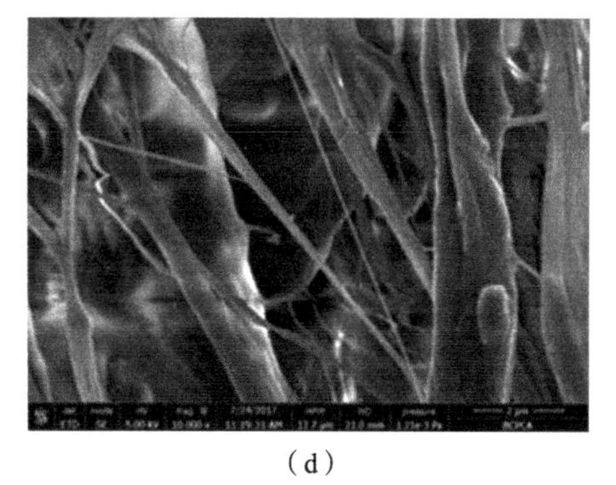

(d)

图 4.29　PTFE/Al/W 材料试样动态压缩后破坏断口区域 SEM 图像（续）

4.3.2　脆性动力学响应

本节以表 4.4 中脆性 PTFE/Al/W 活性毁伤材料为对象，通过 SHPB 测试系统，在应变率 $10^2 \sim 10^4\ s^{-1}$ 范围内，分析其脆性动力学响应行为。

不同配方脆性 PTFE/Al/W 活性毁伤材料的动态应力 - 应变曲线如图 4.30 所示。从图中可以看出，显著区别于弹塑性 PTFE/Al/W 活性毁伤材料的动态应力 - 应变曲线，脆性 PTFE/Al/W 活性毁伤材料的动态应力 - 应变曲线均仅由弹性段及破坏段组成，呈现近似三角形特征。在加载初始阶段，应力随应变快速增加，曲线以较大斜率迅速线性增加至最高点。该段曲线斜率表征脆性材料的弹性模量，而应力最高点表征材料抗压强度。3 种材料在不同应变率下的应力 - 应变曲线弹性段各自均基本重合，表明应变率对材料弹性响应影响不显著。强度点之后，应力快速下降，与应变呈近似线性关系，表明达到强度点之后，材料即开始发生破坏。下降至一定阶段后，应力的下降速率随应变增加而减缓，直至下降为零。在强度点附近，可观察到曲线的锯齿状抖动，原因主要是，在加载过程中，材料因内部缺陷及结构非均匀性产生初始破坏，形成微裂纹，导致材料承载能力下降。继续加载时，微裂纹因压实作用无法继续生长，材料结构变得密实，承载能力再次提升。而达到材料强度之后，微裂纹则会快速生长并贯穿整个试样，导致材料的最终破坏及粉碎。

在不同应变率加载条件下，脆性 PTFE/Al/W 活性毁伤材料的强度不同，随应变率增加，材料动态抗压强度显著提高，体现出三种材料的应变率增强效应。对脆性材料而言，强度随应变率增强的效应可通过动态增强因子 DIF 表征，其定义为材料在动态与准静态压缩条件下的强度比值

$$\mathrm{DIF} = \frac{f_{\mathrm{cd}}}{f_{\mathrm{sd}}} \tag{4.21}$$

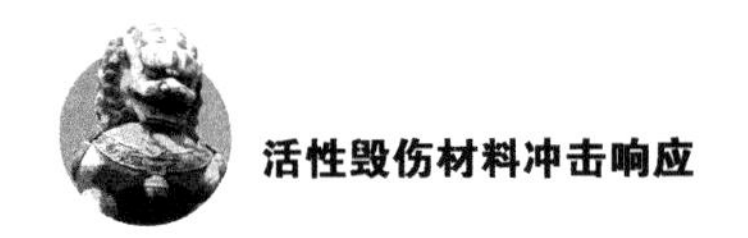

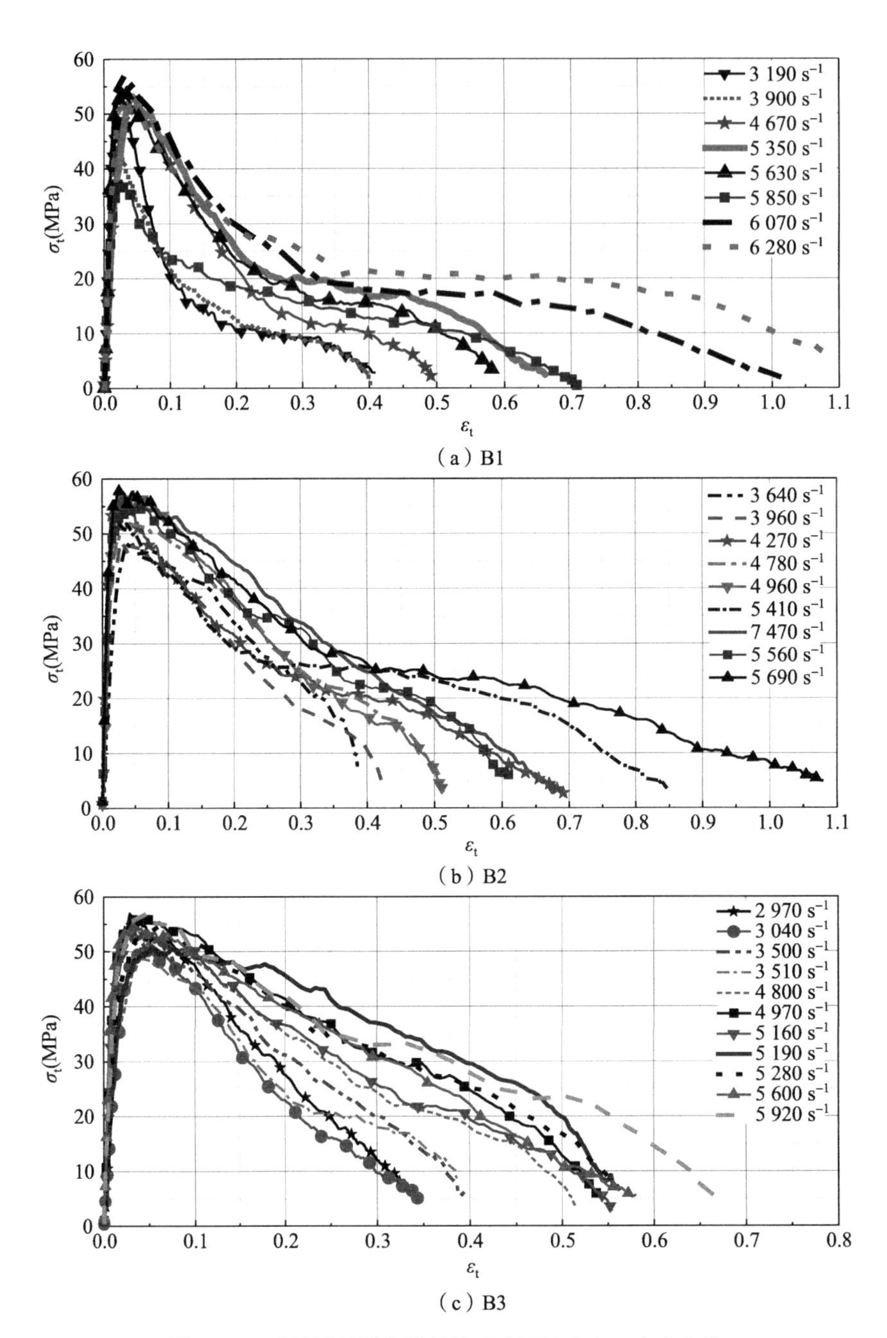

图 4.30 脆性活性毁伤材料的动态压缩应力－应变曲线

式中，f_{cd}和f_{sd}分别代表材料的动态抗压强度和准静态压缩强度。DIF 越大，表明材料强度的应变率效应越显著。

图 4.31 所示为不同 PTFE/Al/W 活性毁伤材料 DIF 与对数应变率之间的关系。从图中可以看出，B1、B2 和 B3 三种材料的 DIF 均随对数应变率显著增加。在相同应变率下，B1 材料的 DIF 值最大，应变率效应最显著，B2 材料 DIF 值最小，B3 材料 DIF 介于两者之间。这主要是因为，脆性 PTFE/Al/W 活性毁伤材料烧结温度低、保温时间短，无定形相向结晶相转变不充分，金属颗粒与基体材料无法形成本体式结合，导致三种材料 DIF 未与其组分配比呈现一定关联性。

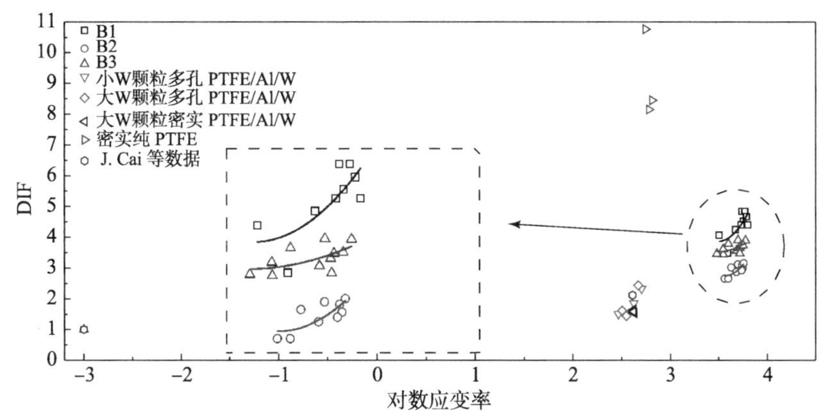

图 4.31　不同 PTFE/Al/W 活性毁伤材料 DIF 与对数应变率之间的关系

一般地，DIF 因子和对数应变率之间的关系可采用分段函数来描述，如图 4.32 所示。随着加载条件从准静态向高应变率动态演变，DIF 和对数应变率曲线上会出现一个转折点。在转折点前，DIF 随对数应变率增加，呈近似线性增加趋势，且该线性段斜率较小，曲线较为平缓。在转折点之后，曲线斜率突然增加，DIF 随对数应变率的增加快速增加，二者之间不再呈线性关系。

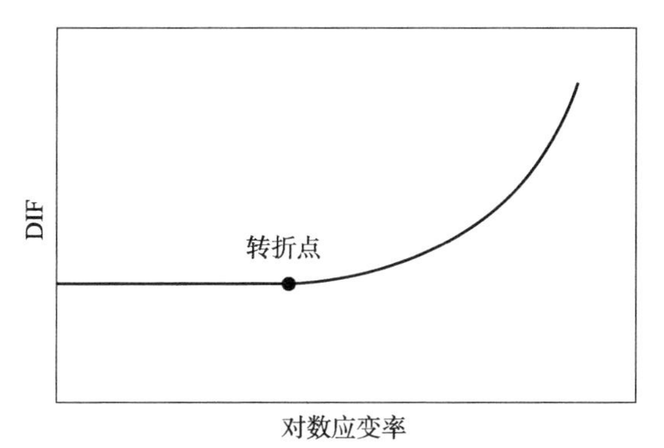

图 4.32　典型脆性材料 DIF 和对数应变率之间的关系

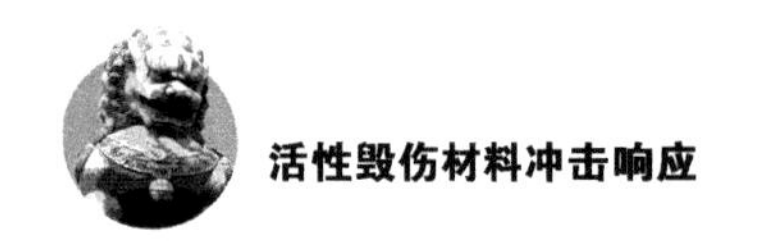

对于 PTFE/Al/W 活性毁伤材料，在转折点之后，动态加载应变率为 2 000 ~ 6 000 s^{-1}时，DIF 和对数应变率之间的关系可通过多项式拟合获得。

B1 材料：

$$\mathrm{DIF} = 9.87(\lg\dot{\varepsilon})^2 - 68.93\lg\dot{\varepsilon} + 124.25 \tag{4.22}$$

B2 材料：

$$\mathrm{DIF} = 3.20(\lg\dot{\varepsilon})^2 - 22.24\lg\dot{\varepsilon} + 42.70 \tag{4.23}$$

B3 材料：

$$\mathrm{DIF} = 10.01(\lg\dot{\varepsilon})^2 - 71.25\lg\dot{\varepsilon} + 129.54 \tag{4.24}$$

拟合所得方程为二次多项式。通过以上多项式，可定量对比不同脆性 PTFE/Al/W 活性毁伤材料的应变率增强效应。

4.3.3 温度软化动力学响应

PTFE/Al/W 活性毁伤材料是一种典型金属颗粒增强的聚合物基复合材料，其力学性能会明显受温度的影响。对其温度效应的研究可基于 SHPB 系统，通过不同温度条件下动力学测试所得应力 - 应变曲线进行分析。

分别在 20 ℃，100 ℃，150 ℃和 200 ℃测试温度，应变率为 4 000 s^{-1}条件下，对 4 种不同配比弹塑性 PTFE/Al/W 活性毁伤材料的动力学响应进行了测试，所得的应力 - 应变曲线如图 4.33 所示。可以看出，温度为 20 ℃时，4 种材料的应力 - 应变曲线均高于其他温度条件下的曲线。随着测试温度的升高，应力 - 应变曲线均不断下降，这体现了材料显著的温度软化效应。通过应力 - 应变曲线获得的 4 种材料的屈服强度、硬化模量、压缩强度、失效应变如表 4.9 ~ 表 4.12 所示。

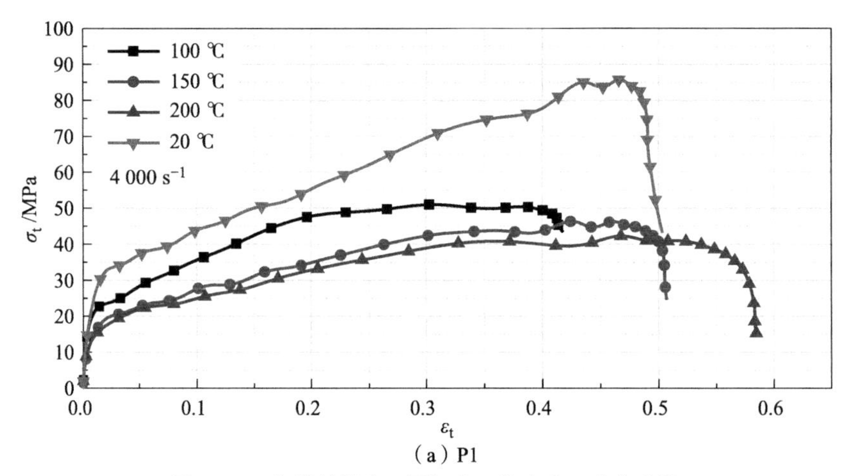

(a) P1

图 4.33 各类材料在不同温度下的应力 - 应变曲线

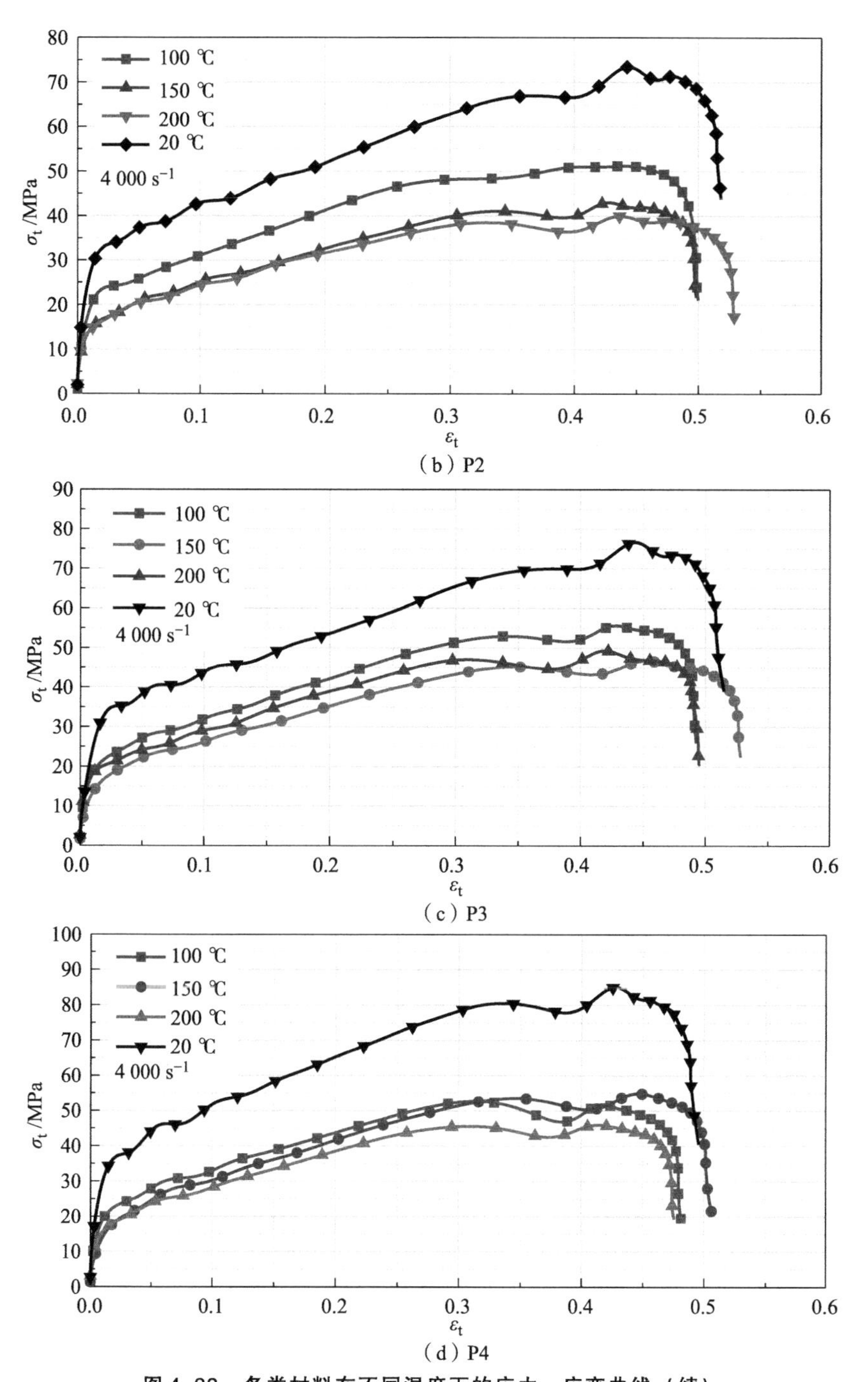

图 4.33　各类材料在不同温度下的应力-应变曲线（续）

表 4.9　不同温度下 P1 材料的力学参数

温度/℃	屈服强度 σ_s/MPa	硬化模量 E_t/MPa	压缩强度 σ_{bc}/MPa	失效应变 ε_t
20	30.35	118.62	85.75	0.465 7
100	23.04	138.78	50.99	0.302 6
150	20.14	81.21	46.25	0.459 3
200	17.58	67.91	42.28	0.467 7

表 4.10　不同温度下 P2 材料的力学参数

温度/℃	屈服强度 σ_s/MPa	硬化模量 E_t/MPa	压缩强度 σ_{bc}/MPa	失效应变 ε_t
20	28.59	91.94	72.33	0.456 9
100	23.99	98.98	51.18	0.444 7
150	16.58	76.71	42.98	0.427 1
200	15.60	72.54	39.94	0.436 9

表 4.11　不同温度下 P3 材料的力学参数

温度/℃	屈服强度 σ_s/MPa	硬化模量 E_t/MPa	压缩强度 σ_{bc}/MPa	失效应变 ε_t
20	31.67	90.24	71.87	0.445 6
100	22.79	94.47	55.63	0.429 1
150	20.31	95.33	49.24	0.417 5
200	18.57	82.62	46.78	0.452 1

表 4.12　不同温度下 P4 材料的力学参数

温度 ℃	屈服强度 σ_s/MPa	硬化模量 E_t/MPa	压缩强度 σ_{bc}/MPa	失效应变 ε_t
20	37.21	145.40	85.02	0.427 8
100	23.19	104.26	52.69	0.314 9

续表

温度 ℃	屈服强度 σ_s/MPa	硬化模量 E_t/MPa	压缩强度 σ_{bc}/MPa	失效应变 ε_t
150	20.78	106.19	54.66	0.441 6
200	18.15	94.68	45.94	0.413 3

在 20 ℃、100 ℃、150 ℃和 200 ℃的测试温度下，应变率为 4 000 s^{-1}时，脆性 PTFE/Al/W 活性毁伤材料的动态压缩应力 – 应变曲线如图 4.34 所示，材料参数如表 4.13 所示。可以看出，随温度升高，材料弹性模量变小，抗压强度降低，PTFE/Al/W 活性毁伤材料也呈现与弹塑性 PTFE/Al/W 材料类似的热软化效应，但应力 – 应变曲线的典型类三角形特征表明在高温下材料依然呈现脆性特征。与常温下应力 – 应变曲线类似，高温下曲线的强度点附近也可观察到锯齿状波动，造成该现象的原因也与常温下的原因相同。

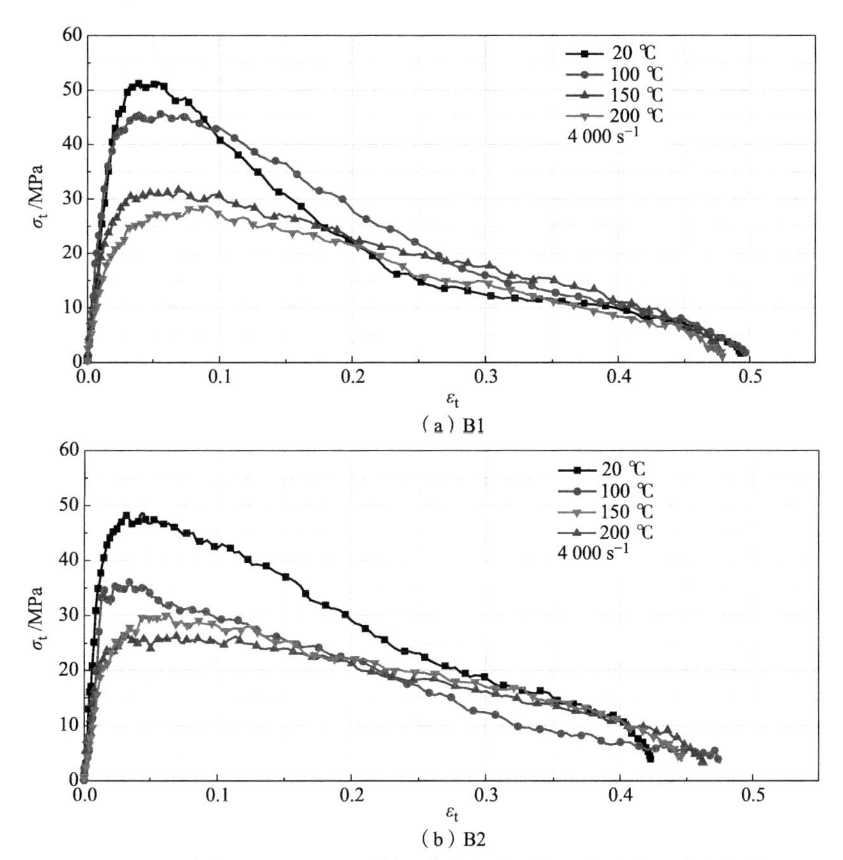

图 4.34　脆性 PTFE/Al/W 活性毁伤材料的动态压缩应力 – 应变曲线

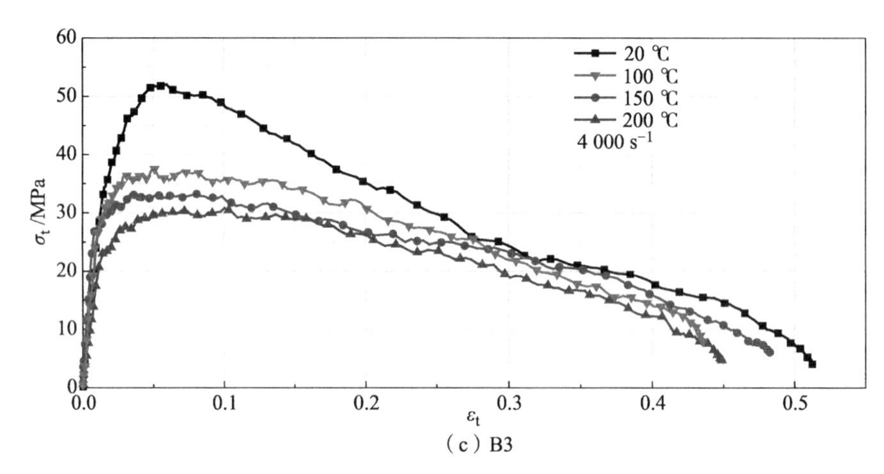

（c）B3

图 4.34 脆性 PTFE/Al/W 活性毁伤材料的动态压缩应力 - 应变曲线（续）

表 4.13 不同温度下脆性 PTFE/Al/W 活性毁伤材料参数

温度/℃	B1		B2		B3	
	弹性模量/MPa	抗压强度/MPa	弹性模量/MPa	抗压强度/MPa	弹性模量/MPa	抗压强度/MPa
20	2 113.06	51.26	3 271.33	48.53	2 413.31	52.02
100	2 530.47	45.87	1 905.23	35.80	2 264.47	37.58
150	1 853.07	31.67	1 519.30	30.05	2 729.67	33.12
200	1 213.14	28.39	2 131.73	26.52	10 630.77	30.78

4.4 材料本构模型

本构模型通过数学形式来描述材料在不同条件下的应力 - 应变关系及动力学响应行为。活性毁伤材料具备显著的应变硬化、应变率强化及温度软化效应，其本构行为可通过 Johnson - Cook、Zerilli - Armstrong 和 JCP 模型描述。

4.4.1 Johnson - Cook 模型

Johnson - Cook 模型最早由 Johnson 和 Cook 两位学者于 1983 年提出。该模型是一个经验型模型，考虑材料在动态加载下的应变硬化、应变率强化以及温

度软化效应，可用于描述材料在大应变、高加载速率、高温情况下的力学行为。该模型由于形式简单，便于计算，仿真中节省计算时间和计算机内存，尤其是模型参数易于通过实验确定，因此得到了广泛应用。

Johnson - Cook 本构模型的一般形式为

$$\sigma_{\mathrm{f}} = (A + B\varepsilon_{\mathrm{p}}^{n})\left(1 + C\ln\frac{\dot{\varepsilon}}{\dot{\varepsilon}_0}\right)\left[1 - \left(\frac{T - T_{\mathrm{r}}}{T_{\mathrm{m}} - T_{\mathrm{r}}}\right)^{m}\right] \tag{4.25}$$

式中，A 为材料准静态屈服强度；B 为应变硬化系数；n 为应变硬化指数；C 为应变率敏感系数；m 为温度软化系数；ε_{p} 为等效塑性应变；$\dot{\varepsilon}_0$ 为参考应变率，一般取 $10^{-1} \sim 10^{-5}\ \mathrm{s}^{-1}$；$T_{\mathrm{r}}$ 为室温；T_{m} 为材料熔化温度。

模型由括号中的三项构成，分别用于描述材料的应变效应、应变率效应和温度效应。待定参数包括 A、B、C、n 和 m，可分别通过材料在不同温度、不同应变率下的拉伸或压缩实验确定。本节重点阐述 4 种弹塑性 PTFE/Al/W 活性毁伤材料 Johnson - Cook 本构模型参数的确定。

1. 应变硬化效应

Johnson - Cook 本构模型中第一项表征材料的应变效应。基于活性毁伤材料室温下准静态压缩试验，当应变率为 $0.001\ \mathrm{s}^{-1}$时，Johnson - Cook 方程中第二项和第三项为 1，方程可被简化为

$$\sigma_{\mathrm{f}} = A + B\varepsilon_{\mathrm{p}}^{n} \tag{4.26}$$

此时方程描述材料塑性段的应力 - 应变关系。参数 A 为准静态屈服强度，可直接从材料应力 - 应变曲线获得。B 和 n 可通过对准静态应力 - 应变曲线塑性段拟合获得。图 4.35 所示为准静态应力 - 应变曲线塑性段拟合结果。

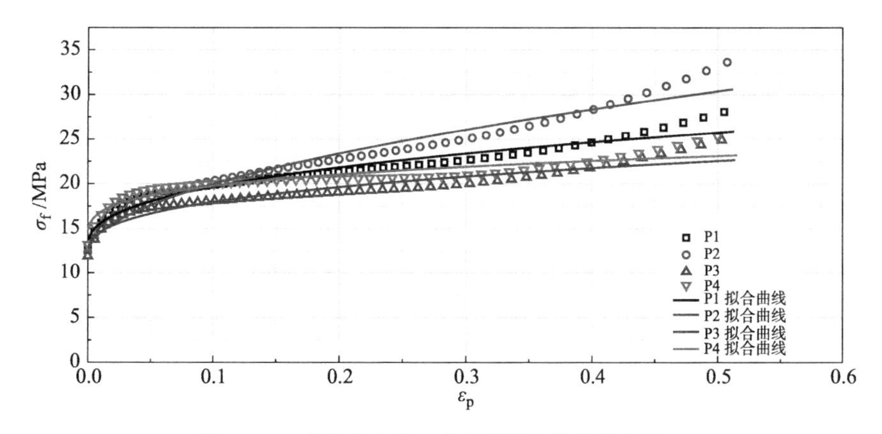

图 4.35　准静态应力 - 应变曲线塑性段拟合结果

2. 应变率强化效应

Johnson－Cook 本构模型中第二项表征材料应变率效应。基于室温下的动态压缩应力－应变曲线，式中第三项为 1，Johnson－Cook 方程可简化为

$$\sigma_{\mathrm{f}} = (A + B\varepsilon_{\mathrm{p}}^{n})\left(1 + C\ln\frac{\dot{\varepsilon}}{\dot{\varepsilon}_0}\right) \tag{4.27}$$

参考应变率 $\dot{\varepsilon}_0$ 取准静态压缩测试的应变率 0.001 s^{-1}，结合已确定参数 A，B，n，选取固定等效塑性应变 ε_{p} 时不同应变率曲线上的应力 σ，即可拟合获得材料应变率敏感系数 C。四种不同活性毁伤材料在 $\varepsilon_{\mathrm{p}}=0.2$ 和 $\varepsilon_{\mathrm{p}}=0.3$ 时的应变率敏感系数 C 的拟合过程如图 4.36 所示。

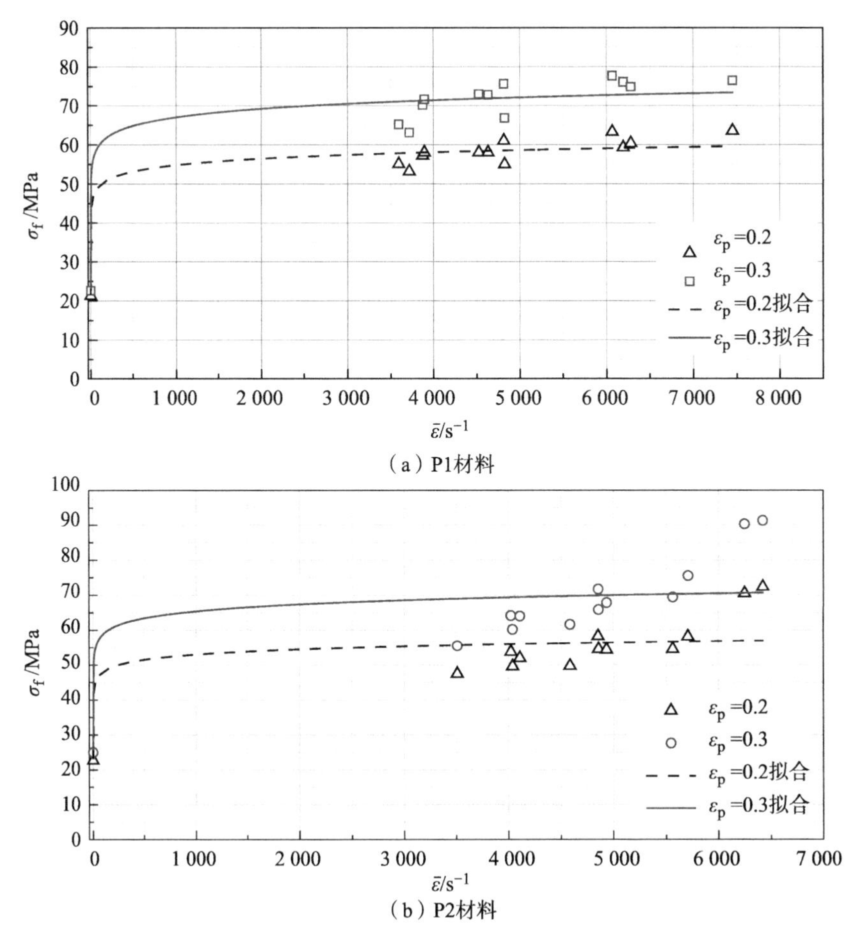

（a）P1材料

（b）P2材料

图 4.36　活性毁伤材料应变率敏感系数拟合过程

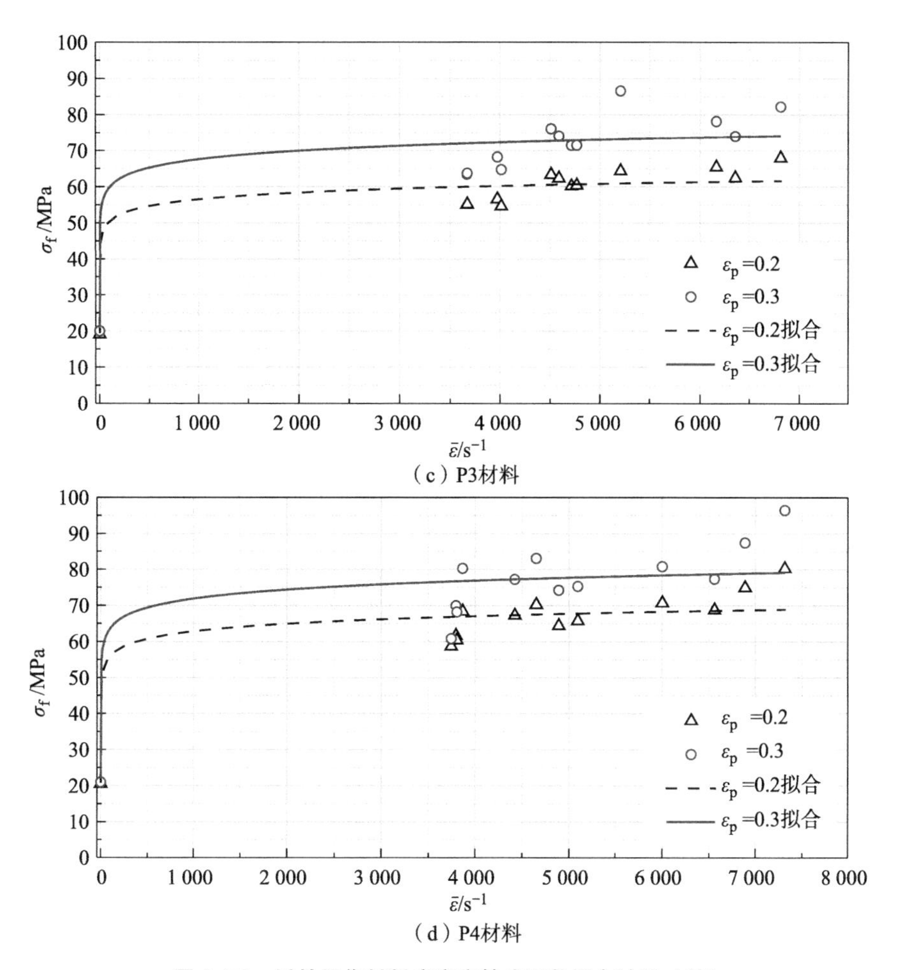

（c）P3材料

（d）P4材料

图 4.36　活性毁伤材料应变率敏感系数拟合过程（续）

3. 温度软化效应

Johnson - Cook 本构模型中第三项用于描述材料的温度软化效应。此时，已获得本构方程中 A，B，n，C 四个参数，只有温度软化系数 m 有待确定。

基于应变率 $\dot{\varepsilon}=4\ 000\ \text{s}^{-1}$时材料在不同温度下的应力 - 应变曲线，取室温 $T_r=293$ K，活性毁伤材料熔化温度 $T_m=600$ K，结合已确定参数 A，B，n，C，即可拟合获得 Johnson - Cook 方程中的温度软化系数。四种不同配方 PTFE/Al/W 活性毁伤材料温度软化系数的拟合过程如图 4.37 所示，最终获得的材料 Johnson - Cook 本构模型参数如表 4.14 所示。

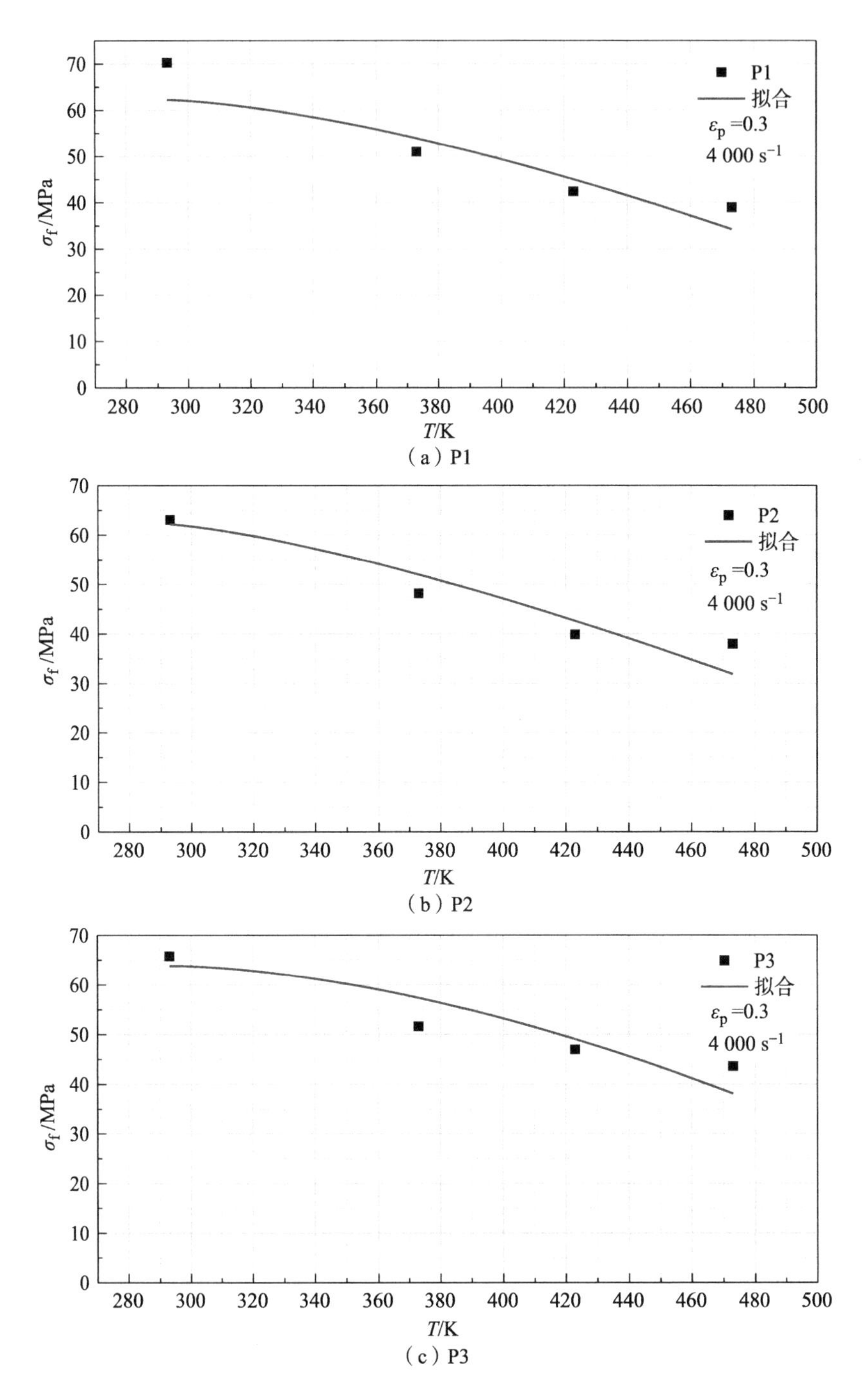

（a）P1

（b）P2

（c）P3

图 4.37　活性毁伤材料温度软化系数拟合

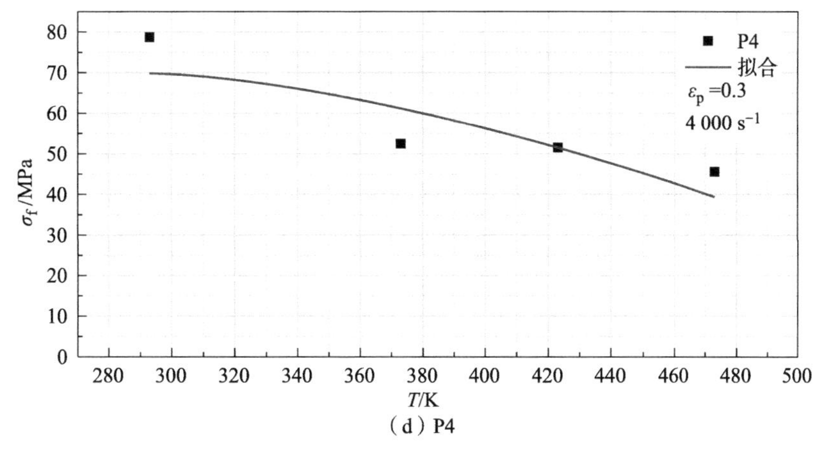

(d) P4

图 4.37　活性毁伤材料温度软化系数拟合（续）

表 4.14　不同配方 PTFE/Al/W 活性毁伤材料 Johnson – Cook 本构模型参数

材料	A	B	n	C	m
P1	12.874 6	16.966 5	0.397 98	0.109 31	1.495 3
P2	12.326 2	26.164 6	0.535 19	0.091 05	1.347 1
P3	11.900 1	13.587 3	0.350 75	0.136 04	1.701 1
P4	13.190 6	11.858 4	0.256 99	0.143 94	1.555 9

4.4.2　Zerilli – Armstrong 模型

Zerilli – Armstrong 模型最早由 Zerilli 和 Armstrong 两位学者提出。该模型以位错动力学、晶体结构学和热激活理论为基础，可精确描述材料应变硬化、应变率强化和温度软化效应。不同于经验性的 Johnson – Cook 本构模型，Zerilli – Armstrong 本构模型物理含义清晰，具有显著理论背景优势。

Zerilli – Armstrong 本构模型的一般形式为

$$\sigma = B\mathrm{e}^{-\beta T} + B_0\sqrt{\frac{1-\mathrm{e}^{-\omega\varepsilon_p}}{\omega}}\mathrm{e}^{-\alpha T} \tag{4.28}$$

式中

$$\beta = \beta_0 - \beta_1 \ln\dot{\varepsilon}_p \tag{4.29}$$

$$\alpha = \alpha_0 - \alpha_1 \ln\dot{\varepsilon}_p \tag{4.30}$$

$$\omega = \omega_a + \omega_b \ln\dot{\varepsilon}_p + \omega_p p \tag{4.31}$$

$$B = B_{pa}(1 + B_{pb}p)^{B_{pn}} \tag{4.32}$$

$$B_0 = B_{0pa}(1 + B_{0pb}p)^{B_{0pn}} \tag{4.33}$$

式中，T 为温度；$\dot{\varepsilon}_p$ 为应变率；p 为压力；其余参数均为与材料有关的常数。以上模型中包含 13 个待定参数，通过实验确定所有参数存在一定的难度，因此在实际应用中，通常假设部分影响较小的参数为 0。

假设 $B_{pb} = \omega_p = B_{0pn} = B_{pn} = B_{0pb} = 0$，则 Zerilli – Armstrong 本构模型可被简化为

$$\sigma = B_{pa}e^{-(\beta_0-\beta_1\ln\dot{\varepsilon}_p)T} + B_{0pa}\sqrt{\frac{1 - e^{-(\omega_a+\omega_b\ln\dot{\varepsilon}_p)\varepsilon_p}}{\omega_a + \omega_b\ln\dot{\varepsilon}_p}}e^{-(\alpha_0-\alpha_1\ln\dot{\varepsilon}_p)T} \tag{4.34}$$

假设 $\varepsilon_p = 0$，$T = 295$ K，则上式可被简化为

$$\sigma = B_{pa}e^{-\beta_0 T}\dot{\varepsilon}_p^{\beta_1 T} \tag{4.35}$$

令 $B_{pa}e^{-\beta_0 T} = k$，则上式变为

$$\sigma = k\dot{\varepsilon}_p^{\beta_1 T}$$

此时常数 k 和 β_1 即可通过对应力、应变率、温度拟合获得。

获得 k 值之后，β_0 和 B_{pa} 之间的关系为

$$\beta_0 = -\frac{1}{T}\ln\frac{k}{B_{pa}} \tag{4.36}$$

此时，根据式（4.29），即可拟合获得 B_{pa} 取值，确定式（4.34）等式右边的第一项。

式（4.34）右边的第二项表征材料应变硬化效应。当 $\alpha_0 = \alpha_1 = 0$ 时，通过应力 – 应变曲线对下式进行拟合，可得参数 ω_a，ω_b，B_{0pa} 值。

$$\sigma = B_{pa}e^{-(\beta_0-\beta_1\ln\dot{\varepsilon}_p)T} + B_{0pa}\sqrt{\frac{1 - e^{-(\omega_a+\omega_b\ln\dot{\varepsilon}_p)\varepsilon_p}}{\omega_a + \omega_b\ln\dot{\varepsilon}_p}} \tag{4.37}$$

PTFE/Al（质量分数 73.5%/26.5%）材料在不同应变率及温度下的应力 – 应变曲线如图 4.38 所示。拟合获得的 Zerilli – Armstrong 本构模型参数如表 4.15 所示，本构模型预测与通过实验得到的应力 – 应变曲线对比如图 4.39 所示。

4.4.3 JCP 模型

对于活性毁伤材料，JCP 本构模型也可准确描述其应变效应、应变率效应及温度效应。JCP 模型表征了材料流动应力与等效塑性应变、等效应变率及温度之间的关系，一般形式为

$$\sigma_{JCP}(\varepsilon_p,\theta,\dot{\varepsilon}) = (\hat{A}(\dot{\varepsilon}) + \hat{B}(\dot{\varepsilon})\cdot(\varepsilon_p)^{\hat{N}(\dot{\varepsilon})})\left(\frac{\theta_m - \theta}{\theta_m - 294\ \text{K}}\right) \tag{4.38}$$

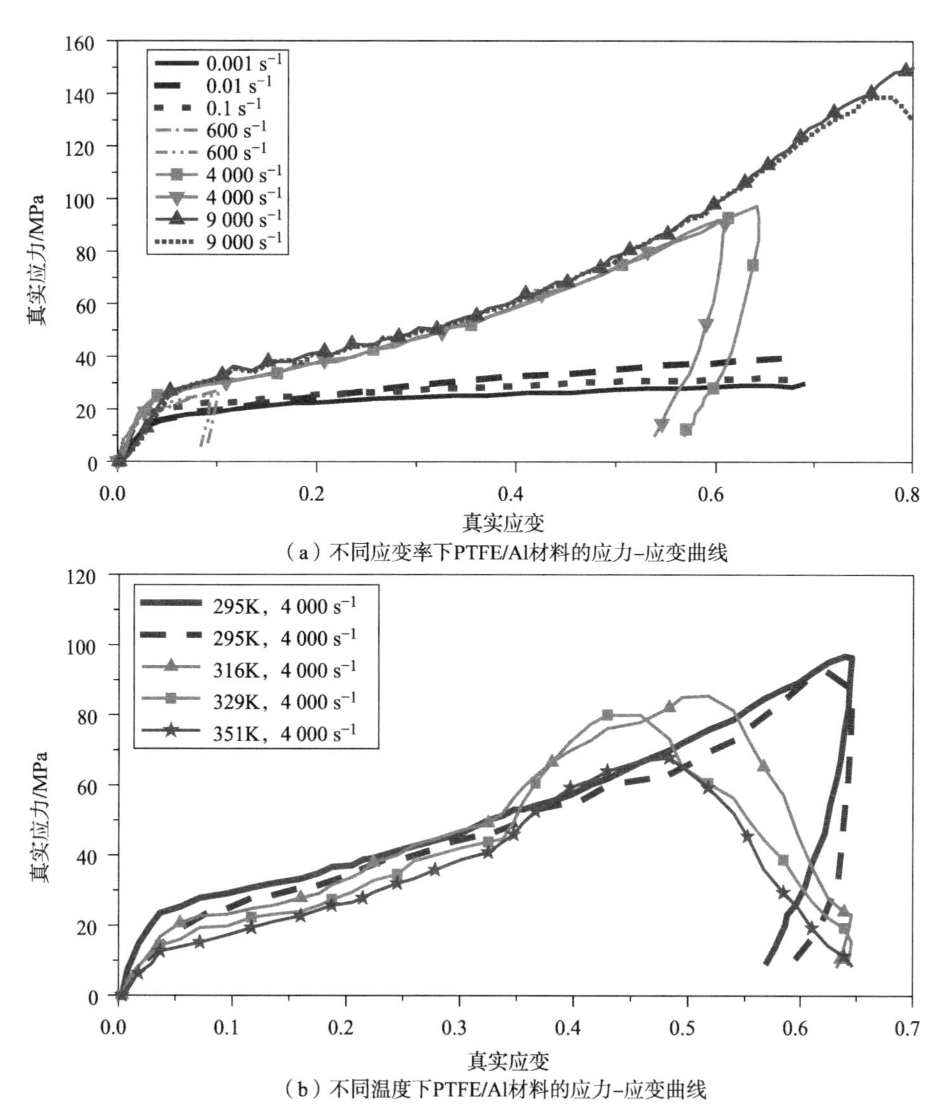

（a）不同应变率下PTFE/Al材料的应力-应变曲线

（b）不同温度下PTFE/Al材料的应力-应变曲线

图 4.38　不同应变率及温度下 PTFE/Al 材料的应力 - 应变曲线

表 4.15　PTFE/Al 材料 Zerilli - Armstrong 本构模型参数

β_0	β_1	α_0	α_1	ω_a	ω_b	ω_p
0.011 672	0.000 139	0	0	-3.000	-0.500	0
B_{pa}	B_{pb}	B_{pn}	B_{0pa}	B_{0pb}	B_{0pn}	
550	0	0	25.0	0	0	

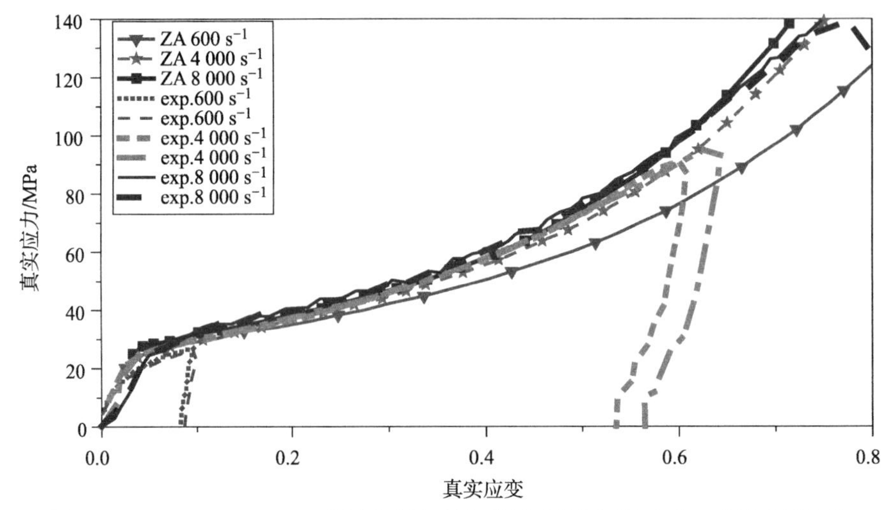

图 4.39　Zerilli – Armstrong 模型预测结果与通过实验得到的应力 – 应变曲线对比

式中

$$\hat{A}(\dot{\varepsilon}) = A_0 + A_1 \sinh^{-1}\left(\frac{\dot{\varepsilon}}{2\dot{\varepsilon}_0}\right) \tag{4.39}$$

$$\hat{B}(\dot{\varepsilon}) = B_0 B_1^{\hat{N}(\dot{\varepsilon})} \tag{4.40}$$

$$\hat{N}(\dot{\varepsilon}) = N_0 + N_1 \sinh^{-1}\left(\frac{\dot{\varepsilon}}{2\dot{\varepsilon}_0}\right) \tag{4.41}$$

$$\sinh^{-1}\left(\frac{\dot{\varepsilon}}{2\dot{\varepsilon}_0}\right) = \ln\left[\frac{\dot{\varepsilon}}{2\dot{\varepsilon}_0} + \sqrt{\left(\frac{\dot{\varepsilon}}{2\dot{\varepsilon}_0}\right)^2 + 1}\right] \tag{4.42}$$

式中，σ 为 von Mises 等效应力；ε_p 为等效塑性应变；$\dot{\varepsilon}$ 为等效应变率；θ 为测试温度；θ_m 为材料熔化温度；A_0，A_1，B_0，B_1，N_0，N_1，θ_m，$\dot{\varepsilon}_0$ 均为 JCP 模型的参数。从 JCP 模型的一般表述中可知，温度软化效应、应变硬化效应及应变率强化效应通过相乘的方式解耦，当实际温度 θ 超过 θ_m 时，JCP 模型将不再适用。

当塑性应变增加 $d\varepsilon_p$，单位质量塑性功 dW_p 为

$$dW_p = \sigma_{JCP}(\varepsilon_p, \theta, \dot{\varepsilon}_*) d\varepsilon_p \tag{4.43}$$

忽略弹性功，假设材料密度保持不变，则材料单位质量内能变化为

$$de = \rho_0 c_V d\theta \tag{4.44}$$

式中，c_V 是材料等容比热，假设 Taylor – Quinney 因子为 1，即所有塑性功将转化成热，则在恒应变率、恒定密度、绝热条件下，基于热力学第一定律，由式（4.43）和式（4.44）可得温度与等效塑性应变之间的关系：

$$\rho_0 c_V \mathrm{d}\theta = \sigma_{\mathrm{JCP}}(\varepsilon_{\mathrm{p}},\theta,\dot{\varepsilon}_*)\mathrm{d}\varepsilon_{\mathrm{p}} \tag{4.45}$$

由式（4.38）和式（4.45），可得

$$\int_{\theta_{\mathrm{i}}}^{\theta_{\mathrm{JCP}}^{\mathrm{adiab}}} \frac{\mathrm{d}\theta}{\theta_{\mathrm{m}}-\theta} = \frac{1}{\rho_0 c_V(\theta_{\mathrm{m}}-294\ \mathrm{K})}\int_0^{\varepsilon_{\mathrm{p}}}[\hat{A}(\dot{\varepsilon}) + \hat{B}(\dot{\varepsilon}) \times (\varepsilon_{\mathrm{p}})^{\hat{N}(\dot{\varepsilon}_*)}]\mathrm{d}\varepsilon_{\mathrm{p}} \tag{4.46}$$

式中，θ_{i} 为初始温度，则上式可表述为

$$\theta_{\mathrm{JCP}}^{\mathrm{adiab}}(\varepsilon_{\mathrm{p}},\dot{\varepsilon}_*) = \theta_{\mathrm{m}} + (\theta_{\mathrm{i}}-\theta_{\mathrm{m}}) \cdot \exp[-\phi(\varepsilon_{\mathrm{p}},\dot{\varepsilon}_*)] \tag{4.47}$$

因此，活性材料在绝热、恒定密度、恒定应变率下的应力可表述为

$$\theta_{\mathrm{JCP}}^{\mathrm{adiab}}(\varepsilon_{\mathrm{p}},\dot{\varepsilon}_*) = \left(\frac{\theta_{\mathrm{i}}-\theta_{\mathrm{m}}}{\theta_{\mathrm{m}}-294\ \mathrm{K}}\right) \cdot [\hat{A}(\dot{\varepsilon}) + \hat{B}(\dot{\varepsilon}) \times (\varepsilon_{\mathrm{p}})^{\hat{N}(\dot{\varepsilon}_*)}] \cdot \exp[-\phi(\varepsilon_{\mathrm{p}},\dot{\varepsilon}_*)] \tag{4.48}$$

式中

$$\phi(\varepsilon_{\mathrm{p}},\dot{\varepsilon}_*) = \frac{1}{\rho_0 c_V(\theta_{\mathrm{m}}-294\ \mathrm{K})} \cdot \left[\hat{A}(\dot{\varepsilon}_*) \cdot \varepsilon_{\mathrm{p}} + \frac{\hat{B}(\dot{\varepsilon}_*)}{\hat{N}(\dot{\varepsilon}_*)+1} \cdot (\varepsilon_{\mathrm{p}})^{\hat{N}(\dot{\varepsilon}_*)+1}\right] \tag{4.49}$$

PTFE/Al（质量分数73.5%/26.5%）活性毁伤材料在不同温度、不同应变率条件下的应力－应变曲线如图4.40所示。基于JCP本构模型及应力－应变曲线，即可确定PTFE/Al材料JCP本构模型的参数。在单轴压缩测试中，总应变 $\varepsilon_{\mathrm{xx}}$ 与塑性应变 $\varepsilon_{\mathrm{xx}}^{p}$ 的关系为

$$\varepsilon_{\mathrm{xx}}^{\mathrm{p}} = \varepsilon_{\mathrm{xx}} - \frac{\sigma_{\mathrm{xx}}}{E} \tag{4.50}$$

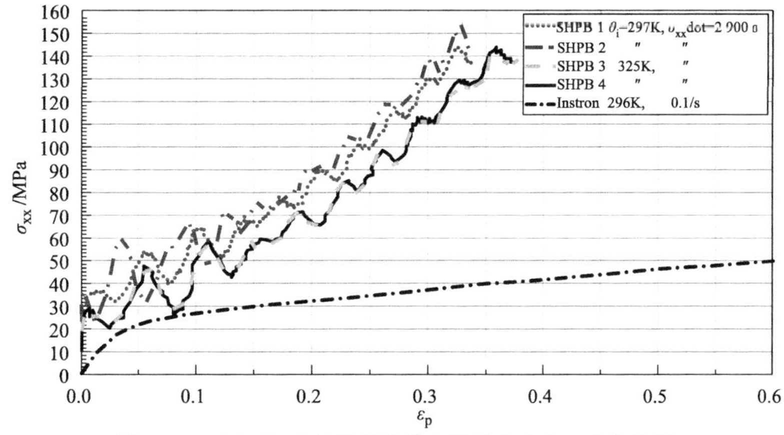

图4.40 PTFE/Al材料的准静态及动态应力－应变曲线

式中，σ_{xx}为材料的 von Mises 等效应力，E 为弹性模量。通过准静态及动态的应力 - 应变曲线，可分别获得材料静态及动态弹性模量。结合式（4.50），即可分别获得准静态及动态加载下，材料的等效应力 - 塑性应变曲线。

在 JCP 本构模型拟合过程中，假设材料不可压，PTFE/Al（质量分数 73.5%/26.5%）材料密度ρ_0 为 2 270 kg/m^3，材料等容比热 c_V 为 1 161 J/（kg · K）。通过拟合，应变率为 0.1 s^{-1}时材料 JCP 准静态本构模型参数 $\hat{A}$、$\hat{B}$、$\hat{N}$ 和 θ_m 值如表 4.16 所示，应变率为 2 900 s^{-1}时材料 JCP 动态本构模型参数 $\hat{A}$、$\hat{B}$、$\hat{N}$ 和 θ_m 值如表 4.17 所示。根据拟合所得本构模型参数，获得材料的等效应力 - 塑性应变曲线，与不同应变率下实验测试曲线对比，如图 4.41 所示。

表 4.16　应变率为 0.1 s^{-1}时 PTFE/Al 准静态 JCP 本构模型参数

ρ_0/(kg · m^{-3})	c_V (J · kg^{-1} · K^{-1})	E/MPa	$\hat{A}$/MPa
2 270	1 161	600	20.83
$\hat{B}$/MPa	$\hat{N}$	θ_m/K	
57.34	0.771 8	425.3	

表 4.17　应变率为 2 900 s^{-1}时 PTFE/Al 动态 JCP 本构模型参数

ρ_0/(kg · m^{-3})	c_V (J · kg^{-1} · K^{-1})	E/GPa	$\hat{A}$/MPa
2 270	1 161	1.6	43.71
$\hat{B}$/MPa	$\hat{N}$	θ_m/K	
1.998	1.901	425.3	

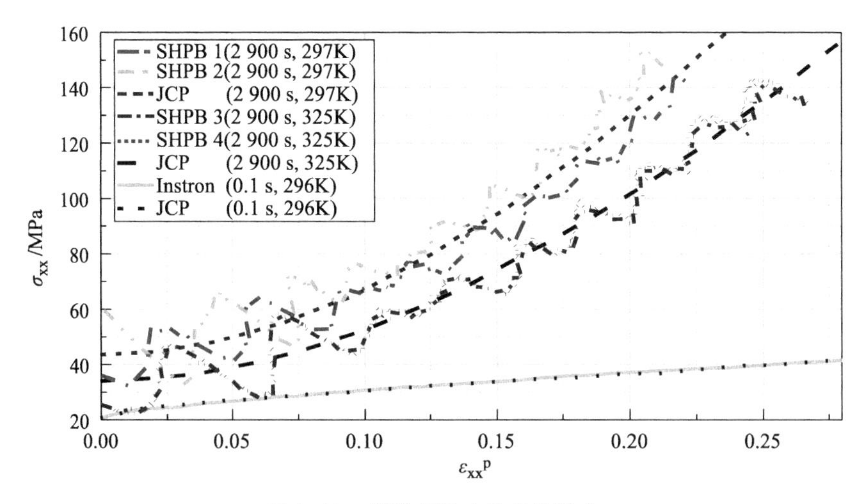

图 4.41　材料 JCP 本构参数拟合

根据材料准静态及动态 JCP 本构模型参数，将应变率 0.03 s^{-1} 作为归一化参考应变率 $\dot{\varepsilon}_0$，分别代入式（4.39）和式（4.41），即可获得 A_0、A_1、B_0、B_1、N_0 和 N_1 等 PTFE/Al（质量分数 73.5%/26.5%）活性毁伤材料的 JCP 本构模型参数，如表 4.18 所示。

表 4.18 材料 JCP 本构模型参数

A_0/MPa	A_1/MPa	B_0/MPa	B_1	N_0	N_1	$\dot{\varepsilon}_0/s^{-1}$	θ_m/K
16.61	1 161	5.063	23.21	0.563 3	0.109 9	0.03	425.3

所得活性毁伤材料 JCP 本构模型参数的准确性可通过数值仿真与实验对比进行验证。图 4.42 和图 4.43 所示为基于 JCP 本构模型参数对 PTFE/Al 材料进行泰勒碰撞变形行为仿真与实验结果的对比。从图中可以看出，在 104 m/s 和 222 m/s 两种碰撞速度下，仿真结果与实验结果均较好吻合，表明所获得的 PTFE/Al 活性毁伤材料 JCP 本构模型参数准确性较高。

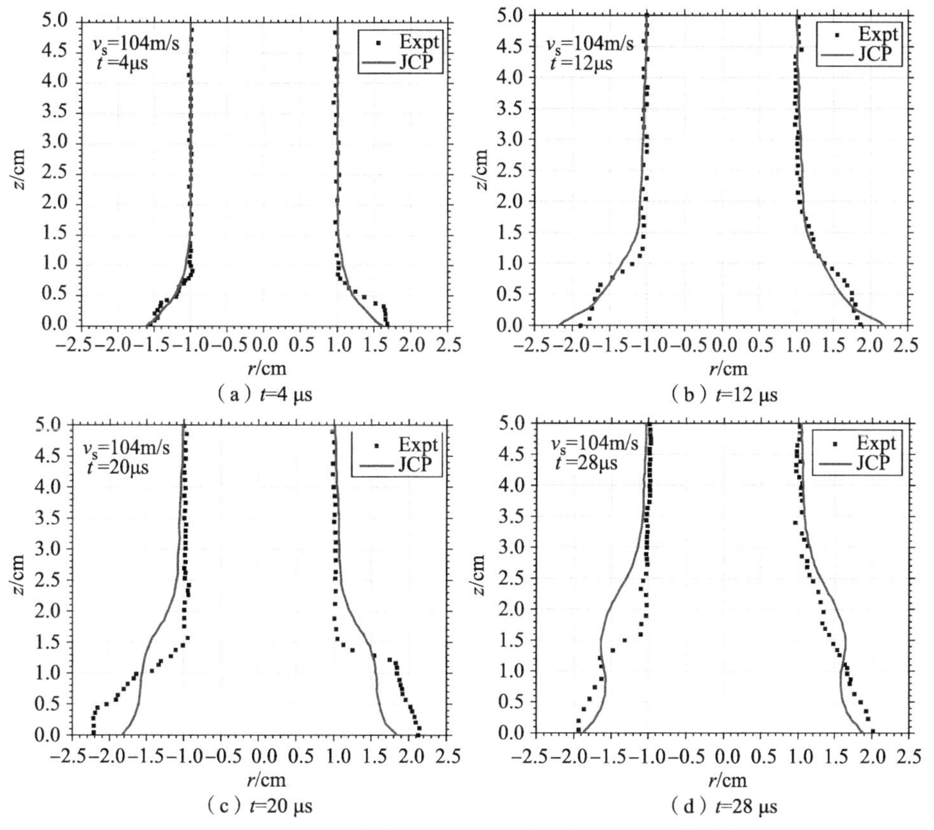

（a）t=4 μs （b）t=12 μs

（c）t=20 μs （d）t=28 μs

图 4.42 104 m/s 速度时 PTFE/Al 活性毁伤材料的泰勒碰撞变形

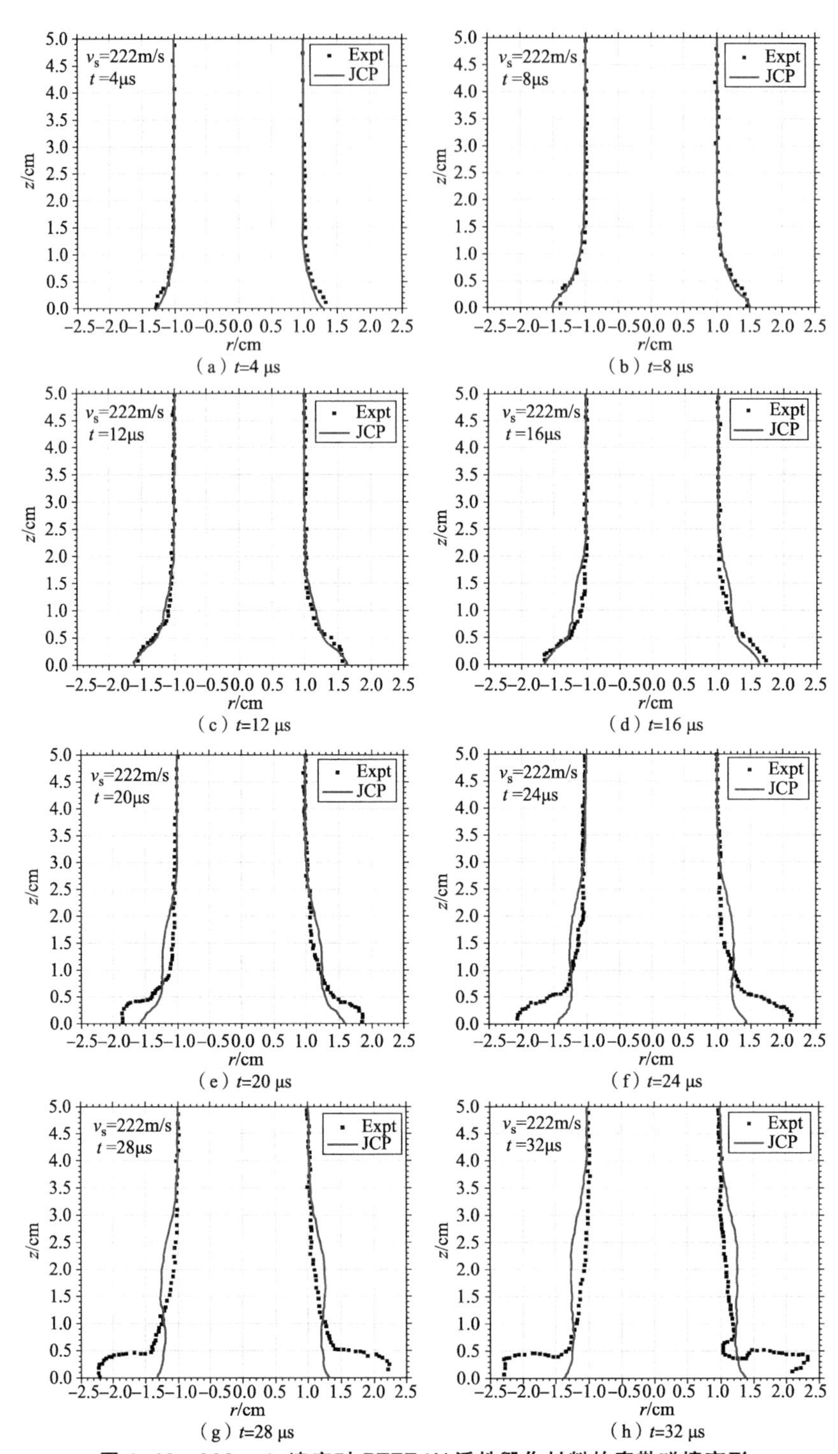

图 4. 43　222 m/s 速度时 PTFE/Al 活性毁伤材料的泰勒碰撞变形

第5章
活性毁伤材料力化耦合响应模型

5.1 力化耦合响应研究方法

力化耦合响应主要研究活性毁伤材料在高应变率加载下的冲击引发化学响应行为、点火理论及点火模型，本节重点介绍弹道枪、霍普金森压杆和落锤三种主要力化耦合响应行为的测试系统及应用方法。

5.1.1 弹道枪测试系统

弹道枪加载应变率范围为 $10^3 \sim 10^5\ s^{-1}$，加载过程是，先将待测试样通过弹托安装于发射药筒，再将试样与药筒装入弹道枪尾部枪管，最后安装用于击发药筒底火的枪栓。药筒底火被枪栓击发后，发射药迅速燃烧产生高温高压气体，推动试样沿枪管不断加速，最终将试样以一定速度发射出去。试样发射初速一般通过调整发射药量或种类进行调节。

基于弹道枪研究活性毁伤材料冲击引发化学响应行为的一般思路：将具有一定几何形状的活性毁伤材料试样以一定速度发射，与距弹道枪有一定距离且具有一定特性（材料、厚度、强度）的靶板撞击，通过高速摄影系统、高瞬态测温系统、动态压力测试系统等记录活性毁伤材料试样与靶板作用的速度、温度、压力等物理参量，分析试样撞击靶板过程中的力学与化学耦合响应行为。

弹道枪系统测试原理如图 5.1 所示，测试系统主要由弹道枪、测速系统、高速摄影系统、靶板和靶架等组成。其中，弹道枪口径包括 7.62 mm、

12.7 mm 和 14.5 mm 等，目的是满足不同直径试样的测试要求。测速系统主要由测速靶和计时仪组成，测速靶从形式上主要分为网靶、箔靶、光电靶等，从工作原理上则可分为通靶和断靶两类。高速摄影系统主要用于对试样与靶板的作用过程及试样冲击反应行为进行记录。靶架用于在特定位置安装固定不同材料的靶板。实验中，在布设测试系统各设备时，一般以弹道枪射击线为参考基准，测速网靶和靶板与弹道枪射击线对齐，高速摄影角度与距离依据拍摄画面要求布设。典型弹道枪、材料试样与发射药筒装配如图 5.2 所示。

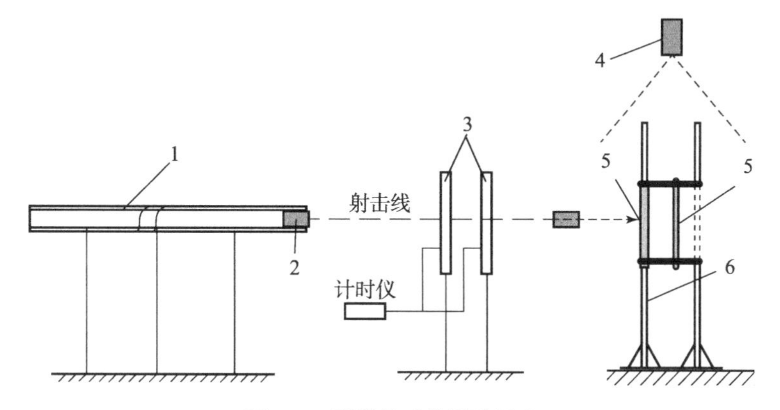

图 5.1　弹道枪系统测试原理

1—弹道枪；2—试样；3—测速网靶；4—高速摄影仪；5—靶板；6—靶架

图 5.2　典型弹道枪、材料试样与发射药筒装配

弹道枪测试系统通过发射药驱动待测试样，一般适用于野外环境靶场测试。另外一种可在通常实验室条件下应用的小型枪发射系统测试原理如图 5.3 所示，测试系统主要由轻气枪、测速仪、靶板、靶架、高速摄影系统和防护箱等组成。实验测试原理：试样通过气枪发射，以一定速度与防护箱内固定于靶架的靶板碰撞，使试样在高速冲击下激活并发生化学反应。

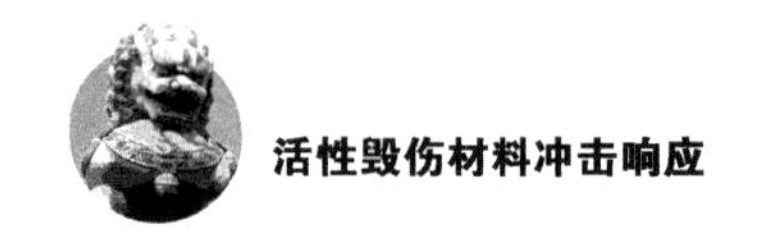

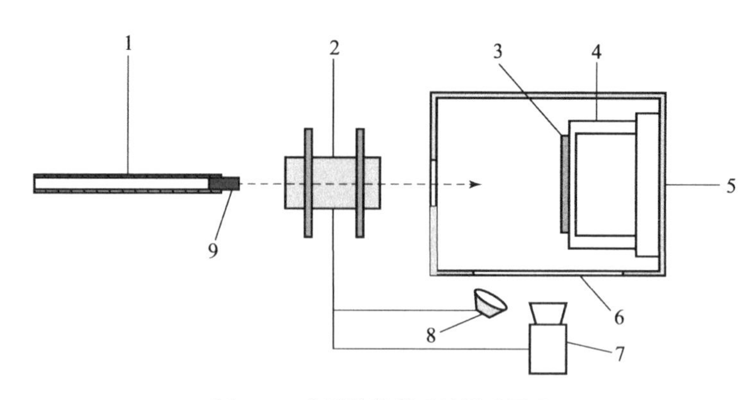

图 5.3 小型枪发射系统测试原理

1—轻气枪；2—测速仪；3—靶板；4—靶架；5—防护箱；6—PMMA 窗口；
7—高速摄影仪；8—闪光灯；9—材料试样

试样发射速度通过光电式测速仪进行测量。同时，试样经过测速仪第一道光电门产生的电信号还可作为触发信号，启动高速摄影、闪光灯工作。为保证人员和设备安全，靶板、靶架安装于防护箱内。防护箱正对气枪的一侧预留开孔，试样通过开孔进入防护箱内，与靶板碰撞。防护箱正面设置观测窗口，高速摄影系统可通过观测窗口对活性毁伤材料试样的碰撞过程进行记录。小型枪发射系统实物布置如图 5.4（a）所示，光电式测速仪如图 5.4（b）所示。

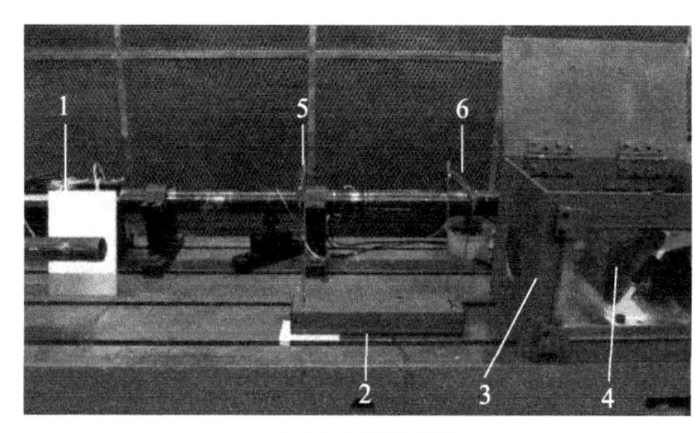

（a）测试系统布置

（b）测速仪

图 5.4 小型枪发射系统

1—轻气枪；2—测速仪；3—防护箱；4—靶板；5—第一道光电门；6—第二道光电门

5.1.2 霍普金森压杆测试系统

霍普金森压杆测试系统可加载的应变率为 $10^2 \sim 10^4\ s^{-1}$，可在中等应变率范围对活性毁伤材料力化耦合响应行为进行研究。

霍普金森压杆测试系统的基本结构组成如图 5.5 所示，主要由轻气枪、弹丸、测速仪、霍普金森压杆系统、高速摄影系统和数据采集系统组成。实验原理为，弹丸通过轻气枪以一定速度发射，与入射杆碰撞，产生压缩波传入入射杆；压缩波传至入射杆与试样界面时，部分反射回入射杆形成反射波，另一部分传入待测试样对其进行加载；经试样传入透射杆的信号为透射波；入射波、反射波、透射波可通过粘贴于压杆上的应变片进行采集，由数据采集系统进行记录。基于应变信号，结合材料试样在高应变率加载下的响应过程高速摄影，即可实现对活性毁伤材料力化耦合响应行为的分析研究。

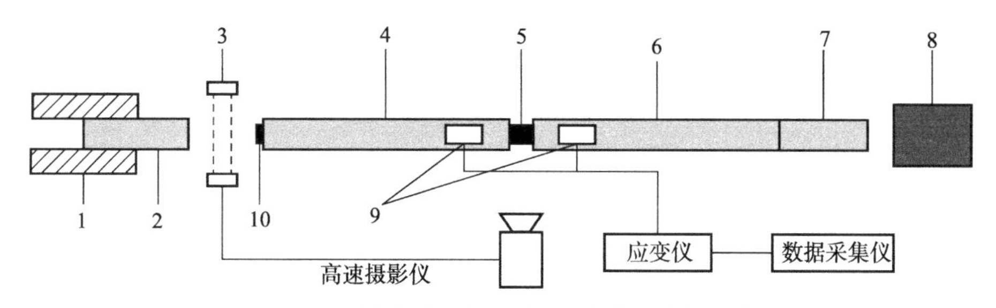

图 5.5　霍普金森压杆测试系统的基本结构组成

1—轻气枪；2—弹丸；3—测速仪；4—入射杆；5—试样；6—透射杆；7—吸收杆；8—阻尼器；9—应变片；10—整形器

霍普金森压杆测试系统对活性毁伤材料力学性能与力化耦合响应行为的研究思路基本类似，但最大区别在于，动力学测试需将杆件波形信号与材料变形进行关联，即将材料力学响应行为与应力 - 应变曲线相关联。而在力化耦合响应行为的研究中，需将杆件波形信号与材料反应行为相关联，或将试样反应状态与应力 - 应变曲线相关联，从而获得在不同条件下活性毁伤材料的反应状态。

5.1.3　落锤测试系统

落锤测试系统加载应变率较低，一般为 $10 \sim 10^2\ s^{-1}$，是对弹道枪测试系统和霍普金森压杆测试系统很好的补充。

落锤测试系统的主要加载装置为立式落锤仪，基本结构如图 5.6 所示。其主要由两个互相平行带高度标尺的固定立式导轨组成，落锤可在电机控制下沿导轨自由升降。落锤正下方设置钢制砧板，用于放置待测材料试样。测试原理为，首先按测试要求，将一定重量的落锤升到预定高度，然后以自由落体方式释放，撞击放置在底座砧板上的待测试样，通过观测试样点火及反应状态，可分析在高应变率加载下活性毁伤材料的力化耦合响应行为。根据试样在撞击作用下发生反应所对应的落锤下落高度（落高），通过爆炸百分数法、上下限法及特性落高法，表征材料撞击感度。

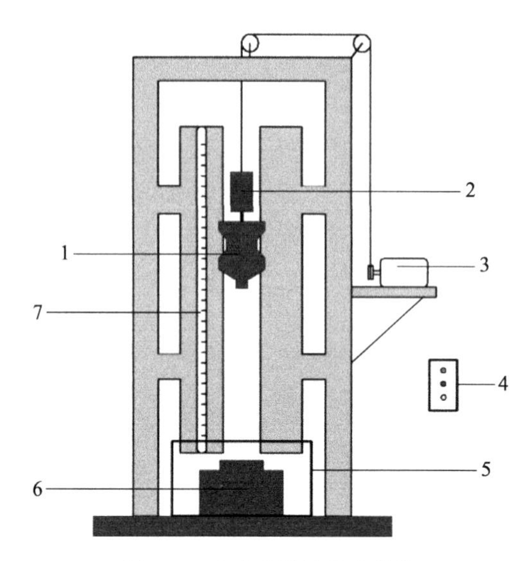

图 5.6　立式落锤仪基本结构

1—落锤；2—电磁铁；3—伺服电机；4—控制器；5—防护箱；6—砧板；7—标尺

1. 爆炸百分数法

爆炸百分数法通过多次落锤加载测试中活性毁伤材料发生点火次数的百分比来表示材料的撞击感度。一般通过一定质量的落锤在一定落高下进行 20 次撞击实验，计算获得活性毁伤材料点火的爆炸百分数。

2. 上下限法

撞击感度的上限指活性毁伤材料以 100% 概率发生点火的最小落高 H_{100}，下限指材料以 100% 概率不发生点火的最大落高 H_0。其一般通过一定质量的落锤在一定落高下进行 10 次平行实验确定。

3. 特性落高法

特性落高指活性毁伤材料以 50% 概率点火时对应的落高 H_{50}。其一般通过进行 20 次撞击实验，根据数理统计中的“阶梯法”计算获得。

特性落高 H_{50} 的计算方法为

$$H_{50} = A + B\left(\frac{\sum iC_i}{D} - \frac{1}{2}\right) \tag{5.1}$$

或

$$H_{50} = A + B\left(\frac{\sum iC'_i}{D'} + \frac{1}{2}\right) \tag{5.2}$$

式中，A 为 20 次实验中的最低落高，单位为 cm；B 为实验间隔，单位为 cm；D 为 20 次实验中发生爆炸的次数；D' 为 20 次实验中不发生爆炸的次数；i 为落高水平序数，计算时为 0，1，…，i；c_i 为在某一落高下发生爆炸的次数；c'_i 为在某一落高下不发生爆炸的次数。

传统落锤测试系统仅能根据点火现象获得与活性毁伤材料撞击感度相关的特性落高等参量。为提升高应变率加载过程中试样响应行为的可观测性，可采用一种改进的加光路落锤测试系统，如图 5.7 所示。

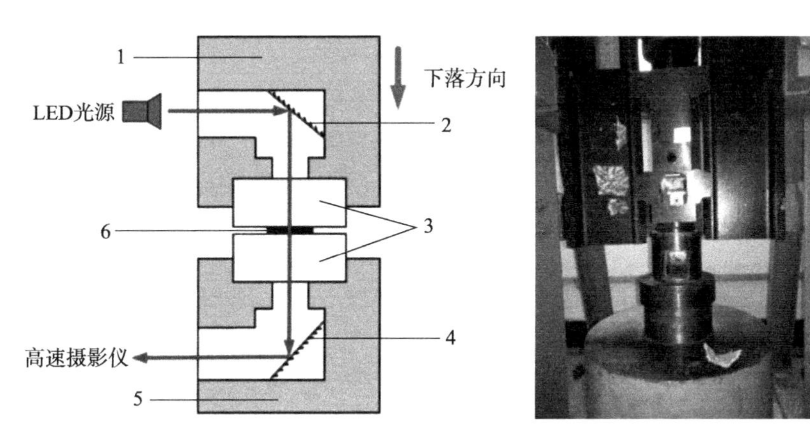

图 5.7　加光路落锤测试系统

1—锤头；2—反射镜；3—钢化玻璃砧板；4—反射镜；5—砧座；6—试样

加光路落锤测试系统的主要特点在于，在传统落锤金属锤头及砧板上，安装反射镜和透明钢化玻璃。测试中，在合适高度设置光源，试样置于钢化玻璃砧板上。加载时，钢化玻璃锤头撞击试样，光源光线通过反射镜透过钢化玻璃砧板，再经砧板底部反射镜进入高速摄影仪，光源与高速摄影仪之间形成完整光路。试样变形、破坏、点火、反应等过程均可通过高速摄影仪记录，从而为分析活性毁伤材料冲击点火及力化耦合响应行为提供更多依据。

另一种多参数测量落锤测试系统如图 5.8 所示，主要改进为，落锤冲击试样产生的接触力由直接安装在锤头及砧板上的力传感器测量，并经电荷放大器记录。落锤自由下降，初始速度采用反射型光纤传感器测量；试样在冲击过程中产生的变形由激光测距传感器实时采集，时域信号经处理可得变形量。通过测得的冲击力、速度和试样变形，可对动态响应过程进行定量分析。

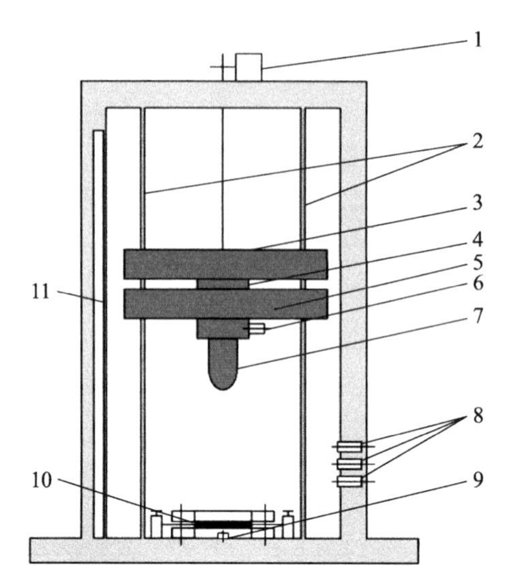

图 5.8　多参数测量落锤测试系统

1—直流电机；2—导柱；3—横梁；4—电磁吸盘；5—落锤；6—力传感器；7—铝冲击头；8—光纤传感器；9—激光测距传感器；10—试样；11—标尺

5.2　冲击引发化学响应行为

冲击引发化学响应行为主要研究高应变率加载引发活性毁伤材料发生化学反应的高瞬态过程，主要涉及三个方面，一是冲击引发点火行为，二是冲击引发弛豫行为，三是冲击引发反应行为。

5.2.1　冲击引发点火行为

点火行为主要描述活性毁伤材料从冲击加载到试样出现初始反应的过程。对于该高瞬态过程，研究重点为活性毁伤材料的初始点火位置、点火时间、点火能量与载荷特性及材料理化特性的关联性。

以落锤测试系统为加载手段，对 PTFE/Al（质量分数 73.5%/26.5%）活性毁伤材料冲击引发点火行为进行研究，试样直径为 6 mm，高度为 3 mm，落锤质量为 5.2 kg，落高分别选择 70 cm、80 cm、85 cm 和 100 cm。

试样在不同落高下的冲击引发点火行为如图 5.9 所示。从图中可以看出，试样点火行为明显受落高影响。当落高为 70 cm 时，整个加载过程均未观察到

点火现象，试样仅在动态加载下变形、破坏。当落高为 80 cm 时，在 $t=1.000$ ms 时，可观察到试样点火发出的火光；$t=1.125$ ms 时，反应火光较前一时刻有所增长，但在 $t=1.125$ ms 时迅速减弱，最终变为离散的火星。

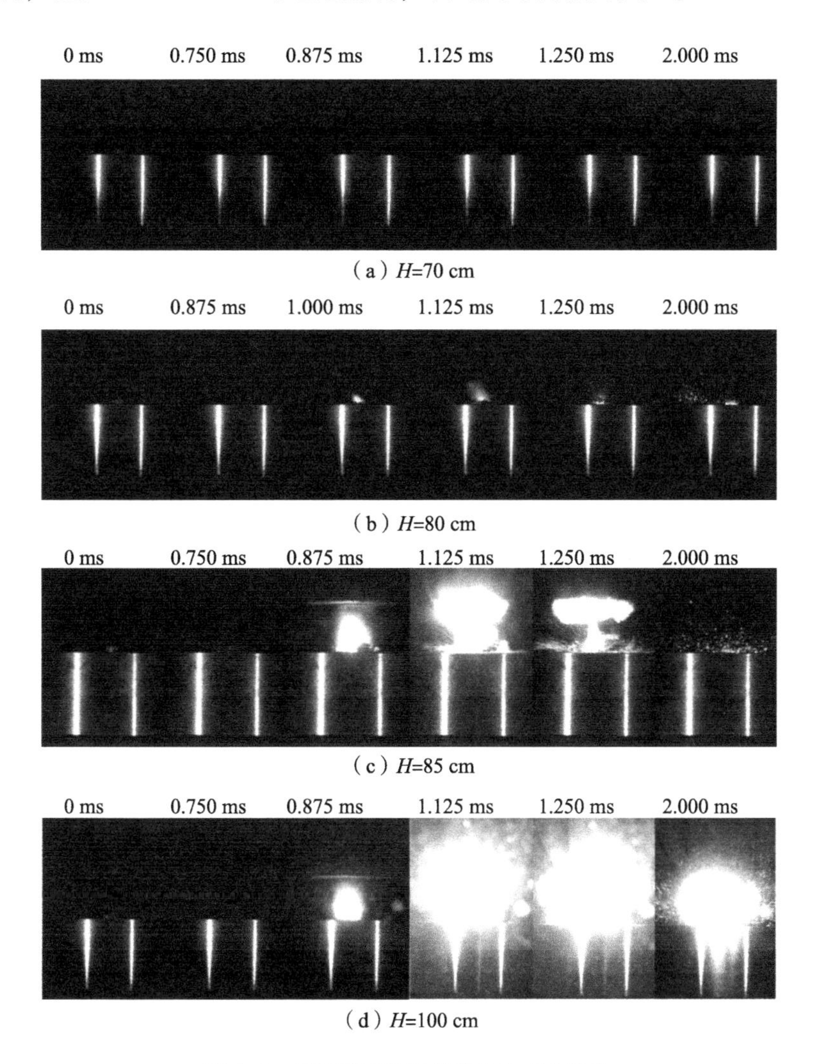

图 5.9　不同落高下试样的冲击点火行为

当落高增加至 85 cm 时，试样初始点火出现于 $t=0.875$ ms 时刻，但此时材料反应已较为剧烈，表明初始点火发生于 $t=0.750\sim0.875$ ms。与落高为 80 cm 时相比，初始点火时刻显著提前。$t=1.125$ ms 时，反应最为剧烈，但在下一时刻火焰变为蘑菇形，反应逐渐变弱，最终变为离散火星。当落高增加至 100 cm 时，初始点火时间也在 $t=0.750\sim0.875$ ms，但与落高为 85 cm 时相比，在 $t=1.125$ ms 和 $t=1.250$ ms 时，反应火光更为集中明亮，尤其是在 $t=2.000$ ms 时，反应依然剧烈，火光明亮，表明活性毁伤材料完全发生反应。

通过对 PTFE/Al 活性毁伤材料试样在不同落高下冲击点火行为的对比分析可知，随落高增加，试样冲击点火时刻提前，反应剧烈程度增加，反应持续时间增加，反应程度增加，反应更完全。这主要是因为随着落高增加，加载应力和应变率增加，试样变形、材料体系温升及输入材料体系的能量与速率均显著增加，从而使材料更易于发生点火及反应。

基于落锤测试系统，对不同组分配比活性毁伤材料的特性落高进行研究，4 种 PTFE/Al/W 活性毁伤材料具体组分配比如表 5.1 所示。特性落高实验按照“阶梯法”进行，即每次测试之后按照试样是否点火确定下次测试的落高，若本次测试中试样发生点火，则下次测试中减少落高；否则下次测试中增加落高，每次落锤增加或减少的高度均为 5 cm。

表 5.1　不同 PTFE/Al/W 活性毁伤材料的组分配比

编号	组分配比（质量分数）/%		
	PTFE	Al	W
P1	73.5	26.5	0
P2	63.6	22.4	14
P3	51.45	18.55	30
P4	36.75	13.25	50

对每种 PTFE/Al/W 活性毁伤材料的试样进行 20 次测试，实验结果如图 5.10 所示。通过式（5.1），所得 P1、P2、P3 和 P4 四种材料的特性落高分别为 78.86 cm、85.63 cm、84.77 cm 和 93.05 cm。实验结果表明，随着 W 含量增加，材料特性落高整体呈增加趋势。P1 材料特性落高最低，表明 P1 材料撞击感度最高；P4 材料的特性落高最高，表明 P4 材料撞击感度最低，即材料最为钝感。这主要是因为，在 PTFE 基体和 Al 颗粒零氧配比的前提下，随着 W 含量增加，直接参与反应的氟聚物基体和活性金属的含量减少，在冲击加载下，反应组分之间相互作用减弱，导致材料感度降低。

测试后材料的残余试样如图 5.11 所示。可以看出，在落锤加载下，试样均发生显著形变，由圆柱状变为不同形状薄片，并有明显金属光泽。未发生点火的试样，形状接近规则圆形，边缘整齐，无明显反应痕迹。发生点火的试样，由于反应消耗，形状不规则，边缘产生缺口，局部可观察到反应产生的黑色残留。反应较为剧烈的试样，燃烧痕迹较明显，残余试样则相对较小。

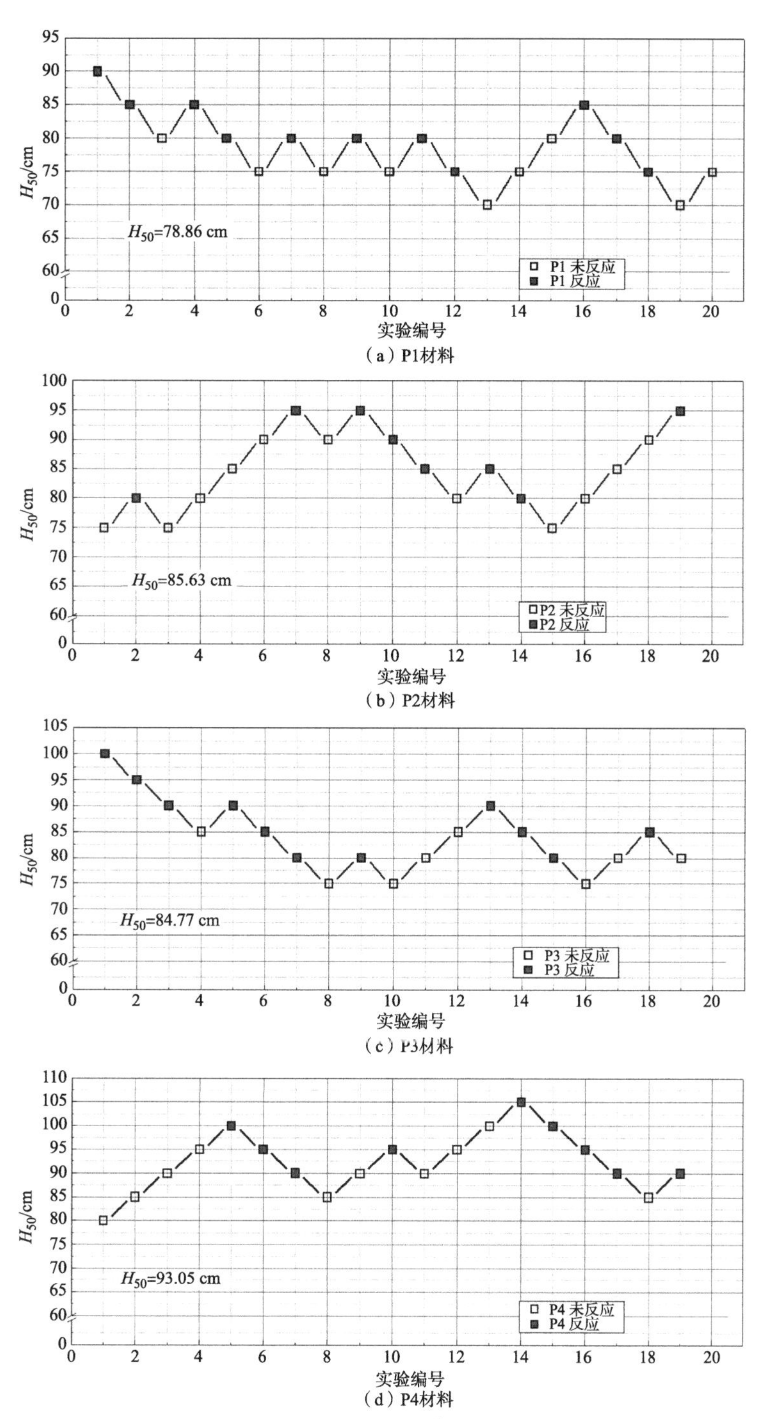

（a）P1材料

（b）P2材料

（c）P3材料

（d）P4材料

图 5.10　PTFE/Al/W 活性毁伤材料落锤测试结果

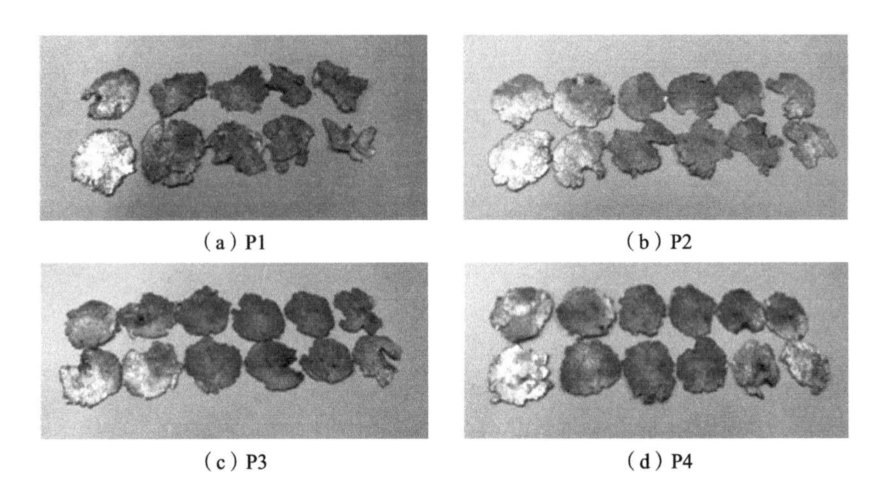

(a) P1　　(b) P2

(c) P3　　(d) P4

图 5.11　落锤测试后 PTFE/Al/W 活性毁伤材料的残余试样

砧板和锤头上的典型残余试样如图 5.12 所示，可以看出，弹塑性良好的试样除变成薄片状外，残余试样边缘的黑色喷射状残留表明试样点火发生于试样边缘位置。点火位置对称分布，经反应消耗的部分试样呈扇形。点火后反应从试样边缘向中心传播，导致残余试样最终呈现不规则的多瓣状。这主要是因为，在落锤冲击加载下，圆柱试样边缘位置为剪应力聚集区，材料的点火首先从剪切作用聚集的区域开始发生，并不断向试样内部传播，后续化学反应不断消耗活性毁伤材料，导致锤头和砧板上的参与试样呈现多瓣状扇形分布。

图 5.12　落锤锤头和砧板上的残余试样

5.2.2　冲击引发弛豫行为

弛豫行为主要描述在高应变率加载下，从活性毁伤材料试样激活到发生明

显点火现象这一高瞬态阶段。在弛豫阶段，活性毁伤材料已满足点火条件，但尚未发生明显的化学反应，处于一种反应前的临界状态，体现为从初始加载至明显化学反应之间的延迟，与点火延迟时间的概念类似。

基于弹道枪测试系统，研究 PTFE/Al 活性毁伤材料试样在冲击加载下引发弛豫行为，实验原理如图 5.3 所示。实验中，PTFE/Al 活性毁伤材料组分配比为 73.50%/26.50%，直径 8 mm，长度 40 mm，通过改变试样撞击速度、靶板安装角度和靶板材料，分析材料冲击引发弛豫行为及加载条件的影响。

试样分别以 291 m/s 和 254 m/s 的速度垂直碰撞 45 号钢靶时，冲击引发行为如图 5.13 和图 5.14 所示。试样与靶板作用过程可分为碰撞、碎裂及飞散、引发点火、后续断裂碎化及最终剧烈反应等阶段。当碰撞速度为 291 m/s 时，试样与靶板碰撞后，首先发生破坏，经一段时间之后才发生反应，该时间延迟即为材料点火之前的弛豫阶段。在 $t = 33.33$ μs 时，首次观察到试样发生点火所形成的火光，但由于设备及拍摄频率限制，初始反应发生在 $t = 16.4 \sim 33.33$ μs，即在该撞击速度下，试样激活弛豫时间在该时间段之内。此后，剩余未反应试样继续与靶板碰撞形成小碎片，参与化学反应产生剧烈火光。

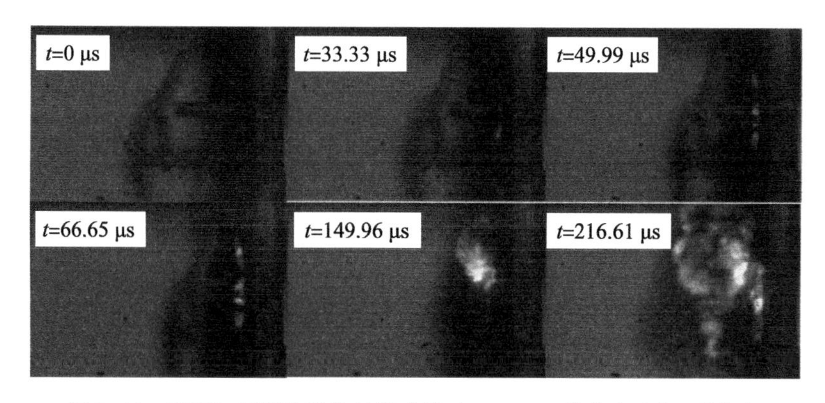

图 5.13　PTFE/Al 活性毁伤材料试样以 291 m/s 的速度垂直碰撞靶板

当碰撞速度为 254 m/s 时，试样撞击靶板的过程只包括了碰撞、破碎等阶段，试样与靶板碰撞过程中未发生反应（$t = 149.96 \sim 216.61$ μs 为弹托撞击于试样碎片后产生火光的时间段）。在初始碰撞阶段，靶板与试样中同时产生高应力，试样发生了破坏、粉碎。随着试样继续运动，碰撞过程产生的应力始终超过试样强度，试样不断破碎。通过碰撞速度为 254 m/s 与 291 m/s 时情况的对比，可知活性毁伤材料的冲击引发存在阈值条件。速度较高时，碰撞应力、应变率等物理参量将超过材料激活阈值，因此会导致材料发生反应。

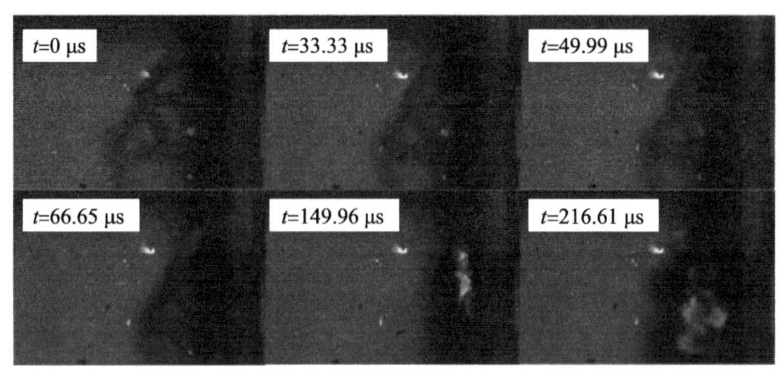

图 5.14　PTFE/Al 活性毁伤材料试样以 254 m/s 的速度垂直碰撞靶板

为研究碰撞角度对 PTFE/Al 活性毁伤材料冲击引发弛豫行为的影响，设置靶板与水平面的夹角为 60°，试样以 278 m/s 的速度撞击倾斜钢靶的过程如图 5.15 所示。可以看出，改变靶板角度时，由于活性毁伤材料试样受力状态的不同，冲击引发过程及弛豫行为也有显著差异。试样碰撞靶板开始碎裂后，在 $t = 16.4$ μs 时可观察到点火火光；随着试样继续与靶板碰撞，火光持续至 $t = 65.6$ μs，且点火火光始终十分微弱，表明在该碰撞速度下，材料处于激活阈值附近。与垂直碰撞相比，倾斜碰撞时试样会在更低的速度下发生点火，且点火初始时刻出现在 $t = 16.4$ μs 之前，表明在倾斜碰撞条件下，活性毁伤材料激活弛豫时间更短，材料更易发生反应。

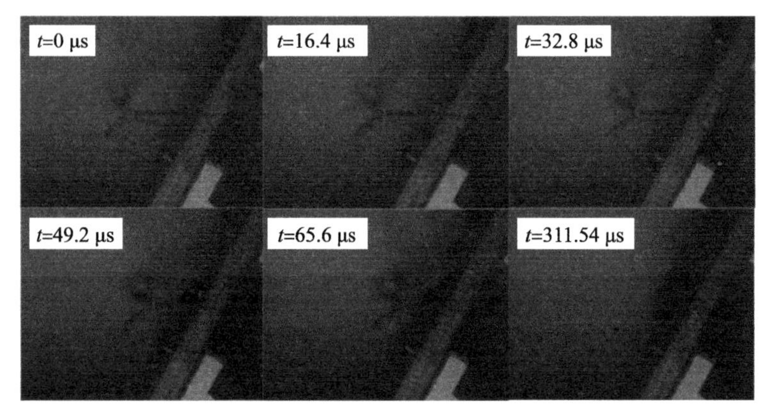

图 5.15　PTFE/Al 活性毁伤材料试样以 278 m/s 的速度倾斜碰撞钢靶

PTFE/Al 活性毁伤材料试样撞击后的垂直和倾斜钢靶如图 5.16 所示。从图中可以看出，由于两种碰撞条件下材料反应状态不同，钢靶上的反应残留状态不同。垂直钢靶上反应产生的黑色残留分布区域更大、更均匀，而倾斜钢靶上产生的残留痕迹明显有沿靶面向上传播的趋势。由于与活性毁伤材料相比，钢靶强度更高，因此钢靶均未发生明显变形。

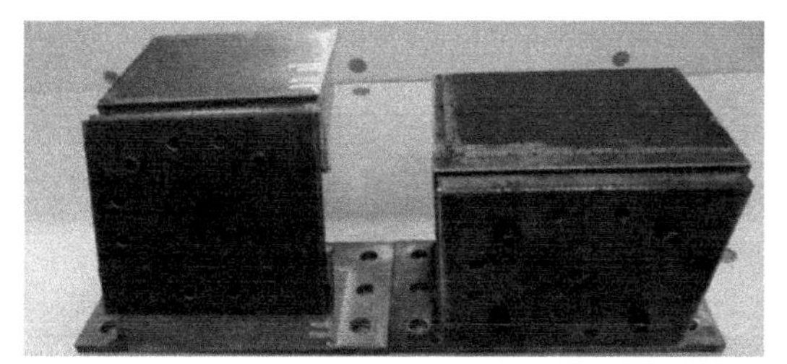

图 5.16　PTFE/Al 活性毁伤材料试样撞击后垂直和倾斜钢靶

为研究靶板材料对活性毁伤材料冲击引发弛豫行为的影响，选择 2024 铝靶和低密度聚乙烯（LDPE）靶板，PTFE/Al 活性毁伤材料试样直径为 8 mm，长度为 10 mm，试样以 300 m/s 速度垂直撞击铝靶过程如图 5.17 所示。可以看出，在 $t = 193.50$ μs 时，试样与靶板碰撞，活性毁伤材料点火产生火焰，且反应随着试样与靶板继续碰撞持续至 $t = 360$ μs。

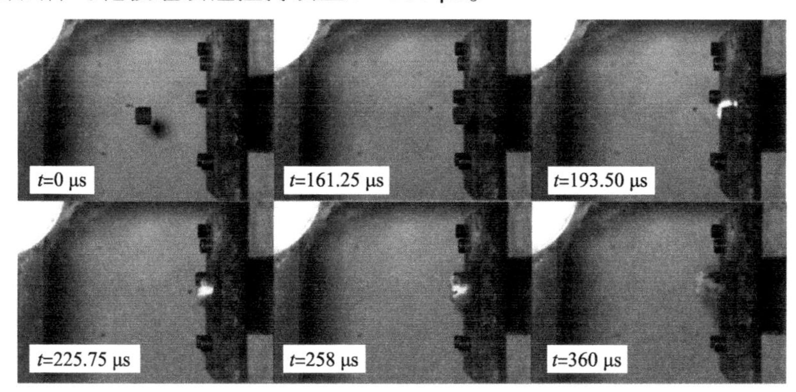

图 5.17　PTFE/Al 活性毁伤试样以 300 m/s 速度垂直撞击铝靶

PTFE/Al 活性毁伤材料试样以 300 m/s 和 235 m/s 的速度撞击后的铝靶如图 5.18 和图 5.19 所示。可以看出，铝靶正面有明显的凹坑，活性毁伤材料发生反应时，凹坑内及侵孔周边均可观察到黑色反应产物。撞击速度不同，靶板背面隆起变形不同。撞击速度较高时，与正面凹坑对应位置出现明显局部凸起，而撞击速度较低时，背面呈现整体变形。

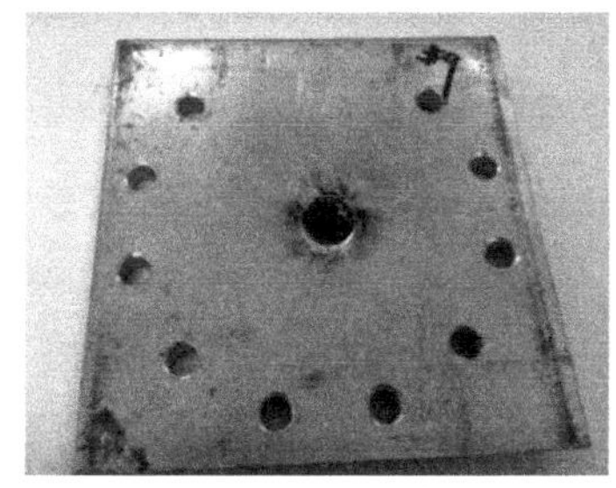

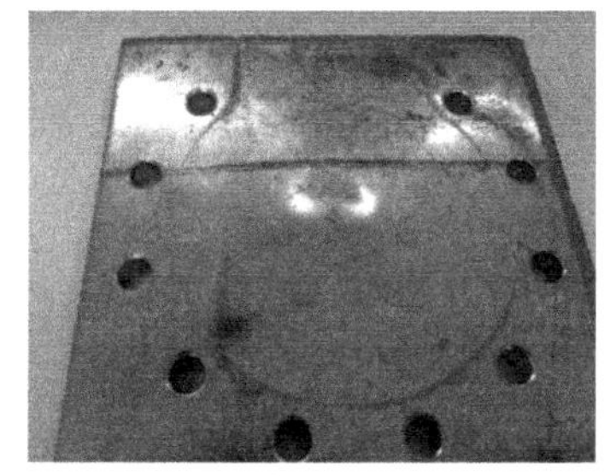

图 5.18　PTFE/Al 活性毁伤材料试样以 300 m/s 的速度撞击后的铝靶

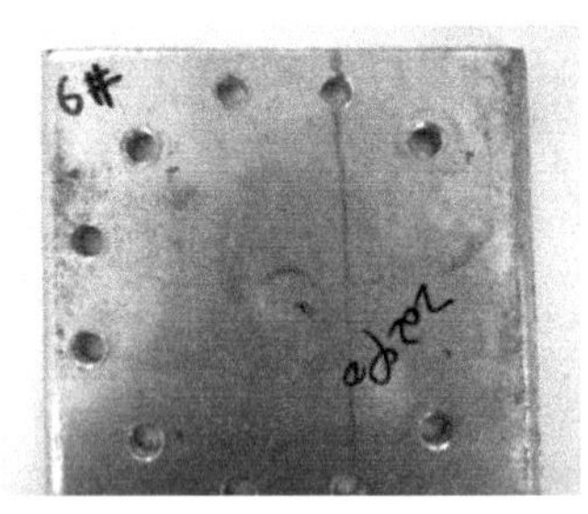

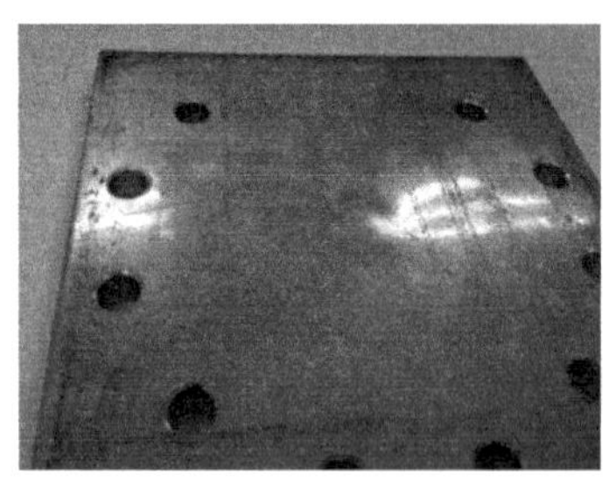

图 5.19　PTFE/Al 活性毁伤材料试样以 235 m/s 的速度撞击后的铝靶

PTFE/Al 活性毁伤材料试样以 257 m/s 速度垂直碰撞 LDPE 靶板的过程如图 5.20 所示。撞击过程中，未观察到试样发生点火，表明试样未发生反应。碰撞过程中，试样未发生彻底粉碎，撞靶后被靶板反弹，最终反向运动。PTFE/Al 活性毁伤材料试样以 257 m/s 和 226 m/s 速度撞击后的 LDPE 靶分别如图 5.21 和图 5.22 所示。靶板正面均在碰撞下产生凹坑，甚至发生破坏，但未观察到与铝靶凹坑内类似的黑色反应产物。靶板背面对应位置均出现凸起，且由于法兰盘的固定作用，在靶板上可观察到环状变形。产生以上现象的主要原因是，相比于钢靶与铝靶，LDPE 靶板强度较低，尤其是低于 PTFE/Al 活性毁伤材料强度，导致碰撞后 LDPE 靶板表面产生凹陷破坏，但碰撞应力等特征载荷未达到材料激活阈值，因此试样未发生反应。

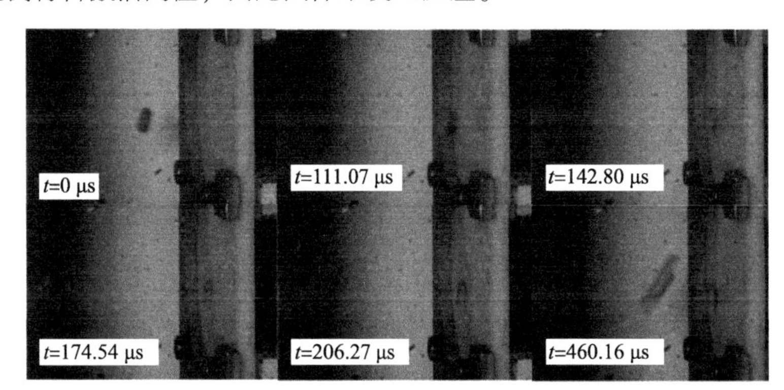

图 5.20　PTFE/Al 活性毁伤材料试样以 257 m/s 速度垂直碰撞 LDPE 靶板过程

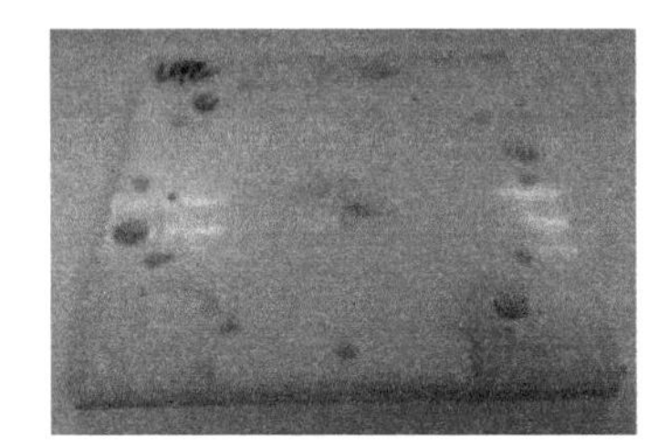

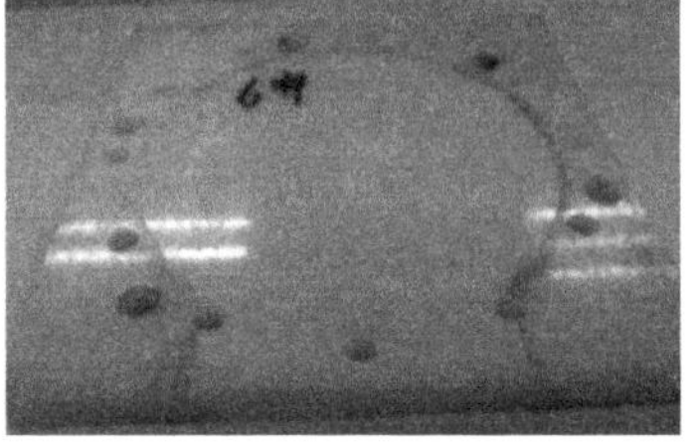

图 5.21　PTFE/Al 活性毁伤材料试样以 257 m/s 的速度撞击后的 LDPE 靶板

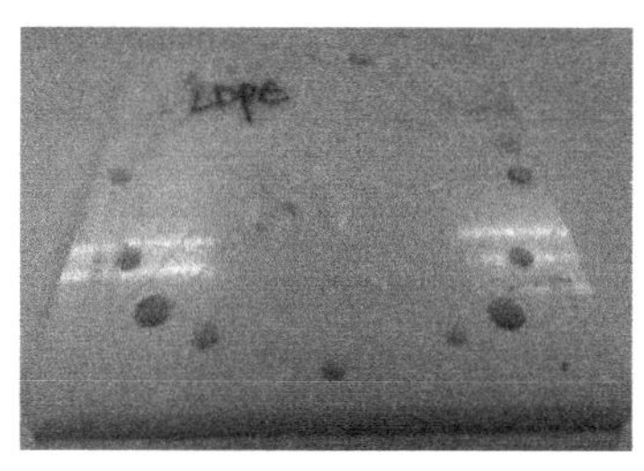

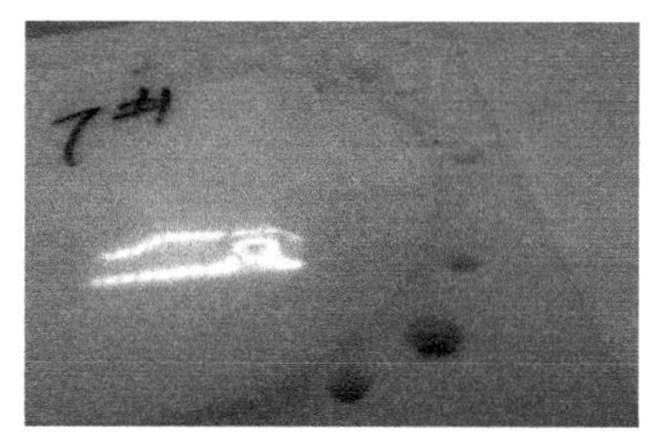

图 5.22　PTFE/Al 活性毁伤材料试样以 226 m/s 的速度撞击后的 LDPE 靶板

在 PTFE/Al 活性毁伤材料试样与靶板碰撞过程中，靶板发生变形的同时，试样也会在弹性及塑性波的作用下发生变形。当碰撞应力超过材料强度极限时，试样开始发生破坏。当试样撞击速度高于材料中塑性波波速时，在接触面不远处形成一个激波驻波，激波后方压力很高，试样变形很大，材料急剧变热，引起材料粉碎和熔解。随着撞击速度降至塑性波波速以下，试样粉碎和熔解才会停止。在该过程中，圆柱试样前端由于侵蚀产生质量损失。由此可以看出，当撞击速度高于试样中的塑性波波速时，碰撞分为两个阶段：第一阶段为侵蚀阶段，原长为 L、质量为 m_s 的试样以初速 v_0 撞击靶板后，变为长度为 L_1、质量为 $m_1 = (L_1/L)\ m_s$ 和速度 $v_1 = ZC_p$ 的试样；第二阶段侵蚀后的试样以新的初始条件继续与靶板碰撞，运动方程为

$$-\sigma_{yD}A_0 = \rho_p A_0 x \frac{dv_p}{dt} \tag{5.3}$$

式中，$dx = -v_p dt$，运动方程可被简化为

$$\sigma_{yD}\frac{dx}{x} = \rho_p v_p dv_p \tag{5.4}$$

对等式两边积分，得

$$\sigma_{yD}\ln x = \frac{1}{2}\rho_p v_p^2 + C' \tag{5.5}$$

式中，常数 C' 由初始条件 $x = L$ 时，$v_p = v_0/Z^*$ 计算得到。式中

$$Z^* = 1 + \frac{\rho_p C_p}{\rho_t C_t} \tag{5.6}$$

$$C' = \sigma_{yD}\ln L - \frac{1}{2}\rho_p\left(\frac{v_0}{Z^*}\right)^2 \tag{5.7}$$

将 C' 代入式（5.5），整理可得

$$\frac{x}{L} = \exp\left[-\lambda\left(\frac{1}{Z^{*2}} - \frac{v_p^2}{v_0^2}\right)\right] \tag{5.8}$$

式中，$\lambda = \dfrac{\rho_p v_0^2}{2\sigma_{yD}}$。

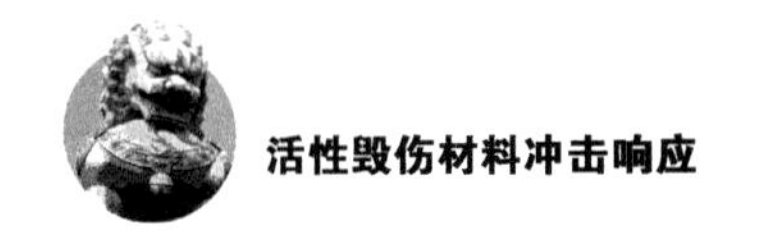

第一阶段结束时，$v_p = C_p$，$x = L_1$，试样剩余长度为

$$L_1 = L\exp\left[-\lambda\left(\frac{1}{Z^{*2}} - \frac{C_p^2}{v_o^2}\right)\right] \quad (5.9)$$

剩余撞击速度 v_1 为

$$v_1 = Z^* C_p \quad (5.10)$$

剩余试样质量 m_1 为

$$m_1 = \frac{L_1}{L}m_s = m_s\exp\left[-\lambda\left(\frac{1}{Z^{*2}} - \frac{C_p^2}{v_0^2}\right)\right] \quad (5.11)$$

因此，第一阶段中试样质量损失为

$$\Delta m = m_s - m_1 = m_s\left\{1 - \exp\left[-\lambda\left(\frac{1}{Z^{*2}} - \frac{C_p^2}{v_0^2}\right)\right]\right\} \quad (5.12)$$

式中，C_p 为试样塑性波速；C_t 为靶板塑性波速；ρ_p 为试样密度，ρ_t 为靶板密度，v_0 为试样初速，v_p 为塑性边界相对于靶板速度，m_s 为试样原始质量，L 为试样原始长度，L_1 为侵蚀后试样长度，σ_{yD}为试样撞击靶板应力。

PTFE/Al 活性毁伤材料试样以不同速度垂直碰撞和倾斜碰撞钢靶后的残余试样如图 5.23 所示。从图中可以看出，在不同加载速度及碰撞角度下，残余试样呈现不同变形特征。垂直碰撞条件下，残余试样头部被墩粗而呈现典型蘑菇形，边缘呈现瓣状裂纹。倾斜碰撞条件下，残余试样的头部呈现被切削的特征。通过测量残余试样的质量和长度，结合碰撞速度及正冲击理论，可对弛豫过程中试样材料的消耗及损失进行计算。

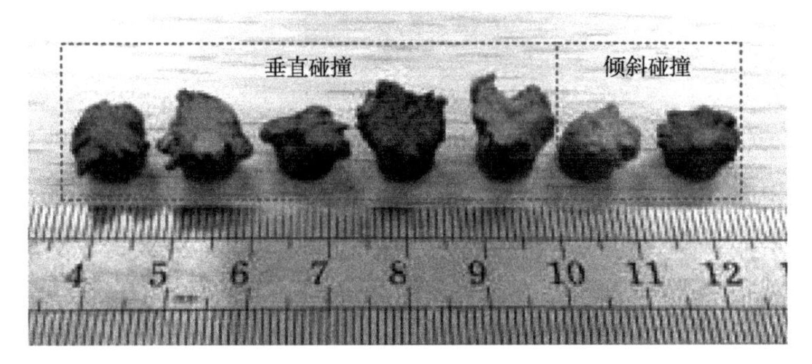

图 5.23　以不同速度垂直碰撞和倾斜碰撞钢靶后的残余试样

冲击加载实验表明，试样从与靶板初始碰撞到发生点火之间均存在一定延迟时间，即弛豫时间。弛豫时间明显受材料组分配比、粉体粒度、碰撞速度、碰撞角度等的影响。研究表明，活性金属粉体粒径越小，弛豫时间越短；碰撞速度/碰撞压力增加，弛豫时间减小。

事实上，在激活弛豫阶段，活性毁伤材料始终处于高应变率加载状态。弛豫阶段的高瞬态特征，使通过实验研究该阶段试样应力、应变率等动力学参量存在一定困难。因此，弛豫阶段试样的动力学响应行为一般通过数值仿真方法进行研究。以直径为 8 mm，长度为 40 mm 的 PTFE/Al 活性毁伤材料试样撞击钢靶为例，数值仿真中 PTFE/Al 材料的主要参数如表 5.2 所示。

表 5.2　PTFE/Al 活性毁伤材料 Johnson－Cook 模型参数

ρ_0/(kg·m^{-3})	C_p/(J·kg^{-1}·K^{-1})	G/MPa	A/MPa	B/MPa	C	N
2 270	1 161	666	8.044	250.6	0.4	1.8
θ_m/K	θ_r/K	β	Γ	C_0/(m·s^{-1})	S	
500	294	1.0	0.9	1450	2.2584	

基于圆柱活性毁伤材料试样的几何对称特性，在仿真中建立二维二分之一轴对称模型，如图 5.24 所示。通过显式动力学分析软件仿真，试样几何模型通过 4 节点双线性轴对称减缩积分单元进行有限元离散。钢靶采用刚体建模，并进行刚性约束。试样和靶板之间采用面面接触，靶板为主接触面，试样为从接触面。试样撞击靶板速度为 200～330 m/s。通过后处理提取试样长度、碰撞速度、应变率、碰撞应力等参量随时间的变化关系，如图 5.25 所示。

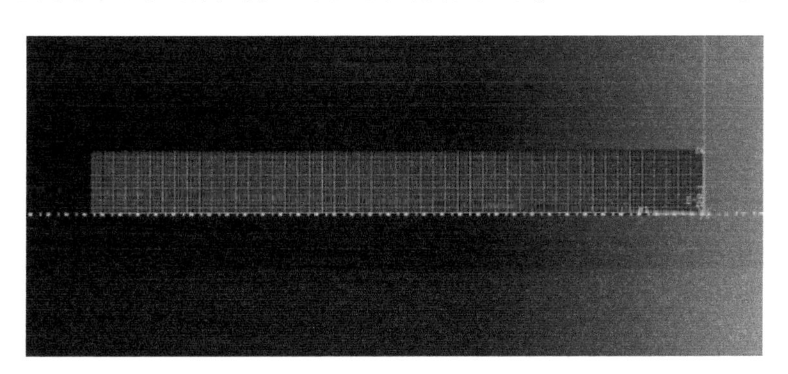

图 5.24　PTFE/Al 活性毁伤材料试样二维二分之一轴对称模型

弛豫阶段试样长度随时间的变化关系如图 5.25（a）所示，碰撞应力造成材料塑性变形及破坏，80 μs 前试样长度随时间近似线性减小，约 100 μs 后，碰撞过程结束，试样长度不再变化。试样碰撞速度随时间的变化如图 5.25（b）所示，随碰撞时间增加，碰撞速度不断减小，在 0～25 μs 时，速度波动明显，但大致保持恒定；在 30 μs 后，速度快速降低。试样加载应变率随时间

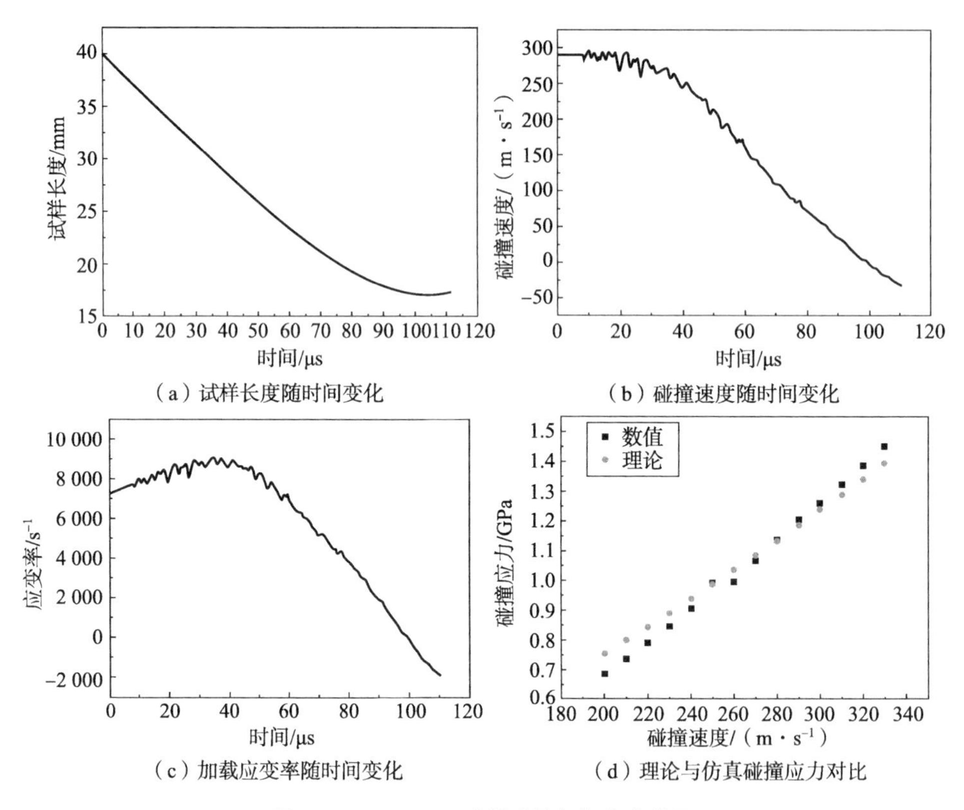

(a)试样长度随时间变化　(b)碰撞速度随时间变化

(c)加载应变率随时间变化　(d)理论与仿真碰撞应力对比

图 5.25　PTFE/Al 试样碰撞钢靶仿真结果

的变化如图 5.25（c）所示，在 40 μs 前，由于试样长度近似线性减小，碰撞速度保持相对恒定，因此试样应变率有所上升；在 40 μs 后，试样长度和速度均下降，导致应变率快速下降。在 200～330 m/s 的速度范围内，碰撞应力的理论计算与数值仿真结果的对比如图 5.25（d）所示，可以看出，以碰撞速度为 280 m/s 为分界点，在该速度之前，仿真结果小于理论计算结果，在 280 m/s 之后，仿真结果大于理论计算，但总体来讲，理论计算结果与数值仿真结果基本吻合。结合图 5.13 的高速摄影，试样点火出现于 16.6～33.2 μs，在该区间内，碰撞应力变化不显著，加载应变率变化小于 5%，表明弛豫阶段活性毁伤材料试样的碰撞应力、应变率等参量可基于试样与靶板的初始碰撞条件计算确定。

5.2.3　冲击引发反应行为

冲击引发反应行为主要研究活性毁伤材料在强冲击载荷作用下被激活至反应的响应过程。本节以分离式霍普金森压杆系统为实验手段，分析 PTFE/Al 活性毁伤材料的冲击引发反应行为。

根据霍普金森压杆理论，加载过程中试样两端应力为

$$\sigma_1 = \frac{A_B}{A_s} E_B (\varepsilon_I + \varepsilon_R) \tag{5.13}$$

$$\sigma_2 = \frac{A_B}{A_s} E_B \varepsilon_T \tag{5.14}$$

试样中平均应力通过两端应力计算，为

$$\sigma = \frac{1}{2}(\sigma_1 + \sigma_2) = \frac{1}{2} \cdot \frac{A_B}{A_s} E_B (\varepsilon_I + \varepsilon_R + \varepsilon_T) \tag{5.15}$$

式中，ε_I，ε_R，ε_T 分别为入射、反射和透射波在压杆内独立传播时产生的应变；A_s，A_B 分别为试样和压杆的截面积；E_B 为压杆弹性模量。

试样两端应力和试样内平均应力均与压杆弹性模量 E_B 有关，因此压杆材质不同，加载过程中传入试样的载荷不同。研究发现，使用不同材质压杆加载试样，在应变率相同条件下，钢杆加载时试样发生反应，铝杆加载时试样不发生反应。同时，钢杆加载速率必须高于某临界值，试样才会发生反应。因此以钢质和铝质霍普金森压杆系统为例，选择 200 mm 和 300 mm 两种长度弹丸，对比研究加载脉宽、加载应力及加载应变率对 PTFE/Al 反应行为的影响，钢杆和铝杆材料参数如表 5.3 所示。

表 5.3　压杆材料参数

参数	钢杆	铝杆
材料	马氏体时效钢	7A04 – T6 超硬铝
密度/（$kg \cdot m^{-3}$）	8 000	2 800
弹性模量/GPa	205	72
声速/($m \cdot s^{-1}$)	5 060	5 070

1. 加载脉宽影响

针对 PTFE/Al（质量分数 73.5%/26.5%）活性毁伤材料，分别通过长度为 200 mm 和 300 mm 钢弹丸进行加载，试样冲击引发反应过程通过高速摄影记录。加载过程中入射和透射杆施加给试样端面的力分别为

$$F_1 = A_B E_B (\varepsilon_I + \varepsilon_R) \tag{5.16}$$

$$F_2 = A_B E_B \varepsilon_T \tag{5.17}$$

霍普金森压杆加载下 PTFE/Al 活性毁伤材料试样典型冲击反应过程如图 5.26 所示。从图中可以看出，试样反应时已被压缩成薄片，因此可认为试样

两端受力 F_1 和 F_2 相等，则试样中应力近似为

$$\sigma_s \approx \frac{1}{2} \cdot \frac{F_1 + F_2}{A} = E_B \varepsilon_T \tag{5.18}$$

根据霍普金森压杆测试二波法，试样加载应变率为

$$\frac{d\varepsilon_s}{dt} = \dot{\varepsilon}_s = -\frac{2C_B}{l_s}\varepsilon_R \tag{5.19}$$

式中，$\dot{\varepsilon}_s$，ε_R，l_s，C_B 分别为试样应变率、反射波应变信号幅值、试样长度和压杆声速；A 为反应时刻残余试样横截面积。

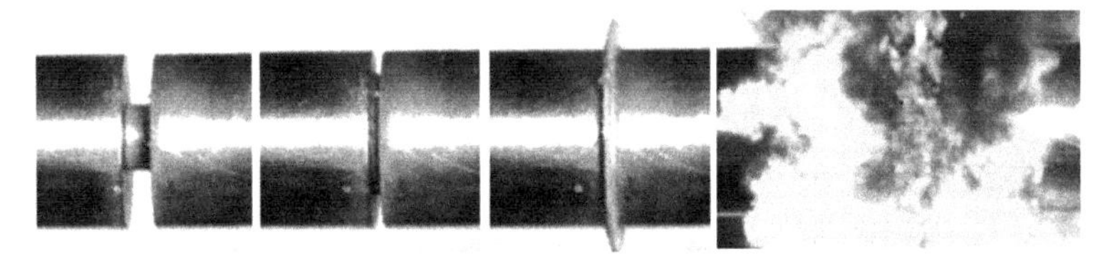

图 5. 26　PTFE/Al 活性毁伤材料试样冲击反应过程

长度为 200 mm 和 300 mm 弹丸的加载脉宽分别为 80 μs 和 120 μs，典型加载脉冲波形分别如图 5. 27 和图 5. 28 所示。从图 5. 27 中可以看出，使用长度为 200 mm 的钢弹丸时，试样在第一个脉冲周期未发生反应，仅变形和破坏；当反射波再次反射加载时，试样发生反应。相比之下，使用长度为 300 mm 的钢弹丸加载时，试样在第一个脉冲周期发生反应，表明当加载脉冲幅值一致时，载荷脉冲宽度越宽，材料越容易发生反应。

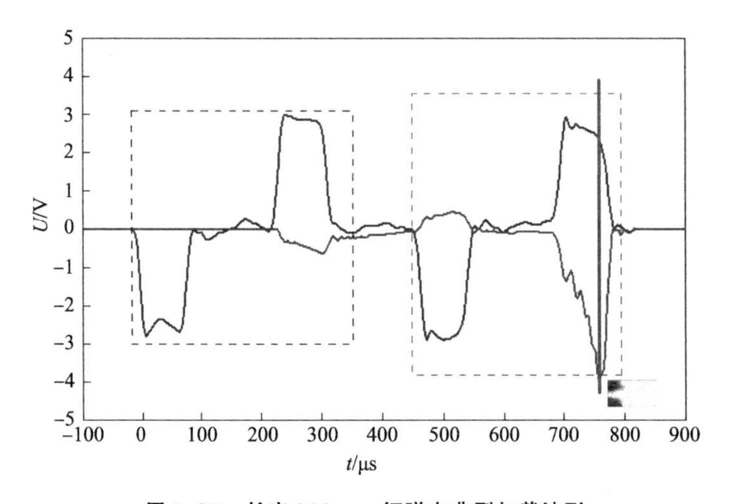

图 5. 27　长度 200 mm 钢弹丸典型加载波形

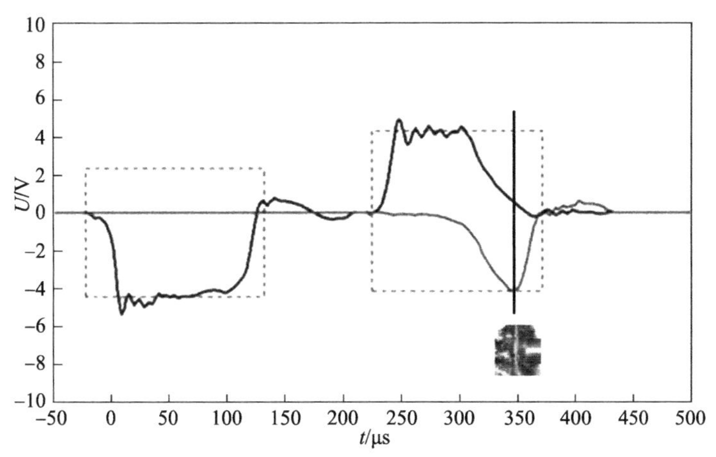

图 5.28　长度 300 mm 钢弹丸典型加载波形

在长度为 200 mm 和 300 mm 钢弹丸加载下 PTFE/Al 活性毁伤材料试样的冲击响应过程如图 5.29 和图 5.30 所示。由钢杆材料参数可知，反射波从入射杆/试样界面反射并再回到入射杆/试样界面的时间为 475 μs。长度为 200 mm 的子弹加载时，试样在第一次脉冲周期内未发生反应，因在 $t = 575$ μs 之前未观察到火光；但当 $t = 600$ μs 时，反应产生的火光较明亮，故材料反应时刻为 575 ~ 600 μs，即反应发生在第二次脉冲周期内。长度为 300 mm 的子弹加载时，在 $t = 100$ μs 时试样反应即较为剧烈，故材料反应时刻为 75 ~ 100 μs，即试样在第一次脉冲加载时就发生反应了。

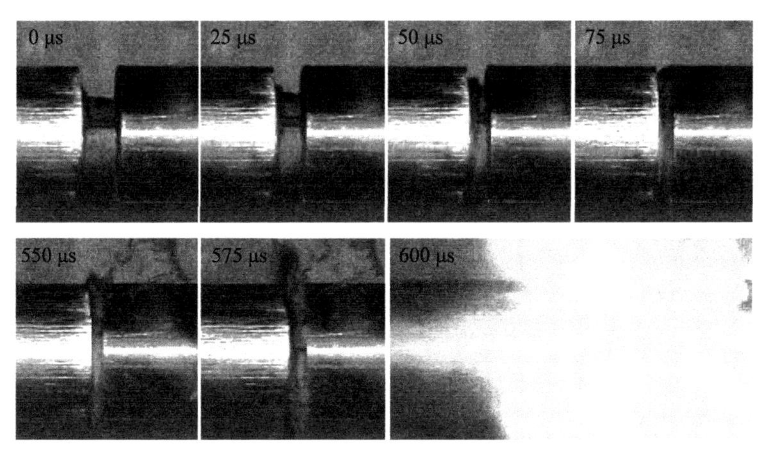

图 5.29　在长度为 200 mm 钢弹丸加载下材料的冲击响应过程

不同长度钢弹丸加载下材料的典型应力 - 应变曲线如图 5.31 所示。图中 200 mm 弹丸加载下的应力 - 应变曲线由图 5.27 中第一个脉冲周期得到，曲线总体较短，300 mm 弹丸加载下的应力 - 应变曲线则较长。200 mm 弹丸的加载脉宽为 80 μs，结合高速摄影，材料在 80 μs 之前即发生破坏，因此 200 mm 弹丸加载下，曲线因材料破坏而应力值下降。由此也可确定在300 mm弹丸加载下的应力 - 应变曲线上材料的失效破坏点。从图中还可看出，300 mm 弹丸加载时，试样破坏后的曲线并未下降，而是随应变增大而增加，主要原因是此时加载脉宽较大，材料失效后随即被幅值较大的脉冲继续压缩，材料被压实后，其承载能力并无明显减弱，致使应力 - 应变曲线并无明显下降。

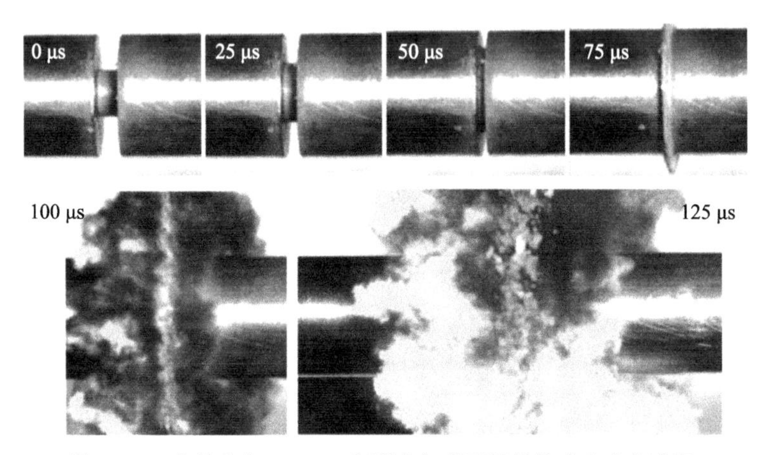

图 5.30　在长度为 300 mm 钢弹丸加载下材料的冲击响应过程

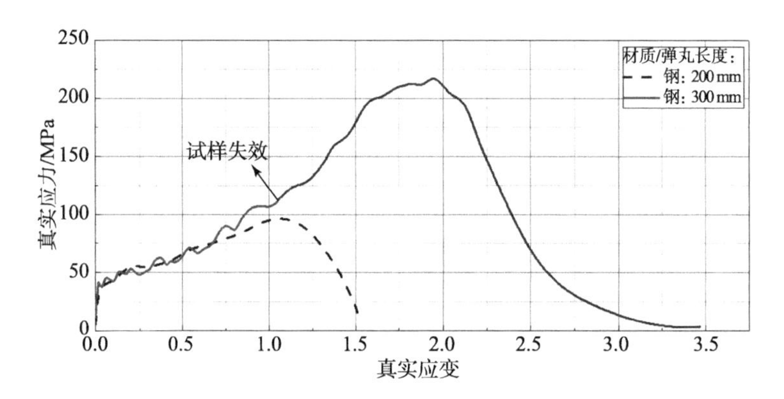

图 5.31　不同长度钢弹丸加载下材料的应力 - 应变曲线

2. 加载应力影响

除了加载脉宽，压杆系统材质直接决定输入材料体系的脉冲幅值，从而显著影响活性毁伤材料反应。为对比加载应力对活性毁伤材料冲击反应的影响，保持弹丸撞击速度为 32 m/s，弹丸材料为铝，长度为 300 mm，活性毁伤材料

试样尺寸为 ϕ6 mm × 4 mm，与前文在长度为 300 mm 钢弹丸加载下 PTFE/Al 活性毁伤材料的冲击反应行为形成对比。

300 mm 钢弹丸以 32 m/s 的速度加载下活性毁伤材料的响应行为如图 5.30 所示，从图中可以看出，25 μs 时，PTFE/Al 试样即发生显著破坏和变形；75 μs时，试样压缩变形更严重，快速向外飞散，横截面积明显大于压杆横截面积；在 100 μs 时，材料剧烈反应，产生黑烟，表明试样在 75 μs 和 100 μs 之间发生点火；125 μs 时，反应仍剧烈进行，明亮的火焰伴随黑烟向四周扩散，同时可以看出，在两杆界面位置仍有部分未反应材料试样向外飞散。

使用铝杆加载时 PTFE/Al 活性毁伤材料试样冲击反应典型过程如图 5.32 所示，试样在 60 μs 即被压至很薄，发生严重变形，但并未产生显著破碎；80 μs时，试样变形至破碎，且材料沿压杆径向向外飞散，试样横截面积大于压杆横截面积；在 100 μs 和 120 μs 时，试样碎裂更加明显，呈粉末状向四周飞散；但是，整个冲击加载过程中未观察到火光，表明试样材料未发生反应。对比以上两种加载方式下试样的响应状态，当加载应变率相同时，钢杆加载下试样发生反应，而铝杆加载下试样未发生反应。这是因为钢杆加载时加载应力约为铝杆的 3 倍，即加载应力对材料冲击引发反应有显著影响。

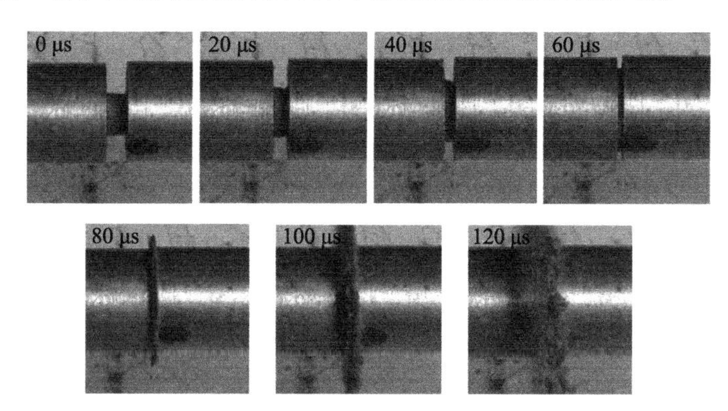

图 5.32　300 mm 铝弹丸加载下材料响应过程

3. 加载应变率影响

为对比加载应变率对活性毁伤材料冲击反应的影响，保持加载应力恒定，而加载应变率可通过改变试样厚度实现。实验中选择长度 300 mm 钢弹丸，速度为 32 m/s，试样尺寸分别为 ϕ6 mm × 10 mm 和 ϕ6 mm × 4 mm。ϕ6 mm × 10 mm 试样的冲击加载过程如图 5.33 所示。可以看出，第一个加载脉冲内，试样不断变形，直至 100 ~ 125 μs，试样横截面开始超出压杆界面，产生部分破坏；但未观察到材料点火产生的火光，表明在第一次脉冲加载内，试样未发生反应。在 600 μs 时，反射波传回入射杆端，经反射再次加载压杆间残余试样，试样开始粉碎并向四周飞散。直至 700 μs 时，试样变成粉末，但仍未观察到火光，说明试样在第二次脉冲加载时也未发生反应。

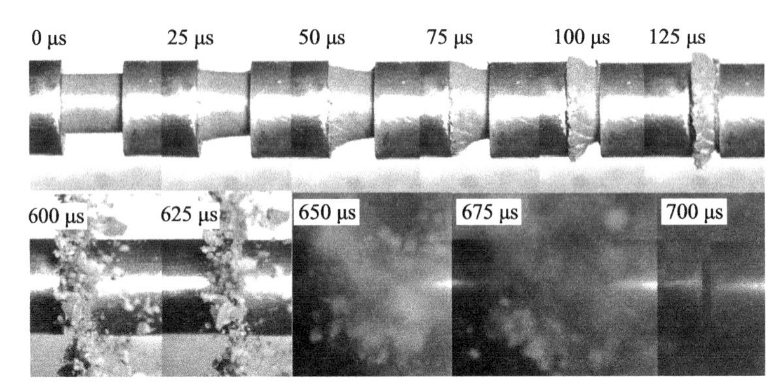

图 5.33　Φ6 mm × 10 mm 试样的冲击加载过程

对比图 5.29 和图 5.33 钢弹丸加载下两种厚度试样的冲击响应过程，可以看出，较薄试样在单次脉冲加载下，快速被压至很薄，最终发生反应；但较厚试样在单次脉冲加载下，仍然保持较大厚度，无明显粉碎、飞散，乃至在后续脉冲加载下仍无法发生反应。两组实验表明，当压杆材质、加载速度和加载应力一致时，加载应变率不同时，试样材料的反应状态显著不同，这说明加载应变率对活性毁伤材料冲击引发反应行为也有较大影响。

以上实验及现象说明了活性毁伤材料在不同加载条件下的典型冲击引发反应特征。基于以上分析，通过保持应力与应变率之一恒定，改变另一参量，可以分别研究加载应力、加载应变率对材料冲击引发的影响，从而确定材料的冲击反应临界阈值条件，研究方案如图 5.34 所示。

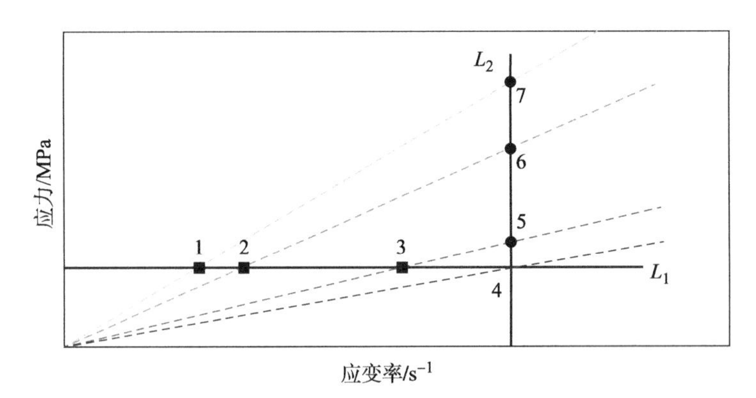

图 5.34　应力 – 应变率阈值研究实验方案

图 5.34 中 L_1 为等应力线，保持加载应力不变，改变加载应变率（点 1 至点 4）；L_2 为等应变率线，保持加载应变率不变，改变加载应力（点 4 至点 7）。通过调整加载应力和应变率，即可确定材料发生反应的最低加载应力和应变率。事实上，PTFE/Al 这类含能材料的冲击引发往往并非以某个具体的参量值作为阈值，在阈值条件附近反应是概率发生的。因此，按图 5.34 描述的方案进行实验时，在加载应力和应变率阈值附近会出现既有反应的数据点，也有未反应的数据点的混合区，需要注意混合区数据点的处理方式。

由式（5.18）和式（5.19）可知，加载应力和应变率分别根据该次加载的透射波和反射波计算。加载速度相同时，应变率取决于试样厚度，而对于不同厚度的试样，测试中应力和应变率均呈现近似线性关系。理论上，当实验数据点足够多时，在每条应力 - 应变率线上均会出现混合区，连接每个混合区的中心点，即可得到划分反应区与未反应区的分界线，即材料是否引发反应的阈值曲线，如图 5.35 所示，该分界线为代表反应的数据点的包络线，应力阈值线和应变率阈值线为该线的渐近线。在阈值曲线右上方区域内，材料受到的应力和加载应变率均高于阈值，材料会在冲击加载下发生反应。在此区域以外，应力、应变率两者之一或者两者均低于阈值，因此材料不会发生反应。只要实验数据点足够多，通过连接大量混合区中心点，即可大幅提高阈值曲线的预测精度。

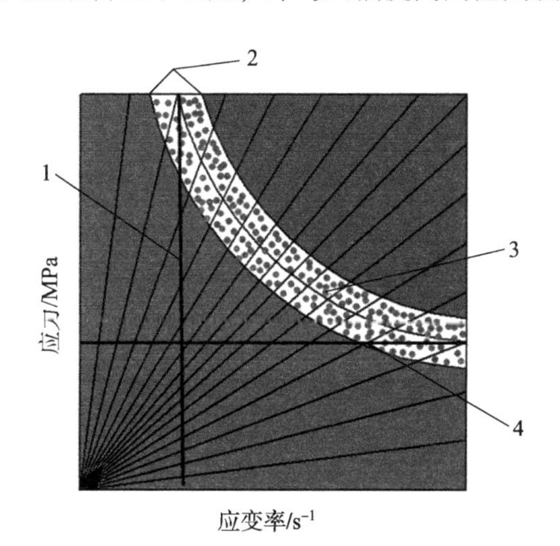

图 5.35　活性毁伤材料阈值曲线确定方法

1—应变率阈值线；2—混合区；3—阈值曲线；4—应力阈值线

以上分析从不同加载条件下活性毁伤材料冲击引发反应行为的差异角度进行阐述。但需注意的是，活性毁伤材料冲击引发反应行为的另一重要特征是其在反应时的释能效应及其附带产生的超压、温升，而超压、温升效应是活性毁

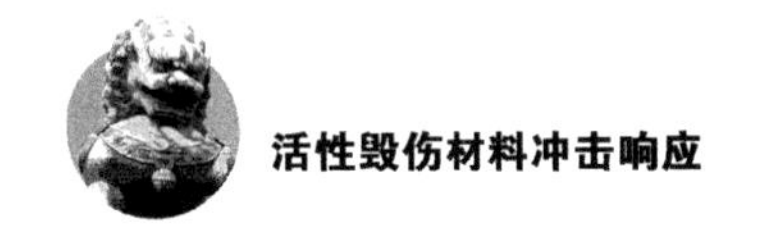

伤元对目标造成结构爆裂毁伤的主要机制。

5.3 冲击引发点火理论

冲击引发点火行为主要描述活性毁伤材料从加载到试样出现初始反应这一过程，本节重点介绍描述高应变率加载条件下活性毁伤材料冲击引发点火过程的材料不可压理论、材料可压理论及冲击温升理论。

5.3.1 材料不可压理论

活性毁伤材料冲击引发的不可压理论以高速碰撞为典型加载条件。在碰撞过程中，活性毁伤材料试样与靶板内除了会发生应力、应变状态的变化，高速下还会导致材料失效、破坏。根据正碰撞理论，不考虑材料密度变化时，基于材料不可压假设的正碰撞分析模型如图 5.36 所示。

碰撞前，靶板固定，试样以速度 v 向靶板运动并与之撞击。碰撞后，试样内压缩波以速度 U_{S1} 向试样尾部传播，靶板内压缩波以速度 U_{S2} 向靶板背部传播。试样和靶板压缩区内的粒子分别以相对于界面 U_{P1} 和 U_{P2} 的速度向两侧运动，压缩区内试样粒子绝对速度为 $U-U_{P1}$，试样和靶板内的应力分别为 σ_1 和 σ_2。未被压缩试样继续以速度 v 向靶板运动，未被压缩的靶板保持静止。

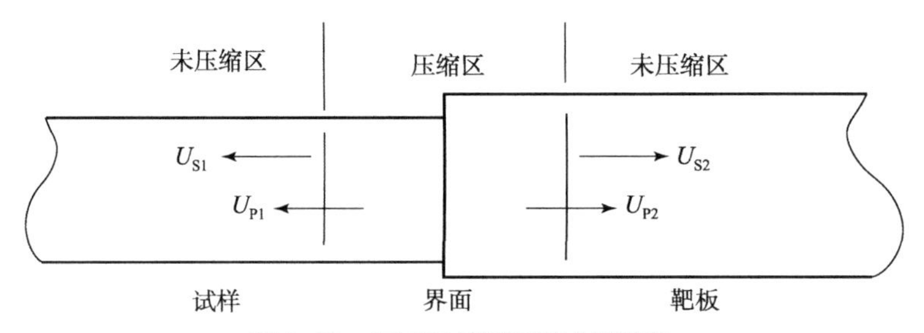

图 5.36 不可压假设下正碰撞过程

碰撞界面两侧速度和应力连续，为

$$\begin{cases} v - U_{P1} = U_{P2} \\ \sigma_1 = \sigma_2 \end{cases} \tag{5.20}$$

由动量守恒原理，有

$$\begin{cases} \sigma_1 = \rho_{01} U_{S1} U_{P1} \\ \sigma_2 = \rho_{02} U_{S2} U_{P2} \end{cases} \tag{5.21}$$

式中，ρ_{01}，ρ_{02}分别为试样和靶板的密度。

计算时不考虑试样与靶板材料的压缩性，因此ρ_{01}、ρ_{02}保持不变。材料受冲击压缩时满足如下状态方程：

$$\begin{cases} U_{S1} = C_1 + S_1 U_{P1} \\ U_{S2} = C_2 + S_2 U_{P2} \end{cases} \tag{5.22}$$

式中，S_1、S_2为经验系数；C_1、C_2为试样和靶板材料未受冲击时的声速。

由式（5.21）和式（5.22），可得

$$\begin{cases} \sigma_1 = \rho_{01} C_1 U_{P1} + \rho_{01} S_1 U_{P1}^2 \\ \sigma_2 = \rho_{02}(C_2 + S_2 U_{P2}) U_{P2} \end{cases} \tag{5.23}$$

由式（5.23）和式（5.20），可得

$$U_{P2}^2(\rho_{02}S_2 - \rho_{01}S_1) + U_{P2}(\rho_{02}C_2 + \rho_{01}C_1 + 2\rho_{01}S_1 v) - \rho_{01}(C_1 v + S_1 v^2) = 0 \tag{5.24}$$

则

$$U_{P2} = \frac{-(\rho_{02}C_1 + \rho_{01}C_1 + 2\rho_{01}S_1 v) \pm \sqrt{\Delta}}{2(\rho_{02}S_2 - \rho_{01}S_2)} \tag{5.25}$$

式中，$\Delta = (\rho_{02}C_2 + \rho_{01}C_1 + 2\rho_{01}S_1 v)^2 + 4\rho_{01}(\rho_{02}S_2 - \rho_{01}S_1)(C_1 v + S_1 v^2)$。则试样和靶板中的应力为

$$\sigma_1 = \sigma_2 = \rho_{02}(C_2 + S_2 U_{P2}) U_{P2} \tag{5.26}$$

依据材料不可压理论，可获得试样以不同状态与靶板作用时，活性毁伤材料内产生的碰撞压力、波速、粒子速度等物理参量，结合实验中观察到的材料冲击引发点火现象，对材料冲击引发点火行为进行分析。

5.3.2　材料可压理论

假设活性毁伤材料和靶板材料为不可压材料，试样与靶板碰撞前后，材料密度均不发生变化。但事实上，PTFE/Al 活性毁伤材料试样高速碰撞 LDPE 靶和铝靶后，靶板压缩变形显著，尤其是低密度、低强度的 LDPE 靶，受试样材料高速碰撞后作用点附近的靶板材料被明显压缩，这说明在高速碰撞条件下，需考虑靶板和试样材料的可压性以及密度变化。

考虑材料可压性时，靶板和试样碰撞过程如图 5.37 所示。碰撞前，试样和靶板中的应力、密度和粒子速度分别为$\sigma_{10}=0$、ρ_{10}、$U_{10}=v$和$\sigma_{20}=0$、ρ_{20}、$U_{20}=0$，试样以速度v向靶板运动并与之撞击。碰撞后，试样内压缩波以速度v_{S1}向试样尾部传播，靶板内压缩波以速度U_{S2}向靶板背部传播。试样和靶板压缩区内应力、密度和粒子速度分别为σ_{1x}、ρ_{1x}、U_{1x}和σ_{2x}、ρ_{2x}、U_{2x}。未被压缩

的试样继续以速度 v 向靶板运动，未被压缩的靶板保持静止。

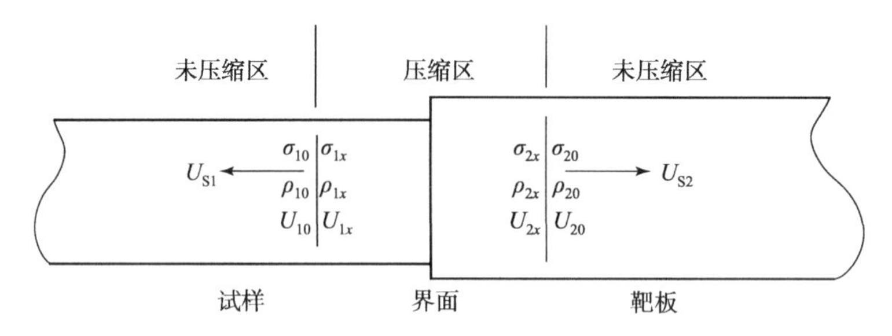

图 5.37　可压假设下正碰撞过程

对于试样，根据质量和动量守恒有

$$\begin{cases}\rho_{10}(U_{S1}+v)=\rho_{1x}(U_{S1}+U_{1x})\\ \sigma_{1x}=\rho_{10}(U_{S1}+v)(v-U_{1x})\end{cases} \tag{5.27}$$

对于靶板，根据质量和动量守恒有

$$\begin{cases}\rho_{20}U_{S2}=\rho_{2x}(U_{S2}-U_{2x})\\ \sigma_{2x}=\rho_{20}U_{S2}U_{2x}\end{cases} \tag{5.28}$$

试样和靶板压缩区内粒子速度和应力为

$$\begin{cases}U_{S1}=\dfrac{\xi_1 v-U_{1x}}{1-\xi_1}\\ U_{S2}=\dfrac{U_{2x}}{1-\xi_2}\end{cases} \tag{5.29}$$

$$\begin{cases}\sigma_{1x}=\dfrac{\rho_{10}(v-U_{1x})^2}{1-\xi_1}\\ \sigma_{2x}=\dfrac{\rho_{20}U_{2x}^2}{1-\xi_2}\end{cases} \tag{5.30}$$

式中，$\xi_1=\rho_{10}/\rho_{1x}$、$\xi_2=\rho_{20}/\rho_{2x}$分别为试样和靶板材料压缩前后的密度比。

在界面处，粒子速度和应力连续：

$$\begin{cases}U_{1x}=U_{2x}\\ \sigma_{1x}=\sigma_{2x}\end{cases} \tag{5.31}$$

结合试样与靶板材料状态方程，即可获得不同撞击条件下，试样与靶板材料密度、应力、应变率等参量。

假设试样和靶板材料均为不可压时，$\xi_1=\xi_2=1$，上述计算冲击过程各参量的方程变为材料不可压假设中的形式。

长度为 L 的试样碰撞时应变率为

$$\dot{\varepsilon}=\frac{v}{L} \tag{5.32}$$

基于以上分析，通过改变试样撞击速度、靶板材料和试样长度均可改变试样碰撞应力和应变率。PTFE/Al、45钢、2024铝及LDPE等材料参数如表5.4所示，不同撞击速度下活性毁伤材料、靶板密度变化如图5.38所示。

表5.4　试样和靶板材料参数

材料	$\rho_0/(\mathrm{g\cdot cm^{-3}})$	$C_0/(\mathrm{km\cdot s^{-1}})$	S
PTFE/Al	2.27	1.45	2.258 4
2024铝	2.79	5.33	1.34
45钢	7.9	4.57	1.49
LDPE	0.92	2.90	1.48

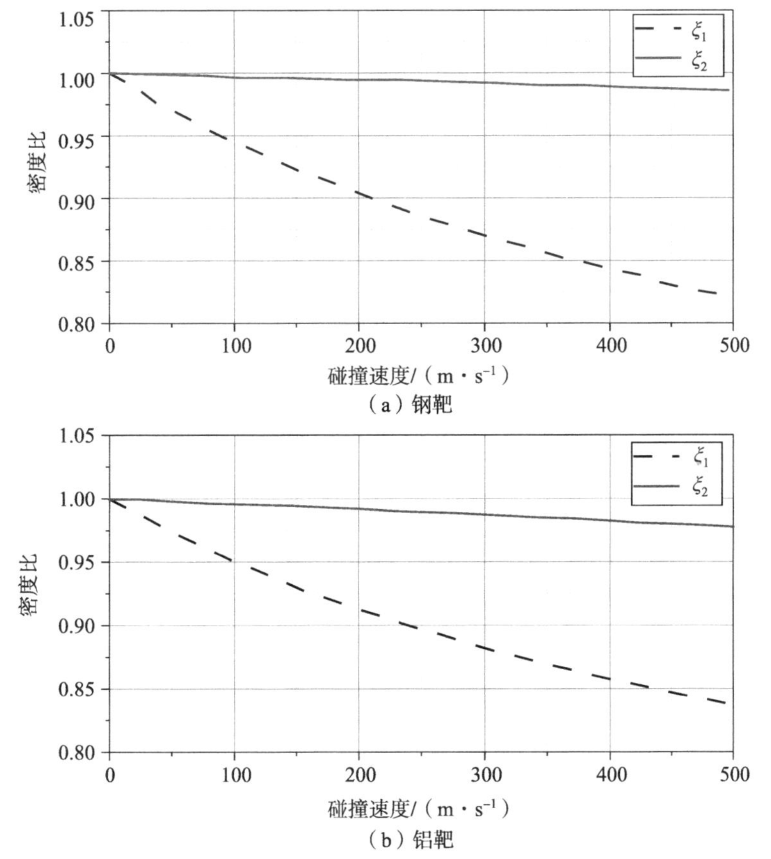

图5.38　不同撞击速度下PTFE/Al和靶板材料密度变化

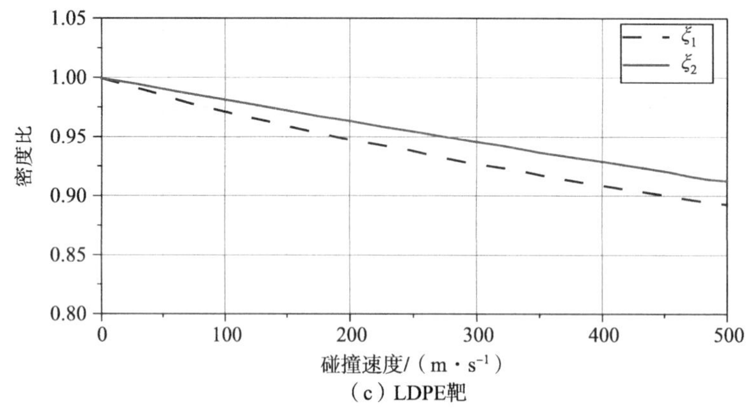

（c）LDPE靶

图 5.38　不同撞击速度下 PTFE/Al 和靶板材料密度变化（续）

ξ_1 和 ξ_2 分别为碰撞过程中试样材料和靶板材料的实际密度与理论密度比，从图中可以看出，在 0～500 m/s 的碰撞速度范围内，试样和靶板材料密度比的变化均很明显。对于钢靶，随速度从 0 m/s 增加到 500 m/s，靶板密度比从 1 减小到 0.98，而试样密度比从 1 减小到 0.82，表明不同速度碰撞条件下高强度钢靶密度变化较小，而活性毁伤材料密度变化较大。对于铝靶，速度从 0 m/s增加到 500 m/s，靶板密度比从 1 减小到 0.97，而试样密度比从 1 减小到 0.83。与钢靶相比，铝靶密度压缩性增加，试样密度压缩性降低。对于 LDPE 靶板，试样和靶板密度比变化范围分别为 1～0.91 和 1～0.89，靶板压缩性进一步增加，试样压缩性有所降低。

以不同速度撞击不同材料靶板时，基于材料可压和不可压假设获得的试样撞击应力如图 5.39 所示，撞击速度为 500 m/s 时在两种假设下计算所得应力及相对误差如表 5.5 所示。对于 2024 铝靶和 LDPE 靶，两种假设下碰撞应力－

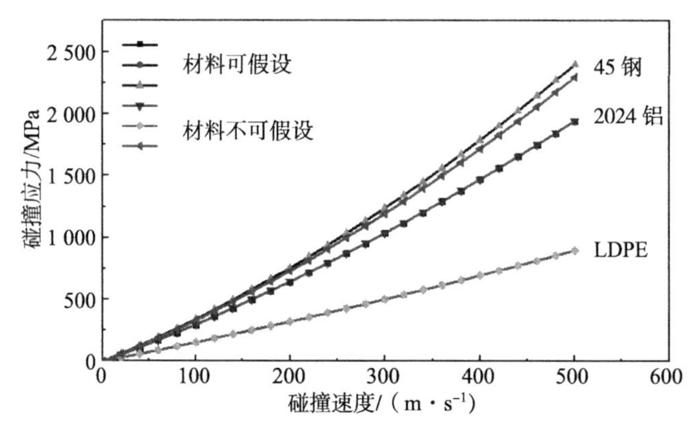

图 5.39　碰撞应力与撞击速度关系

撞击速度曲线基本重合，即材料不可压假设对碰撞应力影响较小；而对 45 钢靶，材料不可压假设下碰撞应力明显更小，误差较大。

表 5.5　撞击速度为 500 m/s 时碰撞应力及相对误差

靶板材料	碰撞应力/MPa		相对误差/%
	可压假设	不可压假设	
45 钢	240 068.29	229 696.14	4.32
2024 铝	194 343.37	194 334.65	0.45
LDPE	89 955.01	89 953.50	0.17

5.3.3　冲击温升理论

冲击加载下，由于冲击波传播、材料变形、组分间滑移摩擦等作用，活性毁伤材料结构局部及宏观均会产生显著温升。从激活机理角度看，温升将导致材料发生点火，最终引发材料发生快速化学反应。

1. 塑性变形温升

高应变率加载下，材料变形速率较快，产生的热量难以快速扩散至周围介质，材料结构内温升呈现典型局部化特征。因此，高应变率加载下材料的变形一般处理为绝热过程，材料温升表述为

$$\Delta T = \frac{\beta}{\rho c_p}\int_0^{\varepsilon_f} \sigma \mathrm{d}\varepsilon \tag{5.33}$$

式中，β 为功热转换系数；ρ、c_p 为材料密度和比热；σ 和 ε_f 分别为塑性应力和塑性应变。活性毁伤材料本构行为通过 Johnson - Cook 模型描述：

$$\sigma = (A + B\varepsilon^n)\left(1 + C\ln\frac{\dot{\varepsilon}}{\dot{\varepsilon}_0}\right)[1 - (T^*)^m] \tag{5.34}$$

由式（5.33）和式（5.34），材料温升为

$$\Delta T = \frac{\beta}{\rho c_p}\int_0^{\varepsilon_f}(A + B\varepsilon^n)\left(1 + C\ln\frac{\dot{\varepsilon}}{\dot{\varepsilon}_0}\right)[1 - (T^*)^m]\mathrm{d}\varepsilon \tag{5.35}$$

温度软化系数为 1 时，对式（5.35）进行积分可得

$$\int_{T_0^*}^{T^*}\frac{\mathrm{d}T^*}{1 - T^*} = \frac{\beta}{\rho c_p}\int_0^{\varepsilon_f}(A + B\varepsilon^n)\left(1 + C\ln\frac{\dot{\varepsilon}}{\dot{\varepsilon}_0}\right)\mathrm{d}\varepsilon \tag{5.36}$$

最终冲击加载下材料塑性变形产生的温升为

$$\Delta T = 1 - \exp\left[\frac{-\beta}{\rho c_p}\left(1 + C\ln\frac{\dot{\varepsilon}}{\dot{\varepsilon}_0}\right)\left(A\varepsilon_f + \frac{B\,{\varepsilon_f}^{n+1}}{n + 1}\right)\right](T_m - T_r) \tag{5.37}$$

从以上分析过程可以看出，活性毁伤材料塑性变形产生的温升取决于材料塑性应变 ε_f 以及加载应变率 $\dot{\varepsilon}$。不同加载应变率及塑性应变条件下 PTFE 基活性毁伤材料温升如图 5.40 所示。

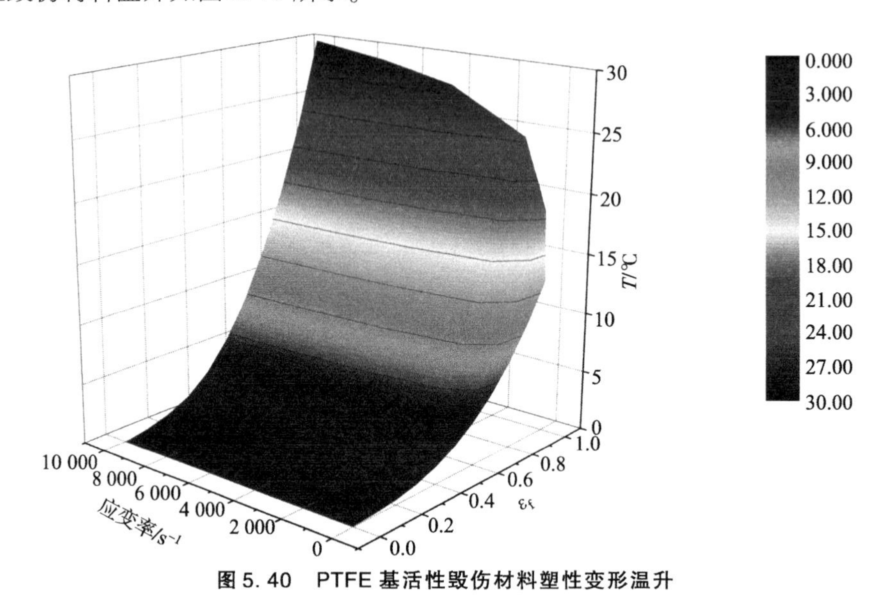

图 5.40　PTFE 基活性毁伤材料塑性变形温升

2. 冲击波温升

冲击波作用下，材料从初始状态变为冲击压缩状态的过程为绝热过程，而从冲击压缩状态卸载到初始状态的过程为等熵过程。典型固体材料冲击压缩及卸载过程如图 5.41 所示。材料初始比容为 v_0，温度为 T_0，冲击压缩下，沿 Hugoniot 曲线，材料压力、比容、温度分别变为 p_1、v_1 和 T_1。冲击压缩结束，沿等熵线，材料比容、温度分别变为 v_2 和 T_2。

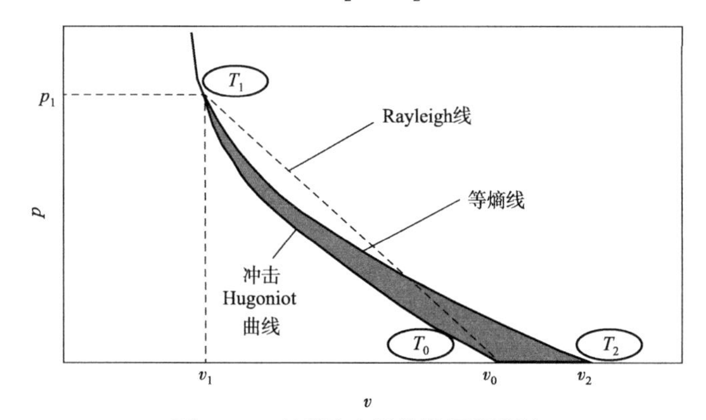

图 5.41　材料冲击压缩及卸载过程

从初始状态至加载终态，由热力学第一定律有

$$dE = \delta Q - \delta W \tag{5.38}$$

当所有冲击波能量都转化为材料体积功时，$\delta W = p\mathrm{d}v$，$\delta Q/T = \mathrm{d}S$，则式（5.38）为

$$dE = T\mathrm{d}S - p\mathrm{d}v \tag{5.39}$$

其中，$T\mathrm{d}S$ 的热力学表达式为

$$T\mathrm{d}S = T\left(\frac{\partial S}{\partial T}\right)_V \mathrm{d}v + T\left(\frac{\partial S}{\partial v}\right)_T \mathrm{d}v \tag{5.40}$$

$$C_V = \left(\frac{\partial E}{\partial T}\right)_V = T\left(\frac{\partial S}{\partial T}\right)_V \tag{5.41}$$

由于 $\mathrm{d}A = -p\mathrm{d}v - S\mathrm{d}T$，可得

$$\left(\frac{\partial p}{\partial T}\right)_V = \left(\frac{\partial S}{\partial v}\right)_T \tag{5.42}$$

因此，式（5.40）表述为

$$T\mathrm{d}S = C_V\partial T + T\left(\frac{\partial p}{\partial E}\right)_V\left(\frac{\partial E}{\partial T}\right)_V \mathrm{d}v = C_V\partial T + T\frac{\gamma}{v}C_V\mathrm{d}v \tag{5.43}$$

式中，Grüneisen 方程 $\gamma/v = (\partial p/\partial E)_V$。

此时，材料体积功为

$$\mathrm{d}E = C_V\mathrm{d}T + T\frac{\gamma}{v}C_V\mathrm{d}v - p\mathrm{d}v \tag{5.44}$$

沿冲击 Hugoniot 线，材料压力及比容关系为

$$\Delta E = (E_1 - E_0) = \frac{1}{2}(p_1 + p_0)(v_0 - v_1) \tag{5.45}$$

加载过程中材料内能随体积变化，式（5.44）和式（5.45）为

$$\left(\frac{\mathrm{d}E}{\mathrm{d}H}\right)_H = C_V\left(\frac{\mathrm{d}T}{\mathrm{d}v}\right)_H + \frac{\gamma T}{v}C_V - p \tag{5.46}$$

$$\left(\frac{\mathrm{d}E}{\mathrm{d}H}\right)_H = \frac{1}{2}\left(\frac{\mathrm{d}P}{\mathrm{d}v}\right)_H(v_0 - v) - \frac{1}{2}p \tag{5.47}$$

由式（5.46）和式（5.47），冲击加载下材料压力、温度、比容关系式为

$$C_V\left(\frac{\mathrm{d}T}{\mathrm{d}v}\right)_H + \frac{\gamma T}{v}C_V - p = \frac{1}{2}\left(\frac{\mathrm{d}p}{\mathrm{d}V}\right)_H(v_0 - v) - \frac{1}{2}p \tag{5.48}$$

通过式（5.48），可以求得冲击 Hugoniot 线上任意一点对应的材料温度、压力、比容，该方程的标准解形式为

$$T = T_0\exp\left[\frac{\gamma_0}{v_0}(v_0 - v)\right] + \frac{v_0 - v}{2C_V}p + \frac{\exp\left(\frac{-\gamma_0}{v_0}v\right)}{2C_V}\int_{v_0}^{v} p\exp\left(\frac{-\gamma_0}{v_0}v\right)\left[2 - \frac{\gamma_0}{v_0}(v_0 - v)\right]\mathrm{d}v \tag{5.49}$$

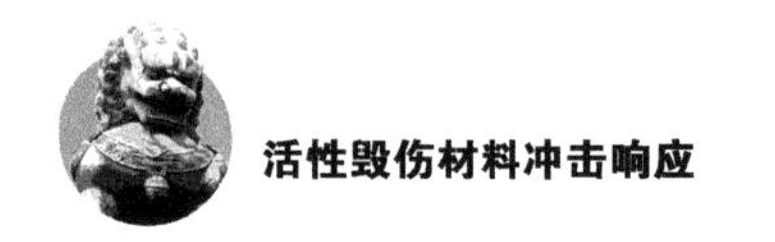

在沿等熵线卸载过程中，材料热力学方程为

$$TdS = C_V dT + T\frac{\gamma}{v}C_V dv \tag{5.50}$$

式中，$dS=0$，$\frac{dT}{T}=-\frac{\gamma}{v}dv$。

沿卸载等熵线对式（5.50）积分可得

$$\ln\frac{T_2}{T_1} = -\int_{v_1}^{v_2}\frac{\gamma}{v}dv \tag{5.51}$$

$$T_2 = T_2\exp\left(-\int_{v_1}^{v_2}\frac{\gamma}{v}dv\right) \tag{5.52}$$

式中，$\frac{\gamma}{v}=\frac{\gamma_0}{v_0}$。因此，卸载终态材料温度为

$$T_2 = T_1\exp\left[\frac{\gamma_0}{v_0}(v_1 - v_2)\right] \tag{5.53}$$

以 PTFE 基活性毁伤材料试样高速碰撞靶板过程为例，不同长度试样撞击靶板过程中，冲击波产生的温升如图 5.42 所示。

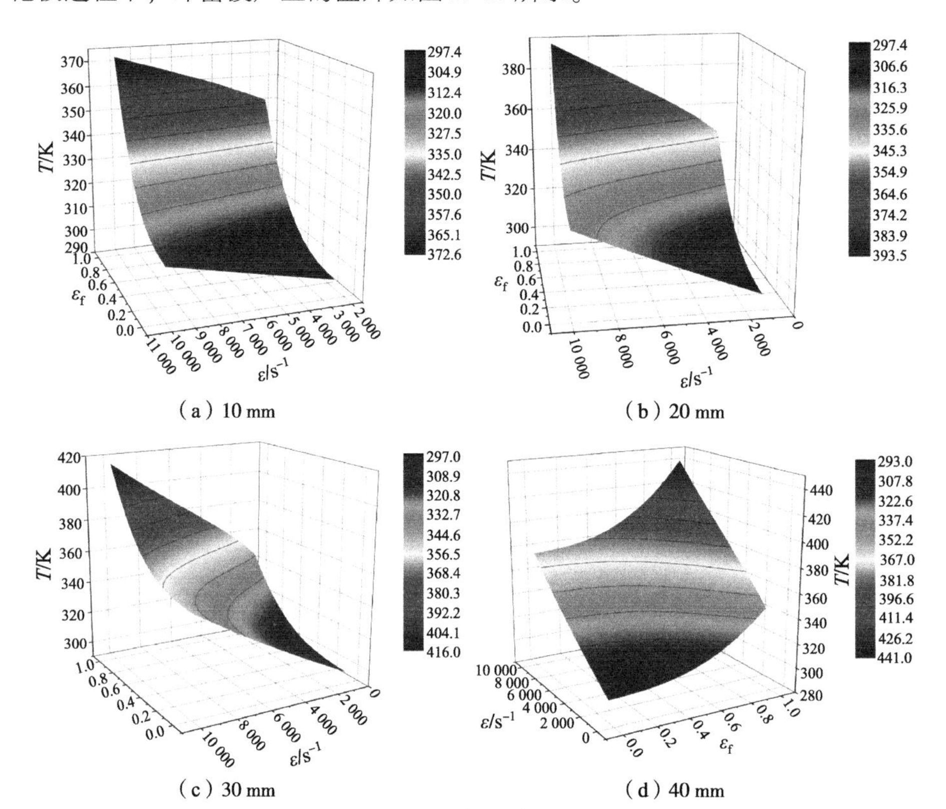

（a）10 mm　（b）20 mm

（c）30 mm　（d）40 mm

图 5.42　PTFE 基活性毁伤材料冲击波温升

需要特别说明的是，冲击加载下活性毁伤材料的温升是一个相当复杂的过程，塑性变形和冲击波产生了活性毁伤材料的主要温升。但材料失效破坏、裂纹扩展、碎化等过程也会产生热量导致材料细观结构显著局部温升，涉及的物理过程和机制更为复杂，还需进一步开展相关研究。

5.4　冲击引发点火模型

冲击引发点火模型通过数学形式描述在不同加载条件下活性毁伤材料的动力学响应与点火行为的关联特性。本节主要介绍应力－应变率点火模型、冲击能－应变率点火模型和应力－弛豫时间点火模型。

5.4.1　应力－应变率点火模型

基于弹道枪测试系统对 PTFE/Al 活性毁伤材料点火模型进行研究，基本思路是，首先通过改变靶板材料、试样长度、加载速度、靶板倾斜角度等弹靶碰撞条件，采用高速摄影记录不同条件下材料的冲击点火状态；再基于冲击引发点火理论，计算 PTFE/Al 活性毁伤材料试样与靶板的碰撞应力和加载应变率；最后，结合试样的点火状态，建立应力－应变率点火模型。

实验测试原理如图 5.3 所示，圆柱形活性毁伤材料试样直径为 8 mm，长度分别为 10 mm、20 mm、30 mm 和 40 mm，不同长度试样及弹托如图 5.43 所示。弹道枪口径选择 14.5 mm，靶板材料分别选择钢、铝和 LDPE，三种材料靶板长、宽、厚分别为 140 mm、140 mm 和 15 mm。设置垂直和倾斜两种靶架，靶板设置为垂直和与水平方向呈 60°夹角倾斜两种状态。

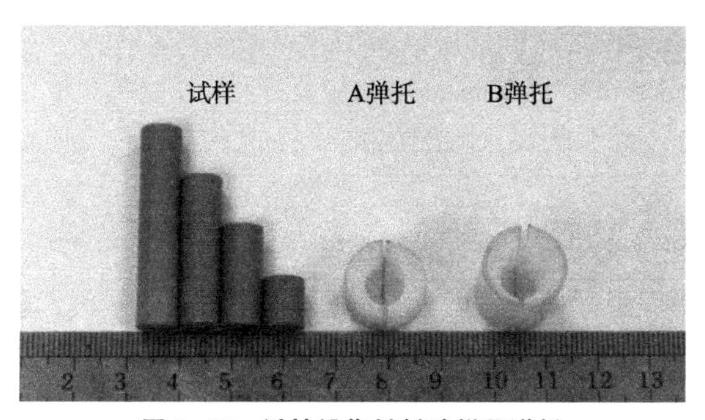

图 5.43　活性毁伤材料试样及弹托

在不同碰撞应力及应变率下，PTFE/Al 活性毁伤材料试样点火状态如图 5.44 所示。通过 L_1、L_2、L_3 可对比应变率恒定时应力对点火状态的影响，通过 L_4 可对比应力恒定时应变率对点火状态的影响。试样撞击应力和应变率均呈近似线性关系，相同长度试样以不同速度撞击同种靶板的实验数据点分布于同一条应力 – 应变率曲线。PTFE/Al 活性毁伤材料试样撞击 LDPE 靶板时应变率分别为 22 560 s^{-1}和 25 723 s^{-1}，应力分别为 368 MPa 和 423 MPa。由于试样均未点火，这表明如果应变率较高，但应力较低，试样则无法点火。四次 PTFE/Al 活性毁伤材料试样撞击铝靶测试中，三次试样点火对应应变率和应力分别高于 22 840 s^{-1}和 760 MPa，而未点火试样加载应变率和应力则分别低于上述值。长度为 40 mm、30 mm、20 mm 和 10 mm 试样的加载应力及应变率分布于其余四条曲线，可以观察到，随着加载状态变化，同时出现了试样点火和未点火现象，且随着未点火向点火过渡，实验数据点出现了混合区。

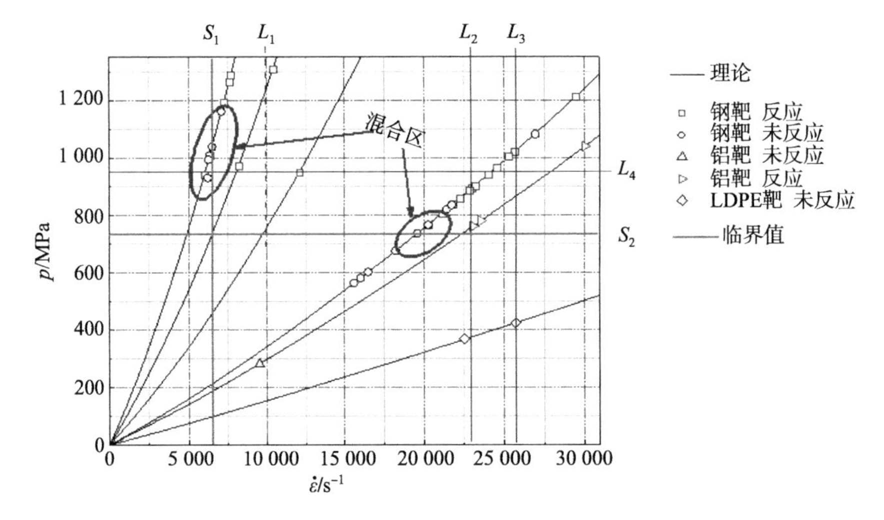

图 5.44　加载条件对 PTFE/Al 试样点火行为的影响

对比沿 L_1 线分布的实验数据，加载应变率为 10 160 s^{-1}，由于靶板材料不同，试样碰撞钢靶应力为 1 306 MPa，试样出现点火；而碰撞铝靶应力为 280 MPa，试样未出现点火。沿 L_2 线分布的数据点对应应变率 22 912 s^{-1}，试样碰撞钢靶、铝靶及 LDPE 靶的应力分别为 883 MPa、759 MPa 和 368 MPa，观察可知试样撞击钢靶、铝靶时出现点火，而碰撞 LDPE 靶时未发生点火。沿 L_3 线，相同应变率下，试样撞击钢靶时发生反应，撞击铝靶时未发生反应。以上分析表明，碰撞应力对 PTFE/Al 活性毁伤材料试样点火行为影响显著。

沿 L_4 线，在相同撞击速度下，试样碰撞钢靶应力为 949 MPa。由于试样长

度不同，加载应变率变化范围为6 223 ~ 24 520 s^{-1}。从图中可以看出，应变率较低时，试样未发生点火，而随着应变率增加，试样发生点火，表明加载应变率对PTFE/Al活性毁伤材料试样点火行为影响显著。

随着加载和试样点火状态变化，坐标平面出现两个点火与未点火数据点混合区，通过两个混合区中心的 S_1 和 S_2 线将坐标平面划分为反应区和未反应区。从图中可以看出，试样发生点火的最低应变率和应力分别为6 500 s^{-1}和735 MPa，即垂直碰撞条件下试样点火的应变率和应力阈值。

PTFE/Al试样垂直和倾斜碰撞钢靶实验结果如图5.45所示。从图中可以看出，相较于垂直碰撞时出现的点火与未点火混合区，倾斜碰撞条件下，试样在更低的应力和应变率下均发生点火，表明更易引发试样点火。垂直碰撞数据点混合区中点为（6 000 s^{-1}，940 MPa），倾斜碰撞点火数据最低点为（5 312 s^{-1}，811 MPa），表明倾斜碰撞下PTFE/Al试样点火阈值更低。

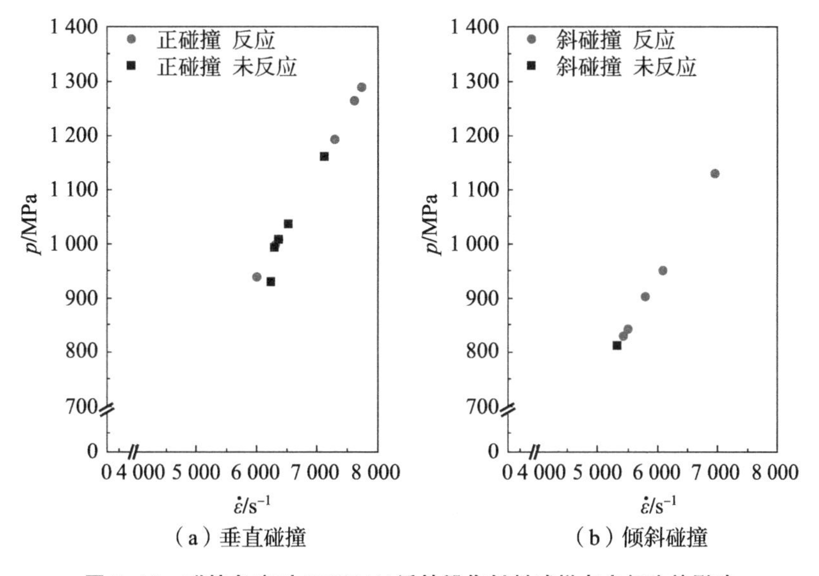

（a）垂直碰撞 （b）倾斜碰撞

图5.45 碰撞角度对PTFE/Al活性毁伤材料试样点火行为的影响

基于不同长度PTFE/Al活性毁伤材料试样碰撞不同材料、不同角度靶板的实验结果，应力-应变率阈值曲线的拟合过程如图5.46所示，通过所得试样应力及应变率点火阈值，应力-应变率点火模型可通过双曲型方程进行描述。

应力-应变率点火模型的一般形式为

$$\sigma - \sigma_T = A\exp\left[\frac{-(\dot{\varepsilon} - \dot{\varepsilon}_T)}{B}\right] \tag{5.54}$$

式中，σ 和 $\dot{\varepsilon}$ 为加载应力和应变率；σ_T 和 $\dot{\varepsilon}_T$ 为冲击点火应力和应变率阈值；A、B 为与材料有关的常数。

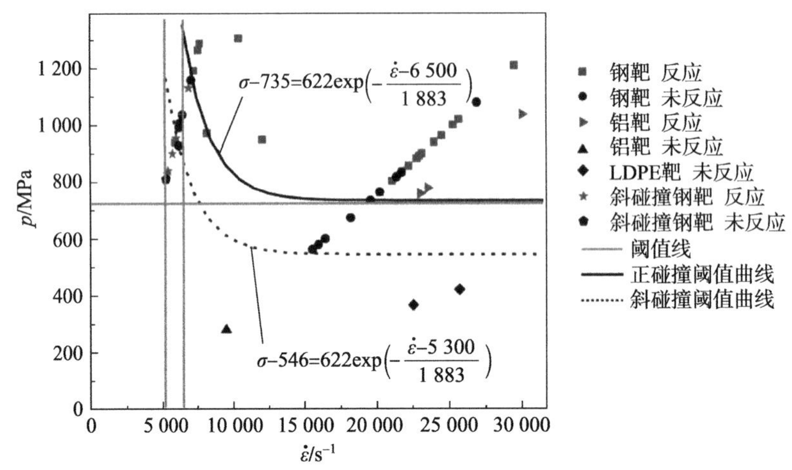

图 5.46　PTFE/Al 活性毁伤材料试样应力 - 应变率阈值曲线的拟合过程

通过对不同碰撞条件下 PTFE/Al 活性毁伤材料试样数据的拟合，得到双曲型应力 - 应变率点火模型为

$$\sigma - \sigma_T = 622\exp\left(-\frac{\dot{\varepsilon} - \dot{\varepsilon}_T}{1\ 883}\right) \tag{5.55}$$

垂直碰撞条件下，$\sigma_T = 735$ MPa，$\dot{\varepsilon}_T = 6\ 500\text{s}^{-1}$。

倾斜碰撞条件下，$\sigma_T = 546$ MPa，$\dot{\varepsilon}_T = 5\ 300\ \text{s}^{-1}$。

5.4.2　冲击能 - 应变率点火模型

冲击加载是向材料体系输入能量的过程，输入材料体系的总能量和能量输入速率直接决定活性毁伤材料的点火时间及后续化学反应。

在冲击加载过程中，根据冲击点火理论，获得加载各时刻试样动力学参量。通过冲击波传入试样材料体系的能量为冲击能，可表述为

$$E = \sigma v_{P1} \tau \tag{5.56}$$

式中，σ 为碰撞应力；v_{P1} 为碰撞过程试样粒子速度；τ 为冲击波加载时间，表征冲击波在试样或靶板中传播一个来回所用的最小时间：

$$\tau = \min\left\{\frac{2h_1}{v_{P1}}, \frac{2h_2}{v_{P2}}\right\} \tag{5.57}$$

式中，h_1、h_2 分别为试样长度与靶板厚度，v_{P2} 为碰撞过程靶板粒子速度。基于以上理论，可获得不同加载条件下输入试样的冲击能，同时与加载应变率相结

合，即可获得能量输入材料体系的速率。

以霍普金森压杆测试系统为加载手段时，活性毁伤材料试样吸收压杆所做机械功，转化为内能。随内能增加，材料温度上升，当温度升高至材料点火温度，试样即点火发生化学反应。基于加载过程中试样及压杆中应变信号，可得到材料应力 - 应变关系。试样吸收冲击能的大小，可通过试样变形功表示。单位体积试样吸收外界冲击能的数值为比能量，可表述为

$$E = \int_0^{\varepsilon_r} \sigma(\varepsilon)\,\mathrm{d}\varepsilon \tag{5.58}$$

式中，E 为比能量；ε 为应变；σ 为应力；ε_r 为材料点火时的对应应变。

通过加载过程中试样应力 - 应变曲线计算冲击能的方法如图 5.47 所示。首先，需获得加载过程中试样的应力 - 应变曲线；然后，通过试样冲击加载过程高速摄影，确定试样准确点火时间；最后，结合高速摄影和应力 - 应变曲线，确定试样点火时的对应应变，从而确定式（5.58）中的积分域。

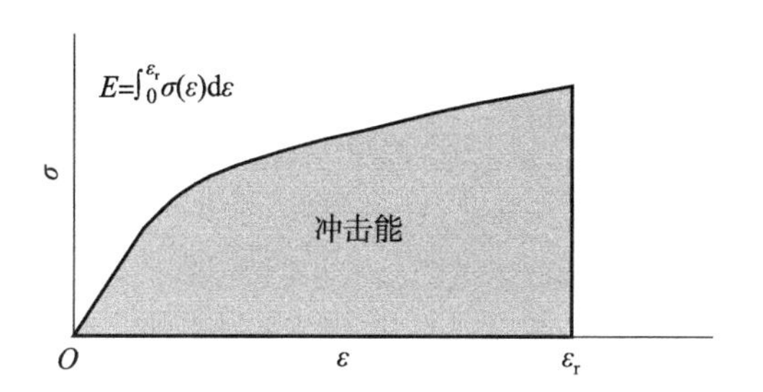

图 5.47　冲击能计算方法

通过应力 - 应变曲线计算冲击能的方法要求材料在有效应力 - 应变区间内发生点火，在该区间内试样材料响应满足分离式霍普金森压杆基本假设。从时间尺度看，该区间为入射波的第一次脉冲周期。但更普遍的情况是，试样材料在第二、三次冲击时才发生点火，既不满足分离式霍普金森压杆基本假设，也无法获得第一个脉冲周期之后材料的应力 - 应变曲线。

针对这种情况，有学者提出了更一般的计算比能量的方法，通过撞击杆的动能来衡量试样发生点火的难易程度，此时压杆系统连同测试活性毁伤材料作为一封闭体系，由入射杆向该体系输入能量。入射杆输入系统的能量通过入射杆单位截面积动能表示：

$$E = \frac{1}{2}\rho L v^2 \tag{5.59}$$

式中，ρ 为入射杆密度；L 为入射杆长度；v 为入射杆速度。

研究中通常采用“升降法”获得可引发试样发生点火的最小能量 E_a 和无

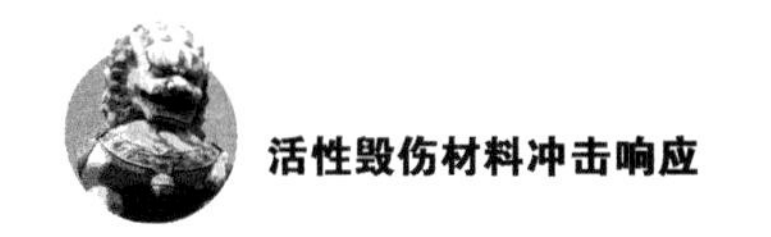

法引发材料发生点火的最大能量 E_b

$$E_a = \frac{1}{2}\rho L v_a^2 \tag{5.60}$$

$$E_b = \frac{1}{2}\rho L v_b^2 \tag{5.61}$$

式中，v_a 和 v_b 分别为可引发和无法引发试样点火的最小和最大速度。

通过以上理论框架，可确定待研究活性毁伤材料点火所需的入射杆比能量区间，以衡量试样材料点火的难易程度。但需注意的是，该能量为撞击杆传递给材料、入射杆及投射杆的总能量，并非试样点火所需的能量值。因此该方法实际上是对试样材料点火难易程度的定性比较和衡量。

以 PTFE/Al 材料碰撞点火实验为例，得到不同长度试样以不同速度撞击不同材料靶板时的冲击能及应变率，可获得应变率、冲击能与点火状态的关系，如图 5.48 所示。冲击能与应变率之间呈近似线性关系。应变率与冲击能阈值线将坐标平面及实验数据点划分为反应区与未反应区，表明当输入材料体系的冲击能及应变率均超过其各自阈值时，活性毁伤材料将会发生点火。

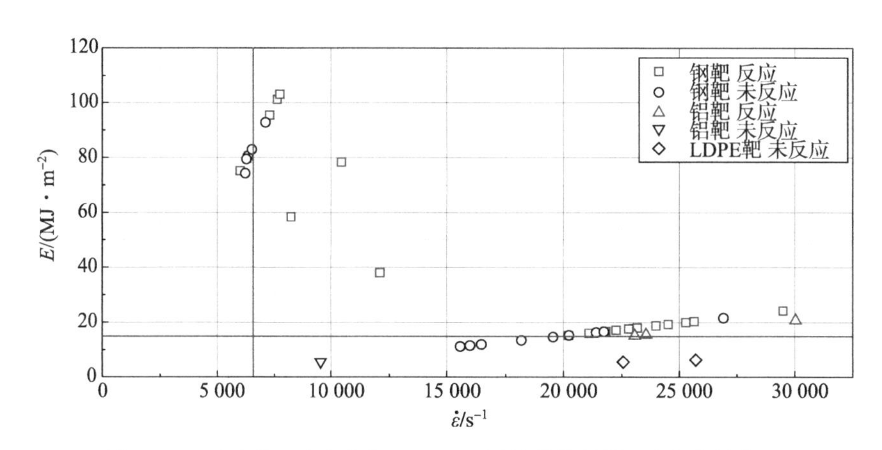

图 5.48 冲击能 - 应变率与 PTFE/Al 活性毁伤材料反应状态的关系

5.4.3 应力 - 弛豫时间点火模型

基于活性毁伤材料冲击引发弛豫行为，引入冲击点火弛豫时间，开展冲击点火实验，可建立活性毁伤材料应力 - 弛豫时间点火模型。实验中选择三种 PTFE/Al 活性毁伤材料，具体组分配比及组分粒度特性如表 5.6 所示，不同 Al 粒径 PTFE/Al 活性毁伤材料的细观结构如图 5.49 所示。

表 5.6 PTFE/Al 活性毁伤材料配比及粒度特性

编号	组分配比（质量分数）/%		Al 粒径/μm
	PTFE	Al	
A1			25
A2	73.5	26.5	62
A3			120

(a) A1

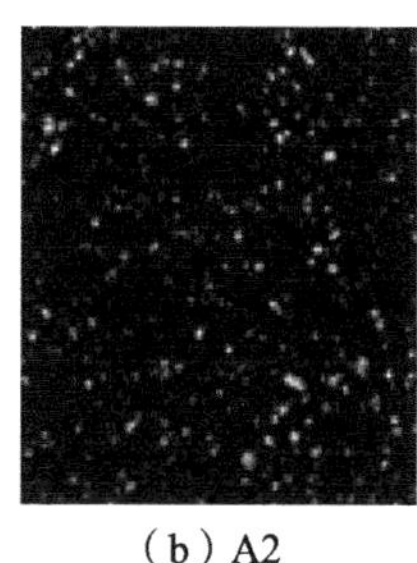

(b) A2

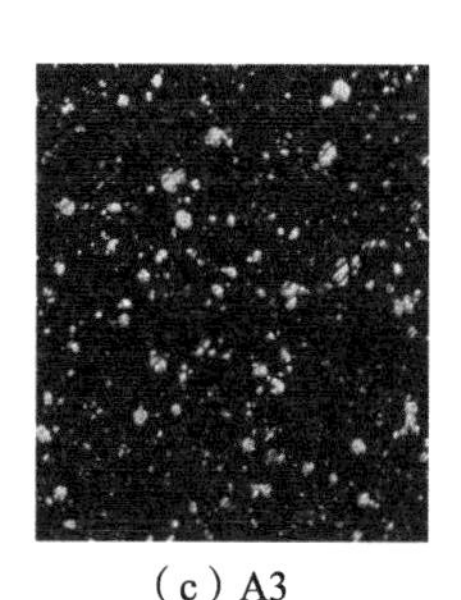

(c) A3

图 5.49 PTFE/Al 活性毁伤材料的细观结构

基于弹道枪测试系统，不同 Al 粒径 PTFE/Al 活性毁伤材料冲击点火行为的实验原理如图 5.3 所示。试样直径为 8 mm，长度为 40 mm，气枪口径为 14.5 mm，靶板材料为 45 钢，长度、宽度和厚度分别为 140 mm、140 mm 和 15 mm。实验中，试样点火现象通过高速摄影记录，弛豫时间为试样与靶板碰撞到可观察到试样点火火光的时间间隔。

相同碰撞速度下，不同金属粒径 PTFE/Al 活性毁伤材料试样在相同时刻的点火现象如图 5.50 所示。从图中可以看出，与金属粒径较大的 A3 试样相比，A1 和 A2 试样点火产生的火焰更加明亮，反应范围更大，表明 Al 粒径越小，碰撞激活后 PTFE/Al 活性毁伤材料反应越剧烈。

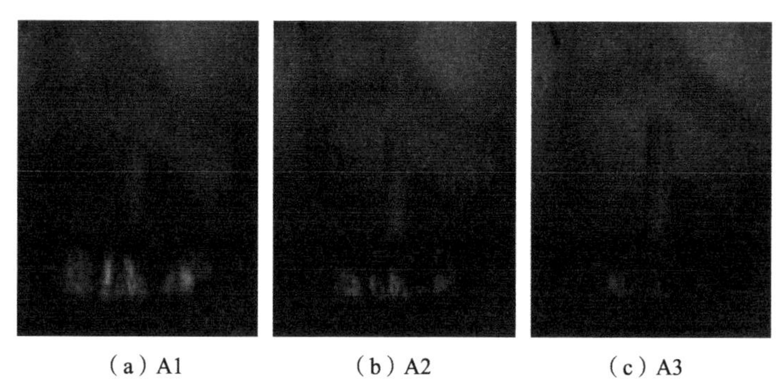

(a) A1　(b) A2　(c) A3

图 5.50 不同 Al 粒径 PTFE/Al 活性毁伤材料试样冲击点火现象

不同 Al 粒径 PTFE/Al 活性毁伤材料试样碰撞点火时的应力及弛豫时间如图 5.51 所示。Al 粒径对 PTFE/Al 活性毁伤材料点火应力和弛豫时间有显著影响。随 Al 粒径增大，PTFE/Al 活性毁伤材料试样点火临界压力增加，表现为 Al 颗粒尺寸越大，PTFE/Al 活性毁伤材料越钝感。同时，相同碰撞压力下，PTFE/Al 材料激活弛豫时间随 Al 粒径增大而增加。这主要是因为，每个直径为 120 μm 的 Al 粒子相当于 125 个直径为 25 μm 的 Al 粒子，且 25 μm Al 粒子的比表面积为 120 μm Al 粒子的 4.8 倍。Al 粒子直径减小，比表面积增大，燃烧所需的临界能量减小，导致 Al 粒径较小的 PTFE/Al 活性毁伤材料临界点火压力减小，同时激活弛豫时间减小。需要注意的是，当碰撞应力大于 5 GPa 时，三种材料弛豫时间不断接近，表明碰撞应力较大时，冲击作用输入材料体系的能量远大于材料点火能量，因此 Al 粒径对弛豫时间的影响不断减小。

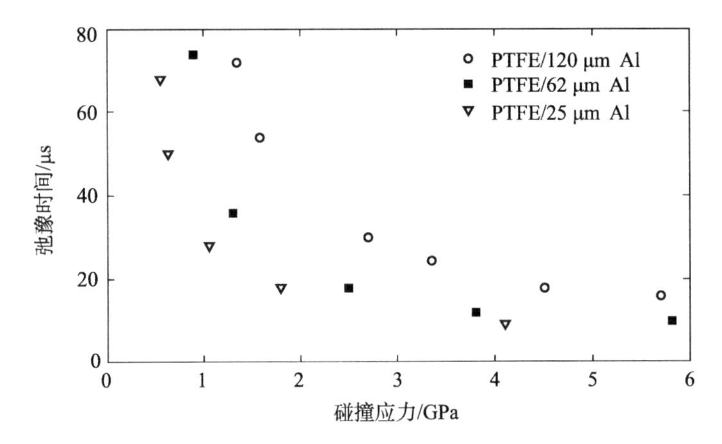

图 5.51　Al 粒径对 PTFE/Al 活性毁伤材料弛豫时间影响

通过分析不同粒径 PTFE/Al 材料在不同加载条件下的点火行为，可知应力－弛豫时间点火模型的一般形式如下：

$$T(\sigma - \sigma_{TS})^{k} = c \tag{5.62}$$

式中，T 为激活弛豫时间，单位为 μs；σ 和 σ_{TS} 分别为碰撞应力和点火应力阈值，单位为 GPa；c 和 k 为与材料有关的常数。

通过应力－弛豫时间点火模型的一般形式，不同粒径 PTFE/Al 活性毁伤材料应力－弛豫时间点火模型的拟合曲线如图 5.52 所示。

对于 A1 活性毁伤材料，有

$$T(\sigma - 1.22)^{0.5} = 35 \tag{5.63}$$

对于 A2 活性毁伤材料，有

$$T(\sigma - 0.85)^{0.5} = 23 \tag{5.64}$$

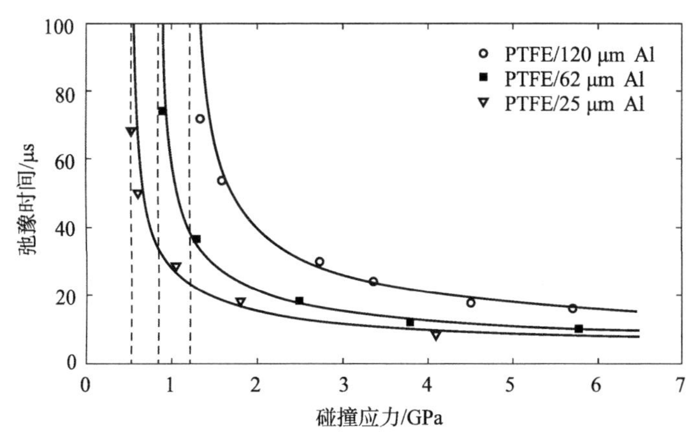

图5.52 PTFE/Al活性毁伤材料应力-弛豫时间点火模型拟合

对A3活性毁伤材料，有

$$T(\sigma-0.53)^{0.5}=19 \tag{5.65}$$

为对比组分配比对活性毁伤材料冲击点火行为及阈值条件影响，选择三种不同配方PTFE/Al/W活性毁伤材料，具体材料配比如表5.7所示，其中B1材料与表5.6中A3材料相同，Al粒径均为120 μm。

表5.7 不同配方PTFE/Al/W活性毁伤材料的配比

编号	组分配比（质量分数）/%		
	PTFE	Al	W
B1	73.5	26.5	0
B2	63.6	22.4	14
B3	36.75	13.25	50

相同碰撞压力下，同一时刻B2和B3两种配方PTFE/Al/W活性毁伤材料试样的冲击引发点火行为如图5.53所示。从图中可以看出，由于组分配比差异，与B1材料相比，B2活性毁伤材料碰撞点火更加剧烈，产生的火焰更为明亮，而B3活性毁伤材料点火不显著，仅能观察到零散微弱火光。

不同配方PTFE/Al/W材料试样碰撞点火时的应力及弛豫时间如图5.54所示。可以看出，材料组分配比对碰撞敏感性和激活弛豫时间影响显著。当碰撞应力大于2 GPa时，在相同点火压力下，B3材料点火弛豫时间最长，B2材料弛豫时间最短，B1材料弛豫时间居中。弛豫时间相同时，对比激活应力，B2材料点火压力最小，B3材料点火压力最大，B1材料点火压力居中。以上分析表明，在B1材料中增加适量惰性金属W，可降低材料点火压力及弛豫时间，

而 W 含量过高时，活性毁伤材料点火压力及弛豫时间则会增加。

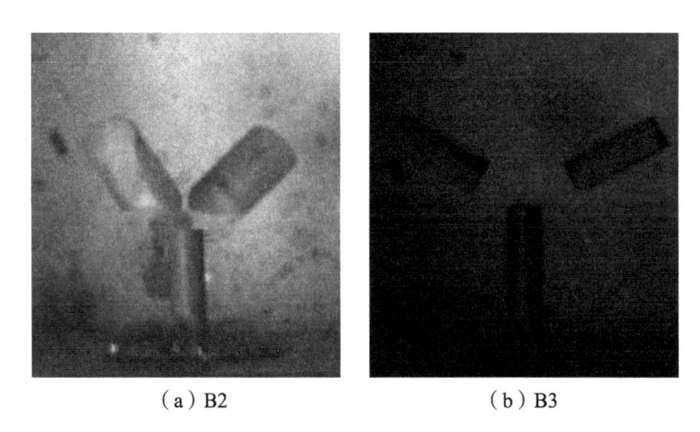

（a）B2　　（b）B3

图 5.53　不同配方 PTFE/Al/W 活性毁伤材料的冲击点火行为

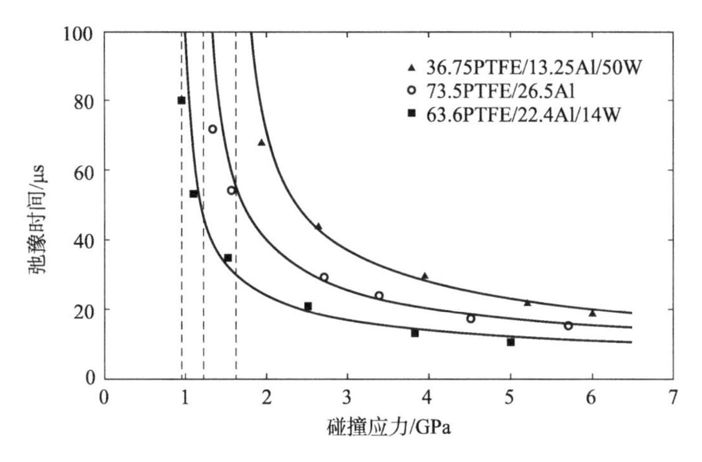

图 5.54　PTFE/Al/W 活性毁伤材料应力 – 弛豫时间点火模型拟合

从机理角度分析，B1 材料基于 PTFE 和 Al 的零氧平衡配比，冲击反应释放化学能最多。在 B1 材料配比基础上，添加适量惰性金属 W 得到 B2 材料，由于 W 颗粒强度和硬度均较高，冲击加载下，各组分间易出现滑移、摩擦等现象，材料局部温升更加显著，氟聚物基体更易于发生分解并与活性金属反应，应力阈值和弛豫时间均有所降低。B3 材料中 W 含量较高，与 B2 材料类似，冲击加载下，材料细观结构剪切、滑移、摩擦等效应更加显著。然而，过多的 W 导致直接参与反应的 PTFE 基体和 Al 颗粒显著减少，剪切、摩擦、滑移等效应产生的局部温升不易传导至氟聚物基体使之升温和热分解，因此，基体和活性金属之间反应难度增加，激活应力阈值和弛豫时间均有所增加。

通过双曲型方程对 PTFE/Al/W 活性毁伤材料冲击点火实验数据进行拟合，B3 材料应力 - 弛豫时间点火模型为

$$T(\sigma - 1.22)^{0.5} = 35 \tag{5.66}$$

B2 材料应力 - 弛豫时间点火模型为

$$T(\sigma - 1.22)^{0.5} = 35 \tag{5.67}$$

第 6 章

活性毁伤材料力化耦合响应机理

6.1 跨尺度模型重构方法

活性毁伤材料冲击加载下力化耦合响应行为显著受材料组分配比、颗粒形状及空间分布等微细观结构特征的影响。本节主要在微细观结构特性分析的基础上，重构活性毁伤材料细观结构真实模型和细观结构仿真模型。

6.1.1 微细观结构特性分析

PTFE/Al 活性毁伤材料典型微细观结构如图 6.1 所示，从图中可以看出，Al 金属颗粒颜色明亮，均匀分散于基体材料中；PTFE 基体材料为黑色或深灰色，分布连续且密实。不同组分配比 PTFE/Ti/W 活性毁伤材料微细观结构特征

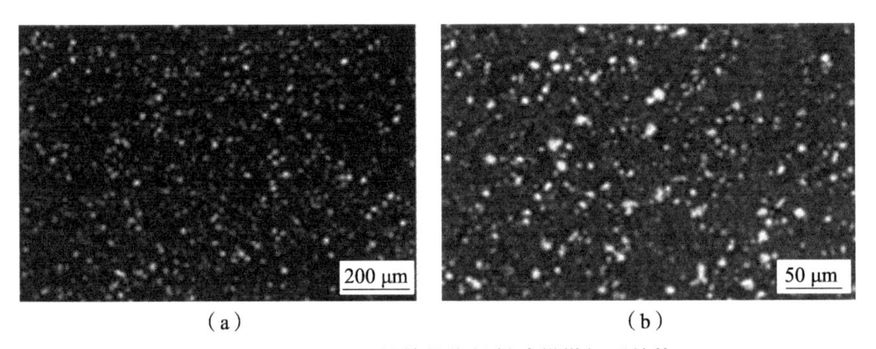

(a)　(b)

图 6.1　PTFE/Al 活性毁伤材料试样微细观结构

如图 6.2 所示，Ti 颗粒呈近似球形，与 PTFE 基体材料之间边界清晰；W 颗粒颜色较 Ti 颗粒更加明亮，形状不规则，与 Ti 颗粒形成一定程度团聚。

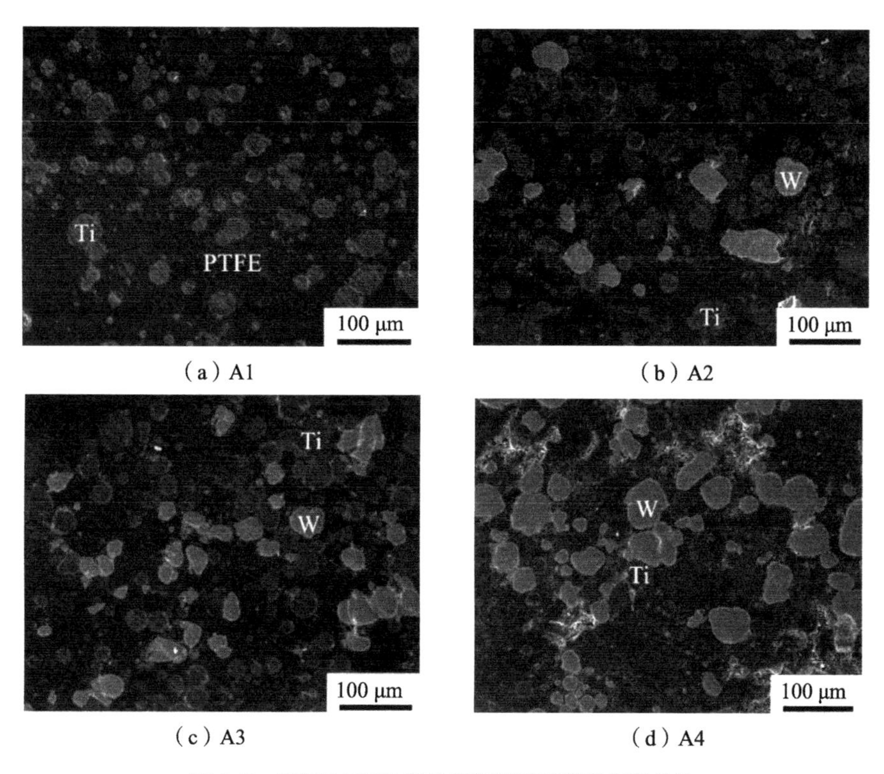

(a) A1　(b) A2　(c) A3　(d) A4

图 6.2　PTFE/Ti/W 活性毁伤材料试样微细观结构

在更高放大倍数下，不同密度 PTFE/Al/W 活性毁伤材料试样压缩前的细观结构特征及压缩后的失效断口特征如图 6.3 所示，图 6.3 (a)、(b)、(c)、(d)、(e) 和 (f) 分别表示密度为 2.74 g/cm^3、4.43 g/cm^3、5.28 g/cm^3、6.15 g/cm^3、7.52 g/cm^3 和 9.27 g/cm^3 的活性毁伤材料。可以看出，压缩前，PTFE 基体密实分布，与绝大部分金属颗粒结合良好，对金属颗粒形成包裹，通过彼此间黏结力使材料成为具有一定强度的整体。此外，还可观察到不同程度的细观结构缺陷，如尺度不一的缝隙、孔洞以及颗粒团聚等。缝隙与孔洞无固定几何形状，随机分布于试样结构中，团聚分为基体颗粒团聚和金属颗粒团聚两种。W 颗粒尺寸较大，为不规则多面体，与基体界面处存在明显间隙或通过少量 PTFE 纤维连接；Al 颗粒尺寸较小，在试样局部会形成明显团聚，松散堆积，与 W 颗粒之间连接较弱，加载下易产生滑移破坏。

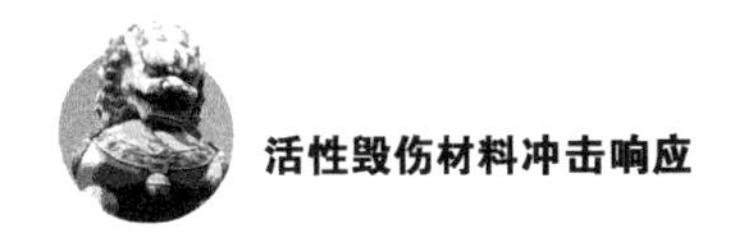

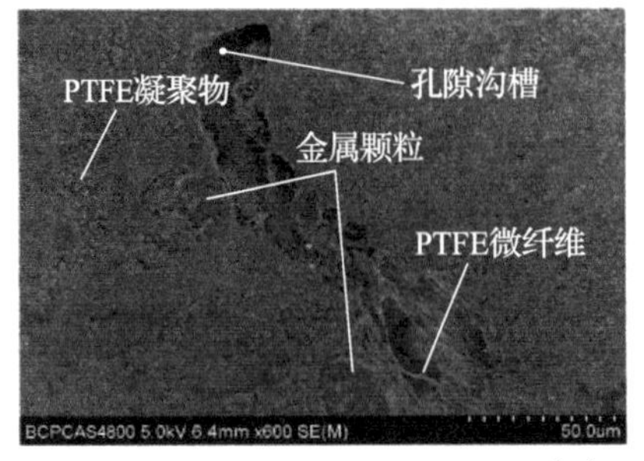

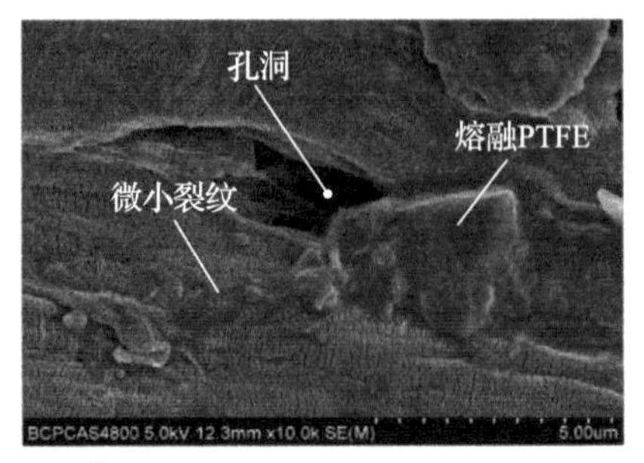

（a）ρ=2.74 g/cm^3

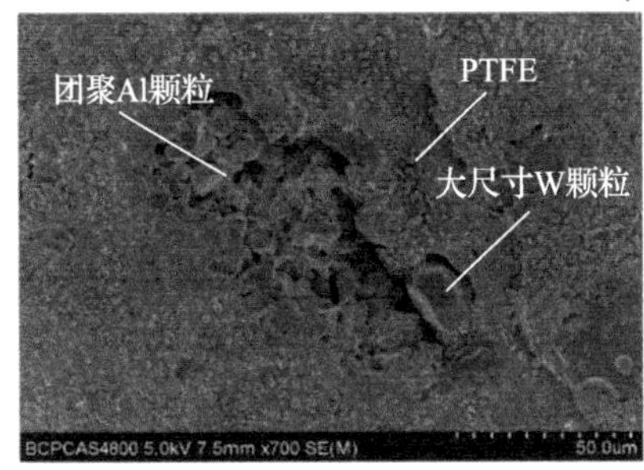

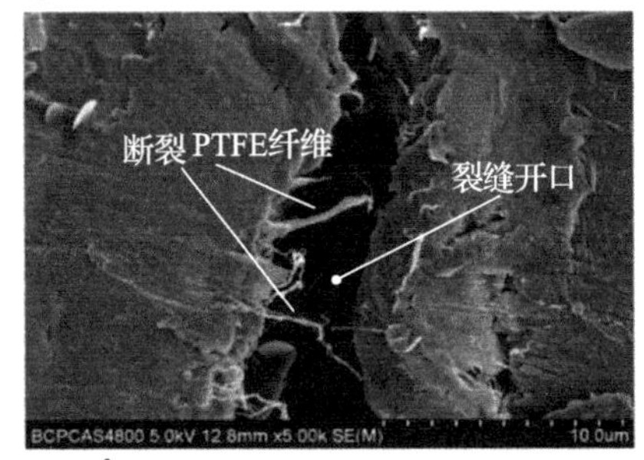

（b）ρ=4.43 g/cm^3

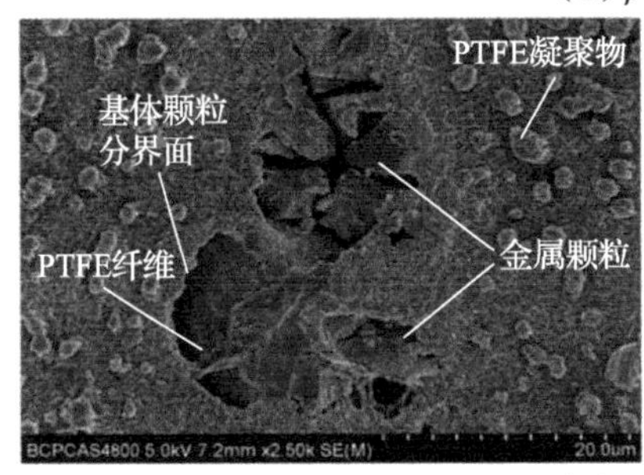

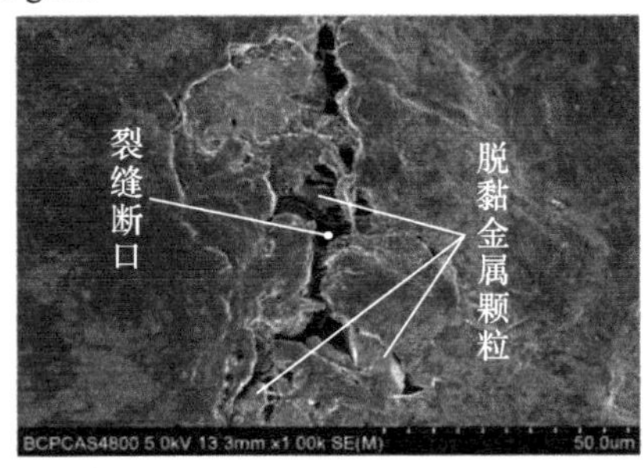

（c）ρ=5.28 g/cm^3

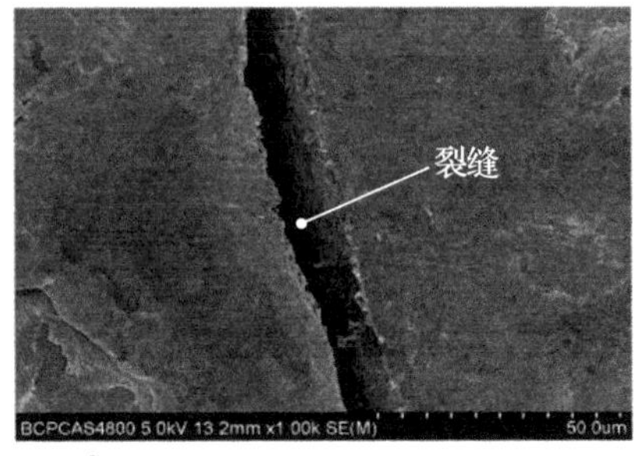

（d）ρ=6.15 g/cm^3

图 6.3　不同密度 PTFE/Al/W 试样压缩前（左）与压缩后（右）的细观结构

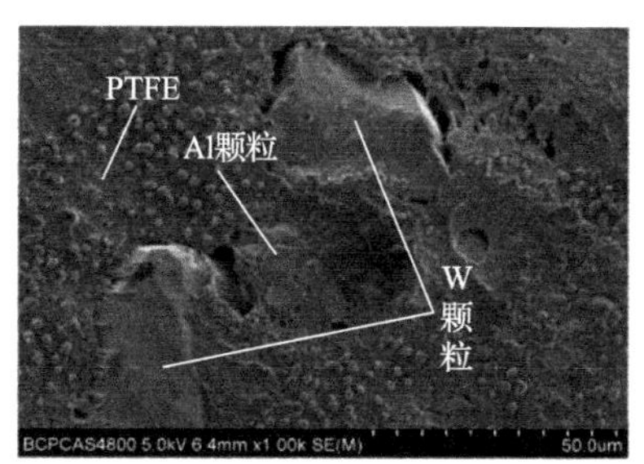

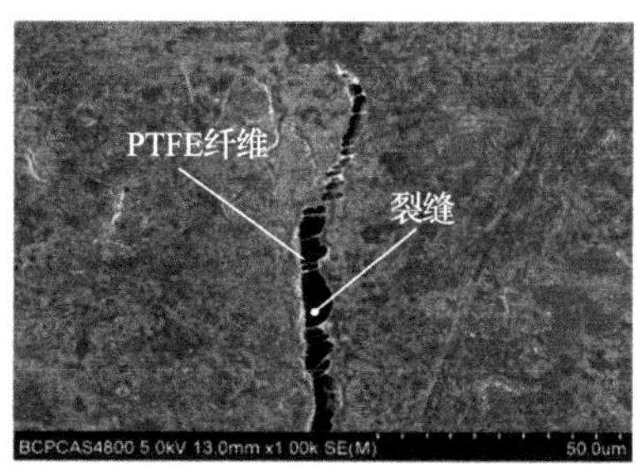

(e) ρ=7.52 g/cm^3

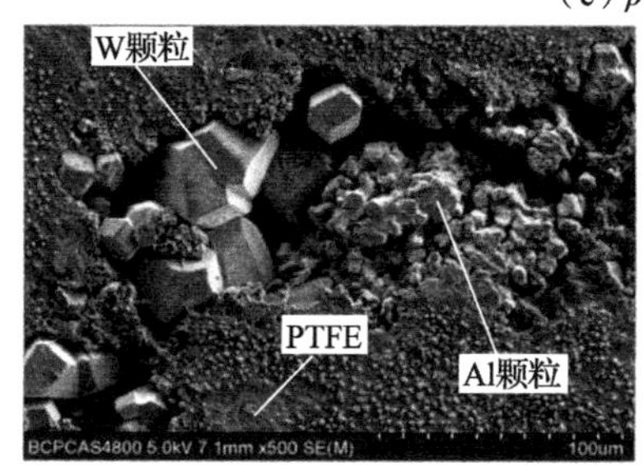

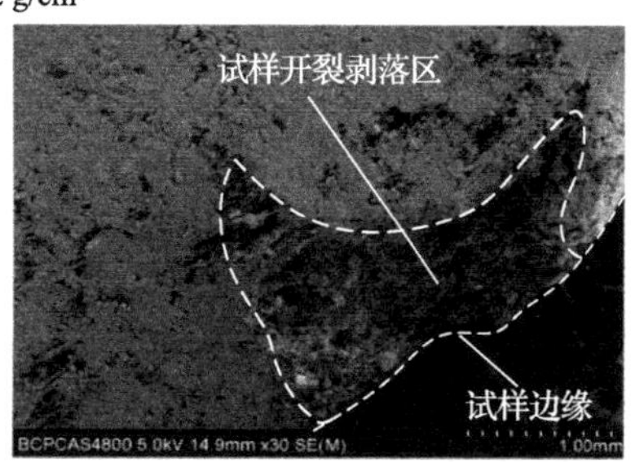

(f) ρ=9.27 g/cm^3

图 6.3　不同密度 PTFE/Al/W 试样压缩前（左）与压缩后（右）的细观结构（续）

不同密度 PTFE/Al/W 活性毁伤材料失效破坏模式主要包括两种，一是金属颗粒从 PTFE 中的脱黏剥离，二是 PTFE 基体自身断裂。对金属含量较低的活性毁伤材料体系，压缩初始阶段，PTFE 基体首先发生塑性变形，然后金属颗粒逐渐聚集，材料内形成复杂力链结构。力链的形成与发展对材料强度起增强作用，即使材料细观结构已产生破坏并形成裂纹，力链的支撑作用仍会保证材料维持一定完整性，延缓材料宏观失效断裂的发生。随着 PTFE 塑性应变进一步增加，在外载荷作用下，孔隙、组分结合面等缺陷部位产生应力集中，材料内部微裂纹不断传播、会合，在材料内部形成更明显的裂纹。当金属含量更高、材料细观缺陷更多时，活性毁伤材料破坏首先在缺陷及金属颗粒团聚处产生。金属颗粒首先发生滑移脱黏，随后与 PTFE 基体剥离，在材料中形成贯穿裂纹。值得注意的是，在图 6.3（b）和图 6.3（e）中，材料断面之间形成的 PTFE 纤维在局部区域形成一定规模的 PTFE 纤维网络后，在压缩过程中会阻碍 PTFE 基体的开裂行为，在一定程度上提高活性毁伤材料强度。

以上分析表明，活性毁伤材料配方体系、金属含量、颗粒粒径等构成特性导致材料微细观结构较为复杂。制备过程又会导致材料细观结构产生裂纹、孔隙、不均匀性等，进一步增加细观结构特征复杂性。活性毁伤材料高应变率加载下的力化特性、动力学响应行为与材料细观结构特性关联紧密，因此深入研究细观结构特征与材料力化特性、动力学响应行为的关联性至关重要。

6.1.2 细观结构真实模型重构

随着显微成像及观测技术的进步，对材料特性的研究不断向更小几何尺度深入。在活性毁伤材料研究中，基于微细观结构特征，重点建立两类细观尺度模型，一是细观结构真实模型，二是细观结构仿真模型。

细观结构真实模型是指与材料细观真实结构高度一致的模型，可准确描述材料真实的微细观结构特征。细观结构仿真模型则不同，只反映材料主要细观结构的统计特性及规律，是对细观结构真实模型的一种简化和近似。

细观结构模型本质上是材料内一个具有代表性的体积单元，材料可以被看成由该代表性体积单元周期性排列组合而成的。与宏观尺度材料相比，代表性体积单元尺寸小若干数量级，周期性扩展形成的区域仅代表材料中一个点。外载荷作用时，各代表性体积单元表现出相似的应力、应变场，可通过一个代表性体积单元中的响应行为对材料整体响应进行分析研究。

活性毁伤材料细观真实结构模型重构的过程：首先，借助电子显微镜、扫描电镜、透射电镜等细观结构表征手段，对材料细观结构和特征进行观测表征；其次，通过图像处理技术，对材料组分特性、细观结构缺陷等进行识别提取；最后，通过矢量化及重构技术获得材料细观结构真实模型。

典型 PTFE/Al（质量分数 73.5%/26.5%）活性毁伤材料试样在不同放大倍数下的 SEM 图像如图 6.4 所示，其中图 6.4（a）和（b）为相同放大倍数下试样不同位置细观结构。从图中可以看出，Al 颗粒颜色较浅，形状近似圆形，分布较为均匀；孔洞为黑色，形状不规则，随机分布于基体中；PTFE 基体为深灰色，无孔洞处结构密实，与金属颗粒界面清晰、结合良好。

从 PTFE/Al 活性毁伤材料试样细观结构 SEM 图像中可以看出，金属颗粒、孔洞、基体等易于通过视觉分辨，但图像中各元素颜色及亮度接近、边缘模糊，需首先进行对比度增强处理，使不同特征之间边界更加清晰。

对比度增强后对图像进行灰度调整，调整方法：首先，提取图像中所有元素灰度，建立灰度分布直方图；再根据直方图，获得可清晰分辨各元素的典型灰度值作为灰度阈值；最后，通过灰度阈值重新对图像灰度进行调整。

完成灰度调整的图像依然存在噪点过多、灰度梯度分布不均等问题。通过滤波处理，对图像进行降噪，进一步缩小细观结构图像中各特征灰度阈值范围，从而便于通过数学算法准确识别各元素并提取元素边缘。

最后，结合对比度增强、灰度调整、滤波处理后图像的灰度分布特征，编写程序，识别材料细观结构特征，提取各元素轮廓。在提取图 6.4 中不同放大倍数细观结构图像边缘后，获得的真实细观结构图像如图 6.5 所示。

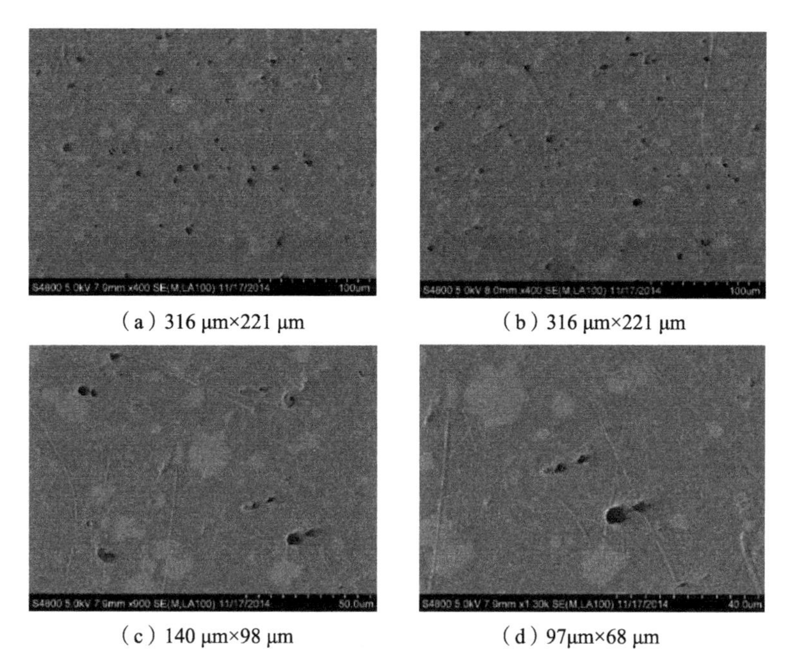

（a）316 μm×221 μm　（b）316 μm×221 μm

（c）140 μm×98 μm　（d）97μm×68 μm

图 6.4　PTFE/Al 活性毁伤材料试样细观结构特征

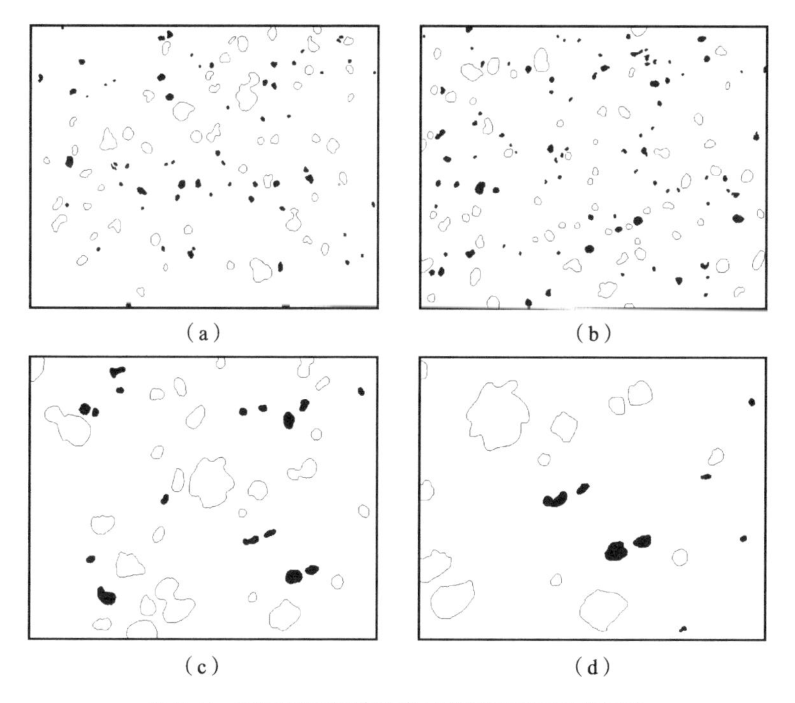

（a）　（b）

（c）　（d）

图 6.5　PTFE/Al 活性毁伤材料细观真实结构图像

跨尺度数值仿真前，还需对活性毁伤材料细观真实结构进行有限元离散。首先将图6.5所示的细观真实结构图像矢量化；然后进行格式转换，导入有限元分析软件；最后通过有限元分析软件进行有限元离散。离散后的图像特征如表6.1所示，矢量化及离散化后的细观真实结构如图6.6所示。

表6.1　离散化后的PTFE/Al材料真实结构图像特征

图号	标尺及像素数	横向像素数	纵向像素数	图像尺寸/（μm×μm）
(a)	100 μm，246	694	485	316×221
(b)	100 μm，246	694	485	316×221
(c)	50 μm，246	694	485	140×98
(d)	40 μm，246	694	485	97×68

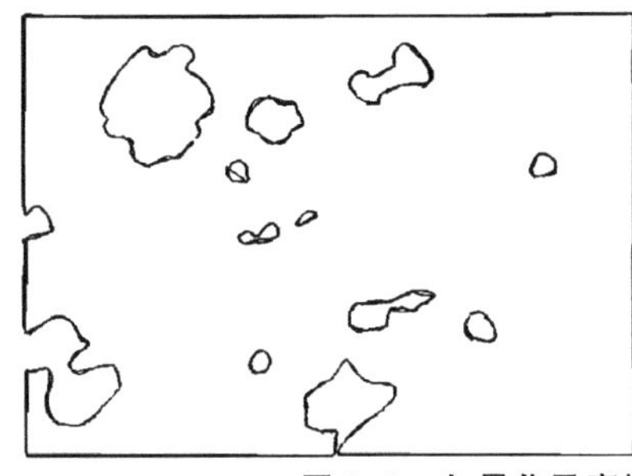
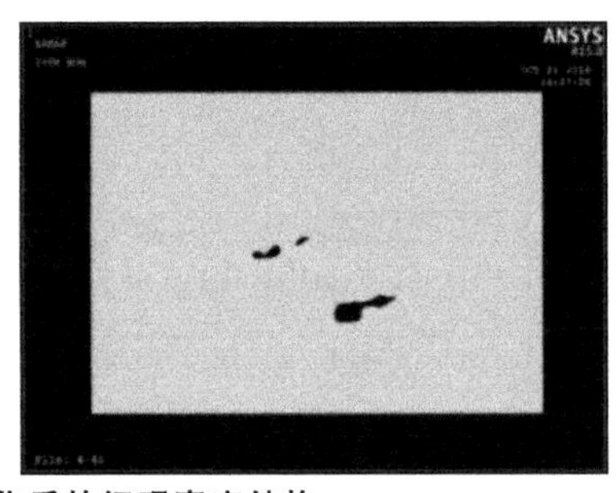

图6.6　矢量化及离散化后的细观真实结构

6.1.3　细观结构仿真模型重构

细观结构仿真模型指只体现材料主要细观特征统计特性和规律的模型，重构方法为，首先通过显微观测手段获得材料细观真实结构特征，然后通过图像处理、数理统计等方法对材料中各组分的分布特性与几何特征进行统计分析，最后以统计分析规律为依据，重构材料细观结构仿真模型。

以图6.4中典型PTFE/Al活性毁伤材料为例，Al颗粒粒径分布规律如图6.7所示。从图中可以看出，粒径呈典型正态分布规律，粒径分布范围为1.45~26.17μm。对图6.5（a）和（b）中材料细观结构显微SEM图像中孔洞进行分离提取，得到只包含孔洞的材料细观结构，如图6.8所示。

孔洞几何特征通过形状系数S和圆度C描述，分别为

$$S=\frac{\Pi^2}{4\pi A} \tag{6.1}$$

$$C=4\pi\frac{A}{\Pi^2} \tag{6.2}$$

式中，Π和A分别为孔洞周长和面积。

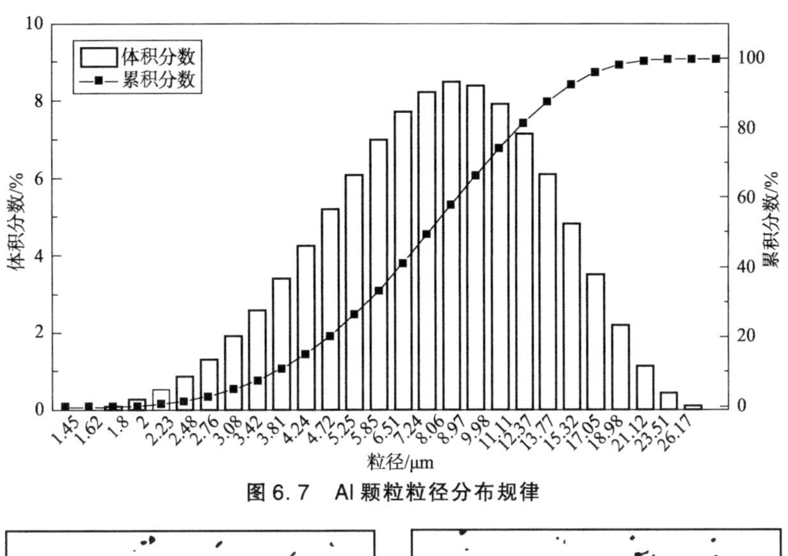

图 6.7　Al 颗粒粒径分布规律

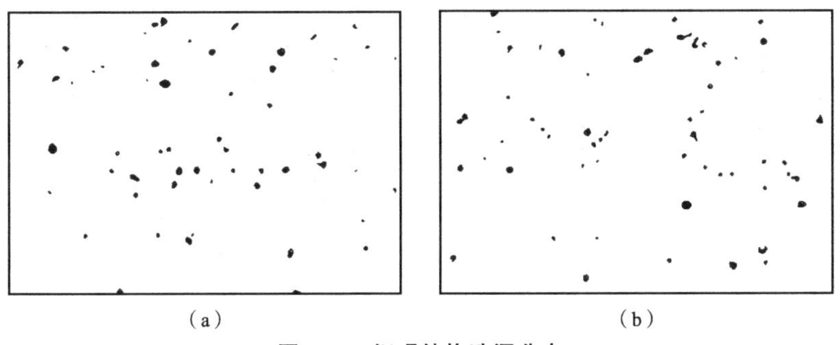

(a)　(b)

图 6.8　细观结构孔洞分布

孔洞圆度 C 和形状系数 S 的统计分析结果如图 6.9 所示，从图中可以看出，孔洞圆度值为 0.8 ~ 1.0，形状系数为 0.8 ~ 1.2。规则几何形状的形状系数如表 6.2 所示，S 和 C 越接近 1.0，代表形状越接近圆形。因此，可将孔洞近似为圆形，孔洞等效直径 d_v 为

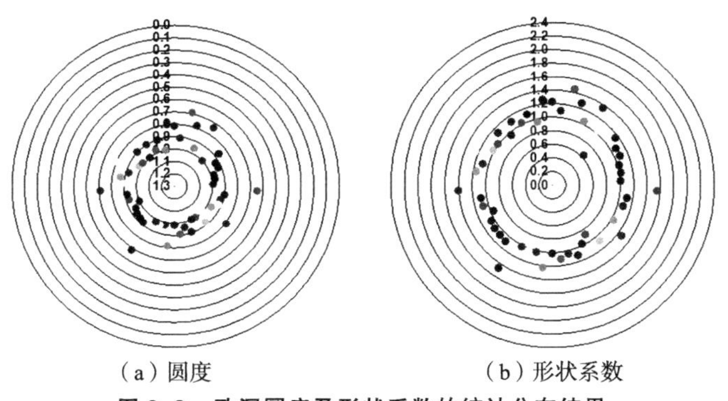

(a) 圆度　(b) 形状系数

图 6.9　孔洞圆度及形状系数的统计分布结果

$$d_v = \frac{4A}{\Pi} \tag{6.3}$$

表 6.2　不同几何形状及其形状系数

几何形状	形状系数	几何形状	形状系数
圆形	1.000	椭圆形（1:4）	1.891
方形	1.273	矩形（1:2）	1.432
椭圆形（1:2）	1.190	矩形（1:3）	1.697
椭圆形（1:3）	1.518	矩形（1:5）	2.292

孔洞等效直径分布如图 6.10 所示。

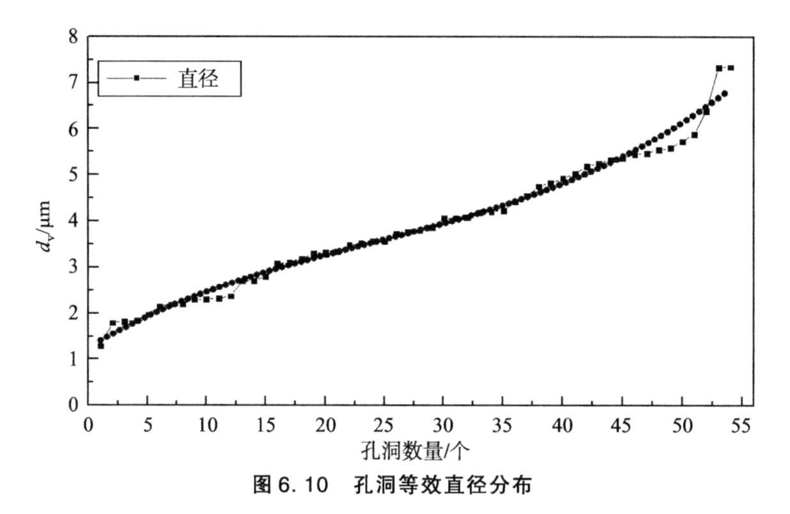

图 6.10　孔洞等效直径分布

在获得金属颗粒及孔洞粒径分布规律的基础上，即可基于随机顺序吸附算法重构材料细观结构仿真模型，基本思路如图 6.11 所示。首先，预设材料颗粒及孔洞体积，对于 PTFE/Al 活性毁伤材料，假定 PTFE 和 Al 的密度及质量分数分别为 ρ_{PTFE}，ρ_{Al}，m_{PTFE}，m_{Al}，则 PTFE 和 Al 的体积分数分别为

$$V_{PTFE} = \frac{m_{PTFE}\rho_{Al}}{m_{PTFE}\rho_{Al} + m_{Al}\rho_{PTFE}} \tag{6.4}$$

$$V_{Al} = \frac{m_{Al}\rho_{PTFE}}{m_{PTFE}\rho_{Al} + m_{Al}\rho_{PTFE}} \tag{6.5}$$

对 PTFE/Al（质量分数 73.5%/26.5%）活性毁伤材料，PTFE 基体和 Al 颗粒体积分数分别为 77.3% 和 22.7%。之后对模型尺寸进行预设，对应于图 6.5 中活性毁伤材料细观真实结构，预设模型尺寸分别为 316 μm×221 μm，316 μm×221 μm，140 μm×98 μm 和 97 μm×68 μm。

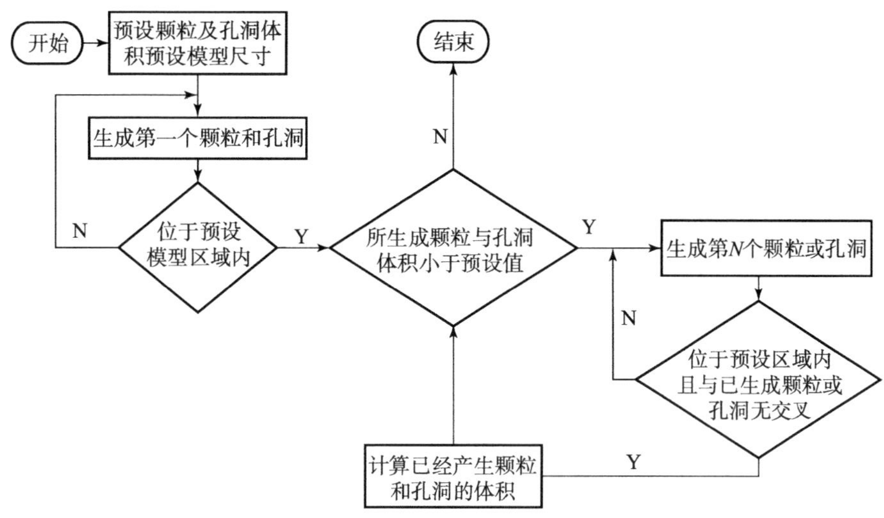

图 6.11　细观结构仿真模型重构流程

获得金属颗粒、孔洞体积及模型尺寸后，即可按照图 6.11 所示流程进行仿真细观结构模型重构。首先，在模型区域内随机选择一点作为第一个颗粒或孔洞的中心位置，并同时根据颗粒和孔洞粒径分布规律，随机选择第一个颗粒或孔洞直径值。需要注意的是，为对模型进行周期性网格划分及施加周期性边界条件，要求颗粒和孔洞互相之间无交叉重合，且与模型边界无交叉重合。因此，在第一个颗粒或孔洞位置及直径确定之后，需要判断相互之间及与边界之间相对位置。如有交叉，则需舍弃当前生成孔洞和颗粒并重新生成。

按照上述方法，进行后续颗粒和孔洞的生成，并判断它们相互之间及与模型区域内已生成颗粒、孔洞的相互位置，直至达到颗粒和孔洞预设体积分数。依据材料细观结构特征统计分析生成的细观结构仿真模型如图 6.12 所示，有限元离散后的图 6.12（d）的细观结构仿真模型如图 6.13 所示。

事实上，统计规律表明，由大量金属颗粒所组成的系统，颗粒粒径分布均满足正态分布规律。根据特定材料颗粒粒径统计规律，可生成 t 倍于模型内颗粒个数 N 的颗粒尺寸集，并从中随机选取 N 个值作为模型内的颗粒尺寸值。为保证颗粒尺寸值满足对数正态分布，t 值必须要足够大。记颗粒尺寸值 R 所满足的正态分布均值和方差为 $E(R)$、$\mathrm{var}(R)$，则对应的 $\ln R$ 所满足的正态分布均值和方差为 μ、σ。颗粒尺寸集生成的目标是获得 tN 个满足对数正态分布要求的颗粒半径值 R_i，并从中随机选取 N 个作为仿真区域中的颗粒半径值。

假定 Y 是满足均值为 μ、方差为 σ 正态分布的随机变量，对数变换后满足对数正态分布。取颗粒半径值 R 作为随机变量，则

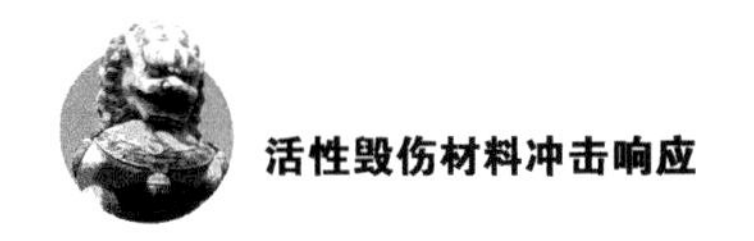

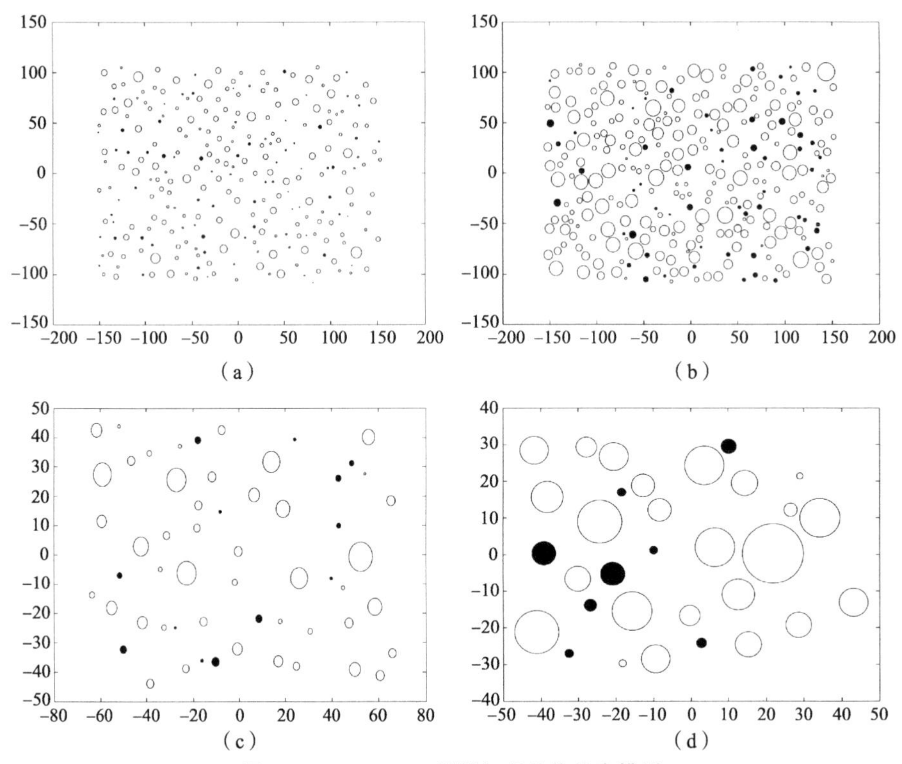

图 6.12 PTFE/Al 材料细观结构仿真模型

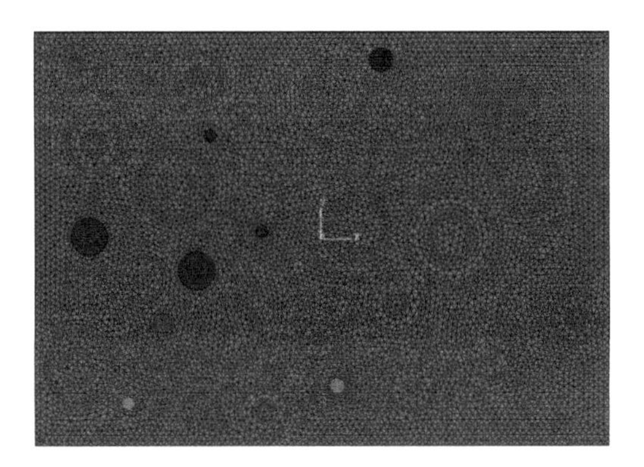

图 6.13 仿真结构有限元模型

$$R_i = X_i = \exp(Y_i) \tag{6.6}$$

此时随机变量 R 即满足对数正态分布，其均值 $E(R)$ 和方差 $\mathrm{var}(R)$ 为

$$E(R) \approx \frac{1}{N}\sum_{i=1}^{N} R_i \tag{6.7}$$

$$\mathrm{var}(R) \approx \frac{1}{N-1}\sum_{i=1}^{N}[R_i - E(R)]^2 \tag{6.8}$$

满足正态分布的随机变量 Y，其均值 μ 和方差 σ 为

$$\mu = \ln[E(R)] - \frac{1}{2}\sigma^2 \tag{6.9}$$

$$\sigma = \sqrt{\ln\left[\frac{\mathrm{var}(R)}{E(R)^2} + 1\right]} \tag{6.10}$$

仿真模型区域大小，用 $X_L \times Y_L$ 表示，则颗粒的圆心位置为

$$(x,y) = (u_i X_L, u_{i+1} Y_L) \tag{6.11}$$

式中，u_i 为（0，1）区间内的随机数。

为避免仿真模型区域内颗粒产生重叠现象，颗粒生成过程中，需对圆心坐标进行计算并不断更新。第 i 个颗粒半径值为 R_i，圆心坐标为（x_i，y_i）。此时，与第 1，…，$i-1$，$i+1$，…，N 个颗粒之间的距离值 d_N，记作 d_{Ni1}，…，$d_{Ni(i-1)}$，$d_{Ni(i+1)}$，…，d_{NiN}。将任意两颗粒之间的距离与其半径之和作比较，对于颗粒 i 和颗粒 j，若 $d_{Nij} > R_i + R_j$，此时两颗粒不发生重叠；若 $d_{Nij} < R_i + R_j$，则第 i 个颗粒会与第 j 个颗粒发生重叠，需要对第 j 个颗粒的圆心坐标位置进行更新，得到一组新坐标，记为（x_j，y_j）。之后，按照上面的方法重新验证第 i 个颗粒是否与其他颗粒发生重叠，若仍重叠则依然需更新相应坐标，若不发生重叠则接受此时的颗粒坐标。依次类推，在完成了从第 1 个颗粒到第 N 个颗粒的遍历后，所有颗粒均可在不产生重叠的前提下填入预设模型区域。

此外，密实度是衡量材料细观结构疏密程度的重要指标，引入参数 Δd 表征仿真模型中金属颗粒材料的密实度

$$\Delta d = \frac{S}{S_0} \times 100\% \tag{6.12}$$

式中，S 为颗粒总面积，S_0 为仿真区域总面积，分别为

$$\begin{cases} S = N \times \pi R_0^2 \\ S_0 = X_L \times Y_L \end{cases} \tag{6.13}$$

式中，X_L、Y_L 为仿真区域在 X、Y 方向上的尺寸；R_0 为颗粒半径平均值。

统计分析表明，大量金属颗粒聚集且数量达到一定量时，在微细观尺度上，颗粒空间分布并非随机，而是同种材料颗粒在空间位置上存在一定关联性。空间内任一颗粒，均存在一个与其距离最近的相邻颗粒，遍历所有颗粒，该距离值近似满足正态分布规律。在直角坐标系下，任意颗粒均可通过中心位置坐标（x_i，y_i）及颗粒尺寸 R_i 来描述。对于该颗粒，在其周围相邻颗粒中，存在一个与之距离最近的颗粒，记此颗粒编号为 j，最短距离可表示为 d_{NNi}：

$$d_{NNi} = \sqrt{(x_i - x_j)^2 + (y_i - y_j)^2} \tag{6.14}$$

对于区域内的第 1，2，3，…，N 个颗粒，都存在一个 d_{NN} 值，记作 d_{NN1}，

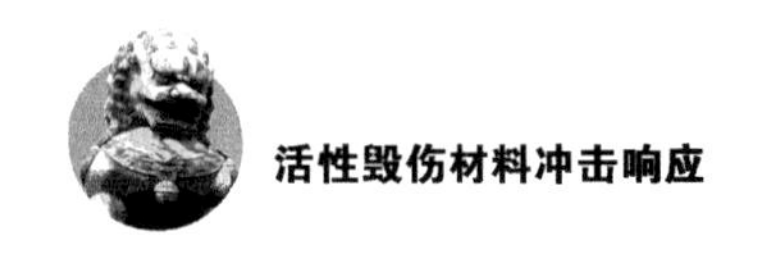

d_{NN2}，d_{NN3}，…，d_{NNn}。类似地，对第 i 个颗粒，可确定 d_{2NNi}（第 2 近距离值），d_{3NNi}（第 3 近距离值），从而建立任意颗粒与相邻颗粒的空间位置关系。

基于所生成颗粒之间的相对位置关系及颗粒集位置关系的统计分析规律，进一步引入模拟退火算法来对颗粒初始位置坐标进行更新。其目的是使仿真模型中颗粒 d_{NN} 值分布与实际颗粒的 d_{NN} 分布之差最小。所生成颗粒间 d_{NN} 为离散值，统计并计算概率，目标概率密度为

$$P[d_i \mid (d_i - \Delta d/2) < d_i \leqslant (d_i + \Delta d/2)]_{\text{act}} = \exp\left[-\frac{1}{2}\left(\frac{d_i - \mu}{\sigma}\right)^2\right] \quad (i = 1, 2, \cdots, N) \tag{6.15}$$

模型统计的概率密度为

$$P(d_i \mid d_i - \Delta d/2 < d_i \leqslant d_i + \Delta d/2)_2 = \frac{\text{count}(d_i)}{N} \tag{6.16}$$

式中，$\text{count}(d_i)$ 为 d_{NN} 值落在 $(d_i - \Delta d/2,\ d_i + \Delta d/2)$ 区间内的颗粒数。

目标函数为

$$e_{NN} = \sqrt{\sum_{i=1}^{N_d} [P(d_i)_1 - P(d_i)_2]} \tag{6.17}$$

模拟退火的目标是使目标函数值不断减小，e_{NN} 趋近 0 时，表示模型颗粒分布和真实颗粒分布较接近。从总的颗粒群中选取一部分颗粒对其坐标更新，定义更新规则为

$$\begin{cases} x' = x + (R/2)u_i \\ y' = y + (R/2)u_{i+1} \end{cases} \tag{6.18}$$

式中，u_i 为在 $(-1, 1)$ 区间内均匀分布的随机数。

对更新之后的颗粒重新计算 e_{NN} 值，将其记为 e'_{NN}

$$de_{NN} = e'_{NN} - e_{NN} \tag{6.19}$$

若 $de_{NN} < 0$，表示目标函数减小，仿真模型分布概率逐渐接近正态分布，更新的坐标位置全部接受；若 $de_{NN} \geqslant 0$，表示目标函数增大或不变。

为避免目标函数局限在一个较小的邻域内产生极值而无法获得最值，需要对更新的坐标条件性接受。定义接受准则为

$$P = \exp(-de_{NN}/T_v) \tag{6.20}$$

式中，T_v 表示实际温度值，为模拟退火算法中的控制参数。

在退火过程中，T_v 值不断降低。调用 $[0, 1]$ 内的均匀分布随机数 V_i，若 $V_i \leqslant \exp(-de_{NN}/T_v)$，判断接受，对坐标位置进行更新；否则，不接受，坐标不更新。采用模拟退火算法后，当 de_{NN} 值小于某一数值时，仿真模型与真实情况颗粒 de_{NN} 分布较为一致，便可接受所有的颗粒坐标位置。

在确定控制参数取值后，结合颗粒细观分布特征的统计值，就可通过细观模型生成方法得到相应细观结构仿真模型，重构过程如图 6.14 所示。首先，从颗粒形状、尺寸、分布及材料体积分数、孔隙率方面分析确定活性毁伤材料细观特性；其次，利用随机生成方法从颗粒尺寸分布和空间位置分布两方面建立初步细观模型；最后，采用模拟退火算法，考虑颗粒间相对位置关系，更新颗粒位置坐标，从而得到活性毁伤材料细观结构仿真模型。

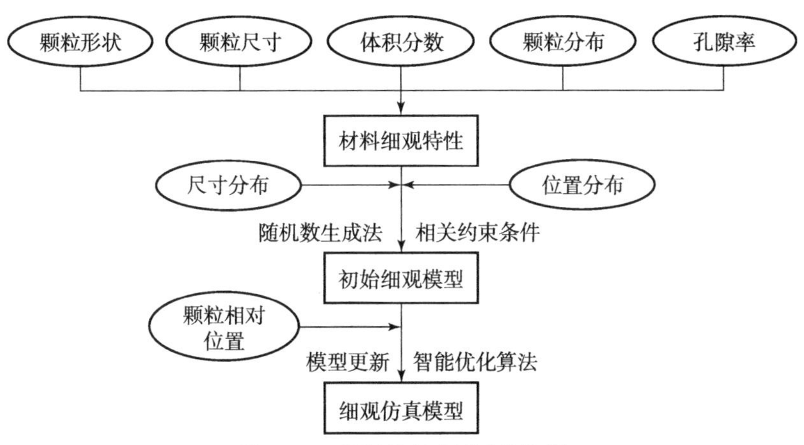

图 6.14　细观仿真模型重构流程

以 PTFE/Al/W 活性毁伤材料为例，建立细观结构仿真模型，Al 和 W 金属颗粒尺寸分布规律如图 6.15 所示，最小颗粒尺寸 $R_{\min}$、最大颗粒尺寸 $R_{\max}$、正态分布均值 μ_d、方差 σ_d 等主要参数如表 6.3 所示。

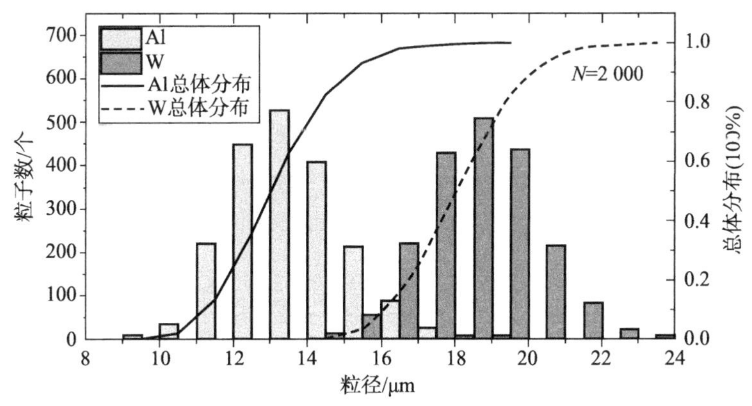

图 6.15　PTFE/Al/W 细观仿真模型金属颗粒尺寸分布

基于对 PTFE/Al/W 活性毁伤材料金属颗粒特性的统计分析，通过改变材料组分配比，建立细观结构仿真模型。具体材料各组分含量如表 6.4 所示，典型不同配比 PTFE/Al/W 材料细观仿真模型如图 6.16 所示。

表 6.3　金属颗粒尺寸参数

材料	μ_d	σ_d	R_{min}	R_{max}
Al	2.603	0.105 7	8.5	18.5
W	2.920	0.079 0	13.5	23.5

表 6.4　不同配比 PTFE/Al/W 活性毁伤材料组分特性

模型编号	Al 体积分数/%	W 体积分数/%	PTFE 体积分数/%	密度/(g·cm^{-3})
1	45	0	55	1.544 0
2	35	10	55	3.083 0
3	25	20	55	4.622 0
4	15	30	55	6.161 0
5	0	45	55	8.469 5

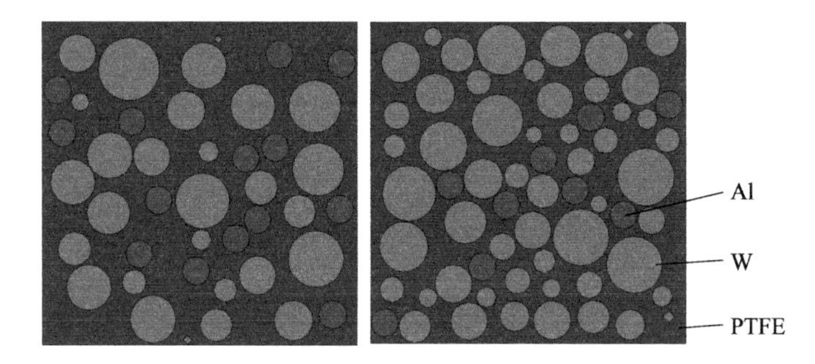

图 6.16　不同配比 PTFE/Al/W 活性毁伤材料细观仿真模型

考虑到金属颗粒粒度级配特征对材料力化耦合响应行为的影响，在材料组分体积分数 55%/25%/20% 的基础上，生成两组不同粒度级配特征细观仿真模型，颗粒参数如表 6.5 所示，典型细观仿真模型如图 6.17 所示。

表 6.5　不同颗粒级配 PTFE/Al/W 材料组分特性

模型编号	组分	μ_d	σ_d	R_{min}/μm	R_{max}/μm
1	Al	2.603	0.105 7	8.5	18.5
	W	2.920	0.079 0	13.5	23.5
2	Al	2.920	0.079 0	13.5	23.5
	W	2.920	0.079 0	13.5	23.5

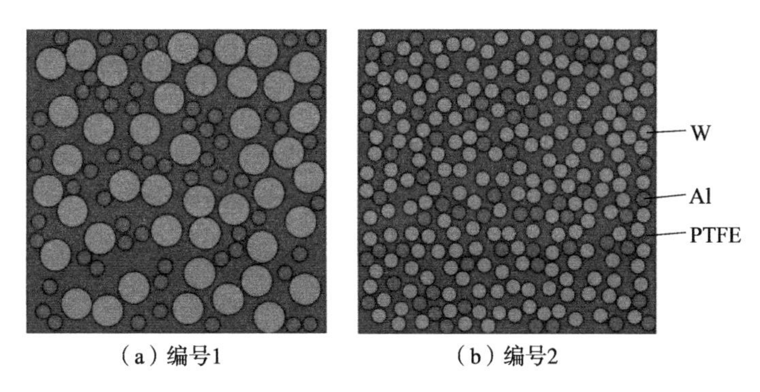

（a）编号1　　（b）编号2

图 6.17　不同颗粒粒径 PTFE/Al/W 活性毁伤材料典型细观仿真模型

6.2　跨尺度力化耦合算法

细观结构真实和仿真模型均是材料内代表性的体积单元，反映材料典型微细观结构特征。基于细观结构模型对活性毁伤材料力化耦合响应行为的跨尺度仿真算法主要包括体积单元算法、边界条件算法及力化耦合响应算法。

6.2.1　体积单元算法

采用数值算法分析复合材料宏观响应特性，一般选取包含材料微细观特征的局部，即为代表性体积单元。代表性体积单元必须足够大，包含足够多材料细观特征，所反应的材料宏观特性能不因代表性体积单元选择不同而产生差异。从几何尺度上来讲，代表性体积单元尺寸应大于某一临界尺寸，这一临界尺寸即为满足代表性体积单元要求的最小尺寸。而要保证代表性体积单元包含足够多的细观特征，则要求代表性体积单元中所体现的细观特征统计信息与基于更大尺度材料模型统计所得到的规律相一致，因此代表性体积单元的选择尤为重要。代表性体积单元的选择方法主要有四种，分别是胞元方法、周期性微观场法、嵌入胞元方法及窗口方法，其中胞元方法与周期性微观场法应用最为广泛。

胞元方法中多采用单胞模型对材料进行划分，假定颗粒粒径大小相等且规则排列。胞元方法对材料细观结构在一定程度上进行了简化，在提高计算效率的同时，也便于分析某些特定参量对材料宏观特性的影响规律。同时，采用胞元方法分析材料细观特征时，可根据结构特征最大限度地简化模型，并根据对称特性建立二分之一或者四分之一模型。但该方法必须以增强相颗粒或者规则

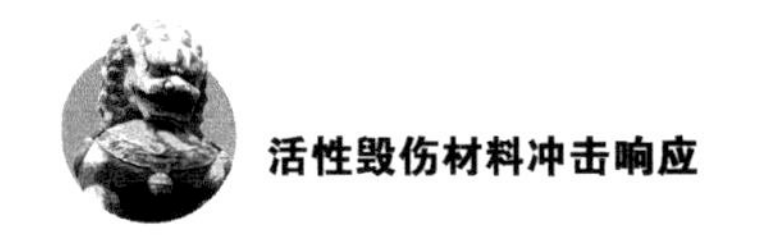

排列纤维，或具有相同的粒度及直径分布为前提，具有一定局限性。

周期性微观场法选取材料中某个局部，考虑材料中增强相尺度、粒度及空间分布等细观特征。以颗粒增强复合材料为例，通过周期性微观场法，可基于统计规律建立包含材料细观结构统计特征的细观仿真模型，也可结合图像处理技术，建立更接近材料真实结构的细观结构真实模型。

基于代表性体积单元对材料进行跨尺度分析时，有限元模型边界条件主要包括混合边界条件、预设位移边界条件和周期性边界条件。研究表明，在不同边界条件下，计算所得材料屈服强度对边界条件较为敏感。具体表现为，施加混合边界条件及预设位移边界条件计算所得材料屈服强度分别偏小与偏大，而周期性边界条件下，计算所得材料屈服强度值准确性最高。

对任意二维代表性体积单元，四个顶点分别为 A、B、C、D，模型边界上节点 I 和 J 之间满足

$$u_\alpha^J = u_\alpha^I = \varepsilon_{\alpha\beta}(x_\beta^J - x_\beta^I) \tag{6.21}$$

$$\theta^J - \theta^I = 0 \tag{6.22}$$

式中，α，$\beta = 1$，2。

对活性毁伤材料力化耦合响应的跨尺度分析基于代表性体积单元有限元模型开展。该模型需满足两个约束条件，一是变形协调，二是应力连续。变形协调指代表性体积单元中相对的面或边的变形是一致的，此为满足其与临近材料点变形场一致的要求。应力连续指代表性体积单元中相对的面或者边的相对节点处应力状态应相同，且应力大小相等。

对代表性体积单元，周期性位移场为

$$\mu_i = \bar{\varepsilon}_{ik} x_k + \mu_i^* \tag{6.23}$$

式中，$\bar{\varepsilon}_{ik}$ 为体积单元平均应变；x_k 为体积单元内任意点横坐标；μ_i^* 为周期性位移修正量。周期性位移修正量沿不同方向的分量为

$$\begin{cases} \mu_i^{j+} = \bar{\varepsilon}_{ik} x_k^{j+} + \mu_i^* \\ \mu_i^{j-} = \bar{\varepsilon}_{ik} x_k^{j-} + \mu_i^* \end{cases} \tag{6.24}$$

式中，“$j+$”沿 X_j 正方向；“$j-$”沿 X_j 负方向。

沿 X_j 正方向和负方向的周期性修正量之差为

$$\mu_i^{j+} - \mu_i^{j-} = \bar{\varepsilon}_{ik}(x_k^{j+} - x_k^{j-}) = \bar{\varepsilon}_{ik} \Delta x_k^i \tag{6.25}$$

对于任意的四边形（正方形、矩形）或者六面体（正方体、长方体），Δx_k^i 为常量，则周期性边界条件的一般性表达式为

$$\mu_i^{j+}(x,y,z) - \mu_i^{j-}(x,y,z) = c_i^j (i,j = 1,2,3) \tag{6.26}$$

式（6.26）中不含周期性位移修正量，在有限元分析中，周期性位移修

正量可通过施加多点约束方程的方式来实现。同时正确施加周期性边界条件还需在有限元分析过程中满足边界应力连续条件。研究表明，式（6.26）中给出的周期性位移边界条件能满足相邻代表性体积单元之间的应力连续条件。在代表性体积单元有限元模型分析中，对于任意给定的施加于代表性体积单元变形场 $\overline{F}$，周期性边界条件可用下式进行描述：

$$\begin{cases} x(Q_1) - x(Q_2) = \overline{F}[X(Q_1) - X(Q_2)] \\ F(Q_1) = -F(Q_2) \end{cases} \tag{6.27}$$

式中，Q_1 为边或面上的节点；Q_2 为与 Q_1 所在边或者面相对的边或面上对应位置处的点；F 为施加在节点上的力；X 和 x 为变形前和变形后物质中的材料点。式（6.27）中前者代表周期性位移，后者为反周期性牵引约束条件。

在有限元仿真中，周期性边界条件的实现方法主要有三种。一是罚函数法，通过引入罚函数，解决数值计算规模与精度方面的问题。二是节点约束法，即根据周期性边界条件约束方程，将对应边上的对应节点进行约束，优点是可以减少约束强度，提高计算结果准确性，实现方法为通过编程识别对应边上的对应节点，针对对应节点的各个自由度，编写约束方程。三是施加载荷法，基于平面假设，对一个面进行法向约束，其他面施加法向耦合使其保持为平面，再对约束面的对立面施加载荷，但缺点是边界条件理想化，易形成过度约束。

6.2.2　边界条件算法

边界条件算法主要目的是实现对活性毁伤材料代表性体积单元周期性边界条件的施加。按模型维度差异，可将边界条件算法分为二维代表性体积单元边界条件算法及三维代表性体积单元边界条件算法。

1. 二维代表性体积单元边界条件算法

典型二维代表性体积单元有限元模型如图6.18所示。对边界 Γ_{12}，Γ_{23}，Γ_{14}，Γ_{43} 上的节点和角节点1，2，3，4，根据周期性边界条件变形协调要求，其横坐标和纵坐标之间应该满足

$$\begin{cases} y_{\Gamma14} - y_{\Gamma23} = y_1 - y_2 \\ y_{\Gamma43} - y_{\Gamma12} = y_4 - y_1 \\ x_{\Gamma14} - x_{\Gamma23} = x_1 - x_2 \\ x_{\Gamma43} - x_{\Gamma12} = x_4 - x_1 \end{cases} \tag{6.28}$$

式中，$x_{\Gamma ij}$ 和 $y_{\Gamma ij}$ 分别代表四个边界上节点的横坐标和纵坐标；x_i 和 y_i 分别代表四个角点的横坐标和纵坐标。

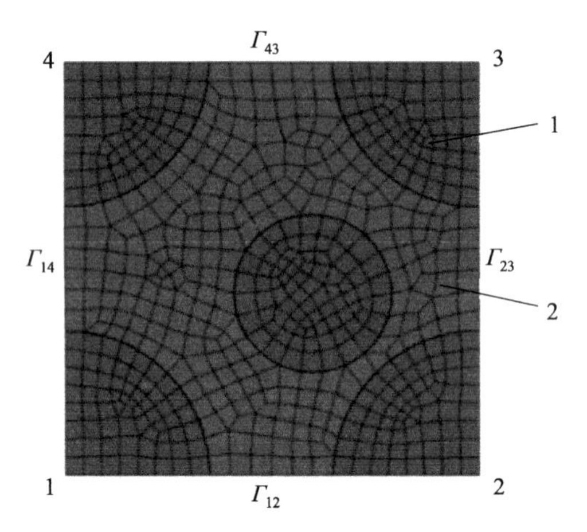

图 6.18 典型代表性体积单元

1—颗粒；2—基体

除满足上述节点之间的周期性约束之外，还需约束代表性体积单元刚体位移。图 6.19 所示为典型二维代表性体积单元的约束及加载方式，左下角点约束 x 和 y 方向平动自由度，右下角点约束 y 方向平动自由度，左上角点约束 x 方向平动自由度。位移或力载荷施加于右下或者左上角点未被约束的自由度。以左上角点为例，若施加 y 方向载荷，则可实现对材料在单轴拉压情况下的模拟，而载荷的拉、压特性通过调整载荷正负实现。

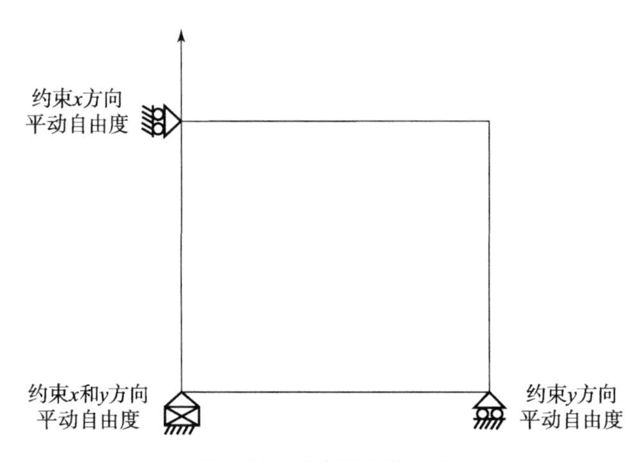

图 6.19 约束及加载方式

边界调价及载荷的施加通过算法编程实现，流程如图 6.20 所示。模型中顶点节点数为 4 个，除顶点各边上节点数为 n 个，则模型边界上共有节点 $4n+$

4 个。顶点约束方程数为 2 个，边界节点的约束方程数为 $4n$ 个，约束方程总数为 $4n+2$ 个。以上数量关系对判断算法准确性具有重要意义。

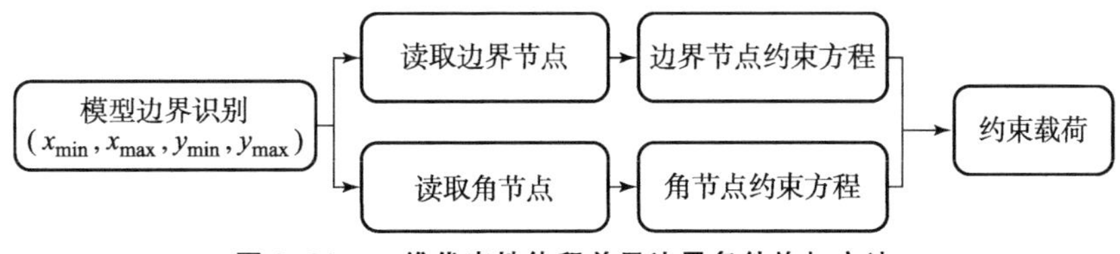

图 6.20　二维代表性体积单元边界条件施加方法

2. 三维代表性体积单元边界条件算法

相比于二维代表性体积单元，三维代表性体积单元几何结构更加复杂。从构成元素角度看，立方体结构包含了面、棱、角三类几何特征。三维边界条件算法的实现需基于面节点、棱边节点及角节点来实现。图 6.21 所示为一立方体结构代表性体积单元，坐标原点位于 D 点，为不失一般性，设其长、宽、高分别为 W_x、W_y、W_z，x、y、z 三个方向的位移分别用 u、v、w 表示。

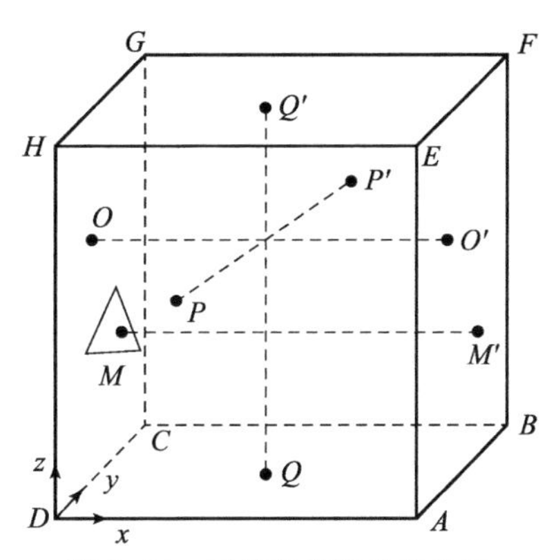

图 6.21　三维代表性体积单元

(1) 面节点约束方程。

相对面上的两个对应节点，只需约束方程满足上面三个方向的方程组，即可实现周期性边界条件的施加。

在垂直于 x 轴的相对面上，约束方程为

$$
\begin{cases}
u|_{x=W_x} - u|_{x=0} = 0 \\
v|_{x=W_x} - v|_{x=0} = 0 \\
w|_{x=W_x} - w|_{x=0} = 0
\end{cases}
\tag{6.29}
$$

在垂直于 y 轴的相对面上，约束方程为

$$\begin{cases} u|_{y=W_y} - u|_{y=0} = 0 \\ v|_{y=W_y} - v|_{y=0} = 0 \\ w|_{y=W_y} - w|_{y=0} = 0 \end{cases} \tag{6.30}$$

在垂直于 z 轴的相对面上，约束方程为

$$\begin{cases} u|_{z=W_z} - u|_{z=0} = 0 \\ v|_{z=W_z} - v|_{z=0} = 0 \\ w|_{z=W_z} - w|_{z=0} = 0 \end{cases} \tag{6.31}$$

（2）棱边节点约束方程。

对于代表性体积单元中处于平面交线或者交点处的棱边和角点，为其设定周期性约束时，要注意不能重复约束。例如在给面节点施加约束时，若包含了棱边上的节点，再给棱边上的节点施加约束时就会造成这部分节点的重复约束，在有限元计算中会造成过约束错误。棱边节点和角节点也会出现类似情况。因此较好的方法是在给面节点施加约束时，暂时剔除棱边和角节点，只对面中心的节点进行方程约束；在给棱边节点施加约束时，暂时先剔除其中包含的角节点，最后单独对角节点进行约束。对于图 6.21 所示的代表性体积单元，其 12 条棱边可分为 3 类，平行于 x 轴的 AD、BC、FG 和 EH，平行于 y 轴的 CD、BA、FE 和 GH，平行于 z 轴的 HD、EA、FB 和 GC。

对于平行于 x 轴的 4 条棱边，约束方程为

$$\begin{cases} i_{HE} - i_{DA} = 0 \\ i_{GF} - i_{DA} = 0 \\ i_{CB} - i_{DA} = 0 \end{cases} \tag{6.32}$$

对于平行于 y 轴的 4 条棱边，约束方程为

$$\begin{cases} i_{AB} - i_{DC} = 0 \\ i_{EF} - i_{DC} = 0 \\ i_{HG} - i_{DC} = 0 \end{cases} \tag{6.33}$$

对于平行于 z 轴的 4 条棱边，约束方程为

$$\begin{cases} i_{EA} - i_{HD} = 0 \\ i_{FB} - i_{HD} = 0 \\ i_{GC} - i_{HD} = 0 \end{cases} \tag{6.34}$$

式中，i 依次为 u、v、w，即 x、y、z 三个方向的位移均需满足此方程。

（3）角节点约束方程。

图 6.21 中所示的代表性体积单元有 8 个角节点，选择其中的 D 点作为基准点，可分别写出其他点关于 D 点的约束方程：

$$\begin{cases} u_i - u_D = 0 \\ v_i - v_D = 0 \\ w_i - w_D = 0 \end{cases} \tag{6.35}$$

式中，i 为除 D 点外的其余七个角节点。

此外，与二维代表性体积单元相类似，分析过程中也需要约束模型的刚体位移，载荷通过位移或者力的方式施加。三维代表性体积单元约束及加载方式如图 6.22 所示，约束方程施加算法流程如图 6.23 所示。

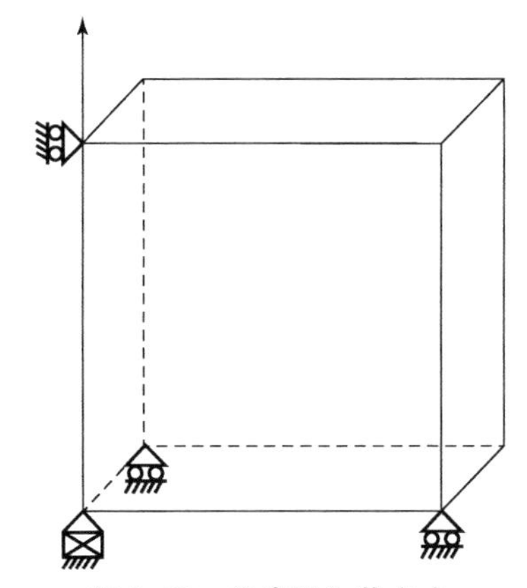

图 6.22　约束及加载方式

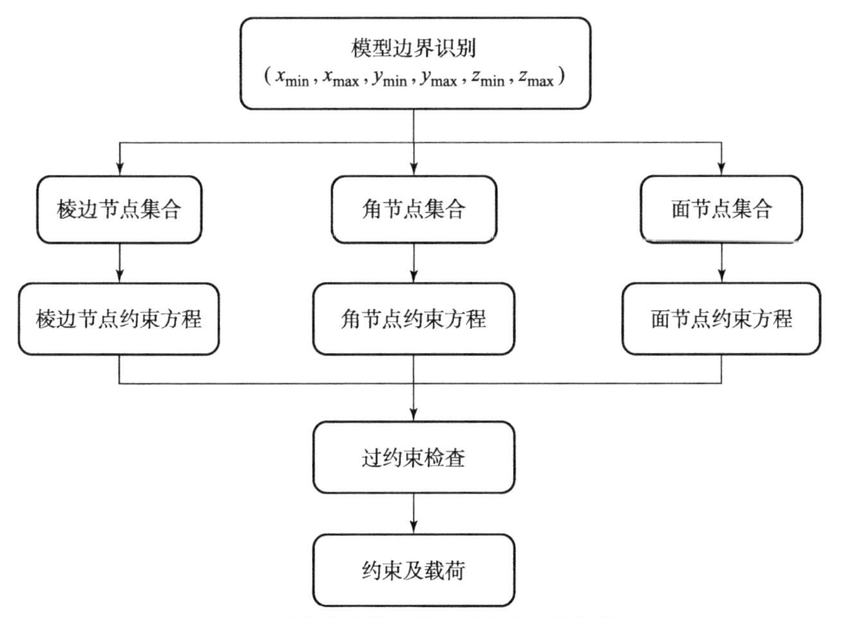

图 6.23　三维代表性体积单元约束方程施加算法流程

上述二维与三维边界条件算法仅适用于网格周期性排列的情况，角点、棱边、面之间有严格对应关系。周期性网格中，对应边和面上的网格数和分布一致，节点对应，便于通过程序识别和施加相应约束。但一般由于实际结构的复杂性和随机性，越接近材料真实结构和特征，越不利于实现有限元模型周期性网格的划分。因此，也有研究提出针对非周期性网格施加周期性边界条件的方法，即“一般周期性边界条件”，该方法的提出使复合材料微细观有限元模型网格划分不受周期性限制，更适合对复杂结构活性毁伤材料的模拟。

6.2.3 力化耦合响应算法

基于重构的细观结构真实及仿真模型，可进一步开展对其跨尺度力化耦合响应算法的研究，获得冲击加载下材料的细观变形场、温度场、压力场等，以揭示材料力化耦合响应规律，跨尺度力化耦合响应算法流程如图 6.24 所示。

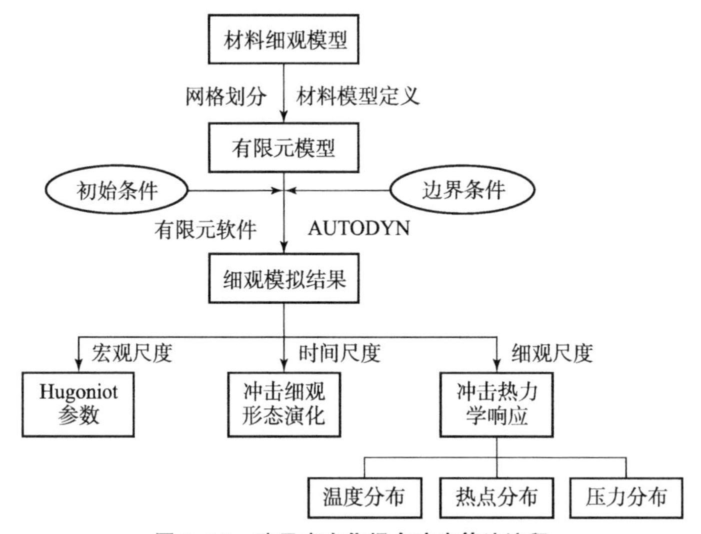

图 6.24 跨尺度力化耦合响应算法流程

基于细观模拟结果，可在宏观、时间、细观三种不同尺度下获得活性毁伤材料性能参数。宏观尺度上主要是基于 Rankine - Hugoniot 方程，分析材料 Hugoniot 参数，波阵面上质量守恒、动量守恒和能量守恒方程分别为

$$\rho_0 U_S = \rho(U_S - U_P) \tag{6.36}$$

$$p - p_0 = \rho_0 U_S U_P \tag{6.37}$$

$$E - E_0 = \frac{1}{2}(p + p_0)(V_0 - V) \tag{6.38}$$

式中，p、ρ、E、V、U_S、U_P 分别表示压力、密度、比内能、比容、冲击波速度和粒子速度，下标“0”代表参量的初始状态。

冲击波速度 U_S 与粒子速度 U_p 的经验关系为

$$U_S = C_0 + S_1 U_P + S_2 U_P + \cdots \tag{6.39}$$

式中，C_0 为材料声速；S_1，S_2 为经验参数。而对大多数金属材料而言，$S_2 = 0$，此时式（6.39）可被简化为线性方程：

$$U_S = C_0 + S U_P \tag{6.40}$$

式中，S 为经验参数。$U_S - U_P$ 的线性关系很好地描述了活性毁伤材料在未发生相变情况下的冲击响应。

Hugoniot 参数一般通过实验获得，实验中主要测量材料中 U_S 和 U_P。U_S 一般采用探针技术测量，而 U_P 不能通过直接测量得到，通常采用两种间接测量方法，一是根据阻抗匹配原理来确定 U_P，即用已知状态方程的弹丸以固定速度撞击未知状态方程材料的靶板；二是利用速度干涉仪来测量自由面速度，并根据自由面速度确定 U_P。然而，由于冲击压缩实验的瞬态特性，对测试仪器在时间尺度上的分辨率提出了较高要求。相比于实验方法，可通过细观模拟来获取材料冲击压缩 Hugoniot 参数，同时可对宏观 Hugoniot 参数的研究提供基础。

图 6.25 所示为 PTFE/Al 活性毁伤材料中典型冲击波传播过程，数值模拟时运动的刚性墙以恒定速度撞击并压缩材料，产生冲击波传入材料内。从图中可以看出，冲击波形成后，波阵面清晰可见，将材料分为已压缩和未压缩区。随着冲击波在材料中传播，波阵面沿冲击波传播方向移动。在波阵面后的已压缩区域内，材料颗粒速度即为粒子速度 U_P，与刚性墙运动速度相同，而冲击波在材料中运动速度即冲击波速度 U_S，与波阵面的传播速度保持一致。因此，在细观冲击压缩模拟中，粒子速度 U_P 可由刚性墙运动速度直接获得，冲击波速度 U_S 可根据不同时刻结构中波阵面的位置进行确定。

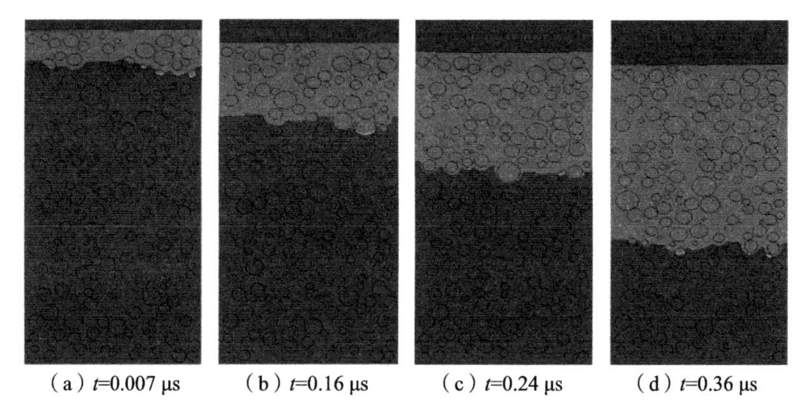

（a）t=0.007 μs　（b）t=0.16 μs　（c）t=0.24 μs　（d）t=0.36 μs

图 6.25　PTFE/Al 活性毁伤材料典型冲击波传播过程

材料细观模型中包含尺寸大小不一、随机分布的金属颗粒，颗粒间存在间隙，冲击波在材料中传播时受颗粒间相互作用影响，波阵面呈现非平整特征。这种波阵面的特殊形式为确定不同时刻波阵面位置带来一定困难，易产生计算误差。为保证计算结果准确性，在选取波阵面位置时，一般通过平均化方法处理。对于非平面波阵面，根据网格划分情况，按列统计波阵面传播过有限元网格数，之后对所有列网格数取平均值，从而确定波阵面的等效平面瞬时位置 x_{st}。波阵面位置时程曲线斜率，即为波阵面运动速度。对于某一冲击速度下的冲击波速度 U_S，具体形式表述为

$$U_S = \frac{x_s(t + \Delta t) - x_s(t)}{\Delta t} \tag{6.41}$$

按上述方法，通过计算在不同冲击速度下冲击波在材料中传播的速度 U_S，即可得到材料的 $U_S - U_P$ 曲线，从而求得该材料的 Hugoniot 参数。

采用该冲击压缩细观模拟方法，还可从时间和细观尺度上得到冲击压缩过程中材料细观形态演化以及冲击热力学响应，尤其是可直观分析伴随冲击波传播所产生的颗粒碰撞、变形、塑性流动、材料熔融及空隙塌陷等现象。

1. 细观变形场

冲击压缩过程中，伴随冲击波传播，细观尺度上材料颗粒典型响应特征为冲击变形，并与相邻颗粒互相碰撞、熔合，且变形程度随冲击速度的增加而越发剧烈。典型 PTFE/Al 材料的细观模型在 500 m/s，1 000 m/s 和 1 500 m/s 冲击速度下的细观变形场如图 6.26 所示，可以看出，当冲击速度为 500 m/s 时，颗粒间发生相互碰撞，大部分 Al 颗粒产生局部变形，由原始规则球形变为不规则球形；当冲击速度增至 1 000 m/s 时，颗粒间相互作用越发强烈，Al 颗粒在相互碰撞作用下变形加剧；当冲击速度增至 1 500 m/s 时，颗粒之间发生更为强烈的相互作用，金属颗粒均发生剧烈变形，颗粒形状变为椭圆形。

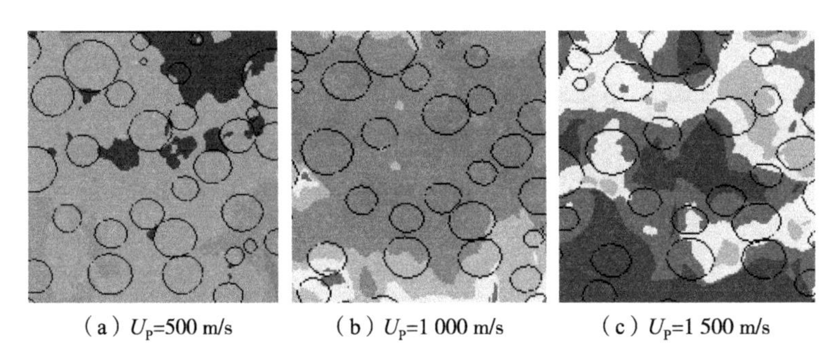

(a) U_P=500 m/s　(b) U_P=1 000 m/s　(c) U_P=1 500 m/s

图 6.26　PTFE/Al 材料细观变形场

2. 细观温度场

伴随冲击作用下的细观变形，材料内部温度也逐渐升高，且温升与冲击速度也明显相关，典型 PTFE/Al 材料在不同冲击速度下的细观温度场如图 6.27 所示。从图中可以看出，冲击速度为 500 m/s 时，颗粒内部温度较低，颗粒接触面边界区域温度较高，在部分颗粒区域边界产生熔融现象；当冲击速度增至 1 000 m/s，材料内部温升加剧，颗粒间相互作用区域增加，颗粒边缘及部分颗粒内部区域温度超过材料熔点，在材料内多处区域均产生熔融现象；当冲击速度增至 1 500 m/s，材料内温升进一步加剧，颗粒边缘及内部区域均达到材料熔点，因而冲击波传播过后整个区域均产生熔融现象。

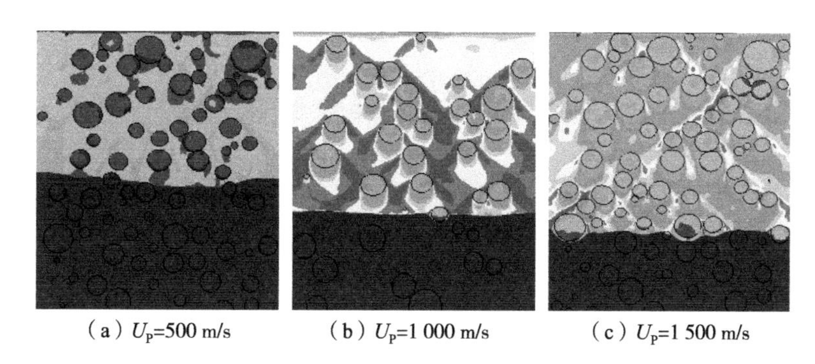

（a）U_P=500 m/s　　（b）U_P=1 000 m/s　　（c）U_P=1 500 m/s

图 6.27　PTFE/Al 材料细观温度场

3. 细观压力场

冲击加载除使材料内部产生变形与温升外，还将引起材料内部压力的升高，PTFE/Al 材料在不同冲击速度下的细观压力场如图 6.28 所示。从图中可以看出，材料内压力峰值、压力分布均受冲击速度影响显著，随冲击速度不断增加，材料内部压力峰值随之升高；材料内部压力分布直接受金属颗粒分布情况影响，由于金属颗粒分布不均匀，细观结构压力分布也呈现显著不均匀性；相比于其他位置，材料颗粒接触表面处压力较高。

通过以上细观仿真模型的建立和计算，即可获得不同组分配比、不同组分颗粒级配活性毁伤材料在外界作用下的细观变形场、温度场与压力场等，再结合反应动力学、热力学及均匀化等理论，即可与材料宏观变形、温升和化学反应等行为相关联，从而开展对活性毁伤材料力化耦合响应行为的研究。

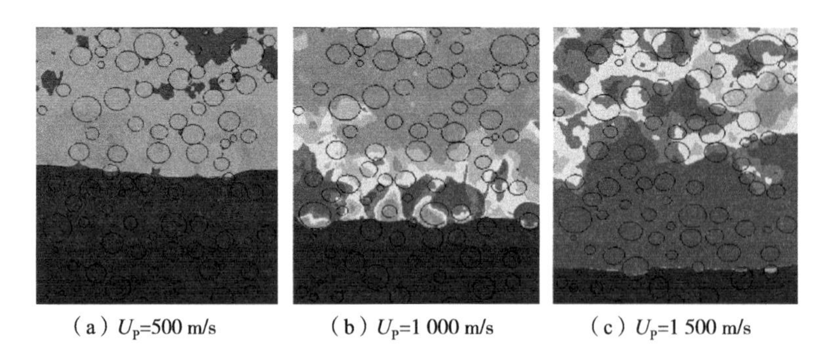

（a）U_P=500 m/s　（b）U_P=1 000 m/s　（c）U_P=1 500 m/s

图 6.28　PTFE/Al 材料细观压力场

6.3　跨尺度力化耦合响应机理

力化耦合响应机理主要描述活性毁伤材料在高应变率冲击加载下，力学与化学响应行为之间的耦合机理。本节基于数值仿真，从宏—细观跨尺度角度揭示活性毁伤材料的动力学、热力学及力化耦合响应机理。

6.3.1　动力学响应机理

基于细观结构真实模型和细观结构仿真模型，可对活性毁伤材料在不同加载应变率下的动力学响应行为进行研究。不同尺度细观结构真实模型（图 6.5）及仿真模型（图 6.12）各 4 个，其中细观结构真实模型分别用 1 - R 至 4 - R 表示，细观结构仿真模型分别用 1 - S 至 4 - S 表示。对模型施加周期性边界条件，典型模型 4 - R 和 4 - S 在准静态压缩载荷作用下的响应过程如图 6.29 所示，其中图 6.29（a）和图 6.29（b）分别为 4 - R 和 4 - S 模型应力云图，图 6.29（c）为 4 - R 局部放大图，图 6.29（d）为 4 - S 模型应变云图。

通过观察材料微细观结构变形，模型左右及上下相对边界上材料变形一致、对应节点应力相等，表明周期性边界条件的施加使模型满足变形协调和应力连续条件。从材料微细观结构应力分布角度看，由于 Al 颗粒和 PTFE 基体的模量不匹配，材料内部应力分布显著不均。从图中还可以看出，加载过程中 Al 颗粒所承受压力显著高于周围基体，这主要是因为 Al 颗粒强度更高，这体现了材料体系的颗粒增强机理。由于组分体系的非均匀分布，最大应力出现在

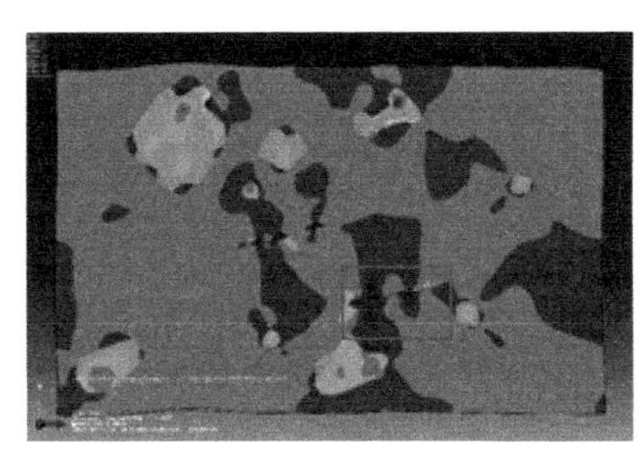
（a）4-R应力云图

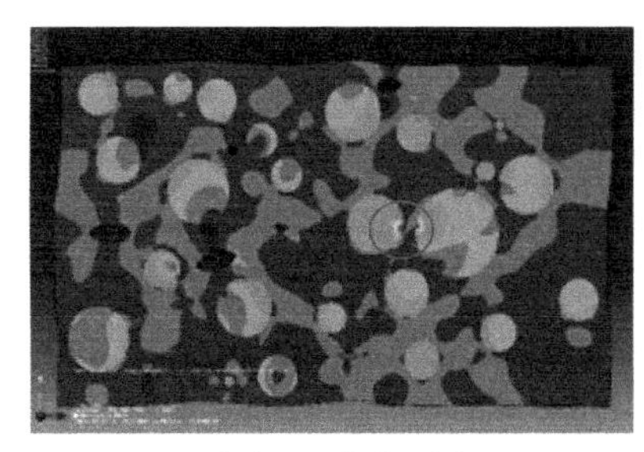
（b）4-S应力云图

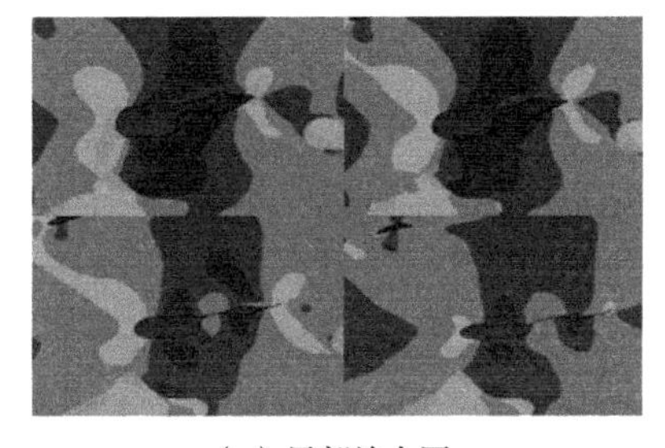
（c）局部放大图

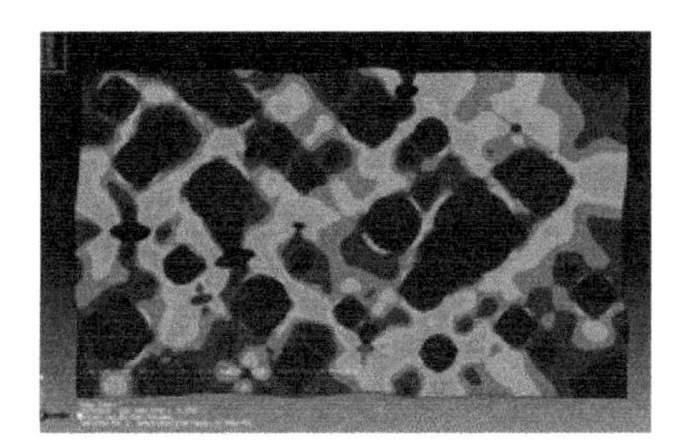
（d）4-S应变云图

图6.29 典型活性毁伤材料细观动力学响应

两个颗粒相互接近或颗粒突起位置。当材料被进一步压缩时，由于颗粒之间滑移，将会在材料中颗粒相互接近的位置处首先发生剪切破坏和失效，或造成颗粒突起或不规则局部剪切失效，使不规则颗粒形状趋于规则。与此同时，孔洞长轴两端出现应力集中，使孔洞被进一步压缩，应力集中也越发明显，使材料优先在应力集中处发生破坏失效，产生裂纹并向整个材料扩展。

基于细观结构真实模型和仿真模型计算，获得PTFE/Al材料在准静态压缩下应力-应变曲线如图6.30所示。计算结果表明，基于细观结构真实模型与仿真模型所得应力-应变曲线均呈现良好一致性，这表明四种模型虽尺度不同，但初始真实细观显微结构选择的随机性，使其包含足够多材料的细观结构特征，具有代表性。此外，仿真计算结果与实验曲线一致性也较好，尤其是在弹性与塑性段，仿真与实验结果重合度良好。在材料屈服点附近，仿真计算结果略大于实验结果，其原因在于，重构模型中的材料缺陷均被识别于细观显微图像，而该过程实际上导致了对材料内微观缺陷及孔隙率的低估。因此，重构模型中材料缺陷较真实材料低，导致屈服强度较高。

基于PTFE/Al活性毁伤材料细观特征统计特性，可建立三维细观仿真结构有限元模型。模型尺度为50 μm×50 μm×50 μm，材料细观结构应力分布如图6.31所示。从图中可以看出，三维周期性边界条件算法保证了模型的变形

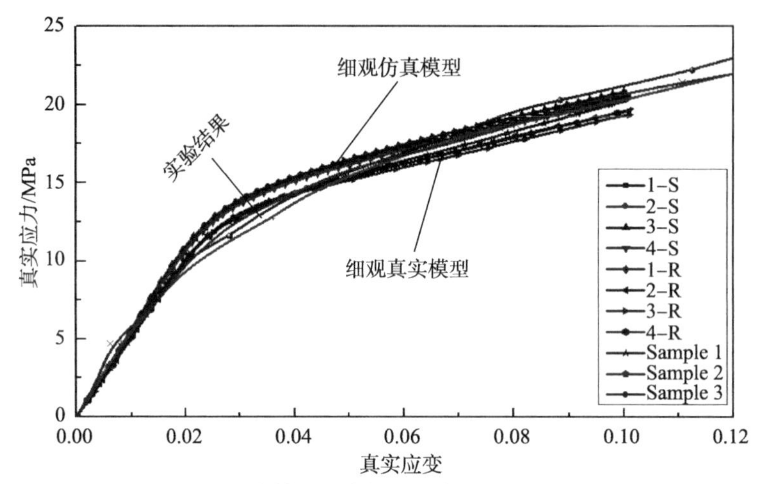

图 6.30　二维模型仿真与实验应力 - 应变曲线对比

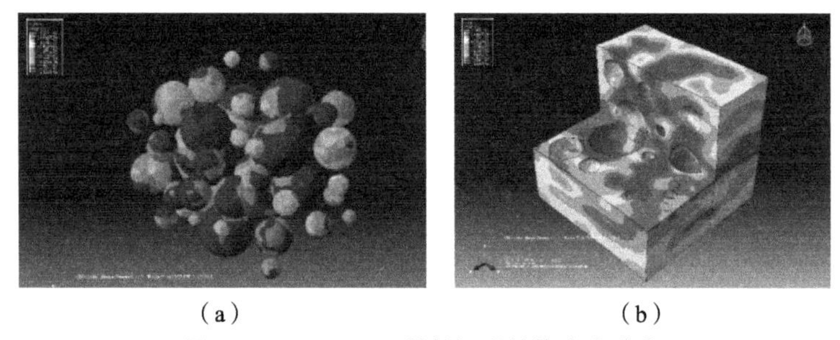

（a）　　（b）

图 6.31　PTFE/Al 材料细观结构应力分布

协调和应力连续，与此同时，应力集中、剪切带及孔洞压合等力学现象与二维模型类似。仿真计算所得材料应力 - 应变曲线与实验结果的对比如图 6.32 所示，可以看出，仿真计算结果与实验结果的一致性较二维模型更好。

通过以上分析，基于细观结构模型及跨尺度力化耦合响应算法，在动力学加载条件下获得的细观结构演化、细观载荷分布及材料应力 - 应变关系等均为活性毁伤材料跨尺度动力学响应行为的分析提供了有力支撑。

6.3.2　热力学响应机理

活性毁伤材料在加载过程中，宏观与微细观尺度的热力学响应行为不同。宏观尺度的热力学响应主要表现为局部区域温升，但相较于微细观结构，该“局部”尺度则大许多。温升在微细观尺度上具有非均匀性，且对于非均匀材料或存在局部缺陷的材料，微细观尺度上的局部高温要比宏观的局部温度高很多，这也是引发活性毁伤材料发生反应的原因之一。

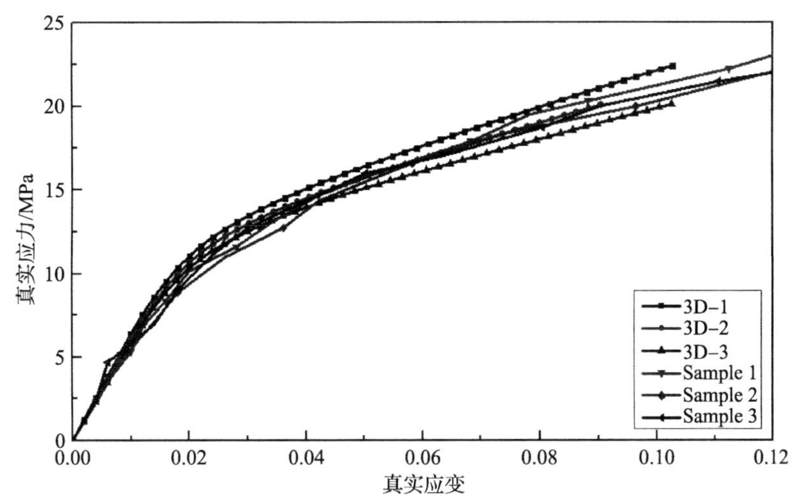

图 6.32　三维模型仿真与实验应力 – 应变曲线对比

高应变率加载下，对活性毁伤材料细观尺度热力学响应的分析基于 4 – R 细观结构仿真模型。将活性毁伤材料细观结构仿真模型压缩至塑性应变为 0.5，在不同加载应变率条件下，分析材料细观结构热力学响应特征，加载速度、加载应变率及分析步长如表 6.6 所示。

表 6.6　不同应变率对应加载速度及分析步长

应变率/s^{-1}	加载速度/（$\mu m \cdot s^{-1}$）	分析步长/s
10 000	1.0×10^6	3.55×10^{-5}
8 000	0.8×10^6	4.44×10^{-5}
5 000	0.5×10^6	7.10×10^{-5}
3 000	0.3×10^6	1.18×10^{-4}

不同应变率下活性毁伤材料细观结构温升如图 6.33 ~ 图 6.36 所示。从图中可以看出，材料细观结构温升呈现显著不均匀性，温升较明显区域集中在金属颗粒之间，主要由颗粒相互之间滑移及剧烈挤压造成。温升最高点出现于距离较近的大尺寸金属颗粒之间，该部分与材料结构内部变形及应力分布规律一致。加载过程中金属颗粒未发生明显变形，内部温度未显著升高。但与金属颗粒间相比，基体温度仍然较低，压缩作用下活性毁伤材料细观结构中孔洞发生变形，逐渐压合，且在长轴两端应力集中处，温升更为显著。

此外，随加载应变率从 3 000 s^{-1} 增加至 10 000 s^{-1}，材料内部温升程度与温度分布均有着不同程度的变化，但整体而言，材料内部温升速率随应变率增加而增加，材料内部所能达到的最高温度也随之升高。

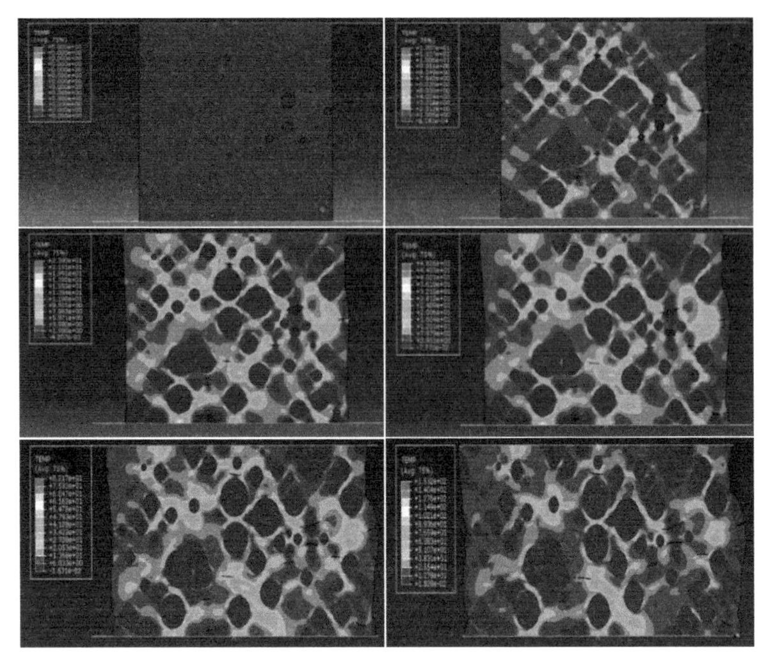

图 6. 33　应变率为 10 000 s^{-1} 时活性毁伤材料细观结构温度分布

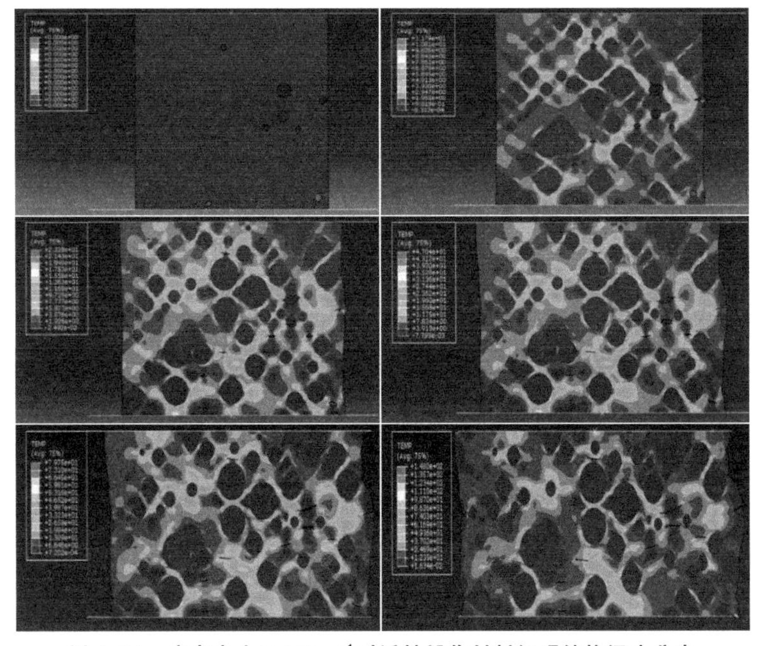

图 6. 34　应变率为 8 000 s^{-1} 时活性毁伤材料细观结构温度分布

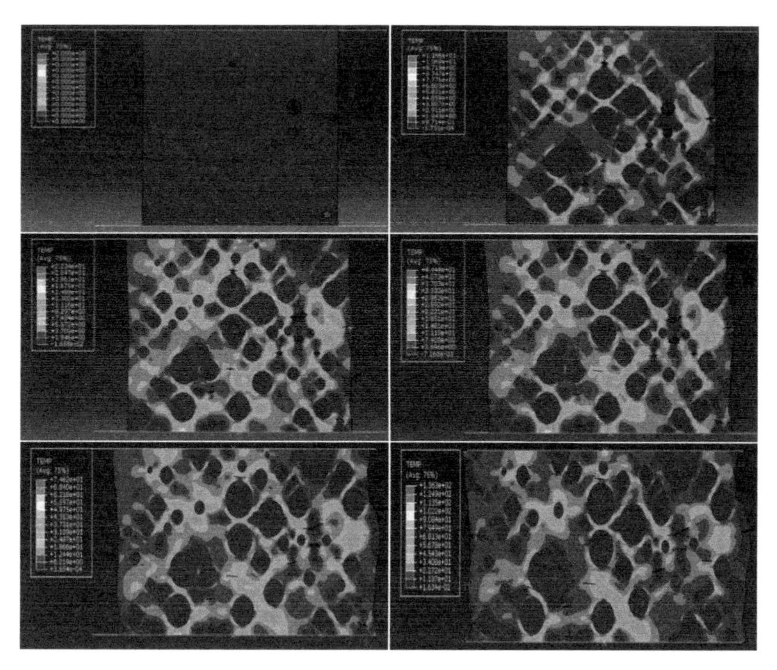

图6.35　应变率为5 000 s^{-1}时活性毁伤材料细观结构温度分布

图6.36　应变率为3 000 s^{-1}时活性毁伤材料细观结构温度分布

提取不同加载应变率下材料细观结构温升，可得到材料内最高温度随时间变化规律，如图 6.37 所示。可以看出，不同应变率下，温升均呈现先缓慢升高后快速升高的规律。随应变率从 3 000 s^{-1}升高至 10 000 s^{-1}，材料内部升温速率加快，材料发生相同塑性应变时，温升增加。此外，随着加载应变率提高，温升对应变率敏感度逐渐减弱，具体表现为，当应变率从3 000 s^{-1}升高至 5 000 s^{-1}时，材料内最高温度及温升速率均有显著提升；但当应变率从 5 000 s^{-1}升高至 10 000 s^{-1}时，最高温度及升温速率提升均有所减小，预示随着加载应变率进一步提高，温度 – 时间曲线将不断接近，趋于重合。

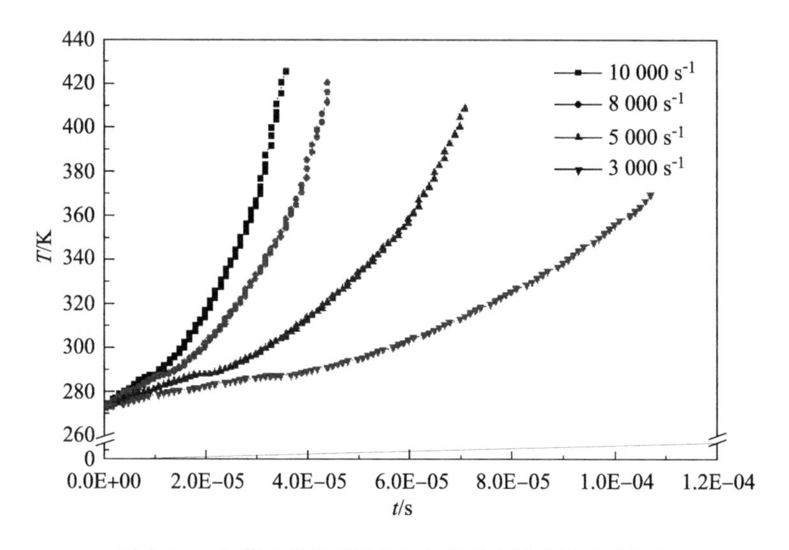

图 6.37　加载应变率对活性毁伤材料内最高温度的影响

同时，活性毁伤材料细观结构热力学响应特征与其动力学响应特征呈现一定关联性。冲击加载时，材料内部孔洞、颗粒/基体界面及金属颗粒之间均易发生挤压变形及相互作用，导致材料结构内应力分布的非均匀性。在高速率加载过程中，机械功将在绝热效应下导致材料发生局部温升，由此造成材料内温升的非均匀性，且加载速率越高，局部温升及非均匀性越显著。

6.3.3　力化耦合响应机理

高速率加载下，材料结构内产生应力及温度的非均匀分布。局部压力及温升达到一定幅值，二者耦合，将诱发活性毁伤材料组分间发生化学反应。

基于所重构的细观仿真结构有限元模型，对活性毁伤材料跨尺度力化耦合响应行为进行分析，流程如图 6.38 所示。首先，基于活性毁伤材料微细观仿

真模型，施加高应变率载荷；在此基础上，结合均匀化及热力学理论，分析材料细观结构热力学响应特性；最后，通过冲击温升和反应动力学方程，将动力学、热力学参量与化学反应度等表征材料化学反应状态的参量相关联，对不同组分配比的材料在不同加载条件下的化学反应特性进行分析。

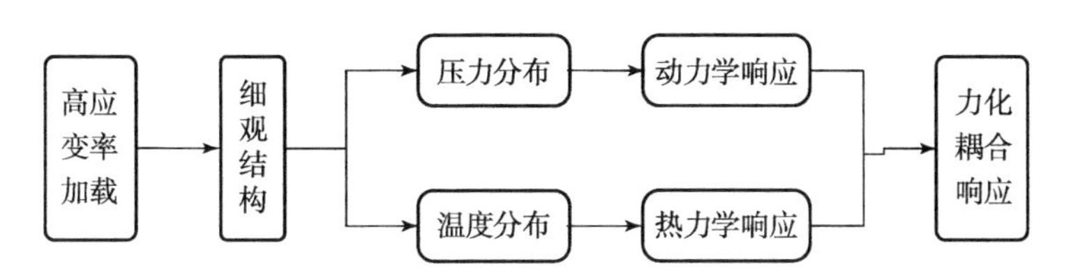

图 6.38　跨尺度力化耦合研究思路

1. 细观温度场

PTFE/Al（体积分数 55.5%/44.5%）及 PTFE/Al/W（体积分数 55.5%/22.5%/22.5%）活性毁伤材料在不同冲击速度下细观结构温度变化分别如图 6.39 和图 6.40 所示。可以看出，冲击速度对材料细观结构温升均有显著影响。随冲击速度增加，两种材料内温升均显著升高。与 PTFE/Al 材料相比，组分 W 的加入，使 PTFE/Al/W 材料在相同加载速度下的同一时刻，内部平均温升更高。这主要是因为，在冲击作用下，强度和硬度较高的 W 颗粒使材料内各组分间在细观尺度的挤压、滑移、摩擦等现象更频繁和剧烈，导致材料在宏观尺度发生显著塑性变形、破坏，从而使材料整体温升也更加明显。

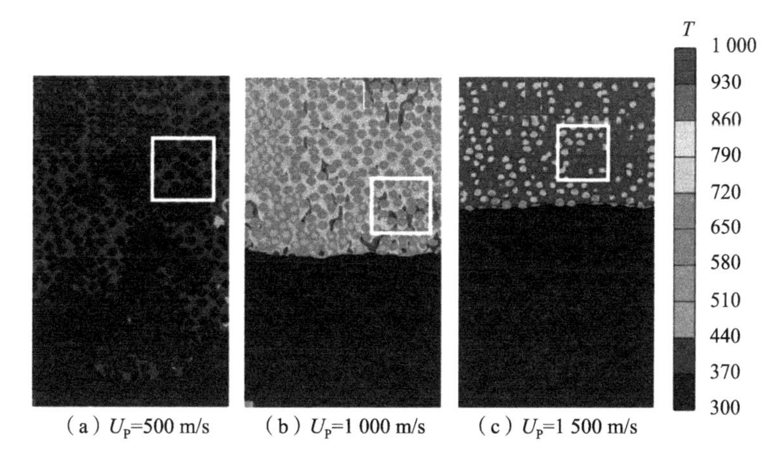

图 6.39　PTFE/Al 材料细观温度场

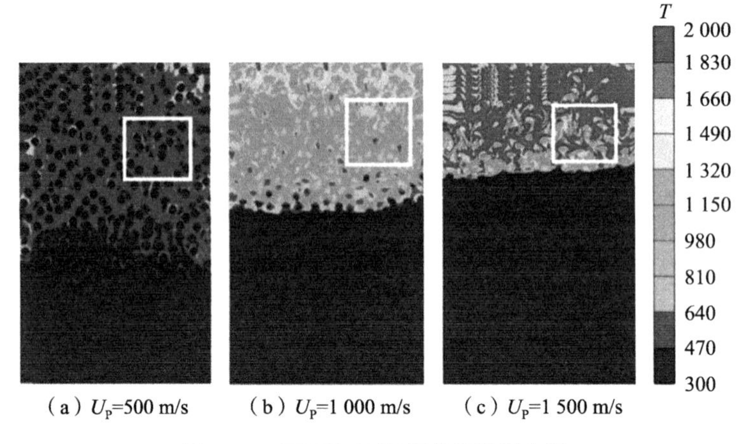

图 6.40 PTFE/Al/W 材料细观温度场

此外，两种组分构成材料体系内细观温度场均呈现显著非均匀分布特征，且高温区域主要集中在材料基体与金属颗粒边缘直接接触的位置，而这些位置也是材料失效时金属颗粒发生脱黏的主要区域。从图 6.40 还可以看出，在 PTFE/Al/W 材料中，Al 颗粒的温度显著高于 W 颗粒；当冲击加载速度更高时（U_P = 1 500 m/s），Al 颗粒内部温度已显著高于其熔化温度，导致其呈现类似流体的特征，而此时 W 颗粒温度仍低于其熔点，变形较小，未呈现类似 Al 颗粒的流动和大变形特征。当冲击速度为 U_P = 1 000 m/s 时，材料内部只有部分金属颗粒发生熔化，而在 U_P = 500 m/s 时，未观察到金属颗粒熔化现象。

2. 细观压力场

PTFE/Al（体积分数 55.5%/44.5%）和 PTFE/Al/W（体积分数 55.5%/22.5%/22.5%）两种活性毁伤材料在不同冲击速度下的细观压力场分别如图 6.41 和图 6.42 所示。从图中可以看出，随冲击速度增加，材料内部压力升高越发显著，冲击速度对两种材料结构压力分布同样有显著影响。从机理角度分析，在冲击条件下，材料内压力升高主要是由于被加速的金属粒子与基体材料相互碰撞，当冲击速度升高，碰撞及相互作用更加剧烈，致使材料内部压力更高。与 PTFE/Al 相比，强度更高的 W 颗粒的加入，使 PTFE/Al/W 材料在相同加载速度下，平均压力更高，主要原因在于，较硬的 W 颗粒的加入使金属颗粒与基体材料间的碰撞作用越发强烈，同时 W 颗粒与 Al 颗粒间的相互挤压与滑移所带来的压力升高效应，也要强于 Al 颗粒相互之间的作用。

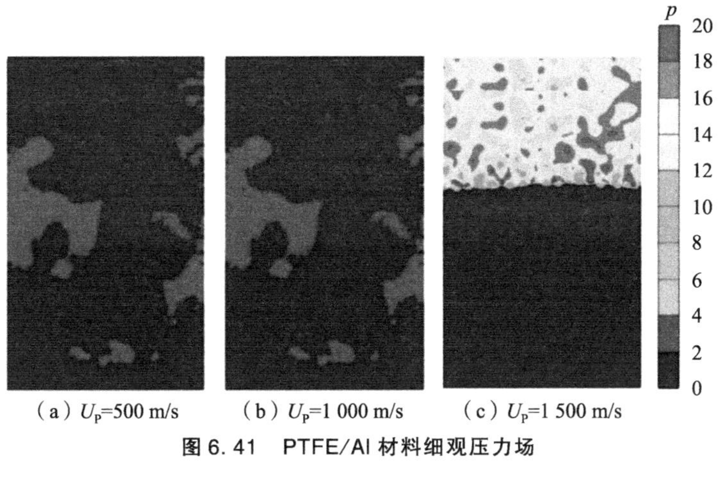

图 6.41　PTFE/Al 材料细观压力场

p
40
36
32
28
24
20
16
12
8
4
0

（a）U_P=500 m/s　（b）U_P=1 000 m/s　（c）U_P=1 500 m/s

图 6.42　PTFE/Al/W 材料细观压力场

与冲击加载下的细观温度场类似，细观压力场分布也呈现典型非均匀分布特征。PTFE/Al 和 PTFE/Al/W 材料细观结构高温区域均主要集中于受金属颗粒挤压的基体材料区域，这也是材料失效时基体发生熔化的重要原因。在包含两种金属颗粒的 PTFE/Al/W 组分体系内，压力分布受金属颗粒相材料分布影响更为显著，因两种金属颗粒的性质差异，材料细观结构压力分布更加不均匀。此外，冲击速度还对冲击波阵面形状有着影响显著，随着冲击速度的不断增加，PTFE/Al 和 PTFE/Al/W 材料冲击波阵面越发平滑。

3. 跨尺度力化耦合响应

主要基于细观压力场及温度场计算结果研究活性毁伤材料在冲击加载条件下的跨尺度力化耦合响应行为。将动力学和热力学响应相耦合，获得活性毁伤材料化学响应特性，这主要是依据冲击热化学反应模型，建立不同响应特征之间的相互转化关系。分析的基本思路为，首先，通过密实介质和多孔介质冲击压缩理论对材料冲击下的温升效应进行描述；在此基础上，通过 Arrhenius 反应速率方程以及 Avrami - Erofeev 反应动力学模型，得出相应条件下的材料反应度；最后，结合冲击温升和反应动力学方程得到活性毁伤材料的热化学模型。

对固体物质而言，冲击压缩响应通过 Mie - Grüneisen 状态方程为

$$P(v)=\frac{\frac{v}{\gamma(v)}P_c(v)-E_c(v)}{\frac{v}{\gamma(v)}-\frac{1}{2}(v_0-v)} \tag{6.42}$$

式中，v_0 和 v 分别为冲击波前后固体材料比容；$\gamma(v)$ 为 Grüneisen 系数，与某时刻材料比容 v 呈函数关系；$P_c(v)$ 和 $E_c(v)$ 分别为冷压和冷能。

受制备工艺、颗粒尺寸以及颗粒几何形态等条件限制，对活性毁伤材料物理特性进行准确描述存在一定困难。实际计算中，假设冲击条件下混合物各组分压强瞬间达到其平衡状态，混合物物理参数可由各组分物理参数叠加得到。由叠加原理，材料比容 v 及比内能 E 为

$$v(P)=\sum_{i=1}^{N}m_iv_i(P) \tag{6.43}$$

$$E_c(v)=\sum_{i=1}^{N}m_iE_{ci}(v) \tag{6.44}$$

式中，m_i 为第 i 组分的质量百分比；v_i 和 E_{ci} 为第 i 组分的比容和比内能。

材料的冷压和冷能可以用 Bom - Meyer 势来描述，具体形式为

$$E_c(\delta)=\frac{3Q}{\rho_{0K}}\left\{\frac{1}{q}\exp[q(1-\delta^{-1/3})]-\delta^{1/3}-\frac{1}{q}+1\right\} \tag{6.45}$$

$$P_c(\delta)=Q\delta^{2/3}\{\exp[q(1-\delta^{-1/3})]-\delta^{2/3}\} \tag{6.46}$$

$$\delta=\frac{\rho}{\rho_{0K}}=\frac{v_{0K}}{v} \tag{6.47}$$

式中，Q 和 q 为材料常数；ρ_{0K} 为材料初始密度；δ 为材料压缩度。

材料常数 Q 和 q 的关系为

$$\lambda=\frac{1}{12}\cdot\frac{q^2+6q-18}{q-2} \tag{6.48}$$

$$C_0^2=\frac{Q(q-2)}{3\rho_{0K}} \tag{6.49}$$

$$C_0=C_0'\left[1+\left(2\lambda'-\frac{\gamma_0^2}{4}-1\right)\alpha_VT_0\right] \tag{6.50}$$

$$\lambda=\lambda'\left[1+\left(\frac{\lambda'}{2}-\frac{1}{8}\cdot\frac{\gamma_0^2}{\lambda'}-1\right)\alpha_VT_0\right] \tag{6.51}$$

式中，C_0 为材料声速；α_V 为体积膨胀系数；C_0'和 λ' 为材料常数。

对大多数金属材料而言，Grüneisen 系数 γ 可通过 Dugdale - MacDonald 方程进行表述：

$$\gamma(\delta) = -\frac{v_c}{2} \cdot \frac{d^2(Pv_c^{2/3})/dv_c^2}{d(Pv_c^{2/3})/dv_c} - \frac{1}{3} \tag{6.52}$$

因此，Grüneisen 系数为

$$\gamma(\delta) = -\frac{1}{6} \cdot \frac{q^2\delta^{-1/3} \cdot \exp[q(1-\delta^{-1/3})] - 6\delta}{q \cdot \exp[q(1-\delta^{-1/3})] - 2\delta} \tag{6.53}$$

假设活性毁伤材料化学反应完全通过温度控制，则可得到基于温升控制的冲击诱发化学反应模型。根据 Arrhenius 模型，化学反应速率为

$$\frac{dy}{dt} = k \cdot f(y) \tag{6.54}$$

式中，k 为化学反应速率常数；y 为反应程度；t 为反应持续时间。

对温度诱发的化学反应，反应速率常数为

$$k = A\exp\left(-\frac{E_a}{R_u T}\right) \tag{6.55}$$

式中，R_u 为摩尔气体常数；T 为绝对温度；A 和 E_a 分别为指前因子和表观活化能。对于固态反应物，指前因子可以由差示扫描量热实验数据得到：

$$\ln\frac{\beta}{T_r^2} = \ln\frac{R_u A}{E_a} - \frac{E_a}{R_u} \cdot \frac{1}{T_r} \tag{6.56}$$

式中，β 为温升速率；T_r 为 DSC 曲线的主放热峰峰值温度。

此外，可用 Avrami - Erofeev 提出的 n 维核增长控制反应模型来描述高速率温升固态反应。由于活性毁伤材料冲击诱发化学反应过程时间非常短，因此可以认为冲击波过后活性毁伤材料处于平衡状态，由 Avrami - Erofeev 模型可得

$$f(y) = n(1-y)[-\ln(1-y)]^{(n-1)/n} \tag{6.57}$$

Avrami - Erofeev 模型还可写为绝对温度 T 对反应度的一阶微分形式：

$$\frac{dT}{dy} = \frac{R_u T^2}{E_a}\left\{\frac{1}{2y} - \frac{n\ln(1-y) + n - 1}{n(1-y)[-\ln(1-y)]}\right\} \tag{6.58}$$

式中，n 为取决于反应机制的参数。

根据 McQueen 提出的混合法则，即将未完全反应的活性毁伤材料视为反应物和生成物的混合物，则未完全反应活性材料物态方程为

$$v(P) = (1-y)v_r(P) + yv_p(P) \tag{6.59}$$

$$\frac{v}{\gamma} = (1-y)\left(\frac{v_0}{\gamma_0}\right)_r + y\left(\frac{v_0}{\gamma_0}\right)_p \tag{6.60}$$

式中，$v_r(P)$和 $v_p(P)$分别为反应物和生成物的比容。

再基于等容路径，对活性毁伤材料反应产物的 Hugoniot 曲线进行描述，则反应后压力为

$$p = \frac{-\gamma Q_{\mathrm{R}} + p_{\mathrm{H}}\left[\frac{(v_0 - v)}{2} - \frac{v}{\gamma}\right]}{\frac{1}{2}(v_{\infty} - v) - \frac{V}{\gamma}} \tag{6.61}$$

式中，参数 v/γ 和比容 v 为活性毁伤材料反应物的相关参数；Q_{R} 为单位质量反应物完全反应所释放的化学能。

在构建了各力化参量之间理论联系后，基于均匀化方法，将细观仿真结构模型划分为若干更小单元，并通过均匀化理论对材料力化耦合响应行为进行分析。对 PTFE/Al（体积分数 55.5%/44.5%）和 PTFE/Al/W（体积分数 55.5%/22.5%/22.5%）材料细观结构进行的单胞划分如图 6.43 所示。

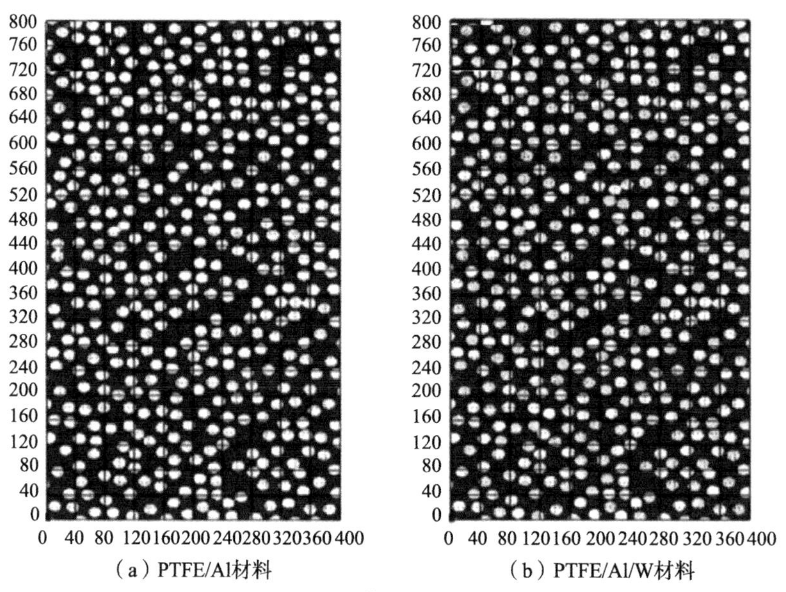

（a）PTFE/Al材料　（b）PTFE/Al/W材料

图 6.43　计算模型的单胞划分

针对每一个划分所得到的单胞单元，均匀设置 9 个观测点，如图 6.44 所示，用于记录该单元在压缩过程各时刻的温度及压力变化。各单胞单元温度及压力信息通过对 9 个观测点的均匀化计算得到。具体方法为，首先，将该单胞单元划分为图 6.44 中所示的第一层四个区域，并对各区域四个角点的相关物理量取一次平均值作为其中心点的物理量值，从而完成胞元信息从第一层区域（节点上）到第二层区域（四区域中心点）的一次传递。之后，对第二层区域进行类似平均化处理，进而完成由第二层区域到胞元中心核位置的传递。通过上述平均化处理，即可实现从细观非均匀物理量到局部均匀物理量的转化。

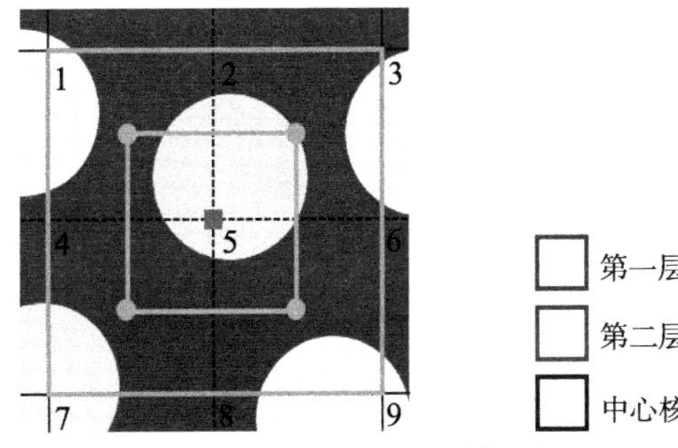

图 6.44　单胞单元观测点设置

依据以上均匀化方法，可得到活性毁伤材料在不同冲击速度下的温度分布。通过分析可知，在经过胞元结构分块均匀化转换后，温度不再呈现为连续性分布，而是以单胞温度分块显示。此时可直观表现出材料结构内部的高低温分布状态，且分块后的温度分布能够对更大尺度下的模型加以描述。

基于活性毁伤材料热化学反应模型，可通过反应度参数 γ 表征材料化学反应程度。当 $\gamma=0$ 时，表示材料不发生反应；$\gamma=1$ 时，材料充分反应；而当 $0<\gamma<1$ 时，表示材料不完全反应。在活性毁伤材料热化学反应模型中，冲击反应由温度控制，因此可将均匀化处理后所得温升结果作为模型中化学反应发生的初始条件，进行材料化学响应状态的计算。反应度由反应活化能、初始温度及化学反应参数决定，可通过前述理论进行计算获得。

经过理论计算，温度对典型 PTFE/Al/W 活性毁伤材料反应度的影响如图 6.45 所示。与 PTFE/Al 活性毁伤材料相比，在相同冲击速度下，PTFE/Al/W 活性毁伤材料试样内部反应度显著较高。这主要是因为，W 颗粒的加入使颗粒与颗粒、颗粒与基体间的相互作用加剧，导致材料细观结构温度及压力显著升高，从而造成 PTFE/Al/W 活性毁伤材料反应速率及反应程度均不断升高。由此可见，在基础配方体系 PTFE/Al 活性毁伤材料中适当添加 W 粉，可有效提高活性毁伤材料冲击下的反应度。此外，通过对活性毁伤材料反应度的分析还可知，两种材料的反应度均随着冲击速度的提高不断增加，尤其是当冲击速度大于1 500 m/s时，波阵面后 PTFE/Al/W 活性毁伤材料平均反应度超过 0.7，材料大部分被激活且反应较为完全。

同时需注意的是，活性毁伤材料冲击反应是一个放热过程。在冲击压缩条件下，材料局部化学反应所释放热量会促使材料结构内部压力、温度进一步升高，这对活性毁伤材料整体爆炸/爆燃化学响应有着至关重要的影响。

活性毁伤材料化学反应释放的总能量为

$$\Delta E = \gamma \times \Delta H_{R} \tag{6.62}$$

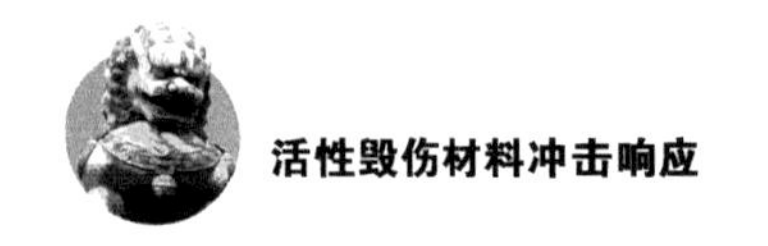

式中，ΔH_R 为反应焓。

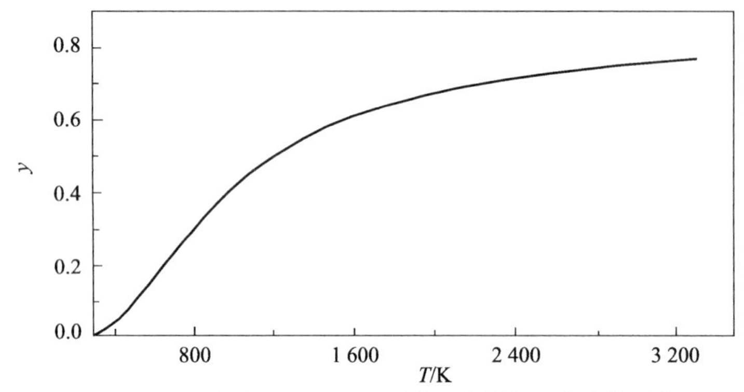

图 6.45　温度对 PTFE/Al/W 活性毁伤材料反应度的影响

活性毁伤材料化学反应放热过程可被视作绝热过程，故反应释放的总能量将全部以热量形式传递给材料体系，导致材料体系进一步温升，这部分温升为

$$\Delta T = \Delta E / c_p \tag{6.63}$$

式中，c_p 为材料定压比热容。

对多组分混合体系活性毁伤材料而言，其定压比热容为

$$c_p = \frac{\sum Q}{\sum M} = \frac{C_1 m_1 + C_2 m_2 + \cdots + C_n m_n}{m_1 + m_2 + \cdots + m_n} \tag{6.64}$$

基于以上分析，可获得材料化学反应释放的能量所导致的材料体系温升，从而得到冲击压缩和材料化学反应释放的能量导致的材料体系总温升。

除温升外，化学反应后还将导致材料内压力变化，表述为

$$p = p_R + p_H = \frac{-\gamma \Delta H}{\frac{1}{2}(v_0 - v) - \frac{v}{\gamma}} + P_H \tag{6.65}$$

式中，p_R 和 p_H 分别为材料化学反应和冲击压缩导致的压力升高；v 为冲击压缩后材料比容，为

$$v = v_0 \times \delta \tag{6.66}$$

式中，δ 为材料压缩度。基于以上分析，可分别得出材料在冲击压缩条件下和化学反应后所导致的压力升高。

结合以上跨尺度分析方法及理论，即可对活性毁伤材料在冲击加载条件下的动力学、热力学响应行为进行耦合，分析材料化学响应行为。在此基础上，进一步考虑材料反应释能所产生的温度与压力效应，从而实现跨尺度力化耦合响应行为分析，揭示活性毁伤材料跨尺度力化耦合响应机理。

参考文献

[1] Ronald A.. Advanced energetic materials [M]. National Academies Press, Washington D. C., 2004.

[2] Montgomery H. E.. Reactive fragment. U. S.: 3961576A [P]. 1973-06-08.

[3] Koch E.. Metal-fluorocarbon based energetic materials [M]. John Wiley & Sons, 2012.

[4] 刘俊吉，周亚平，李松林. 物理化学 [M]. 北京：高等教育出版社，2009.

[5] 沈观林，胡更开. 复合材料力学 [M]. 北京：清华大学出版社，2006.

[6] Weinong Chen, Bo Song. Split hopkinson bar [M]. Springer, 2011.

[7] Jonas A. Zukas. High velocity impact dynamics [M]. John Wiley & Sons, 1990.

[8] Marc A. Myers. Dynamic behaviour of materials [M]. John Wiley & Sons, 1994.

[9] Wang H., Zheng Y., Yu Q., et al. Impact-induced initiation and energy release behavior of reactive materials [J]. Journal of Applied Physics, 2011, 110 (7): 74 904.

[10] Xu F., Yu Q., Zheng Y., et al. Damage effects of aluminum plate by reactive material projectile impact [J]. International Journal of Impact Engineering, 2017 (104): 38-44.

[11] Xu F., Yu Q., Zheng Y., et al. Damage effects of double-spaced aluminum plates by reactive material projectile impact [J]. International Journal of Impact Engineering, 2017 (104): 13-20.

[12] Xu F., Liu S., Zheng Y., et al. Quasi-static compression properties and failure of PTFE/Al/W reactive materials [J]. Advanced Engineering Materials, 2017, 19 (1): 1600350.

[13] Xiao J., Zhang X., Wang Y., et al. Demolition mechanism and behavior of shaped charge with reactive liner [J]. Propellants, Explosives, Pyrotechnics, 2016, 41: 612-617.

[14] Wang Y., Yu Q., Zheng Y., et al. Formation and penetration of jets by shaped

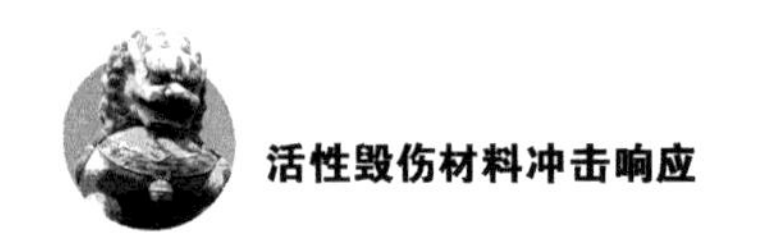

charges with reactive material liners [J]. Propellants, Explosives, Pyrotechnics, 2016, 41: 618-622.

[15] Xu F., Zheng Y., Yu Q., et al. Experimental study on penetration behavior of reactive material projectile impacting aluminum plate [J]. International Journal of Impact Engineering, 2016, 95: 125-132.

[16] Xu F., Geng B., Zhang X., et al. Experimental study on behind-plate overpressure effect by reactive material projectile [J]. Propellants, Explosives, Pyrotechnics, 2017, 42: 192-197.

[17] Ge Chao, Maimaitituersun Wubuliaisan, Dong Yongxiang, et al. A study on the mechanical properties and impact-induced initiation characteristics of brittle PTFE/Al/W reactive materials [J]. Materials, 2017, 10: 452.

[18] Ge Chao, Dong Yongxiang, Maimaitituersun Wubuliaisan, et al. Experimental study on impact-induced initiation thresholds of polytetrafluoroethylene/aluminum composite [J]. Propellants Explosives Pyrotechnics. 2017, 42: 514-522.

[19] Ge Chao, Dong Yongxiang, Maimaitituersun Wubuliaisan. Microscale simulation on mechanical properties of Al/PTFE composite based on real microstructures [J]. Materials, 2016, 9: 590.

[20] 刘宗伟. 活性破片撞击起爆特性及其应用研究 [D]. 北京: 北京理工大学, 2009.

[21] 郑元枫. 活性材料毁伤增强效应及机理研究 [D]. 北京: 北京理工大学, 2012.

[22] 肖艳文. 活性破片侵彻引发爆炸效应及毁伤机理研究 [D]. 北京: 北京理工大学, 2016.

[23] 徐峰悦. 活性材料破片冲击响应与毁伤行为研究 [D]. 北京: 北京理工大学, 2017.

[24] 杨华. 颗粒复合活性材料力学特性及失效行为研究 [D]. 北京: 北京理工大学, 2017.

[25] Mock Jr W., Drotar J. T.. Effect of aluminum particle size on the impact initiation of pressed PTFE/Al composite rods [C]. Shock Compression of Condensed Matter-2007: Proceedings of the Conference of the American Physical Society Topical Group on Shock Compression of Condensed Matter, AIP Publishing, 2007: 971-974.

[26] Cudzilo S., Trzcinski W. A.. Calorimetric studies of metal/polytetrafluoroethyl-

ene pyrolants [J]. Polish Journal of Applied Chemistry, 2001, 45: 25 - 32.

[27] Losada M., Chaudhuri S.. Theoretical study of elementary steps in the reactions between aluminum and teflon fragments under combustive environments [J]. Journal of Physical Chemistry A, 2009, 113 (20): 5933 - 5941.

[28] Joshi V. S. Process for making polytetrafluoroethylene - aluminum composite and product made: U. S.: 6547993B1 [P]. 2003 - 04 - 15.

[29] Vavrick D. Reinforced reactive material, U. S. Patent 20050067072 A1 [P]. 2003 - 09 - 09.

[30] Zhang X., Shi A., Qiao L., et al. Experimental study on impact - initiated characters of multifunctional energetic structural materials [J]. Journal of Applied Physics, 2013, 113 (8): 83508.

[31] Feng B., Fang X., Wang H., et al. The effect of crystallinity on compressive properties of Al - PTFE [J]. Polymers, 2016, 8 (10): 356.

[32] Cai J., Nesterenko V. F.. Collapse of hollow cylinders of PTFE and aluminum particles mixtures using Hopkinson bar [C]. Shock Compression of Condensed Matter - 2005: Proceedings of the Conference of the American Physical Society Topical Group on Shock Compression of Condensed Matter, AIP Publishing, 2006: 793 - 796.

[33] Cai J., Nesterenko V., Vecchio K., et al. The influence of metallic particle size on the mechanical properties of Polytetraflouroethylene - Al - W powder composites [J]. Applied Physics Letters, 2008, 92 (3): 31903.

[34] Cai J., Walley S., Hunt R., et al. High - strain, high - strain - rate flow and failure in PTFE/Al/W granular composites [J]. Materials Science and Engineering A, 2008, 472 (1): 308 - 315.

[35] Raftenberg M., Mock W., Kirby G.. Modeling the impact deformation of rods of a pressed PTFE/Al composite mixture [J]. International Journal of Impact Engineering, 2008, 35 (12): 1735 - 1744.

[36] Casem D. T.. Mechanical response of an Al - PTFE composite to uniaxial compression over a range of strain rates and temperatures [R]. ARL - TR - 4560, Aberdeen Proving Ground, MD 21005 - 5069, 2008.

[37] Raftenberg M., Scheidler M., Casem D. A yield strength model and thoughts on an ignition criterion for a reactive PTFE - aluminum composite [R]. ARL - RP - 219, Aberdeen Proving Ground, MD 21005 - 5069, 2008.

[38] Xu S., Yang S., Zhang W.. The mechanical behaviors of Polytetrafluorethyl-

ene/Al/W energetic composites [J]. Journal of Physics: Condensed Matter, 2009, 21 (28): 285401.

[39] Jiang J. W., Wang S. Y., Mou Z., et al. Modeling and simulation of JWL equation of state for reactive Al/PTFE mixture [J]. Journal of Beijing Institute of Technology, 2012, 21 (2): 150-156.

[40] Zhang X., Zhang J., Qiao L., et al. Experimental study of the compression properties of Al/W/PTFE granular composites under elevated strain rates [J]. Materials Science and Engineering A, 2013, 581: 48-55.

[41] Osborne D. T.. The effects of fuel particle size on the reaction of Al/teflon mixtures [D]. Texas Tech University, 2006.

[42] Mock Jr W., Holt W. H.. Impact initiation of rods of pressed polytetrafluoroethylene (PTFE) and aluminum powders [C]. Shock Compression of Condensed Matter-2005: Proceedings of the Conference of the American Physical Society Topical Group on Shock Compression of Condensed Matter, AIP Publishing, 2006: 1097-1100.

[43] Ames R.. Energy release characteristics of impact-initiated energetic materials [C]. MRS Proceedings, Cambridge University Press, 2005.

[44] Feng B., Fang X., Li Y., et al. An initiation phenomenon of Al-PTFE under quasi-static compression [J]. Chemical Physics Letters, 2015, 637: 38-41.

[45] Feng B., Fang X., Li Y., et al. Reactions of Al-PTFE under impact and quasi-static compression [J]. Advances in Materials Science and Engineering, 2015: 1-6.

[46] Wang L., Liu J., Li S., et al. Investigation on reaction energy, mechanical behavior and impact insensitivity of W/PTFE/Al composites with different W percentage [J]. Materials & Design, 2016, 92: 397-404.

[47] Herbold E., Nesterenko V., Benson D., et al. Particle size effect on strength, failure, and shock behavior in polytetrafluoroethylene-Al-W granular composite materials [J]. Journal of Applied Physics, 2008, 104 (10): 103903.

[48] Qiao L., Zhang X., He Y., et al. Mesoscale simulation on the shock compression behaviour of Al-W-Binder granular metal mixtures [J]. Materials & Design, 2013, 47: 341-349.

[49] Qiao L., Zhang X., He Y., et al. Multiscale modelling on the shock-induced chemical reactions of multifunctional energetic structural materials [J].

Journal of Applied Physics, 2013, 113 (17): 173513.

[50] Klomfass A., Sauer M., Heilig G., et al. Mesoscale mechanics of reactive materials for enhanced target effects [R]. Fraunhofer – inst fuer kurzzeitdynamik – ernst – mach – inst freiburg im breisgau (GERMANY FR), 2013.

[51] Nielson D. B., Truitt R. M., Ashcroft B. N.. Reactive material enhanced projectiles and related methods: U. S.: 9103641B2 [P]. 2015 – 08 – 11.

[52] Brown E. N., Dattelbaum D. M.. The role of crystalline phase on fracture and microstructure evolution of polytetrafluoroethylene (PTFE) [J]. Polymer, 2005, 46 (9): 3056 – 3068.

[53] Blackwood J. D., Bowden F. P.. The initiation, burning and thermal decomposition of gunpowder [J]. Proceedings of the Royal Society A, 1952, 213 (1114): 285 – 306.

[54] Li Y., Wang Z., Jiang C., et al. Experimental study on impact – induced reaction characteristics of PTFE/Ti composites enhanced by W particles [J]. Materials, 2017, 10 (2): 175.

[55] Hunt E. M., Malcolm S., Pantoya M. L., et al. Impact ignition of nano and micron composite energetic materials [J]. International Journal of Impact Engineering, 2009, 36 (6): 842 – 846.

[56] Osborne D. T., Pantoya M. L.. Effect of Al particle size on the thermal degradation of Al/teflon mixtures [J]. Combustion Science & Technology, 2007, 179 (8): 1467 – 1480.

[57] Armstrong R. W.. Dislocation – assisted initiation of energetic materials [J]. Central European Journal of Energetic Materials, 2005, 2 (3): 21 – 37.

索　引

0~9（数字）

A~Z、Φ

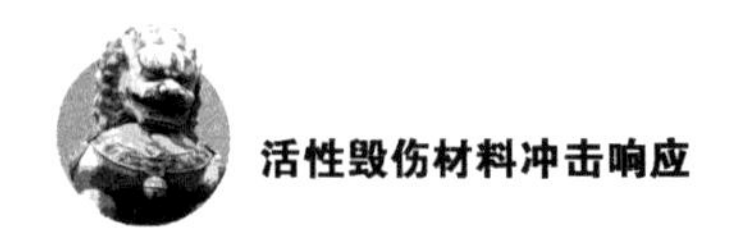

A ~ B

C

E～F

G～H

J ~ K

T ~ X

Y～Z